Об 3
79

50086197

L'ÉGYPTE.

L'Auteur se réserve le droit de traduction dans tous les pays avec lesquels il existe des traités internationaux.

Paris. — Typ. Monnis et Comp., rue Amelot, 64.

L'ÉGYPTE

PAR

LE R. P. LAORTY-HADJI.

PARIS.
CHEZ BOLLE-LASALLE, ÉDITEUR,
RUE DE BONDY, 68.
—
1856

PRÉFACE.

Quand nous avons visité pour la première fois l'Égypte, ce pays, si intéressant par ses monuments et ses souvenirs, était encore tel que l'avaient trouvé Savary, Norden, Pockoke, Volney, et les savants de l'expédition française, et, peut-être, tel qu'il était à l'époque de la conquête de Sélim. Nous avons été témoin des premiers progrès accomplis par Méhémet-Ali, et nous sommes convaincu que cette contrée, qui a joué un si grand rôle dans l'antiquité, et qui a vu Moïse, les Pharaons, Alexandre, les Ptolémées, César, Saladin, saint Louis et Napoléon, est appelée à voir renaître sa prospérité sous l'influence de la civilisation moderne.

Nous avons parcouru le grand fleuve qui est une des

merveilles de l'Égypte. En remontant le Nil jusqu'en Nubie, et en le redescendant ensuite depuis la seconde cataracte, nous n'avons pu nous lasser d'admirer, sous tous ses aspects divers, cette immense artère qui vivifie depuis tant de siècles la terre des pharaons. Où commence le Nil et avec lui la vallée de végétation qu'il forme? On n'est guère plus avancé sur cette question qu'il y a deux mille trois cents ans, puisque, du temps d'Hérodote, on avait reconnu le cours du Nil pendant une navigation de quatre mois de durée. Tout ce qu'on sait de plus aujourd'hui, c'est qu'à une certaine hauteur, le fleuve est formé de la réunion de deux grandes rivières : le Bahr-el-Abiad, ou fleuve Blanc, qui est le véritable Nil, à l'ouest, et le Bahr-el-Azrak ou fleuve Bleu, à l'est. Mais personne ne connaît encore les sources mystérieuses du Nil, malgré les courageuses tentatives des deux voyageurs qui l'ont remonté jusqu'au point le plus éloigné, M. d'Arnaud en 1841, et M. Brun-Rollet en 1853.

Cette question, que la science n'a pu encore résoudre, est moins importante pour l'Égypte que celle de la fécondation de ses terres. C'est le plus grand intérêt d'un pays qui a deux millions d'hectares à fertiliser. Les princes les plus illustres sont ceux qui s'en sont occupés le plus utilement, et l'un des principaux titres de gloire de Rhamsès le Grand ou Sésostris, c'est d'avoir construit des canaux. D'autres pharaons, les Ptolémées, les empereurs romains, Adrien et Trajan surtout, les califes mêmes, se sont occupés de ce soin avec plus ou moins d'ardeur. L'un des reproches les plus graves que l'on pût adresser à l'anarchie des Mamelouks, c'est qu'ils négligeaient toutes les mesures d'administration générale relatives à l'irrigation du pays. Méhémet-Ali, dès qu'il fut le maître, attacha une très-grande importance aux travaux de canalisation, et l'on sait tout ce qu'il a sacrifié d'hommes et d'argent à la construction du canal Mahmoudieh. Mais ce qui doit ajouter bien plus encore à la fécondité du sol égyptien, aussi bien qu'au commerce et à la prospérité des nations occidentales, c'est le grand canal maritime projeté entre Suez et Péluse, qui non-seulement joindrait les deux mers, mais se relierait en outre à l'intérieur de l'Égypte au moyen d'un autre canal de communication alimenté par les eaux du Nil.

Le percement de l'isthme de Suez, dont l'exécution est attendue avec tant d'impatience par tous les hommes éclairés de l'Europe et de l'Orient, fixe en ce moment sur l'Égypte l'attention du monde. Cette grande entreprise, en rapprochant l'Inde de l'Europe, en donnant une impulsion immense aux relations commerciales de tous les peuples, ne peut manquer de féconder les germes excellents qui subsistent toujours dans la vallée du Nil, et d'ouvrir à l'Égypte une ère nouvelle de richesse et de grandeur par le développement du commerce et de l'industrie de toutes les nations. Une des questions qui préoccupent à un si haut degré l'Europe, et particulièrement la France, le bonheur des populations, recevra, par le succès de ce projet, la solution la plus heureuse, aussi bien dans l'intérêt du peuple égyptien, de ses fellahs si misérables, de l'empire ottoman et de tout l'orient, que dans l'intérêt des progrès de l'humanité tout entière.

L'ÉGYPTE.

CHAPITRE PREMIER.

Départ pour l'Égypte ; la côte d'Afrique ; passage en Grèce ; Milo ; ruines de Trézène ; Poros ; arrivée à Alexandrie. — Alexandrie ; aspect et description de la ville moderne ; histoire de la ville ancienne ; ses monuments ; ses institutions scientifiques et littéraires ; sa topographie.

Deux fois j'ai visité l'Égypte. La première fois, je suis parti de Toulon le 25 mai 1828, embarqué sur un navire de guerre fin voilier, qui nous fit passer rapidement devant l'île de Corse et la Sardaigne, et doubler l'île de San-Pietro ; puis, mettant le cap au sud, nous fûmes bientôt en vue des côtes d'Afrique, où nous vîmes d'abord l'ancienne Utique, asile de Marius. Nous approchions tellement du rivage, que nous distinguions parfaitement Biserte (Ben-Zer) et son alcaçar. Dans la baie de Tunis, près des ruines de Carthage, nous apercevions les restes du port qui a gardé le nom de saint Louis, et le lieu où mourut le dernier des rois de France qui ait défendu sans réserve et avec tant de valeur et d'éclat le christianisme en Orient. Après avoir doublé l'île de Pentelaria et Malte, où nous étions arrivés en cinq jours, nous éprouvions dans le golfe de la Syrte, un terrible coup de vent de nord-est qui nous forçait de louvoyer et qui ne nous permit qu'avec les plus grandes difficultés d'entrer dans la mer Ionienne.

Le 7 juin, j'aperçus enfin le mont Taygète et les côtes de la Morée. Nous entrions dans la mer de Crète, laissant Candie et le mont Ida, encore couvert de neiges, à notre droite. Les Cyclades se présentaient devant nous. En peu d'heures, nous arrivions dans le port de Milo pour prendre un pilote. La population de Mélos a conservé le type admirable qui a servi de modèle à l'artiste dont le talent nous a légué cette Vénus qui fait maintenant l'admiration du monde entier.

Après une visite aux ruines du théâtre et au lieu où l'on a retrouvé ce chef-d'œuvre de l'antiquité, je pris congé du consul, M. Brest, qui avait contribué si activement à faire acquérir à la France cette belle statue, et je me rendis à bord. Nous partîmes immédiatement pour Poros; là, j'examinai les ruines du temple de Neptune, où mourut Démosthène; puis, le lendemain, j'allai aux ruines de Trézène, dont le nom moderne est *Damala*, et qui a encore ses quais antiques, tout couverts de lauriers-roses. Je quittai bien à regret ces lieux remplis de si ravissants souvenirs, et dont je parlerai d'ailleurs avec plus de détail quand je donnerai la relation de mon voyage en Grèce.

Retournant à Poros, où j'avais voulu faire mes adieux à Capo d'Istria, alors président de la Grèce, nous partions, par un excellent vent arrière, filant neuf à dix nœuds, pour cette terre antique des Pharaons, cette merveilleuse Égypte, but si désiré de mon voyage. L'île de Crète, Santorin, Callisto (la belle), Rhodes, passaient devant nous comme un de ces panoramas mouvants qui éblouissent les yeux et l'esprit.

Le 19 juin, j'apercevais à l'horizon une ligne dorée. C'était le sol d'Alexandrie, puis la colonne de Pompée, et enfin le Phare, l'aiguille de Cléopâtre, le palais de Méhémet-Ali, et les maisons d'une blancheur éclatante de la ville moderne. Le consul général de France, M. Drovetti, qui, après avoir servi dans l'armée française lors de l'expédition d'Égypte, était devenu l'ami de Méhémet-Ali et l'avait aidé de son expérience et de ses lumières dans le mouvement de civilisation de cette contrée, envoyait à bord son drogman pour me prier d'accepter dans sa maison, l'une des plus remarquables de la ville et des plus intéressantes par ses souvenirs, l'appartement que le général en chef de l'armée d'Égypte avait occupé à son débarquement à Alexandrie. Dans une relation de mes voyages en Orient, qui ne sera pas écrite au point de vue des antiquités, des arts et de l'histoire, je donnerai la description de cet hôtel, qui existe encore et mérite d'être visité avec intérêt pour avoir reçu Napoléon, Kléber, Desaix, et les généraux les plus célèbres de l'armée française.

Mon second voyage en Égypte eut lieu en 1830. Je m'embarquai à Toulon sur un brick de l'État, au mois d'avril.

Je ne veux pas passer aux études sérieuses que je vais développer sur l'histoire de cette terre antique sans donner un souvenir à l'un des hommes les plus remarquables de la cour de Méhémet-Ali, Boghoz-Bey, son ministre des affaires étrangères, qui eût été, même en Europe, un ministre d'un grand mérite.

Présenté par M. Drovetti au vice-roi, je reçus l'invitation de le visiter souvent. Cet homme de génie était alors dans tout l'éclat de sa renommée. Grâce à la bienveillance qu'il m'accorda pendant tout mon séjour en Égypte, je pus m'entretenir souvent avec lui dans des réceptions intimes, qui contribuèrent puissamment à la connaissance que je voulais acquérir de l'Égypte et au succès de ma mission.

Avant de me rendre au Caire, j'eus le bonheur,

à Alexandrie, dans cette antique ville des bibliothèques et des études, de travailler à l'Essai que je vais donner sur les sciences, les antiquités, l'histoire et les arts de l'Égypte, modeste travail dont le sujet a été traité avec tant d'éclat par des hommes plus heureux et bien plus savants que moi.

Rien n'est plus triste que l'aspect de la moderne Alexandrie (en turc *Iskanderieh*). Vous n'apercevez hors des murs que des sables éblouissants, coupés de temps à autre par quelques rares palmiers, des câpriers, et la soude qui tapisse le sol. Du reste, point de promenade agréable; nulle avenue ombragée dans ces plaines monotones et désolées. Il faut en excepter toutefois quelques jardins particuliers et le couvent des moines chrétiens. Une ligne redoutable de fortifications, construites par le vice-roi Méhémet-Ali, entoure la ville nouvelle, au milieu de laquelle l'île d'Antirode se trouve enclavée. Des ruines qui se montrent sur une hauteur la font reconnaître.

En arrivant par mer, Alexandrie semble sortir du sein des eaux. Deux monticules apparaissent d'abord au loin, comme deux montagnes dans l'enceinte de la ville arabe; bientôt la colonne de Dioclétien, connue plus particulièrement sous le nom de colonne de Pompée, se découvre aussi avec son chapiteau colossal. Ces points servent de reconnaissance aux navires.

Les monticules situés dans la ville arabe sont d'une hauteur de cent cinquante à cent quatre-vingts pieds. Celui qui domine le port Vieux se distinguait par une tourelle élevée à son sommet, dont l'usage était de servir de vigie. Les armées françaises couronnèrent ces collines par deux forts, dont l'un conserve le nom et consacre la mémoire du général du génie *Caffarelli*, l'autre est appelé *Fort Bonaparte*. Il est vraisemblable que ces élévations de terrain sont factices, et qu'elles ont été formées successivement de décombres et de déblais de toute espèce amoncelés dans cet endroit. On y découvre en grande quantité des fragments de marbre, de porphyre, de briques, de granit, et des tessons de poterie.

Alexandrie possède une trentaine de mosquées. Comme la ville manque d'eau, on a cherché à y suppléer par les citernes. Chaque mosquée en a une. Leur capacité réunie peut contenir environ quinze mille quatre cents chargés de chameau ; la charge est estimée à deux cents pintes, pesant quatre cents livres. Une pareille provision d'eau suffit pour abreuver toute la population pendant l'espace de cent vingt-huit jours. On rencontre partout sur les quais, dans les maisons particulières, dans les *okels* ou magasins publics, des débris de colonnes de brèche, de verre antique, d'albâtre, qui gisent sur le sol, ou ont été employés dans la construction des nouveaux bâtiments. Les rues de la ville, étroites et non pavées, les unes désertes, les autres encombrées de population, étaient mal entretenues et fort sales à l'époque de notre premier voyage. Les maisons sont blanchies sur les faces extérieures, surtout celles qui appartiennent aux Francs. Celles des négociants réunissent à l'intérieur des décorations et des meubles qui rappellent un peu l'Europe.

Alexandrie n'a point d'édifices modernes dignes d'être cités. Cependant l'ancienne île de Pharos, réunie au continent par une chaussée, en possède plusieurs d'assez remarquables. On y distingue entre autres les palais du pacha et de sa famille. C'est dans cette île, aujourd'hui presqu'île, que les Européens, lors de l'expédition du général Bonaparte, construisirent un lazaret. Elle est appelée par les Arabes *Ras-el-Tyn,* c'est-à-dire le cap des figuiers. Cette dénomination lui vient de la grande quantité de figuiers qu'on y cultive, lesquels donnent un fruit excellent. Son étendue est de plus d'une demi-lieue de longueur; le terrain y est blanchâtre et peu fertile. Une digue percée d'arches qui laissent aux vagues de la pleine mer une libre communication avec le port Neuf, joint la presqu'île de Pharos au rocher, où se trouvait l'antique phare d'Alexandrie, sur lequel nous donnerons plus loin quelques détails. Au-dessus des revêtements de la jetée se dressent des murs crénelés dans le genre mauresque, qui défendent un chemin couvert d'environ seize cent cinquante pieds de longueur.

Une des commodités particulières à la ville d'Alexandrie, ce sont les ânes sellés et bridés que l'on trouve en station au coin de chaque rue, et qui vous conduisent, comme au Caire, pour quelques paras, d'un bout de la ville à l'autre. Les étrangers et les gens du pays n'ont pas d'autres moyens de transport pour faire leurs courses, soit dans la cité, soit hors des murs.

Les bazars sont très-animés à Alexandrie, mais on n'y fait qu'un commerce de détail. C'est dans les *okels*, espèce de khans où l'on entrepose les marchandises provenant de l'Éthiopie, de l'Inde et de l'Europe, que l'on peut juger de l'importance commerciale de cette ville.

Par le nombre de sa garnison, par les fortifications dont elle est entourée, et le mouvement de ses troupes, la physionomie d'Alexandrie est peut-être encore plus militaire que commerçante. Sa population est loin d'être homogène. On y trouve des Arabes, des Turcs, des Cophtes, des Barbaresques, des chrétiens de Syrie et des juifs. On les voit dans les rues se presser d'un air affairé, et courir plutôt que marcher. Deux personnes en pourparler pour conclure une affaire de peu d'importance crient d'une telle force, leurs gestes ainsi que leurs traits expriment une agitation si grande, qu'on croirait qu'elles vont se battre. Au reste, l'habitude de hausser la voix en parlant n'est pas particulière aux Alexandrins, elle est commune à tous les Orientaux, si l'on en excepte les Turcs, dont la gravité, la lenteur et quelquefois la dignité sont caractéristiques.

Le climat d'Alexandrie est le plus frais de l'Égypte; une brise de mer s'y fait régulièrement sentir tous les soirs. On trouve dans la ville plusieurs cafés, dont un seul est passable; ils sont généralement tenus par les Francs. Quoique Alexandrie soit envahie par le désert, elle n'en a pas moins ses jardins. A la vérité, ils ne sont ni aussi beaux, ni aussi variés, ni aussi ombragés que ceux de Rosette, de Damiette et du Caire; toutefois, par le contraste qu'ils offrent avec la nudité et l'aridité du sol environnant, ils ne laissent pas d'être très-agréables pour ceux qui les possèdent. On y cultive l'oranger, le citronnier, le sébestier, le jujubier, le henné, le figuier et quelques mûriers; rarement on y voit le grenadier, le prunier et l'abricotier. En revanche, les plantes potagères, telles que la fève, le pois, la laitue, la chicorée, l'artichaut, le chou, le céleri, et surtout la ketmie, la molochie et l'aubergine y viennent en grande abondance.

Alexandrie, vue de la cité des Arabes, offre un aspect assez pittoresque. Sur le premier plan s'élève une mosquée au milieu d'une esplanade, et, à gauche, en se rapprochant de la ville, un palais arabe converti en un établissement de bains. Un bois de palmiers se montre un peu plus loin; vient ensuite la ville, qui s'étend de l'est à l'ouest, et se perd derrière une colline appelée le grand morne, où l'on a établi des fortifications. Sur la droite et au fond vers le rivage, se dresse l'une des deux aiguilles de Cléopâtre. Derrière est le soubassement faisant partie des ruines du palais de César, avec la porte de Rosette un peu plus à l'orient. Au milieu de la mer, en face, s'élève le château du petit Pharillon.

Comme dans tout le Levant, les maisons à Alexandrie ont leurs combles en terrasses, dont le sol est en terre ou en ciment. Point de fenêtres larges et hautes comme dans nos villes d'Europe. Les jours qui en tiennent lieu sont fermés par des grillages en bois de différentes formes, et disposés en saillie sur la rue. Ces treillis ou croisillons se trouvent si rapprochés qu'il est impossible de voir au travers du réseau de leurs mailles serrées les personnes qui habitent les appartements. Quelques-unes de ces maisons présentent intérieurement un aspect assez élégant. Un ou plusieurs salons composent le logement principal; les autres pièces de l'appartement ont des dimensions fort exiguës, mais assez commodes. Ce sont pour l'ordinaire de petits cabinets disposés de chaque côté des salles.

Le grand salon est couronné d'un dôme carré, dont le haut est ouvert pour donner passage à l'air et à la lumière. Des balustrades légères et souvent gracieuses courent tout autour, et forment une espèce de balcon au-dessous; d'autres fois elles bordent simplement des terrasses abritées du soleil par une charpente. L'ameublement du salon consiste en des sofas placés aux extrémités. C'est dans cette pièce qu'on se tient constamment. Elle est tout à la fois la chambre à coucher et la salle de réception. On ne la trouve jamais située par bas, car les Égyptiens considèrent le rez-de-chaussée comme malsain. Ils n'emploient guère cette partie de la maison que pour serrer leurs provisions et les différents objets à leur usage. C'est toujours une espèce de magasin ou d'office.

Si les murs extérieurs des maisons ne présentent qu'une façade blanchâtre et sans ornements, en revanche les murs intérieurs sont ouvragés d'un travail fort original. Lambrissés à la hauteur de six ou sept pieds tout autour avec des panneaux de bois encadrés ou enjolivés de marqueterie, ils présentent une variété de figures bizarres. La plupart des planchers entre les sofas sont aussi en marqueterie de marbre ou de bois.

Du reste, bâties en pierres, les maisons d'Alexandrie ont plusieurs étages dans les quartiers populeux. La partie supérieure est généralement en charpente. La forme des fenêtres est un carré oblong sans aucun ornement. A cause de la saillie qu'on leur donne, il est difficile de voir dans la rue. Quant aux portes, elles sont surmontées d'un plan incliné avec une espèce de sculpture. Les pierres dont se composent les jambages et les cintres sont taillées en voussoir, et emboîtées de manière à ne pouvoir se détacher.

A cause de la disette d'eau que la ville éprouve, chaque maison particulière possède une citerne et un puits dont l'eau, trop saumâtre pour être potable, n'est employée qu'aux besoins les plus ordinaires de la vie. Celle de quelques-uns d'entre eux cependant est meilleure. Les citernes sont entretenues par les propriétaires, qui les alimentent au moyen d'outres portées à dos de chameau, d'âne ou de mulet. Quant aux habitants pauvres, comme ils n'ont ni citerne ni puits dans leurs habitations, ils sont obligés d'aller dans les grandes citernes de la ville des Arabes puiser l'eau dont ils ont besoin. Contrairement à ce qui se pratique dans les cités musulmanes, plusieurs familles à Alexandrie logent dans la même maison.

La rue conduisant au Port-Vieux est une des plus larges et des mieux bâties de la ville nouvelle. Murs élevés construits en pierres, blancs et lisses; treillis saillants ou croisillons aux fenêtres qui interceptent presque les rayons de la lumière; terrasses au-dessus des maisons; bâtiments à plusieurs étages, tel est l'aspect qu'elles offrent pour la plupart.

Quelques maisons situées dans cette rue se distinguent par un luxe d'ornementation fort rare dans les autres quartiers de la ville. En général, celles qui ont un peu plus d'apparence appartiennent à des Francs riches ou à des négociants. Mieux distribuées à l'intérieur, plus élégamment meublées, elles sont aussi au dehors façonnées avec plus de recherche. On en rencontre quelquefois où l'on a mêlé dans la bâtisse des débris de monuments antiques. Une de ces maisons est élevée sur un portique dont les arcs sont supportés par des colonnes corinthiennes. On la voit à gauche, à côté d'une boutique de marchand. Cette rue est très-populeuse et animée par un grand nombre de magasins ouverts où sont étalées les productions variées de l'industrie et du commerce de l'Orient.

Comme centre commercial, Alexandrie a beaucoup grandi en importance depuis le gouvernement de Méhémet-Ali. Les Turcs avaient laissé ensabler le Port-Neuf, le seul qui fût autrefois abordable aux Européens, et le Port-Vieux menaçait de devenir impraticable par l'imprévoyante habitude qu'avaient les Turcs d'y jeter le lest de leurs navires. Ce dernier port, où l'amiral Brueys ne crut pas pouvoir abriter sa flotte, circonstance funeste à laquelle on dut la catastrophe d'Aboukir, contient aujourd'hui des vaisseaux de haut bord qui y entrent et en ressortent avec la plus grande sécurité. Le Port-Neuf est moins sûr; quand les vents soufflent avec quelque violence, les navires y frappent le fond avec leur quille, et ce fond étant de roche, il arrive souvent que les câbles se rompent et laissent aller les bâtiments en dérive. Ce port est toutefois, à cause de son entrée et de sa sortie plus facile, le mouillage préféré par les navires de commerce. C'est là que se chargent et *s'estivent* ces milliers de balles de coton qui nous arrivent en Europe. On nomme *estivage* l'action de presser dans la cale les balles de coton, de manière à les réduire à moins de moitié de leur volume.

Comprenant toute l'importante politique d'Alexandrie, qui est la clef de l'Egypte, Méhémet-Ali mit tous ses soins à la réparation et à l'entretien de ses fortifications. Il a fait de cette ville un port militaire, et y a établi un arsenal. Sous son administration, se sont élevées, particulièrement dans la presqu'île de Ras-el-Tyn, de beaux palais, de vastes hôpitaux, et, dans le quartier des Européens, d'élégants hôtels pour les consuls des diverses nations de l'Occident. Les cimetières, qui étaient dans l'intérieur de la ville, ont été rejetés au dehors; les mares d'eau stagnante qui y croupissaient ont été desséchées et comblées. Les rues n'ont pas été pavées, il est vrai, mais elles sont tenues avec plus de propreté qu'autrefois. Des casernes, de nombreuses fabriques ont été bâties; une partie considérable des murs d'enceinte, qui s'élevaient sur les bords de la mer, a été abattue pour faire place aux agrandissements de la ville.

Ainsi régénérée, Alexandrie a vu sa population s'accroître rapidement. De huit mille âmes qu'on y comptait à peine à l'époque de l'expédition française, le nombre de ses habitants s'était élevé à trente mille lors de notre second voyage en Égypte; quelques années plus tard, on l'évaluait à 60,000. La ville renferme aujourd'hui 120,000 âmes, y compris la population flottante.

En terminant cette description de l'Alexandrie moderne, nous devons, pour la compléter, citer ici la belle page où Volney rend l'impression première que lui causa l'aspect de cette ville déchue. « Le nom d'Alexandrie, qui rappelle le génie d'un homme si étonnant, le nom du pays qui tient à tant de faits et d'idées, l'aspect du lieu qui présente un tableau si pittoresque; ces palmiers qui s'élèvent en parasols; ces maisons à terrasses qui semblent dépourvues de toit; ces flèches grêles des minarets qui portent une balustrade dans les airs, tout avertit le voyageur qu'il aborde dans un autre monde. Descend-il à terre? une foule d'objets inconnus l'assaillent par tous ses sens; c'est une langue dont les sons barbares et l'accent âcre et guttural effrayent son oreille; ce sont des habillements d'une forme bizarre, des figures d'un caractère étrange. Au lieu de nos visages nus, de nos têtes enflées de cheveux, de nos coiffures triangulaires et de nos habits courts et serrés, il regarde avec surprise ces visages brûlés, armés de barbe et de moustaches; cet amas d'étoffe roulée en plis sur une tête rase; ce long vêtement qui, tombant du cou au talon, voile le corps plutôt qu'il ne l'habille, et ces pipes de six pieds, et ces longs chapelets dont toutes les mains sont garnies; et ces hideux chameaux qui portent l'eau dans des sacs de cuir; et ces ânes sellés et bridés qui portent légèrement leur cavalier en pantoufles; et ce marché mal fourni de dattes et de petits pains ronds et plats, et cette foule immense de chiens errants dans les rues, et ces espèces de fantômes ambulants, qui, sous une seule draperie d'une pièce, ne montrent rien d'humain que deux yeux de femme. Dans ce tumulte, tout entier à ses sens, son esprit est nul pour la réflexion; ce n'est qu'arrivé au gîte si désiré, quand on vient de la mer, que, devenu plus calme, il considère ces rues étroites et sans pavé, ces maisons basses et dont les jours sont masqués par des treillages, ce peuple maigre et noirâtre, qui marche nu-pieds et n'a pour tout vêtement qu'une chemise bleue, ceinte d'un cuir ou d'un mouchoir rouge... Mais un spectacle qui attire bientôt toute son attention, ce sont les vastes ruines qu'il aperçoit du côté de la terre... A peine sort-on de la ville neuve, dans le continent, qu'on est frappé de l'aspect d'un vaste terrain tout couvert de ruines. Pendant deux heures de marche, on suit une double ligne de murs et de tours qui forment l'enceinte de l'ancienne Alexandrie. La terre est couverte de débris de leurs sommets; des pans entiers sont écroulés, les voûtes enfoncées, les créneaux dégradés, et les pierres rongées et défigurées par le salpêtre. On parcourt un vaste intérieur sillonné de fouilles, percé de puits, distribué par des murs à demi enfouis, semé de quelques colonnes anciennes, de tombeaux modernes, de palmiers, de nopals, et où l'on ne trouve de vivants que des chacals, des éperviers et des hiboux. Les habitants, accoutumés à ce spectacle, n'en reçoivent aucune impression; mais l'étranger éprouve une émotion qui souvent passe jusqu'aux larmes, et qui donne lieu à des réflexions dont la tristesse attache autant le cœur que leur majesté élève l'âme. »

Alexandrie, la ville la plus moderne de l'Égypte ancienne et la seule qui ait survécu à ses ruines, réveille en effet de grands et imposants souvenirs. Trois époques ont marqué ses vingt et un siècles d'existence, et, durant cet intervalle, elle a été tour à tour l'Alexandrie macédonienne ou romaine, l'Alexandrie sarrasine ou arabe, enfin l'Alexandrie turque.

Aux jours des Pharaons, et même après la conquête de Cambyse, on ne voyait, sur l'emplacement où s'éleva depuis Alexandrie, qu'une misérable bourgade nommée *Rhacotis*, où stationnait la petite garnison égyptienne qui défendait ce lieu désert. Mais l'an 332 avant J. C., Alexandre ayant enlevé l'Égypte aux Perses, projeta de lui donner un port de mer pour la tenir sous la dépendance des flottes macédoniennes, et de faire de ce port la capitale de son empire. Entre le lac Maréotis et la Méditerranée, il existait une étroite langue de terre qui, abritée au nord par l'île de Pharos, formait sur cette côte un havre naturel et sûr. Après avoir calculé tous les avantages d'une position pareille, le conquérant jeta lui-même sur le site de l'humble *Rhacotis* les fondements d'une grande ville. Alexandre avait alors auprès de lui l'architecte Dinocrate. Cet artiste de génie s'était déjà rendu célèbre par la reconstruction du temple d'Éphèse, brûlé par Érostrate; c'est lui qui avait conçu le projet gigantesque de tailler le mont Athos en une statue qui aurait représenté le conquérant de l'Asie portant une ville dans une de ses mains, en versant d'une coupe, tenue de l'autre main, toutes les eaux de la montagne dans la mer. Dinocrate dirigea l'exécution des travaux; mais Alexandre voulut assister aux premières constructions de la nouvelle ville, dont il avait tracé lui-même le plan général, comme nous l'apprennent Arrien et Diodore de Sicile. Les embellissements qui la complétèrent plus tard ne firent que prendre la place que le fondateur y avait réservée; la grandeur d'Alexandrie se trouvait donc déjà dans la pensée d'Alexandre; l'on ne connaît pas d'autre exemple d'une ville sortie tout entière, avec toute sa destinée, du génie d'un homme. Une circonstance qui, selon Strabon, arriva dans le cours des premiers travaux, sembla faire préjuger à ceux qui en furent les témoins quelle serait la prospérité de la nouvelle ville. Pour répondre à l'impatience d'Alexandre, les architectes étaient occupés à marquer avec de la craie, sur le terrain, la ligne d'enceinte, mais la matière venait de s'épuiser au moment où survint le roi. Alors il ordonna de prendre, sur la portion de farine destinée aux travailleurs, ce qui serait nécessaire pour tracer les alignements des rues. Strabon ajoute que l'opération ainsi accomplie devint un présage de bon augure (1).

Ceinte de remparts et de tours, baignée au nord et au sud, la nouvelle cité devint à la fois une admirable position militaire et le premier marché du monde. Des rues d'une largeur et d'une longueur immenses la coupaient dans tous les sens; elles étaient si régulières, que l'œil, plongeant dans leur étendue, découvrait partout à l'horizon la bordure azurée du lac ou de la mer. Sur les places publiques, comme au sein des habitations, mille fontaines ruisselaient sur les dalles de granit ou jaillissaient en gerbes limpides. L'eau et l'air, double providence des pays brûlants, se jouaient dans cette ville privilégiée et conjuraient loin d'elle les fléaux d'un ciel d'airain.

Quand, des mains d'Alexandre, la capitale de l'Égypte grecque eut passé entre les mains des Lagides, chacun de ces rois tint à honneur d'ajouter quelque chose à ses splendeurs. La vieille Égypte fut dépouillée pour embellir la nouvelle favorite. Des blocs de granit sculptés, enlevés à Thèbes et à Memphis, de mystérieux obélisques détrônés de leur base séculaire, voyagèrent à grands frais pour venir s'asseoir sur d'autres piédestaux. La ville grecque fut édifiée avec des matériaux égyptiens, et ses monuments portèrent le cachet de cette double origine. Des places immenses, des palais merveilleux,

(1) Strabon, liv. XXVII; voyez aussi Ammien-Marcellin, XXII, 16.

de vastes portiques, des cirques, des temples, des hippodromes, où le marbre et le porphyre revêtaient mille formes, sortirent tout à coup de ce sol fécond en prodiges.

Bientôt, par une conception gigantesque, l'île de Pharos fut attachée au continent par un môle d'un mille de longueur, qu'on nomma l'*Heptastade*, parce que son étendue était de sept stades. Ce môle coupait en deux le havre d'Alexandrie, et lui donnait ainsi deux ports : l'un appelé le *Grand-Port*, l'autre *Eunorte*, ou port du Bon Retour. Le premier est aujourd'hui le Port-Neuf, l'autre le Port-Vieux. Pour maintenir entre eux des communications faciles, on jeta, vers chaque extrémité du môle, deux ponts sous lesquels les navires passaient à la voile. Un autre port, aujourd'hui comblé, fut creusé à main d'homme; il se nommait *Kibotos*, et communiquait avec le lac Maréotis par un canal. Au nord-est de Pharos était un petit rocher battu des flots; on le joignit à l'île par une digue, et c'est sur sa pointe que Sostrate de Cnide construisit ce Phare admirable, septième merveille du monde, qui se mirait dans la Méditerranée avec ses colonnades étagées et ses galeries aériennes. Dans la ville même, s'élevaient d'autres monuments qui ne le cédaient au Phare ni en majesté ni en grandeur : le *Sérapéon*, ou temple de Sérapis, les temples de Neptune et de Pan, les palais royaux des Ptolémées, dont le plus vaste et le plus magnifique était celui du promontoire de Lochias, le *Séma*, tombeau d'Alexandre, l'*Homérion*, ou monument d'Homère, le Gymnase, le *Dicastérion*, ou palais des tribunaux, l'Amphithéâtre, le Stade, etc.

Riche de tant d'édifices, Alexandrie avait aussi ses trésors de science, ses institutions littéraires les plus célèbres de l'antiquité. Une immense bibliothèque, fondée dans le quartier du Bruchion par Ptolémée Ier, d'après le conseil de Démétrius de Phalère, eut pour premiers bibliothécaires, après Démétrius lui-même, Zénodote, Callimaque, Ératosthènes, Apollonius et le grand critique Aristarque ; elle comptait, à la mort de son fondateur, plus de 200,000 manuscrits, et ce nombre s'éleva dans la suite à 700,000. C'est là que furent déposés, avec tous les chefs-d'œuvre de la science et de la littérature de la Grèce, les livres de Moïse traduits en grec par ordre ou du moins sous le règne des premiers Lagides, et l'histoire d'Égypte écrite en grec, à la même époque, par Manéthon, grand prêtre d'Héliopolis, d'après les documents conservés dans les archives du temple dont il était le gardien, ouvrage d'un intérêt inappréciable, dont il ne nous reste malheureusement que quelques fragments chronologiques. Le *Musée,* vaste palais bâti par le premier des Ptolémées, réunissait les plus illustres savants du monde connu, et le fils de Lagus, élève attentif et silencieux, vint souvent lui-même sous ces portiques écouter les doctes leçons d'Eulide. La Bibliothèque et le Musée d'Alexandrie, avec d'autres institutions du même genre qui vinrent plus tard les compléter ou les remplacer, forment cet ensemble d'établissements et de savants qu'on appelle *École d'Alexandrie,* et qui pendant neuf cents ans, du siècle d'Alexandre à celui de Mahomet, fut le grand centre du mouvement intellectuel de l'univers. Durant ce long espace de temps, l'École d'Alexandrie fut à la tête de la pensée humaine ou en lutte avec ceux qui la dirigeaient. Rivale des écoles d'Héliopolis, de Memphis, de Pergame, d'Athènes, de Rome et d'Antioche, et entraînée dans tous les débats du temps, elle passa par toutes les révolutions des idées et des empires, par tous les genres de protection ou de persécution, par toutes les faveurs et les catastrophes. Réunie autour du palais des rois, partagée en une série nombreuse d'écoles spéciales, elle dut suivre successivement les tendances d'âges divers, celles du scepticisme le plus absolu, comme celles du mysticisme le plus exalté. Engagée enfin, par la force des choses, dans la lutte de plusieurs religions, l'École d'Alexandrie, dont les musées et les bibliothèques furent tour à tour livrés à tous les genres de violence, à l'incendie, au pillage, offre dans son histoire un drame fortement marqué de péripéties. Cette histoire a été racontée avec autant d'érudition que de talent par un écrivain éminent, M. Matter, qui a donné en même temps les plus précieux détails sur la topographie de l'ancienne Alexandrie (1). Il n'entre pas dans le plan de notre livre d'exposer ici, même sommairement, la longue influence, les éclatantes illustrations et les vicissitudes de cette école célèbre. Il nous suffira de rappeler qu'à partir du moment où le christianisme s'éleva sur le trône impérial avec Constantin, l'école d'Alexandrie continua longtemps de lutter contre l'ordre de choses nouveau que voulait le monde et que protégeaient les empereurs, et que si elle succomba, dernier asile du polythéisme, sous le progrès des institutions chrétiennes, elle était encore une ruine glorieuse lorsqu'elle expira sous le mahométisme, qui venait de faire son entrée triomphante dans Alexandrie.

Pour entretenir ce luxe de monuments, de fondations, d'établissements divers réunis dans Alexandrie, il fallait de grandes ressources. Le commerce de la cité suffisait à tout. Touchant à l'Inde par la mer Rouge, à l'Europe par la Méditerranée, partie intégrante du continent africain et presque limitrophe de l'Asie,

(1) *Histoire de l'École d'Alexandrie, comparée aux principales écoles contemporaines*, par M. J. Matter, conseiller et inspecteur général de l'Université; 2ᵉ édition. Paris, 1840-1848. 3 vol. in-8.

Alexandrie était alors le point central du monde connu. Les vaisseaux grecs, romains et carthaginois venaient se rencontrer dans ses ports avec les caravanes arabes qui se pressaient sur les quais de cette ville. L'Orient s'y trouvait en présence de l'Occident. Alexandre avait si bien compris et si bien calculé toute l'excellence de cette position, qu'il fallut pour enlever a l'Égypte son monopole commercial, dix-huit siècles et la découverte du cap de Bonne-Espérance.

Sur les quais d'Alexandrie, dans ses marchés, au sein de ses rues, affluait une population de neuf cent mille âmes, population marchande ou industrielle, exploitant dans des échanges à peu près universels une mine féconde de richesses. Les communications intérieures étaient activées par des canaux et par des lacs. Celui de Canope, navigable du Nil à Alexandrie, servait, dans sa double destination, à l'entretien des fontaines et au transport des marchandises. Ce canal, fertilisant le pays qu'il coupait, était bordé de vignes, de dattiers et de sycomores. Sur ses rives se groupaient des maisons de plaisance et des jardins délicieux. C'est ce même canal que Méhémet-Ali a fait recreuser il y a quelques années, sous le nom de canal *Mahmoudieh*.

Telle fut l'Alexandrie des Grecs, ville de bonheur et d'opulence. Elle se montra, aux jours de sa jeunesse, riante, belle et fraîchement parée. Tout dans son sein respirait la joie et l'amour. Son histoire, elle-même, si on la considère indépendamment de l'influence littéraire et scientifique de sa célèbre école, n'est qu'un pompeux roman où tout est grandiose, sauf pourtant les passions humaines, qui s'y montrent mesquines et désordonnées. C'est à Alexandrie que régna la dernière des Lagides, Cléopâtre; c'est là qu'elle s'embarqua lorsque, sommée de comparaître devant le vainqueur, elle partit pour Tharse dans un navire à la carène dorée, aux voiles de pourpre et de soie ; c'est là qu'entraînant à sa suite un amant déchu, elle ramena sa flotte fugitive et vint, avant de mourir, noyer dans des orgies fastueuses les honteux souvenirs d'Actium.

Peu d'années auparavant, pendant la guerre contre Pompée, César combattant contre les habitants d'Alexandrie avait brûlé la flotte égyptienne, et l'incendie, se communiquant du port à la ville, avait consumé la célèbre bibliothèque des Ptolémées. Le dictateur n'a point parlé dans son histoire de ce désastre, mais Plutarque, Dion et Tite-Live nous en ont fourni le récit. C'est pour réparer la perte de tant de précieux manuscrits que Cléopâtre avait fondé à Alexandrie la bibliothèque du Sérapéon, pour l'accroissement de laquelle Marc-Antoine lui fit don des deux cent mille volumes de la bibliothèque d'Attale, roi de Pergame.

Devenue romaine, Alexandrie s'enrichit encore d'un grand nombre de monuments remarquables, parmi lesquels nous nous bornerons à citer le *Cæsareum*, ou temple de Jules César, le *Sébastéum*, temple d'Auguste, le *Claudium*, palais fondé par Claude pour la réunion des savants, à l'imitation du *Musée* ; elle se maintint quelque temps prospère sous ses nouveaux maîtres ; mais depuis le règne d'Adrien, et surtout depuis Caracalla, qui se vengea des épigrammes de la population d'Alexandrie par le massacre de ses habitants et la suppression de ses priviléges, cette ville déchut graduellement de son éclat et de sa puissance. Prise par Zénobie, reine de Palmyre, l'an 269 de notre ère, reprise en 272 par Aurélien, qui détruisit ou ravagea son plus beau quartier, le *Bruchion* ; subjuguée plus tard par des aventuriers, reconquise enfin par Dioclétien, en 298, elle passa à l'époque du démembrement de l'empire, sous la domination des empereurs d'Orient.

La décadence d'Alexandrie fut la conséquence nécessaire de la chute du polythéisme, dont elle était le foyer. Dès le premier siècle de l'Église, la foi chrétienne, introduite dans cette ville par l'évangéliste saint Marc, y avait jeté de profondes racines. Les docteurs du christianisme y avaient fondé, sous le nom de *Didascalée*, une école de philosophie, de dialectique et de polémique religieuse, qui, dirigée avec éclat par Athénagore, saint Panthène, saint Clément d'Alexandrie, Origène, combattit victorieusement, en face du Musée, les doctrines des philosophes païens. Siége d'un patriarcat, qui tenait le premier rang après Rome, Alexandrie était devenue la seconde métropole de la chrétienté; ses conciles, où se rassemblait l'élite des théologiens, firent autorité en matière de dogme, et son église compte au nombre de ses prélats les plus illustres, saint Anathase et saint Cyrille. Il y a, malheureusement, dans l'histoire d'Alexandrie chrétienne une page qu'on voudrait pouvoir effacer. Lorsque Théodose eut aboli, en 389, l'exercice du culte païen, l'exécution de ce décret, à Alexandrie, fut confiée au patriarche Théophile qui, dans l'ardeur de son zèle, excitant l'indignation populaire contre le temple de Sérapis, fit briser les objets d'art et les statues de ses portiques et disperser les livres de sa bibliothèque, qui était devenue le plus précieux dépôt des trésors littéraires de l'antiquité depuis l'incendie de la grande bibliothèque des Ptolémées. Les autres temples furent aussi dévastés, et nulle part, peut-être, la chute des monuments du paganisme ne s'opéra d'une manière plus violente, et nous pouvons ajouter, plus regrettable.

Malgré toutes ses vicissitudes, Alexandrie était encore florissante lorsque Amrou, lieutenant d'Omar, s'en empara, après un siége de quatorze mois, l'an 639 de notre ère. On connaît la lettre historique qu'écrivit le vainqueur à ce calife : « J'ai conquis la ville de l'Occident, et je ne pourrais énumérer ce que renferme son enceinte. On y trouve quatre mille palais, quatre mille bains, quatre cents théâtres, douze mille vendeurs de légumes verts, quarante mille juifs payant tribut, quatre mille musiciens et baladins... » Suivant le témoignage de trois écrivains arabes, Abd-Allatif, Aboulfaradje et Makrizi, le général musulman, dont la conduite fut pleine de clémence envers les habitants d'Alexandrie, se montra impitoyable pour les monuments des lettres et des arts que renfermait encore cette ville célèbre. Amrou ayant demandé à Omar ce qu'il devait faire des manuscrits qu'il avait trouvés à Alexandrie, le calife lui répondit : « Si ces livres ne contiennent que ce qui est écrit dans le livre de Dieu (le Koran), ils sont inutiles; s'ils sont contraires au saint livre, ils sont pernicieux; dans l'un et l'autre cas, brûlez-les... » L'historien Aboulfaradje, qui nous a conservé le texte de cette réponse, ajoute que, selon l'ordre d'Omar, les livres d'Alexandrie chauffèrent pendant six mois les bains de la ville. La critique a élevé des doutes sur l'acte de sauvage barbarie reproché au calife Omar ; on a fait remarquer que les musulmans n'avaient pu détruire, au septième siècle, la bibliothèque des Ptolémées, puisqu'elle avait péri par un incendie pendant la guerre entre César et Pompée. Mais cette objection est sans valeur. Il ne s'agit pas ici de la première bibliothèque des Lagides, laquelle d'ailleurs n'avait pas certainement péri tout entière (1), mais de

(1). Les textes hébraïques des livres de Moïse, traduits en grec sous Ptolémée Philadelphe, et qui se trouvaient dans la grande bibliothèque lorsqu'elle fut incendiée, avaient été transportés dans le Sérapéon, où ils existaient encore du temps de saint Jérôme.

celles qui lui avaient succédé. Le Sérapéon avait recueilli, avec les débris de cette grande collection, les deux cent mille manuscrits de Pergame, et plus tard ceux du Sébastéum ou temple d'Auguste, lorsque ce dernier monument eût été dévasté sous Aurélien. Les chrétiens, sous le règne de Théodose, avaient, il est vrai, comme nous venons de le voir, dispersé les manuscrits du Sérapéon, mais ils ne les avaient pas tous anéantis, et il a été constaté que depuis le cinquième siècle jusqu'à l'invasion arabe, il existait encore dans l'ancienne enceinte de ce temple de Sérapis un grand portique avec des salles de lecture où l'on avait réuni une bibliothèque considérable, formée des restes des anciennes, et dans laquelle devaient se trouver aussi les manuscrits rassemblés par les chrétiens d'Alexandrie. L'existence de cette nouvelle bibliothèque à l'époque de la conquête musulmane a été admise comme incontestable par Langlès (1) et Silvestre de Sacy (2), et depuis, complétement démontrée par M. Matter (3). Il ne peut y avoir à cet égard aucun doute, car on ne saurait admettre qu'il ne fût resté aucun dépôt de manuscrits, aucun centre de recherches littéraires et scientifiques dans une ville qui n'avait jamais cessé de cultiver les études profanes comme les études chrétiennes, qui comptait dans les derniers siècles de son existence littéraire d'illustres savants, comme Théon d'Alexandrie et sa fille Hypatie, des poëtes et des romanciers comme Coluthus et Achille Tatius, et où professaient encore, au moment de l'arrivée d'Amrou, Jean Philoponus et

(1) *Voyage de Norden avec notes et éclaircissements de Langlès*, tome III, page 173 et suivante.
(2) Sacy, *Ab-Allatif*, page 243.
(3) *Histoire de l'école d'Alexandrie*, deuxième édition, tome I, pages 323 à 329.

Marinus. Le lieutenant d'Omar a donc trouvé à Alexandrie des collections de manuscrits ; les historiens arabes attestent qu'il les a fait jeter au feu, et cet acte de barbarie est d'ailleurs trop conforme aux mœurs de la race mulsulmane pour qu'on puisse le révoquer en doute.

Sous les califes Abassides, qui transportèrent à *Fossat* le siége du gouvernement, la cité d'Alexandre, descendue au second rang des villes égyptiennes, marcha rapidement vers sa décadence. En 875, elle avait tellement souffert dans sa population, que la vaste enceinte de ses murs ne renfermait plus qu'un désert ; il fallut la resserrer dans un moindre espace. Les murailles grecques furent abattues sous le quinzième Abasside ; une enceinte nouvelle, flanquée de remparts et de tours, fut élevée par les soins de Touloun, alors gouverneur de l'Égypte. Dans cette enceinte se renferma l'Alexandrie sarrasine ou arabe, qui, inhabitée aujourd'hui, a pourtant conservé ce nom. Cette nouvelle cité, édifiée avec les matériaux de l'ancienne, n'était dépourvue ni de régularité ni de grâce. Coupée en échiquier, elle offrait le contraste de constructions récentes et d'édifices primitifs. Riche malgré toutes ses pertes, elle jouissait encore des bienfaits d'une admirable position, et gardait dans ses mains le sceptre du commerce asiatique. En 868, des lieutenants rebelles enlevèrent la ville aux Abassides ; les Fatimites s'en emparèrent en 969.

Au siècle des croisades, Alexandrie fut assiégée pendant trois ans par Amaury, roi de Jérusalem, et défendue par Saladin, dont le nom était encore inconnu, et qui devait plus tard régner glorieusement sur l'Égypte et la Syrie. Guillaume de Tyr, auteur contemporain, raconte cette expédition des Francs, et nous dit que la ville d'Alexandrie était alors florissante. « On y apporte

» de la haute Égypte, par le Nil, une grande quantité
» de marchandises et toutes les choses nécessaires à la
» vie. Les productions étrangères à l'Égypte y arrivent
» par mer de toutes les contrées et sont toujours en
» abondance; aussi dit-on qu'on y trouve toutes sortes
» d'objets utiles plus qu'en tout autre port de mer. Les
» Indes, le pays de Saba, l'Arabie, les deux Éthiopies,
» la Perse et toutes les provinces environnantes envoient
» dans la haute Égypte, par la mer Rouge, jusqu'à une
» ville nommée Jedda, située sur le rivage de cette mer,
» les aromates, les perles, les trésors de l'Orient et
» toutes les productions inconnues dans nos pays; ar-
» rivées en ce lieu, on les transporte sur le Nil, et de
» là elles descendent à Alexandrie; aussi les peuples
» de l'Orient et ceux de l'Occident se rencontrent-ils
» continuellement dans cette ville, qui est comme le
» grand marché des deux mondes. » L'archevêque de
Tyr ajoute qu'il y avait autour d'Alexandrie un grand
nombre de jardins qui présentaient l'aspect le plus
agréable et ressemblaient à de belles forêts. Quand la
bannière d'Amaury eut été arborée sur la tour du Phare
et qu'on eut signé la capitulation, les chrétiens s'em-
pressèrent d'entrer dans la ville, et furent très-surpris
de voir un si grand nombre d'habitants, armés pour sa
défense, se rendre à discrétion; les troupes d'Amaury
ne se composaient que de cinq cents chevaliers et de
quatre ou cinq mille fantassins, tandis que la cité avait
plus de cinquante mille hommes en état de porter les
armes. Cette expédition du roi Amaury est de l'an 1167.
(Voyez Guillaume de Tyr et Michaud, *Histoire des Croisades* et *Correspondance d'Orient*, t. VII). Quatre ans
plus tard (1171), Alexandrie fut conquise par Saladin,
et demeura, ainsi que toute l'Égypte, au pouvoir de sa
dynastie, et ensuite de celle des Mameloucks jusqu'en

1518, que le sultan Sélim la réunit à l'empire ottoman. De cette dernière époque date l'Alexandrie des Turcs, misérable débris de la cité d'Alexandre.

Déjà, au commencement du seizième siècle, un coup mortel lui avait été porté. Le cap de Bonne-Espérance, doublé par les navires de Gama, venait d'ouvrir au commerce de l'Inde une route nouvelle. Désormais réduite à des échanges avec l'Arabie et l'Afrique, frappée à mort dans son industrie comme elle l'avait été dans ses monuments, pressurée par des pachas avides, Alexandrie fut conduite jour par jour au dernier degré d'abaissement. Sa dépopulation fut si rapide, que la ville arabe devint à son tour trop vaste pour ses habitants; il fallut l'abandonner. Les sables empiétant sur la mer avaient agrandi le môle qui unissait l'île de Pharos au continent; c'est là que fut reléguée la moderne Alexandrie, c'est là, sur un promontoire étranglé, que quelques milliers d'âmes représentaient, il y a à peine un demi-siècle, les neuf cent mille Alexandrins des Lagides; c'est là qu'un amas confus de maisons délabrées tiennent la place de la cité des Ptolémées et des califes. Toutes les traditions, tous les monuments ont cédé au temps et au fanatisme. Le désert, libre dans ses envahissements, s'est jeté sur la ville comme sur une proie, il a enterré les pilastres, recouvert les colonnades et les chapiteaux, comblé les ports, les canaux et les aqueducs, enfin stérilisé cette campagne, jadis si animée et si vivante.

Aujourd'hui, sur ce sol bouleversé par tant de mains et durant tant de siècles, il ne subsiste plus que deux monuments de l'ancienne Alexandrie : la colonne dite de Pompée et les obélisques ou aiguilles de Cléopâtre. Nous en donnerons une description sommaire, et nous chercherons ensuite, en étudiant la topographie de la ville antique, à déterminer l'emplacement de ses grands édifices disparus.

La colonne de Pompée ou colonne Dioclétienne, située à un quart de lieue environ de la porte méridionale de la ville arabe, se trouvait jadis comprise dans l'enceinte même d'Alexandrie. Dominant les minarets, les obélisques et le château du Phare, elle n'a plus aujourd'hui qu'une utilité, celle de servir de point de reconnaissance aux vaisseaux qui arrivent du large et aux caravanes qui débouchent du désert. C'est une colonne haute de quatre-vingt-huit pieds et demi, d'un seul bloc de granit rose, dont l'exécution et le poli sont admirables; son diamètre est de neuf pieds; elle est un peu éclatée dans la partie qui regarde le levant; une masse carrée de soixante pieds de circonférence lui sert de base, supportée par deux assises de pierre liées ensemble avec du plomb. Cette solidité n'a pas été une garantie contre la rapacité des Arabes chercheurs de trésors, qui, au moyen de la mine, en ont détaché plusieurs fragments et ainsi dégradé le piédestal. On est effrayé quand on songe que cette colonne, dont le poids est si énorme, ne repose que sur un bloc de poudingue siliceux d'environ quatre ou cinq pieds de diamètre, ce qui n'est guère plus du tiers de la largeur du piédestal. On remarque même qu'elle a dévié un peu de la ligne verticale. Le fût est certainement d'un travail grec, tandis que la base, le piédestal et le chapiteau, d'un granit grisâtre, accusent, par leur style lourd et peu correct, le quatrième siècle de notre ère. Le chapiteau ne laisse pas néanmoins d'être d'un assez bel effet; sa hauteur est de neuf pieds; il est d'ordre corinthien, à feuilles de palmier sans dentelures. Une statue colossale paraît avoir surmonté autrefois le monument. Si l'on en juge par des fragments trouvés au pied de la colonne par M. de Choiseul-Gouffier, cette statue aurait été en porphyre. On remarque encore au-dessus du chapiteau l'encastrement destiné à la recevoir ; c'est une entaille circulaire de six pieds trois pouces de diamètre et de deux pouces de profondeur.

L'origine et la destination de ce monument ont donné lieu à des conjectures diverses. Quelques écrivains ont prétendu, sur la foi d'auteurs arabes, et sans le moindre fondement réel, que ce monolithe faisait partie d'un vaste édifice auquel seul il aurait survécu. M. Quatremère de Quincy, dans son *Dictionnaire d'Architecture*, tome I, admet encore la dénomination qu'on lui donne de *Colonne de Pompée*, et il rapporte l'opinion de Savary, suivant laquelle cette colonne aurait été érigée en l'honneur de Septime Sévère ; mais des recherches plus récentes ont prouvé qu'elle n'appartient ni à l'un ni à l'autre de ces personnages. Une inscription grecque gravée sur la base, du côté de l'ouest, et devenue fruste et presque illisible par la vétusté, avait été copiée avec soin par l'architecte de la commission d'Égypte, et publiée d'abord par Villoison dans le tome cinquième du *Magasin encyclopédique*, et ensuite par la commission d'Égypte dans son grand ouvrage. Cette inscription, complétée de nos jours à la suite de nouvelles études par Gardner Wilkinson, nous apprend que la colonne fut érigée en l'honneur de l'empereur Dioclétien, par un gouverneur de l'Égypte, nommé Pompeïus ou Pompeïanus. Le nom de ce gouverneur explique la tradition erronée qui a fait attribuer le monument à Pompée. Au reste, comme l'a remarqué Châteaubriand, cette belle colonne, considérée à part de ses accessoires, est plus ancienne que sa dédicace. Quelques archéologues croient qu'elle a été taillée dans une carrière de la Thébaïde, et que sa première destination n'a pas été pour Alexandrie. Ils pensent qu'elle a pu orner originairement la ville de Saïs. Champollion a trouvé dans le piédestal un cartouche de Psammeticus, un des pharaons saïtes, et l'histoire nous apprend que Psammeticus employait souvent des artistes grecs, ce qui expliquerait le caractère grec qu'on reconnaît à la colonne. Mais ce n'est là qu'une conjecture.

Les deux obélisques appelés les aiguilles de Cléopâtre, situés dans la partie orientale de l'ancienne Alexandrie, paraissent avoir orné l'entrée du *Cæsarium*, temple de Jules César. Ce sont deux monolithes de granit rose d'Égypte, dont l'un est encore debout, et l'autre renversé et couché sur le sable à peu de distance. Tous deux sont chargés d'hiéroglyphes de la base au sommet. L'obélisque qui est debout a soixante-trois pieds de haut sur sept pieds de côté à sa base; la face tournée vers le nord est un peu endommagée. On remarque parmi les figures dont il est couvert celles du bœuf, du serpent, du hibou, de l'épervier, de la chouette, du scarabée, du canard, de la cigogne, de l'ibis, du lézard, et de plusieurs oiseaux et insectes ailés. Ces figures sont sculptées en creux et enfermées dans des cadres formant des tableaux symétriques. Parmi les inscriptions que ces signes représentent, Champollion a lu les noms de Mœris et de Sésostris. On croit que ces deux monuments étaient autrefois à Héliopolis. Ce fut sans doute la reine Cléopâtre qui les fit transporter à Alexandrie, pour les placer devant le temple de César, ce qui leur aura fait donner le nom qu'ils portent.

La base de l'obélisque resté debout est aujourd'hui entièrement cachée dans le sable; on peut juger par celui qui est renversé du système d'après lequel l'autre est fixé sur son piédestal : quatre cavités carrées que l'on remarque au-dessous feraient présumer qu'il est

1.

retenu au moyen de quatre tenons, comme on l'a pratiqué pour l'obélisque égyptien de l'hippodrome de Constantinople. Nous avons aussi trouvé une de ces entailles sous l'obélisque de Louqsor (1).

A l'exception des deux monuments dont nous venons de parler, que reste-t-il maintenant des grandeurs d'Alexandrie? Quelques colonnes mutilées, des monceaux de ruine, la solitude du désert et ses sables brûlants. Comment donner une idée de ce que fut cette immense cité, où l'on trouvait des rues de cent pieds de large, droites, tracées au cordeau et à perte de vue, où l'on rencontrait à chaque pas des édifices de marbre, de porphyre, de granit, aux proportions grandioses et colossales?

Nous essayerons du moins de rechercher dans l'emplacement de la nouvelle Alexandrie la disposition générale et les principaux monuments de la capitale de l'Égypte grecque, en nous aidant à la fois et de l'examen des lieux et des renseignements fournis par les écrivains anciens et modernes, notamment par Strabon, qui nous a laissé la description la plus exacte et la plus détaillée de la ville d'Alexandre, par Arrien, Diodore de Sicile, Quinte-Curce, Hirtius, d'Anville, Bonamy, Pococke, Norden, l'ingénieur Saint-Genis, qui a amplement décrit les antiquités d'Alexandrie dans le grand ouvrage de la commission d'Égypte, sans oublier les travaux récents de sir Gardner Wilkinson et ceux de M. Matter, qui a cru devoir faire de la topographie de cette ville le préliminaire de son *Histoire de l'École d'Alexandrie*.

Nous avons déjà dit qu'Alexandre avait choisi pour y établir la capitale de son empire une langue de terre

(1) Les deux obélisques d'Alexandrie ont été donnés par Méhémet-Ali, l'un à la France, l'autre à l'Angleterre.

étroite, ou isthme, qui s'étendait entre le lac Maréotis et le rivage de la mer. Cet espace fut d'abord rempli par deux rues principales qui se croisaient à angle droit, l'une dirigée dans le sens de la longueur, c'est-à-dire de l'est à l'ouest, l'autre dans le sens de la largeur, du midi au nord. Ces deux grandes voies étaient chacune large d'un *plèthre* ou de cent pieds, et elles étaient bordées, dans tout leur développement, de magnifiques portiques soutenus par des colonnes. Le point où elles se rencontraient, au centre de la ville, formait une vaste place ornée de splendides édifices, et nous avons dans un romancier grec, Achille Tatius, un témoin oculaire de l'effet magique que produisait l'aspect de ces immenses colonnades prolongées dans tous les sens. Dans l'espace ainsi divisé par ces deux rues principales, dont nous avons pu, à notre premier voyage, suivre encore la direction sur le terrain, se succédaient une foule d'autres rues, toutes parallèles à celle-ci, et bâties en ligne droite, de manière à offrir aux vents étésiens, qui soufflaient du nord et qui rafraîchissaient la température, autant de voies larges et faciles. Une remarque que nous avons eu l'occasion de faire plusieurs fois dans nos voyages en Égypte et en Syrie, c'est que cet admirable plan d'Alexandrie a servi de modèle pour toutes les autres villes fondées ou reconstruites par les Ptolémées ou les Romains, leurs successeurs, soit en Égypte, comme Arsinoé, soit en Syrie, au delà du Jourdain, comme Gérasa (Djérasch) et Philadelphie (Rabbath-Ammon).

Telle était donc la forme générale d'Alexandrie, dont la longueur, mesurée de la *porte Canopique*, à l'est, à la *porte de Nécropolis*, à l'ouest, était, suivant Strabon, de trente stades ou d'une lieue un quart. La largeur de l'isthme ou de la ville, prise de la *porte du Soleil* à la *porte de la Lune,* et évaluée par le même auteur à sept ou huit stades, donne, en se combinant avec la mesure de la longueur, un chiffre de quatre-vingts stades pour le circuit entier de la ville, mesure qui est précisément celle que Quinte-Curce assigne à l'enceinte de la cité, telle qu'elle fut tracée par le fondateur. On en peut conclure qu'entre les temps d'Alexandre et ceux de Vespasien, Alexandrie était restée dans les mêmes limites, en sorte que les accroissements dont parlent d'autres auteurs, tels que Diodore de Sicile, ne purent consister qu'en une augmentation du nombre des édifices qui remplirent successivement le vaste espace tracé par le fondateur.

La chaussée qui réunissait l'île de Pharos au continent se nommait, nous l'avons dit, l'*Heptastade*, parce que sa largeur était de sept stades. Cette chaussée, qui dut entrer dans le plan d'Alexandre, bien qu'elle ne semble avoir été construite que sous le règne du premier des Lagides, Ptolémée Soter, portait un aqueduc destiné à faire arriver dans l'île de Pharos les eaux du Nil, et établissait, par deux ouvertures qui y avaient été pratiquées, une double communication entre les deux ports qu'elle séparait. Ainsi, cette île, dont la forme oblongue se déployait parallèlement à la côte de l'Égypte, était devenue une partie d'Alexandrie, tout en formant une ville à part qui resta peuplée et florissante jusqu'à la guerre de Jules César; en même temps elle servait à protéger l'entrée des deux ports qu'elle dominait à chacune de ses deux extrémités, de l'est à l'ouest.

De la pointe orientale de l'île de Pharos se détachait une masse de rochers entourée d'eau de toutes parts. C'est là que fut bâti, sous le règne de Ptolémée Philadelphe (283 avant J. C.), le célèbre *Phare d'Alexandrie*, que l'antiquité considérait comme un chef-d'œuvre de l'art et l'une des sept merveilles du monde. Un vaste corps de bâtiment en marbre blanc ouvert de tous côtés composait le premier étage. Ce palais était surmonté d'une immense tour carrée également en marbre avec des galeries étagées les unes au-dessus des autres, formant les plus gracieuses colonnades. La hauteur totale du monument était de quatre cents pieds. Au sommet se trouvait un grand miroir d'acier qui réfléchissait les vaisseaux avant que l'œil pût les apercevoir à l'horizon. Des feux étaient entretenus au sommet pour guider les navires. Si l'on en croit l'historien Josèphe, ces feux auraient éclairé les navigateurs jusqu'à la distance de trois cents stades ou dix lieues marines; mais certainement cette distance est exagérée. Une pareille puissance de lumière est d'autant moins croyable, que ce n'était qu'un feu de bois ordinaire qu'on employait.

Longtemps après la fondation du Phare, on réunit le rocher à l'île de Pharos au moyen d'une digue étroite, défendue par des murs crénelés de seize cent cinquante pieds de long et percée d'arches pratiquées dans l'épaisseur de la chaussée, à l'effet de diminuer la violence des vagues venant du large.

Jusque vers la fin du premier siècle de l'hégire, le Phare se conserva dans son entier, mais sous le règne du sultan Oualyd-ben-A'bd-el-Melek, l'an 705 environ de J. C., il commença à subir les effets de la destruction. En 793 un tremblement de terre fit crouler la partie supérieure. Ahmed-ben-Touloun le répara vers l'an 873, et le fit couronner d'un vaste dôme en charpente. Plus tard, en 1274, plusieurs piliers et colonnes des étages les plus élevés s'écroulèrent. Vers cette même époque on y construisit une mosquée qui fut détruite en 1303 par un tremblement de terre, dont le Phare eut encore à souffrir. Cette fois ce monument disparut presque entièrement.

Après la chute d'un enduit appliqué sur la face tournée vers le nord, on découvrit une inscription dont chaque lettre en plomb n'avait pas moins d'une coudée de haut sur une palme de large. Elle portait ces mots : *Sostrate de Cnide, fils de Dexiphane, aux dieux protecteurs, favorables aux navigateurs.*

D'après le récit de quelques historiens, Sostraté, auteur du monument, ayant reçu l'ordre d'y graver le nom de Ptolémée Philadelphe, pour immortaliser son règne par cet ouvrage, y mit le nom de ce prince sur un enduit, lequel étant tombé au bout de quelques siècles, laissa voir alors celui de l'architecte caché dessous.

En 1518, le Phare étant alors entièrement ruiné, le sultan Sélim fit construire sur l'emplacement une mosquée et le château que l'on y voit aujourd'hui. Les Francs désignent cet édifice par le nom de *grand pharillon*, pour le distinguer du *petit pharillon*, élevé sur le cap *Lochias;* les Alexandrins l'appellent *Kasr* (château fort). Il consiste en une enceinte considérable au milieu de laquelle se trouve le fort, qui n'occupe qu'une très-petite partie des constructions. Malgré la vaste surface de cette enceinte, elle ne paraît pas être, à beaucoup près, aussi spacieuse que l'était le soubassement du phare grec. L'îlot même sur lequel est bâti le château a perdu de son étendue par l'effet de l'action des vagues, qui usent et corrodent le rocher.

Le fort d'Alexandrie est une tour carrée, flanquée aux angles de quatre tourelles, et portant au-dessus de la plate-forme un donjon couronné par une lanterne où l'on allume des feux pendant la nuit pour servir de guide aux vaisseaux. Une triple enceinte fortifiée à la moderne lui sert de remparts. Vu de loin, en mer, ce château se montre entouré d'une quantité de grandes pierres placées debout et répandues le long du rivage ; ce sont des monuments tumulaires. A droite, une colonne élevée à l'entrée du port en indique la passe aux vaisseaux qui arrivent, de même que celle que l'on voit de l'autre côté en face. Le château du Phare est mieux conservé extérieurement qu'intérieurement. L'insouciance musulmane semble aussi bien appliquer la maxime fataliste de l'islamisme aux choses qu'aux personnes ; elle verrait tout crouler qu'elle ne réparerait rien. Pour le musulman, il est écrit qu'il faut que tout périsse, et il laisse tout périr. Le château du Phare se ressent considérablement dans l'intérieur de cet abandon. Des pans de murs, des portions de l'édifice sont tombés dans plusieurs endroits ; mais c'est surtout dans la mosquée que le ravage s'est particulièrement fait sentir : elle est presque entièrement ruinée aujourd'hui. Le minaret qui subsiste encore est assez bien conservé ; il domine de beaucoup par son élévation les murs du fort. Sa forme grêle et élancée, embellie par des galeries étagées qui tournent en dehors des murs, ajoute à l'effet général du monnment. L'architecture du fort est de style arabe. Comme ce style a pris naissance à la même source que l'architecture chrétienne du moyen âge, le château du Phare, aux yeux des personnes qui n'ont pas étudié sérieusement ces questions, semble avoir quelque analogie avec nos châteaux féodaux.

En dehors de l'Heptastade et dans le rayon du grand port s'étendait le plus beau quartier d'Alexandrie, celui des palais, des temples grecs, de la Bibliothèque, du Musée, et qui fut si célèbre dans l'antiquité sous le nom de Bruchion. Sur un quai magnifique auquel aboutissaient de nombreuses rues transversales, on pouvait parcourir le circuit du grand port, qui, sur une étendue de trente stades, était bordé de chantiers, d'arsenaux et de magasins, sous les noms antiques de *néories* et d'*apostases*. Ces établissements, où venaient se déposer les richesses du commerce du monde entier, conduisaient à un vaste marché, *emporium ;* un peu plus loin était le *Cæsareum* ou *Cæsarium*, temple de Jules César, dont le site est marqué par les aiguilles de Cléopâtre, que nous avons décrites plus haut. Tout ce sol, abandonné par la population moderne, est couvert de débris de colonnes et de chapiteaux, et les buttes de décombres qui s'y rencontrent renferment, à n'en pas douter, de nombreux vestiges des édifices d'Alexandrie. Près des obélisques de Cléopâtre, on voit une tour d'architecture antique, qui s'appelle encore la *Tour des Romains*, et qui peut avoir fait partie du Cæsareum. Non loin de là était le *Mausolée* ou tombeau de Cléopâtre; à peu de distance vers l'est sont des restes de constructions auxquelles s'attache, dans la tradition populaire, le nom de palais. Il n'est pas douteux que ces ruines et cette dénomination n'indiquent le site d'un des palais royaux, que Strabon nous montre dans cette région de la ville se succédant jusqu'au promontoire Lochias, et occupant, avec leurs vastes jardins, un tiers de la cité. C'est encore dans le voisinage de la tour des Romains que s'élevait, sur un écueil fortifié et agrandi par l'art, le *Posidium*, ou temple de Neptune, et un peu plus loin, sur une chaussée construite dans le port même, le *Timonium*, palais que s'était fait bâtir Marc-Antoine lorsqu'après sa défaite d'Actium, abandonné de la fortune et de ses amis, il voulut, à l'exemple du fameux misanthrope Timon, vivre dans la retraite. Le principal des palais des rois Lagides occupait le promontoire de Lochias, où des ruines en montrent la place, et l'on présume que, sur le point du rivage qui y confinait, avait été construit le *Sébastéion* ou *Sebastéum*, temple d'Auguste, un des plus beaux et des plus grands édifices d'Alexandrie, devant la façade duquel l'empereur Claude avait fait ériger deux obélisques qui sont maintenant à Rome. Ce temple renfermait sous ses portiques une bibliothèque et des salles de lecture pour les savants et pour la population lettrée de la ville. Dans le quartier de Bruchion, se trouvaient aussi le fameux *Musée* destiné à la réunion des savants qui y vivaient aux frais de l'État, et la grande bibliothèque des Lagides. L'incendie qui, se communiquant de la flotte égyptienne à la ville, consuma, comme nous l'avons dit, cette bibliothèque du temps de Jules César, épargna le Musée; d'où il suit évidemment que la bibliothèque était située plus près du port, et que le Musée occupait une position plus reculée dans le Bruchion; mais c'est là tout ce que nous savons sur l'emplacement de ces deux grands monuments. On ignore pareillement quelle put être, dans cette même partie de la ville, la situation précise de l'*Homérion*, ou monument d'Homère, de l'*Arsinoëion*, ou temple d'Arsinoé, un des édifices construits par Dinocrate sous le règne de Ptolémée Soter (voyez Pline, liv. XXXIV); celle du théâtre, qui communiquait au palais habité par Jules César, au moyen d'une *syrinx*, ou galerie couverte, située entre la Palestre, et ce que Polybe appelle le *méandre*, qui, suivant Bonamy, serait la même chose que le manége (*Mémoires de l'Académie des Inscriptions*, t. IX). Un autre édifice célèbre, qui n'a laissé aucune trace reconnaissable, est le monument ou temple d'Alexandre, si fréquemment cité, dans les écrits des anciens, sous le nom de *Sôma*, le corps, ou sous celui de *Sêma*, le tombeau. On y avait déposé le corps d'Alexandre dans un cercueil d'or. Quelques historiens disent qu'un fils de

Ptolémée Aulètes, cédant à la cupidité, enleva ce cercueil, auquel il en substitua un autre de verre. Auguste, étant venu à Alexandrie, visita le tombeau du roi macédonien, et, en témoignage de sa vénération, le couvrit de fleurs et lui dédia une couronne d'or. Suivant l'indication que nous donne Achille Tatius, il paraît que le monument d'Alexandre était situé près de la grande place formée par la rencontre des deux rues principales, et, d'après Strabon, près des tombes royales des Ptolémées. La tradition arabe, qui s'est continuée à travers les siècles du moyen âge, lui assigne un emplacement et une forme qui ne peuvent être admis par la critique. Il en est de même de l'opinion qui règne parmi le peuple d'Alexandrie au sujet du beau sarcophage de brèche égyptienne, pris pour le cercueil de ce conquérant, et longtemps placé dans l'ancienne basilique dite la mosquée d'Athanase. On sait aujourd'hui que ce sarcophage, qui devait être un des trophées de l'expédition française, et qui se trouve au Musée britannique, a renfermé le corps du Pharaon Amyrtée, et que c'est un monument de la pure antiquité égyptienne.

Au sud du Bruchion, entre la grande rue longitudinale et le lac Maréotis, dans un quartier dont le nom même est ignoré, se pressaient un grand nombre d'autres édifices qui n'ont laissé que des vestiges confus, tels que le *Gymnase*, dont les portiques avaient plus d'un stade, et qui longeait cette grande rue; le *Dicastérion*, ou palais de justice; le *Stade*, l'*Amphithéâtre* et le *Panéion*, ou temple de Pan, que Strabon nous représente comme une tour à étages, dans le goût des grandes tours assyriennes, terminée par une plateforme à laquelle conduisaient des escaliers en spirale, et renfermant une grotte consacrée au dieu Pan.

Dans la partie occidentale de l'ancienne Alexandrie,

sur un espace limité à l'est par la rue transversalle conduisant du lac Maréotis à la mer, et à l'ouest par le port d'*Eunostos* ou du *Bon Retour*, aujourd'hui port Vieux, s'étendait le quartier de *Rhacotis*, l'ancienne bourgade égyptienne, enveloppée dans la ville grecque. C'est dans ce quartier, habité par la population égyptienne, qu'avaient été bâtis les temples consacrés à la religion de l'Égypte, tels que celui d'Isis, projeté par Alexandre, et dont il n'est resté d'ailleurs aucune trace, ni dans l'histoire ni sur le terrain ; tels, surtout, que le temple de Sérapis, le *Sérapéion*, le plus bel édifice d'Alexandrie et l'un des plus beaux monuments du monde entier, si complétement détruit qu'on n'est pas d'accord sur le site qu'il occupait. Les uns le placent presque à la pointe du Rhacotis, là où une masse de ruines se trouve marquée sur le plan de la commission d'Égypte ; d'autres un peu plus au sud, près de la colonne dite de Pompée. Ce n'est donc plus que d'après les témoignages des auteurs anciens que nous pouvons nous faire quelque idée du Sérapéion d'Alexandrie, qui ne le cédait en magnificence qu'au Capitole de Rome. Deux de ces écrivains, qui l'avaient vu peu d'années avant sa destruction, Ammien Marcellin et Ruffin, nous le décrivent comme un édifice élevé sur un énorme soubassement, au faîte duquel on arrivait par un escalier de plus de cent degrés. L'intérieur de ce massif était rempli de plusieurs étages de voûtes où se trouvaient distribués de nombreux appartements séparés par des galeries et des corridors, et où se pratiquaient des cérémonies secrètes. Le sommet de la plate-forme consistait en un immense carré, dont les extrémités, formées de portiques, étaient occupées par des salles de conférence et par les habitations de personnes vouées au culte. Au centre de cet espace s'élevait le temple, bâti tout en marbre, orné de colonnes des matières les plus précieuses, et rempli d'un nombre infini de belles statues et de toutes sortes de chefs-d'œuvre de l'art. On sait que ce magnifique édifice renfermait aussi la bibliothèque fondée par Cléopâtre, et dont nous avons déjà parlé. Cette bibliothèque, qui avait fait du Sérapéion le principal siége des études littéraires et philosophiques, après la destruction du Musée accomplie sous Aurélien, devint peut-être aussi la cause de la perte de ce grand monument. Les païens d'Alexandrie, qui s'y étaient retirés comme dans une citadelle, où ils provoquaient l'animosité des chrétiens, plus nombreux qu'eux et aussi ardents, attirèrent enfin le décret de Théodose (389), qui prononçait l'abolition du paganisme. Nous avons dit comment le zèle religieux du patriarche Théophile fit détruire alors le *Sérapéion* et disperser les manuscrits de sa bibliothèque. On éleva à la place du temple renversé une église dont il n'est point resté de traces.

Sur toute l'étendue de l'ancienne ville, dans un espace de plusieurs lieues, on trouve des ruines de toute espèce : ici des pilastres de marbre, de porphyre ou de granit couchés par terre ; là des colonnes d'une dimension colossale, les unes fracturées, les autres dressant encore vers le ciel leur fût découronné ; partout des portions d'obélisques, des fragments de chapiteaux, d'entablements pêle-mêle, enterrés, entassés dans la poussière ou dans le sable, qui attestent à chaque pas la grandeur de l'ancienne cité. Mais combien d'autres précieux débris gisent encore misérablement cachés dans des constructions arabes et turques de la ville moderne ! L'ingénieur de l'expédition française, Saint-Genis, cite la cale d'embarquement du vieux port comme toute formée de troncs de colonnes. La digue du Phare est pareillement construite de beaux fûts entiers de ce granit oriental, matière favorite de l'art de la belle époque égyptienne, confusément mêlés avec des tronçons de colonnes en marbre, de style grec, et tous couchés horizontalement. Enfin nous avons vu, entre le quartier des consulats et la douane, tout un massif de colonnes antiques, en granit de toutes les couleurs. Cette masse de fragments antiques, si barbarement employés, sert de fondations aux habitations modernes de ce quartier, et il n'est pas douteux que ces colonnes de granit, avec des chapiteaux dans le goût égyptien, ne soient autant de débris des temples consacrés aux dieux de l'ancienne Égypte, où les Grecs s'étaient certainement attachés à suivre, soit de leurs propres mains, soit de celles des artistes nationaux, les principes et les procédés de l'art égyptien.

Il ne reste rien des anciens murs de la ville grecque, qui, suivant Strabon, formaient dans leurs contours la figure d'une chlamyde macédonienne; mais la ville arabe, qui n'occupait qu'une faible partie du territoire de la cité des Ptolémées, et qui elle-même a été à peu près complétement abandonnée, a conservé presque tout entière son enceinte de murailles, construite sous la domination des califes et réparée au temps de Saladin. Les remparts, qui ont une lieue et un quart de circuit, étaient fortifiés par cent tours demi-circulaires, de grandeur inégale, et dont un assez grand nombre sont encore debout, quoique fort dégradées. Les matériaux qui ont servi à les construire sont mêlés de fragments de marbre tirés sans doute des ruines de la ville grecque. Des créneaux en couronnent le faîte, auquel on arrive par des escaliers pratiqués dans l'intérieur. Parmi les tours qui bordent cette enceinte, plusieurs se distinguent par leur grosseur et sont garnies d'une double muraille. Les plus belles font face à la mer dans la partie qui s'étend du nord-est au nord-ouest. Deux surtout l'emportent sur les autres par leurs dimensions. L'une d'elles a trois étages; l'autre, qui appartient à l'aga, et qui est située au nord, servait autrefois de douane. Dans les grandes tours, l'escalier est une vis de Saint-Gilles à noyau. Leurs voûtes, composées de matériaux hétérogènes et mal appareillés, sont pour l'ordinaire des voûtes angulaires en arc de cloître, demi-sphériques et formant des dômes. Toutes ces tours ont une plate-forme en saillie à la partie supérieure avec des machicoulis. Une poterne s'ouvre à leur pied, et a sa sortie dans le fossé qui entoure les murailles. Le seuil de la plupart de ces poternes est élevé au-dessus du fond du fossé de six pieds environ. Des massifs de maçonnerie masquent aujourd'hui l'entrée d'un grand nombre d'entre elles. Depuis que nous avons fait cette description sur les lieux même, nous croyons que cette partie des anciens remparts a subi des changements.

On pénétrait dans la ville arabe par cinq portes pratiquées dans des tours, et dont deux se trouvent sur le front de la nouvelle cité; une donnant sur le port Vieux, appelée *Bâb-el-Bahr* ou porte de la Marine; une autre à l'est, dite *porte de Rosette*. La porte de la Colonne est située au sud. Les battants de ces portes sont solidement construits en bois de sycomore et recouverts à l'extérieur par des lames de fer tenues avec des clous saillants et à facettes. La rouille a dévoré complétement les lames de fer, tandis que le bois est dans un bon état de conservation. On lit sur les faces des portes des inscriptions en caractères arabes et koufiques, qui indiquent l'époque de leur construction. Outre les portes que nous venons de désigner, quelques brèches pratiquées dans les murs pendant notre séjour dans cette ville servaient aussi de passage.

Au nombre des antiquités de l'ancienne Alexandrie qui pouvaient, il y a encore quelques années, exciter l'intérêt des voyageurs, nous signalerons la mosquée *des mille colonnes*, désignée sous le nom de *basilique des Septante*, à cause de la traduction de la Bible hébraïque, que Ptolémée, fils de Lagus, y fit faire par soixante-dix interprètes, et la mosquée de Saint-Athanase, ancienne église chrétienne qui renfermait un grand nombre de colonnes antiques, la plupart de marbre cipollin, quelques-unes de granit, toutes de formes et de proportions différentes, avec des chapiteaux variés aussi, lesquelles colonnes avaient été enlevées par les chrétiens à d'anciens édifices sacrés d'Alexandrie. La mosquée d'Athanase, qui a été décrite avec soin dans l'ouvrage de la commission d'Égypte, a disparu dans ces derniers temps. Sa destruction est d'autant plus regrettable, que plusieurs de ses colonnes, qui n'ont jamais été dessinées, paraissaient appartenir, par leurs proportions et par leurs chapiteaux, à l'ordonnance corinthienne des Grecs, et auraient pu fournir des lumières précieuses sur le développement de cette ordonnance qui s'était sans doute formée à Alexandrie et qui avait été portée de là à Rome, dans l'état où nous la voyons sous Auguste. C'est dans la mosquée d'Athanase que fut placé durant des siècles, pour servir d'abord au baptême des néophytes chrétiens, et ensuite aux ablutions des musulmans, ce célèbre monolithe qu'on supposait être le cercueil d'Alexandre, et qu'on sait maintenant avoir été le sarcophage du roi égyptien Amyrtée.

Près de la même mosquée on rencontrait encore debout, au temps de l'expédition française, trois colonnes monolithes de granit rouge, dont le fût avait trente-six à quarante pieds d'élévation sur dix pieds de diamètre. L'entre-colonnement était de quinze à vingt pas. D'après un espacement aussi extraordinaire, il est difficile de concevoir qu'elles fussent là dans l'ordre de leur destination primitive. Leur alignement se dirigeait sur la rue qui va de la porte de Rosette à la porte occidentale du port Vieux. Elles ont aujourd'hui complétement disparu.

La façade intérieure des premières maisons de droite, en entrant dans le village situé près de la porte de Rosette, présentait sept à huit autres colonnes également de grande dimension, engagées dans la bâtisse du mur. Ce village est aujourd'hui presque entièrement détruit. Quelques auteurs pensent que ces ruines ont appartenu à la colonnade du portique de l'ancien gymnase, auquel les écrivains de l'antiquité donnaient six cents pieds de long; mais l'emplacement du gymnase était, comme nous l'avons dit, dans la partie méridionale de la ville.

Hors de l'ancienne Alexandrie, à l'est, entre la porte de Canope et la mer, il existait un vaste faubourg, construit sous les Romains et appelé *Nicopolis* en l'honneur de la victoire qui avait livré à Auguste l'empire du monde. C'était, sous la domination des empereurs, le plus beau quartier d'Alexandrie; il était orné de temples et d'édifices destinés à la célébration des jeux quinquennaux; mais il n'y subsiste plus aujourd'hui le moindre vestige d'antiquité.

A l'autre extrémité de l'ancienne ville, vers l'occident, s'étendait la grande nécropole d'Alexandrie, qui formait un autre faubourg appelé *Necropolis*, ainsi que la porte pratiquée dans cette partie de l'enceinte. On voit encore de ce côté, sur un point rapproché des bords de l'ancien lac Maréotis, et à près d'une lieue des murailles de la ville moderne, une vaste catacombe qui, par le caractère de son architecture, appartient évidemment à l'époque romaine. Quelques écrivains ont dit, sans le moindre fondement, qu'elle était destinée à servir de sépulture aux rois Lagides, et que c'est au milieu de ces tombeaux que s'était réfugiée Cléopâtre après la mort d'Antoine. Il est certain, d'après le témoignage de Strabon (liv. XVII), que les tombes royales des Ptolémées étaient situées dans l'intérieur de la ville, près du *Sôma* d'Alexandre. L'entrée des catacombes du faubourg de Nécropolis donne sur les bords de l'ancien lac. On y pénètre par une baie de soixante mètres de profondeur sur vingt-six de large, fermée par deux gros rochers qui laissent à peine un passage pour les canots. A l'extrémité de la baie, le terrain s'élève en pente roide; au milieu de cette pente est un trou étroit par lequel on descend dans une première salle de vingt-cinq pieds de long sur vingt-six pieds de large. De chaque côté sont de petites chambres carrées où, malgré le sable qui les encombre, on peut distinguer de belles voûtes supportées par des pilastres avec des corniches de fortes proportions. Un enduit cristallisé en recouvre les parois, sur lesquelles on a tracé des lignes rouges convergeant vers la clef de voûte, où l'on voit l'image d'un soleil. Des niches en berceau et ornées également de pilastres supportant une corniche sont pratiquées dans les murs de ces petites chambres, et étaient destinées sans doute à recevoir des cercueils. Une porte de dix pieds de large conduit de là à une salle plus vaste, mais encombrée de sable jusqu'au plafond. De même qu'à la première, on y remarque de petites chambres à droite et à gauche parfaitement semblables aux précédentes. Plusieurs autres pièces non moins curieuses existent dans le voisinage. Enfin, on arrive à une belle salle de cent soixante cinq pieds carrés, ouverte aux quatre faces par quatre portiques, dont trois enrichis de pilastres sont surmontés par des frontons ornés de denticules et de modillons, et dominés par un croissant. La façade de gauche a de chaque côté une petite porte, dont une corniche denticulée décore la partie supérieure. Cette salle précède une belle rotonde de vingt pieds de diamètre sur près de dix-huit d'élévation. Une belle corniche règne sous le pourtour du dôme, qui en forme le haut. Le bas est décoré d'une bordure de pilastres dont l'ordonnance est particulière. Neuf tombeaux, semblables pour les décorations à ceux que nous avons décrits dans la première salle, sont pratiqués tout autour dans les murs. Cette rotonde semble être le centre et le but spécial du monument. Une foule d'autres salles et de corridors, dont nous passons les détails, forment avec ce que nous venons de voir un ensemble vaste et imposant. Tout indique que cette catacombe était destinée à quelque famille puissante qui, du reste, n'a laissé aucune inscription, aucun signe propre à la faire connaître.

Au nord et à une assez grande distance de ce monument, près de la mer, on remarque dans les rochers qui bordent le rivage, de nombreuses excavations qui ont servi à l'usage de sépultures. Une de ces excavations, qui porte vulgairement le nom de *Bains de Cléopâtre*, doit avoir été l'une de ces retraites destinées à l'opération de l'embaumement, que Strabon (l. XVII) signale en cet endroit. Pour un poète ou un artiste, rien de plus pittoresque et de plus délicieux que ces prétendus bains de Cléopâtre. De chaque côté d'un grand bassin creusé dans l'un des rochers du rivage, on a taillé deux jolies grottes avec des bancs en pierre qui en occupent la largeur. L'eau de la mer y arrive pure et limpide par un petit canal sinueux, dont les zigzags empêchent que le sable poussé par le flot ne vienne encombrer les salles. Assis sur les bancs de pierre, l'on a de l'eau à peine jusqu'à la ceinture. Un fond de sable fin et moelleux s'étend et frémit doucement sous vos pieds, chaque fois que la vague en s'introduisant dans le canal vous soulève, et ressort pour revenir encore vous apporter avec une eau toujours nouvelle une voluptueuse fraîcheur.

De tous les monuments d'Alexandrie qui ont échappé à une destruction complète, les citernes sont ceux qui offrent le meilleur état de conservation. Dans un pays où l'eau est rare, on dut donner beaucoup de soins à ces constructions; aussi celles d'Alexandrie sont-elles fort remarquables. Vastes et profondes, elles s'étendaient sous la ville à des niveaux de quinze ou dix-huit pieds au-dessous des eaux de la mer. Bâties en voûtes, elles ont deux et trois étages d'arcades supportés par de belles colonnes. Un ciment imperméable à l'eau recouvre entièrement les parois intérieures. Aux angles, on remarque des puits demi-circulaires où l'on a pratiqué des échancrures en forme d'échelons, pour faciliter aux ouvriers le moyen d'y descendre dans les cas de réparation et de curement, nécessités par les dépôts de vase que les eaux du Nil y font tous les ans. Autrefois les citernes étaient très-nombreuses. Il n'y a pas longtemps qu'on en comptait encore trois cent soixante en état de recevoir les eaux. Aujourd'hui ce nombre n'est guère que de deux cent sept, et il diminue tous les jours.

La ville d'Alexandrie se représentait sous les traits d'une femme debout, la tête coiffée d'une dépouille d'éléphant et appuyée de la main droite sur une haste. Tel est le type d'assez nombreuses médailles de Vespasien et de ses fils, où cette figure est accompagnée de l'inscription : *Alexandreia*. Il existe encore une autre image très-curieuse d'Alexandrie personnifiée : c'est une statuette de femme assise, portant sur la tête une couronne de tours, tenant dans ses mains des épis et des fruits, et ayant à ses pieds un *rostrum* de navire, par allusion au riche commerce qui se faisait dans le port d'Alexandrie. Cette statuette, qui est d'argent, avec la draperie et les accessoires dorés, formait, avec trois autres figures analogues, représentant Rome, Antioche et Constantinople, l'objet principal de la décoration d'un siége consulaire portatif, qui fut trouvé à Rome, vers la fin du siècle dernier, dans un coffre d'argent destiné à contenir la toilette d'une dame romaine du cinquième siècle de notre ère. Cette toilette, publiée alors par Visconti (*Opera varia*, t. I), fait maintenant partie du cabinet de M. le duc de Blacas.

En terminant cette description et cette histoire d'Alexandrie, et avant de pénétrer plus avant sur le sol de l'antique Égypte, dont nous nous proposons de décrire les monuments, les arts, les mœurs et les usages, il nous semble nécessaire de résumer en quelques pages l'histoire de ce pays qui a été le berceau de la civilisation, et qui fixe encore, après tant de siècles, l'attention du monde.

CHAPITRE DEUXIÈME.

Résumé de l'histoire de l'Égypte depuis son berceau jusqu'à nos jours. — Sa géographie générale; ses productions, son climat; le Nil; Races diverses qui habitent l'Egypte; ses divisions territoriales.

Il n'est point de contrée dans l'univers qui ait jeté plus d'éclat que l'Égypte ancienne, point d'empire qui ait eu des périodes aussi longues de vie calme et heureuse; point de terre qui, à défaut de pages écrites, ait laissé plus de monuments pour raconter au monde ses magnificences passées.

Au début de l'histoire de cette reine de l'antiquité, on rencontre des difficultés chronologiques qui resteront à jamais insolubles malgré les progrès de la science. Les prêtres égyptiens donnaient à l'existence ante-historique de leur nation des myriades d'années, pendant lesquelles ils prétendaient qu'elle fut gouvernée par les dieux et les demi-dieux ou héros. La période de la domination des premiers était fixée par quelques-uns à quarante-deux mille ans, sur lesquels douze mille étaient attribués au règne de *Phtah* ou Vulcain, et trente mille au règne du Soleil. A cette première époque succédait la domination des demi-dieux, dont les Grecs ont fait leurs douze grands dieux. Suivant Hérodote, les hiérophantes de Thèbes et de Memphis calculaient que, de son temps, l'Egypte existait depuis 11340 ans. On voit qu'il est impossible d'établir un système sur ces données contradictoires, évidemment fabuleuses.

Le plus ancien document écrit, qui puisse aider la critique à éclaircir l'histoire primitive de l'Égypte, est la nomenclature des dynasties égyptiennes donnée par Manéthon, grand prêtre d'Héliopolis, qui, 300 ans avant notre ère, sous les Ptolémées, fut chargé de rédiger, d'après les archives sacrées dont il était le dépositaire, une histoire ancienne de l'Égypte. Il n'est resté de son travail que des tables chronologiques qui nous ont été conservées par divers historiens de l'antiquité. Telles que nous les possédons, elles présentent des variantes et des lacunes; mais elles fixent avec certitude ou probabilité les points principaux de cette histoire reculée, et les savants modernes, qui sont parvenus à arracher aux hiéroglyphes une partie de leur secrets, ont souvent trouvé, dans les inscriptions qui couvrent les ruines égyptiennes, la confirmation des données de Manéthon, et quelquefois le moyen de corriger les erreurs dont les auteurs qui nous l'ont transmis avaient déparé son travail. La principale de ces erreurs venait de ce que l'Égypte ayant été, à plusieurs époques, partagée en divers royaumes et entre divers princes, les copistes de Manéthon avaient, sur les tables chronologiques, additionné comme se succédant l'une à l'autre, des dynasties qui régnèrent simultanément dans des localités différentes.

En rapprochant les notions fournies par Manéthon, Hérodote, Diodore de Sicile et Ératosthènes de celles qui ont été le résultat des découvertes modernes, les historiens sont arrivés à constater un certain nombre de faits sur lesquels on ne peut élever aucun doute raisonnable quoiqu'ils présentent encore une grande incertitude chronologique.

Les premiers habitants de l'Égypte, venus probablement de l'Éthiopie, occupèrent la Thébaïde (haute Égypte), qui fut d'abord gouvernée par les dieux du premier, du second et du troisième ordre, c'est-à-dire par les prêtres de ces divinités. La fondation de This, de Thèbes, d'Éléphantine, date de l'administration de ces grands prêtres. C'est à la même époque que remonte l'introduction, chez les Égyptiens, de l'agriculture, des cérémonies religieuses, de l'écriture, de la musique et de l'astronomie, dont la tradition populaire attribuait l'invention à Osiris, Isis ou Hermès.

Ménès (le Misraïm des livres saints), originaire de This, substitua le pouvoir royal au gouvernement théocratique. C'est le premier roi de la première des vingt-six dynasties qui régnèrent sur l'Égypte jusqu'à la conquête du pays par les Perses. Il gouverna le *nome* (la province) de Thèbes, la seule partie du sol égyptien qui ne fût pas alors couverte par les eaux du Nil et de la mer. Il détourna le cours du fleuve, et convertit en terre ferme un emplacement où il jeta les premiers fondements de Memphis (1).

Après Ménès vinrent seize dynasties royales qui régnèrent simultanément. Les unes continuèrent à gouverner Thèbes et les nomes déjà fondés de This, d'Éléphantine, de Memphis ; les autres dominèrent sur les principautés nouvelles qui s'élevèrent dans la moyenne Égypte, et à Panéphysis ou Diospolis, Xoïs ou Tanis, dans le Delta. Ces dernières principautés prirent naissance à mesure que le Delta fut enlevé à la mer, exhaussé et converti en terre ferme par les dépôts du Nil et par les travaux des rois imitateurs de Ménès. Au nombre des successeurs de ce prince, on trouve dix-huit rois éthiopiens, ce qui prouve les nombreux rapports qui existèrent dans les temps anciens entre l'Éthiopie et l'Égypte. A cette période se rapporte le règne de Busiris, qui agrandit l'enceinte de Thèbes, l'entoura de fortes murailles et l'embellit d'édifices magnifiques. L'Égypte était donc alors déjà grande par les arts. C'est ce qu'attestent d'ailleurs quelques-unes des statues de notre musée égyptien, qui appartiennent à la douzième dynastie, et les premières pyramides, celles de *Dashkour* et de *Sakkarah,* dont la date n'est pas bien fixée, mais qui sont peut-être les plus anciens monuments du monde.

(1) Il a été jusqu'à présent impossible de fixer une date précise au règne de Ménès. Quelques savants le font remonter jusqu'à l'an 5867 avant J.-C. (Voyez Champollion-Figeac, *Égypte ancienne*); d'autres, adoptant un calcul mieux en rapport avec la chronologie de la Genèse, pensent que ce premier roi de l'antique Égypte régna vers l'an 2450 avant notre ère, c'est-à-dire plus d'un siècle après qu'Assur et Nemrod eurent fondé Babylone et Ninive.

Toutes les gloires de cette ère primitive, tous les progrès qu'elle avait faits dans la civilisation, furent effacés par une invasion de barbares. Au temps d'un roi nommé *Timaos*, les nomades habitants du désert d'Arabie, connus sous le nom de *Pasteurs (Hyksos)*, envahirent la moyenne et la basse Égypte, les soumirent presque sans combats, et exercèrent les plus odieuses cruautés sur le peuple. Ils se choisirent un roi qui établit sa résidence à Memphis, et eut pour successeurs cinq autres princes de race arabe, qui régnèrent à Memphis et à Avaris (Péluse). La série de ces rois pasteurs forme la dix-septième dynastie égyptienne. Cette domination étrangère dura deux cent soixante ans. Après de longues et sanglantes guerres, les rois ou Pharaons de la Thébaïde réussirent à chasser les Pasteurs de la moyenne Égypte et du Delta. Cette expulsion devint l'un des principaux sujets sur lesquels s'exercèrent les artistes égyptiens. Elle se trouve représentée sur l'un des grands temples de Thèbes.

Les Pharaons thébains, réunissant sous leur autorité l'Égypte entière, effacèrent les traces de dévastation que l'invasion des Pasteurs y avait laissées, et fondèrent la dix-huitième dynastie, qui marque une ère très-brillante de l'histoire d'Égypte. C'est sous l'un des premiers Pharaons de cette race que Joseph, investi de la confiance et de l'autorité du roi, établit les Hébreux à Tanis.

Le récit de Moïse nous montre, dans le pays administré par Joseph, un monarque absolu, une cour nombreuse et riche, une agriculture florissante, des établissements multipliés, le développement, le raffinement même de la civilisation. Parmi les princes de cette époque, on croit reconnaître les auteurs d'une partie des prodigieuses constructions répandues dans l'Heptanomide ou dans la Thébaïde; on distingue surtout *Mœris* (*Touthmosis III*), qui fit construire les deux obélisques d'Alexandrie (voy. p. 29) et creuser le lac Mœris, aujourd'hui *Birket-Karoun*, par lequel est encore fertilisée la belle province de Fayoum; *Uchoréus* ou *Achoris*, qui travailla à contenir le cours du Nil et agrandit Memphis; *Osymandias*, que les historiens anciens célèbrent pour ses exploits contre les Bactriens, pour sa bibliothèque et son tombeau, sur lesquels la critique moderne élève des doutes; *Aménophis II*, qui rendit tributaires les provinces syriennes; *Touthmosis IV*, qui envahit l'Abyssinie et le Sennaar; *Aménophis III*, à qui Louqsor doit ses palais, Karnac ses temples, Kourna ses colosses. Sous un autre Aménophis, la splendeur de l'Égypte déclina un moment, des luttes intérieures la troublèrent; une proscription, dirigée contre les impurs ou dissidents, s'étendit aux Hébreux, qui sortirent alors d'Égypte, et, selon toute apparence, fut cause de l'émigration en Grèce de la colonie de Cécrops.

Le règne de *Sésostris* ou *Rhamsès le Grand*, le plus illustre souverain de l'Égypte, ouvre glorieusement la dix-neuvième dynastie (vers l'an 1535 avant J. C.). Toujours vainqueur, et vainqueur clément, Sésostris étendit ses conquêtes sur presque toute l'Asie, et campa au milieu des Indes, pays des trésors fabuleux. Après avoir subjugué les Arabes des rives de la mer Rouge, les Éthiopiens, les Libyens, il porta ses armes dans l'Asie du milieu jusqu'au Gange, dans la Scythie, la Thrace, l'Asie-Mineure, la Colchide, où il laissa une colonie, l'Arménie, la Syrie. Avec les trésors conquis sur l'étranger, il fonda des villes, éleva des fortifications, améliora le système d'irrigation et d'écoulement des eaux, commença les travaux de jonction du Nil avec la mer Rouge, prodigieuse entreprise que ses successeurs devaient réaliser; enfin, il acheva l'un des plus beaux monuments qui nous restent de l'ancienne Égypte : le palais de Karnac, et particulièrement la vaste salle hypostyle à colonnes gigantesques, une des plus magnifiques constructions qu'ait jamais élevées la main des hommes. C'est sous le règne de Sésostris que l'Égypte atteignit son plus haut degré de prospérité et de puissance. Quand ses campagnes furent achevées, son royaume comptait comme pays soumis ou tributaires : la Nubie, l'Abyssinie, le Sennaar, un grand nombre de contrées du midi de l'Afrique; la Syrie, l'Arabie, les royaumes de Babylone et de Ninive, une grande partie de l'Asie-Mineure, l'île de Chypre, d'autres îles de l'Archipel et plusieurs provinces de la Perse. Les relations commerciales de l'Égypte s'étendirent, et les grandes villes de Memphis et de Thèbes établirent des rapports d'échange avec l'Inde, et furent les centres les plus actifs du commerce du monde. En même temps qu'il dotait l'Égypte de tant de bienfaits, Sésostris lui donnait des lois plus douces. Il affranchit, dit-on, une partie du peuple jusque-là demeuré esclave, et assigna à chaque Égyptien une égale portion de terre, sous la charge d'une redevance annuelle.

Les événements qui suivirent le règne de Sésostris ne peuvent être classés dans un ordre chronologique certain. On sait seulement que *Phéron*, fils de ce conquérant, régna après lui, et qu'à Phéron succédèrent, mais avec des intervalles entre eux, *Protée*, contemporain de la guerre de Troie, *Rhampsinit*, *Chéops* et *Chéphrem*. Ces deux derniers princes, célèbres par la construction des deux plus grandes pyramides de Giseh, fermèrent les temples, accablèrent le peuple de réquisitions et de corvées, et firent succéder, dit-on, le plus violent despotisme à la modération de leurs prédécesseurs. *Mycérinus*, qui vint après eux, rendit à la religion son empire, et tira ses peuples de la servitude. *Sésonchis*, qu'on croit être le Sésac de l'Écriture, se rendit redoutable à ses voisins. Suivi d'une armée d'Égyptiens, de Libyens, de Troglodytes, d'Éthiopiens, il prit Jérusalem, sous Roboam, fils de Salomon, et subjugua le royaume de Juda. Quelques archéologues pensent que Sésonchis est le Pharaon dont les victoires sont gravées sur les murs du magnifique temple de Medinet-Abou. *Asychis* ou *Bocchoris* se rendit illustre par la sagesse de ses lois. Tous ces rois appartiennent aux dynasties qui règnèrent en Égypte depuis la 19e jusqu'à la 24e. Avec Bocchoris se termine la première période de puissance des rois égyptiens. Occupés d'art et d'industrie, les Pharaons commençaient à laisser s'éteindre en eux les instincts guerriers. Le roi éthiopien *Sabacon* descendit dans la vallée du Nil à la tête des tribus sauvages des déserts africains, s'empara du trône d'Égypte, et fonda une dynastie éthiopienne (la 25e). Débarrassé de ces étrangers par une révolution intérieure, le pays fut gouverné ensuite par un prêtre de Vulcain, *Séthos*, qui défit Sennachérib, et dont la mort donna accès à tous les désordres. Après une anarchie de douze ans, douze seigneurs se partagèrent le pouvoir, régnèrent ensemble pendant quinze ans (de l'an 671 à l'an 656 avant J. C.), construisirent le labyrinthe, et furent dépouillés par *Psammétik* (*Psammétichus*).

Psammétichus, fondateur de la vingt-sixième dynastie, appelée Saïte parce qu'elle était originaire de la ville de Saïs, régna glorieusement de l'an 656 à l'an 617 avant J. C. Il ouvrit les ports de l'Égypte aux marchands étrangers; se lia avec les Ioniens et les Cariens; fit avec succès la guerre en Syrie, et s'empara de la ville d'Azot, après un siége qui, suivant Hérodote, avait duré vingt-neuf ans; mais ce Pharaon, voulant introduire des Grecs dans l'armée et s'en faire un corps d'élite, mécontenta la caste militaire, dont une grande partie se retira en Éthiopie, et laissa l'Égypte livrée presque sans défense aux invasions étrangères.

Nékao ou *Nécos*, fils de Psammétichus, expédia, selon Hérodote, une flotte pour faire le tour de l'Afrique et reprit les travaux du canal de communication entre le Nil et la mer Rouge. L'an 609 avant J. C., il vainquit, à Mageddo, Josias, roi de Juda, entra dans l'Assyrie, et s'empara de plusieurs villes; mais attaqué avec des forces supérieures par Nabuchodonosor, il fut défait à Circésium (605), et rentra dans ses États, emmenant captif le nouveau roi de Juda, Joachas. *Psammis*, fils de Nécos (601-595), après avoir disputé sans succès la Syrie aux Babyloniens, dirigea contre l'Éthiopie une expédition qui fut plus heureuse. Son successeur *Apriès*, nommé aussi *Ouaphré* (595-570), gagna d'abord contre les Tyriens une bataille navale et s'empara de Sidon; mais attaqué ensuite par les Cyrénéens, il fut vaincu. Ce revers amena le soulèvement des Égyptiens. Ils se déclarèrent hautement contre les guerres entreprises au dehors, prirent pour chef Amasis, qui mit en fuite les Cariens et les Ioniens soudoyés par Apriès, et se fit nommer roi. Dans un règne heureux et paisible de quarante-quatre ans (570-526), Amasis fit oublier, par la sagesse de ses lois et de son administration, son usurpation et la bassesse de sa naissance. Sous ce prince la nation grandit encore dans les arts et dans le commerce. Amasis se réconcilia avec les Cyrénéens et entretint des relations actives avec les Grecs, s'il est vrai que Pythagore fit un voyage à sa cour.

Tandis que l'Égypte s'oubliait ainsi dans la paix, les Perses, après avoir conquis Babylone et mis fin à l'empire d'Assyrie, entreprirent d'envahir la vallée du Nil, au moment où *Psamménit* venait de succéder à son père Amasis (525). Sous la conduite de Cambyse, fils de Cyrus, les Perses traversèrent le désert d'Arabie et se présentèrent devant Péluse, clef de l'Égypte du côté de l'orient. L'armée égyptienne, commandée par Psamménit, les y attendait. Là s'engagea une bataille acharnée qui dura tout le jour. Les Égyptiens firent des prodiges de courage, mais, accablés par le nombre, ils cédèrent, et cette journée mit fin à l'indépendance de l'Égypte. Vainqueur à Péluse, Cambyse prit Memphis d'assaut et la livra au pillage; il entra dans Thèbes et en mutila tous les monuments; il poursuivit enfin du nord au midi ses dévastations jusqu'à ce que les sables du désert d'Ammon l'eussent englouti lui et son armée.

Maîtres de l'Égypte, les rois de Perse la livrèrent aux mains des satrapes. Pendant cette période, on vit disparaître peu à peu dans ce pays ce qui avait fait sa puissance et sa gloire; les arts s'abâtardirent graduellement, les traditions scientifiques se perdirent; écrasées d'impôts, les campagnes se dépeuplèrent, les villes devinrent désertes.

Cette ère de despotisme dura jusqu'à l'invasion grecque (**331** ans avant J. C.). *Alexandre* parut en Égypte sous d'autres auspices que le fils de Cyrus. Ce n'était plus le soldat farouche procédant par une destruction systématique et inintelligente; c'était le guerrier modérateur qui fonde plus qu'il ne détruit, et qui sème la prospérité et l'opulence sur les pas de la conquête. Au lieu de dépouiller l'Égypte, comme l'avaient fait les Perses, Alexandre la dota d'une ville magnifique, *Alexandrie*, qui a gardé son nom et qui s'est maintenue depuis tant de siècles comme la plus favorisée et la plus industrieuse de toute la vallée du Nil. Aujourd'hui encore, c'est la clef littorale de l'Égypte et l'âme de son commerce.

A la mort d'Alexandre et quand son vaste empire, après de longues querelles, fut définitivement partagé entre ses généraux, l'Égypte échut à l'un d'eux, *Ptolémée*, fils de Lagus (301), fondateur de la dynastie des Lagides. Les commencements de la domination grecque ne furent pas sans gloire. Pendant le cours de son règne, long et paisible, Ptolémée Lagus embellit Alexandrie de monuments et de temples, et commença la tour du Phare, qui fut terminée, par les soins de Sostrate de Cnide, sous son successeur. Il fonda dans cette ville, comme nous l'avons déjà dit, une célèbre bibliothèque, qui devint le plus vaste dépôt des connaissances de l'antiquité. Mais depuis la mort de ce premier des Ptolémées jusqu'aux temps de Cléopâtre, l'histoire d'Égypte offre, avec le tableau des splendeurs fabuleuses d'une cour raffinée, une série presque continue de rivalités haineuses entre des branches collatérales, d'intrigues nouées à Rome et dénouées à Alexandrie, de guerres sans issues, de complots et de meurtres. Vers les dernières années de cette période, l'influence grecque s'efface en Égypte devant celle du peuple-roi. Rome ne règne pas encore, mais les Lagides ne règnent plus. Le sénat parle et l'Égypte cède; des proconsuls y ont déjà paru.

C'est sous Cléopâtre qu'eut lieu ce changement d'autorité. Tour à tour la protégée de César et d'Antoine, Cléopâtre avait, à l'aide du premier, enlevé la couronne à son frère, Ptolémée Denys, et, par le poison, s'était débarrassée d'un autre frère, son associé au trône. Restée souveraine maîtresse de l'Égypte sous la protection des triumvirs, elle fut accusée, quelques années plus tard, par Antoine, d'avoir fourni des secours aux meurtriers de César; elle parvint à gagner son juge. Antoine, captivé par l'éclatante beauté de cette princesse, sacrifia à un amour insensé sa gloire, les intérêts de son ambition et l'empire du monde. C'est pour lui plaire qu'il répudia sa femme Octavie, sœur d'Octave, qui prit les armes pour venger cet affront. Vaincu à Actium, Antoine se réfugia en Égypte, et lorsqu'il ne conserva plus aucun espoir de soutenir une cause perdue sans retour, il se perça de son épée. Cléopâtre suivit son exemple en se donnant la mort pour échapper à la honte d'orner le triomphe d'Octave. Avec cette princesse finit la dynastie des Lagides (30 ans av. J. C.), et le royaume des Ptolémées fut réduit en province romaine.

Dès ce moment, l'Égypte n'eut d'autre histoire, pendant six siècles, que celle de la maîtresse du monde. Quand l'empire romain fut divisé, elle devint une annexe de l'empire d'Orient, et releva de Constantinople. Bientôt avec l'introduction du christianisme, un double pouvoir s'y révéla, celui du préfet et celui du patriarche, qui marchaient rarement d'accord et souvent même luttaient ensemble. L'esprit du temps était tout entier à la controverse théologique, et l'Égypte prit une part plus active qu'aucun autre pays à ces querelles de dogmes et de rites. Elle avait eu son école d'Alexandrie, d'où sortit la version des Septante; elle eut sa Thébaïde, qui se peupla d'anachorètes fervents et nombreux. Cet état de choses dura jusqu'au règne d'Héraclius (610-641), qui devait terminer pour l'Égypte la période de l'occupation romaine.

Mahomet venait de paraître, et avec lui cette propagande islamite qui allait se répandre sur l'Orient tout entier. Le Prophète avait songé à l'Égypte; mais, absorbé par ses premiers travaux, il ne put réaliser le rêve d'une conquête lointaine. Son deuxième successeur fut plus heureux. L'Égypte était depuis longtemps fatiguée de la domination byzantine. Partagée en deux fractions, sa population se composait de Cophtes ou Jacobites et de Grecs ou Melkites, ceux-ci opprimés, ceux-là oppresseurs. Aussi, lorsque Amrou-ben-el-Ass, lieutenant du calife Omar, *le Prince des Fidèles,* vint envahir ce pays à la tête d'une armée de fanatiques soldats (l'an 639 de J. C.), il ne rencontra qu'une faible résistance. A peine assiégée, *Ment,* l'ancienne Memphis, se rendit ; la Babylone d'Égypte (le vieux Caire), où commandait le préfet Mokank, capitula. Il ne restait plus qu'Alexandrie, ville littorale et par conséquent plus grecque que cophte. Elle résista longtemps. Le patrice qui commandait la place pour Héraclius ne se rendit qu'après une résistance de quatorze mois, dans laquelle vingt mille habitants périrent.

Alexandrie conquise livrait toute l'Égypte aux califes. Amrou y fut leur premier représentant ; il réorganisa le pays, ruiné par les taxes exorbitantes des empereurs d'Orient, fonda la ville de *Fostat* (la tente), et creusa de nouveau l'ancien canal des Pharaons, communiquant de la mer Rouge au Nil. On croit que ce canal resta ouvert à la navigation pendant cent vingt-cinq ans environ, jusqu'au règne du calife abbasside Abou-dja-far-al-Mansour, qui le fit combler vers l'an 765.

Pendant toute la période de la domination arabe, le pays fut régi par une administration analogue à celle que les Romains avaient imposée aux provinces de leur empire. Les chefs de l'islamisme envoyaient en Égypte des espèces de proconsuls avec une garde prétorienne, et dans la crainte qu'une longue jouissance ne leur inspirât des pensées d'usurpation, ils avaient soin de changer souvent ces redoutables lieutenants. Des mutations si fréquentes livraient le pays à des destinées très-diverses, à des vicissitudes continuelles. Sous le seul règne d'*Hecham*, l'Égypte compta vingt gouverneurs; elle en eut cent sous la dynastie des Ommiades, qui garda pendant un siècle à peu près la souveraineté de l'islamisme. Les Abbassides, maîtres à leur tour, ne procédèrent point autrement. Chaque année amenait une nouvelle révocation et une investiture nouvelle. Sous le calife Abou-dja-far-al-Mansour, la situation devint désastreuse et intolérable. Chacun des gouverneurs de l'Égypte enchérissant sur ses devanciers dans ses combinaisons fiscales, il s'ensuivit bientôt qu'aucun métier, si pauvre qu'il fût, ne resta exempt de redevances ingénieusement assises et incessamment accrues. L'ouvrier mouleur de briques, le fellah vendeur de légumes, le conducteur de chameaux, le fossoyeur, le mendiant lui-même, furent soumis à une capitation. Les successeurs d'Al-Mansour, Mohammed-al-Mahadi, le grand Haroun-al-Raschyd et Al-Mamoun, ne changèrent rien à ce système. C'étaient pourtant de nobles princes, bienveillants pour leurs sujets, éclairés, généreux ; mais la politique des califes voulait apparemment que l'Égypte fût sacrifiée, qu'elle souffrît dans son existence et dans ses ressources.

Il faut passer rapidement sur cette longue suite de souverains pour arriver à l'homme qui, le premier, isolant l'Égypte de la puissance des Abbassides, lui donna une force et une existence indépendantes. Cet homme fut *Ahmed-ben-Touloun,* fils d'un affranchi, né dans la petite Bukarie, et longtemps chef de la garde qui veillait à Bagdad sur la personne des califes. Ahmed-ben-Touloun fut envoyé en Égypte, l'an 254 de l'Hégire (868 de J. C.), comme suppléant de son beau-père Bakbak, qui s'était fait investir du titre de gouverneur. A peine le jeune Ahmed était-il arrivé à Fostat, que déjà il régnait moitié par force, moitié par ruse. L'ancienne capitale de l'Égypte ne lui paraissant pas située dans une position avantageuse pour sa défense, il débuta par improviser une ville et par s'y bâtir un palais digne de lui. L'ancien *Fostat* (le vieux Caire) s'étendait le long du Nil; il traça un *Fostat* nouveau (*Al Katayah*) au sud de la montagne du Mokattam, à un quart de lieue du fleuve. Bientôt, autour de son palais, ses officiers élevèrent des habitations somptueuses et commodes. La ville eut des bains, des jardins, des bazars, des caravensérails. Sur toutes ces constructions dominait un édifice, beau encore de nos jours, la mosquée de Touloun, la plus vaste et la plus célèbre du Caire. A ce règne se reportent aussi d'autres fondations non moins utiles, des aqueducs, des fontaines, des canaux, et surtout le canal d'Alexandrie, des nilomètres, des hôpitaux, principalement l'hôpital d'Al-Asker ou de l'armée, enfin des fortifications redoutables et de nombreux ouvrages de défense. Touloun, après avoir gouverné l'Égypte en souverain pendant dix-sept années, laissa le pouvoir à son fils; mais au bout de vingt-deux ans, sa postérité s'étant éteinte, l'Égypte releva de nouveau de l'empire des Abbassides.

Elle leur fut bientôt enlevée par les califes Fatimites, qui se prétendaient les véritables chefs de l'islamisme, comme descendus en ligne directe du prophète Mahomet par sa fille Fâtime, dont ils tiraient leur nom. Déjà maître de la plus grande partie du littoral africain, un de ces califes, Moezz-el-Dyn-Illah, envoya sur les bords du Nil une armée commandée par Djouhar, général habile, qui prit possession de Fostat en 969, et soumit presque sans résistance tout le pays.

Les débuts de cette dynastie furent heureux. L'Égypte avait beaucoup souffert des dernières guerres; les souverains nouveaux s'occupèrent à guérir ses blessures. On améliora l'état financier; on répartit les impôts avec plus d'équité; on fixa la redevance territoriale à un taux modéré; en même temps, comme pour marquer leur avénement, les Fatimites voulurent fonder leur capitale, comme les Toulonides et les Abbassides avaient fondé la leur. L'an 359 de l'hégire (970 de J. C.), le général des Fatimites, Djouhar, traça le plan de la nouvelle ville, qui devait porter le nom de Mesr-el-Kahirah (la capitale victorieuse), dont nous avons fait le Caire. Cette succession de capitales était en Égypte un fait traditionnel. La Thèbes des premiers Pharaons avait été détrônée par la Memphis de leurs descendants; Memphis détrônée à son tour par la Babylone d'Égypte que fondèrent les Perses; la Babylone d'Égypte par l'Alexandrie des Lagides; Alexandrie par la Fostat d'Amrou, et la Fostat d'Amrou par la Fostat des Toulonides. Le Caire était donc, dans l'histoire de l'Égypte, la septième capitale fondée, et la troisième depuis l'invasion de l'islamisme.

Un palais fut bâti dans la nouvelle ville par le calife Moezz-el-Dyn-Illah, qui vint l'habiter dès que la construction en fut achevée. Ce prince arriva au Caire avec des trésors dont l'écrivain arabe Ben-Chouan nous a donné une énumération féerique, évidemment empreinte de l'exagération orientale : « Il avait fait fondre, dit cet auteur, tout son or et tout son argent en lingots, dont la grosseur égalait celle d'une meule. Chaque lingot suffisait pour la charge d'un chameau, et il y en avait quinze cents. »

Avec les Fatimites arriva également au Caire tout ce que la civilisation arabe, empreinte d'un caractère si brillant, avait introduit chez eux de science, de luxe raffiné et de goûts somptueux. La capitale de l'Égypte eut sa bibliothèque riche en manuscrits, son collége avec une dotation annuelle, afin que les pauvres y trouvassent un enseignement gratuit; collége qui avait des chaires pour toutes les branches des connaissances humaines : la grammaire, la poésie, l'étude du Coran, la jurisprudence, la médecine, l'astronomie, les mathématiques et l'histoire; collége célèbre, sur les bancs duquel se pressèrent bientôt douze mille élèves, accourus des points les plus éloignés de l'Espagne et de l'Inde, de la Grèce et de la Syrie.

A Moëzz succéda son fils El-Aziz-bin-Illah, qui continua sa gloire; puis Hakem le fou, dont les démences sont restées célèbres dans les annales de l'Égypte et de tout l'Orient. Ayant vaincu un chef rebelle, Hakem n'imagina point de supplice plus simple à lui infliger que de le faire promener sur un chameau, accolé à un singe qui le frappait sur la tête et le meurtrissait. Hakem était surtout un fou fanatique et schismatique. Affilié à la secte des Dararis, il soutenait, comme ces dissidents, que les fêtes du Bayram et le pèlerinage de la Mecque n'étaient pas des pratiques de rigueur; il permettait le mariage entre les frères et les sœurs, les pères et leurs filles, les mères et leurs fils; puis, se croyant appelé à converser avec Dieu lui-même, il montait sur le Mokattam, et déclarait au retour que tous les califes, compagnons du Prophète, étaient maudits et que le monde attendait une autre religion. Ensuite, c'étaient d'autres folies : un jour, il faisait démolir l'église de la Résurrection à Jérusalem; le lendemain il donnait l'ordre formel qu'on la reconstruisît. Tantôt il enjoignait aux habitants du Caire d'illuminer soudainement leurs maisons, ou défendait aux femmes de sortir de leurs harems, interdisant sous peine de mort aux ouvriers cordonniers de leur fabriquer des chaussures. Enfin, dans un dernier accès de démence, il se leva un jour avec la prétention de se faire reconnaître comme Dieu, exigeant, en signe d'adhésion, la signature de tous les habitants du Caire. Dominés par la peur, seize mille signèrent, et, pour célébrer son apothéose, El-Hakem mit le feu à la ville. Ce fou furieux périt assassiné.

Un de ses successeurs, El-Mostanser, n'eut pas des destinées moins étranges. Puissant d'abord et respecté, il tomba bientôt dans le mépris de ses sujets, et resta à la discrétion de deux gardes rivales, l'une turque, l'autre éthiopienne, l'une blanche, l'autre noire, qui se disputaient le pouvoir. Enfin les Éthiopiens ayant été exterminés, les milices turques demeurèrent les maîtresses absolues de l'empire, et le calife ne gouverna que sous le bon plaisir de leur général Nasser-el-Doulah. Ces milices régnaient dans son palais même, dont elles pillèrent un jour les meubles et les trésors. Dans le même temps, une famine horrible vint fondre sur l'Égypte. Le blé, en l'année 464 de l'hégyre (1071 de notre ère), devint tellement rare, que l'*ardeb* s'en payait cent dynars, c'est-à-dire quinze cents francs; on vendait à la criée un œuf un dynar (quinze francs). Les habitants du Caire se dévoraient impitoyablement les uns les autres ; les enfants, les femmes, les hommes mêmes étaient enlevés dans les rues, traînés dans les maisons, dépecés et mangés. Le calife avait, dans ses jours de splendeur, dix mille chevaux dans ses écuries; il lui en resta trois. Le vizir, qui se rendait un matin au palais, fut jeté en bas de sa mule par des hommes affamés, qui se saisirent de la bête et la déchiquetèrent. Les auteurs de cette violence ayant péri sur le gibet, le lendemain on ne trouva plus que leurs os : les chairs avaient été mangées par les passants.

L'état d'abjection et de misère où était tombée l'Égypte ne cessa que par l'entremise du gouverneur de Syrie, Bedr-el-Gemaly. Grâce à lui et à ses troupes,

4.

les insolences de la garde turque furent réprimées, et l'autorité des califes, si longtemps foulée aux pieds, fut enfin rétablie.

Cependant il se préparait au loin des événements qui allaient saisir et absorber l'attention du monde. De nouveaux et redoutables ennemis allaient faire taire dans l'Orient les petites haines et dominer les oppressions des milices indisciplinées. On était sous le règne des premiers successeurs d'El-Mostanser, dont le passage n'avait été marqué par aucun fait important, lorsqu'un élan guerrier entraîna l'Europe, soulevée par Pierre l'Ermite. Les croisades avaient été résolues. L'Occident marchait contre l'Orient au cri de *Dieu le veut! Dieu le veut!* Longtemps l'Égypte demeura comme étrangère à ce grand conflit religieux et chevaleresque. Elle prit à peine les armes, lorsqu'en 1118 (511 de l'hégire), Baudouin s'empara de Farama, massacra ses habitants et livra ses mosquées aux flammes. Sans la mort subite du roi chrétien, peut-être la vallée du Nil eût-elle été soumise alors. Mais, avant d'être foulée par les armées de la croix, elle devait tomber au pouvoir d'un autre conquérant.

L'atabek Nour-ed-Dyn, le Nouradin de nos vieux auteurs, souverain tout-puissant en Syrie, intervint alors dans les affaires de l'Égypte, et son armée s'y rencontra même avec celle d'Amaury I, chef des croisés. Au lieu de combattre, on transigea; mais, après quelques trahisons et une foule de luttes de détail, l'Égypte resta à Nour-ed-Dyn, ou plutôt à son lieutenant Salah-ed-Dyn (l'illustre Saladin), qui s'y déclara indépendant et fonda la dynastie des Ayoubites. Le dernier des Fatimites, El-Aded, fut dépossédé sans le moindre obstacle, un jour entre deux prières, et, après une longue scission religieuse entre les Abbassides et les Fatimites, l'islamisme revint à l'unité des croyances. Désormais les Abbassides furent les seuls chefs du culte musulman en Orient.

Quand Saladin s'attribua, par une usurpation éclatante, l'autorité souveraine, son maître, Nour-ed-Dyn, vieux alors, était tenu en échec par toutes les forces des croisés, aussi ne put-il faire rentrer l'Égypte sous son obéissance. Ce fut Saladin qui obtint cette gloire; de plus, il réunit à la couronne des États qui, auparavant, n'en étaient que feudataires, la Syrie presque entière, l'Arabie et une partie de la Mésopotamie. Rentré au Caire après ses conquêtes, et tranquille sur ses possessions lointaines, il voulut marquer son règne par des fondations monumentales, et il fit bâtir sur le Mokattam un palais et une forteresse, dans laquelle encore une rampe intérieure de trois cents marches conduit à un puits très-profond. Ce puits est appelé *Puits de Joseph*, et le palais qui l'avoisine, *Divan de Joseph*, du nom de Youssouf que portait Saladin. Il faut rapporter à la même date et à la même étymologie les *Greniers de Joseph*, vastes enclos situés à Fostat, et destinés au dépôt des grains provenant des contributions de la Haute-Égypte.

A la même époque, Saladin se trouva engagé dans une double guerre contre plusieurs princes musulmans et contre les généraux des armées chrétiennes. Il soumit les premiers, et enleva aux seconds, une à une, presque toutes les places de la Syrie : Jérusalem, Jaffa, Gazza, Saint-Jean-d'Acre. L'histoire de nos croisades est toute pleine du nom de ce prince, l'un des plus généreux et des plus intrépides souverains qu'ait eus l'Orient. Les vieux chroniqueurs n'ont jamais assez d'admiration pour le luxe de sa cour, pour l'éclat de ses hommes de guerre, et les fictions du Tasse n'ont été que l'écho de tant de naïfs enchantements.

A la mort de Saladin, son empire fut partagé entre ses trois fils. L'Égypte échut à Malek-el-Azyz, l'un d'eux, auquel succédèrent Malek-el-Adhel, Seyf-ed-Dyn et Malek-el-Kamel, appelé aussi Meledin. Ce fut sous ce dernier roi que les Francs parurent pour la première fois devant Damiette, et s'en rendirent maîtres en 1219 (616 de l'hégyre), après treize mois de tranchée. Mais bientôt cernés de toutes parts, les chefs chrétiens furent obligés d'évacuer le pays, sans avoir profité de cette conquête éphémère.

A Malek-el-Kamel succéda Malek-el-Saleh. Sous son règne le roi saint Louis arriva (en 1248) devant les bouches du Nil avec des vaisseaux nombreux et cinquante mille guerriers, l'élite de la noblesse française. Au moment où la flotte chrétienne parut à l'horizon, le sultan n'était point en Égypte; il dirigeait en personne le siège d'Émesse. Ce fut son premier ministre, l'émir Fakr-ed-Dyn, le *Facardin* de nos auteurs, qui s'opposa à la descente. Après avoir essayé vainement de secourir Damiette, il périt lui-même à Mansourah (la Massoure), en combattant l'avant-garde des chrétiens commandée par le comte d'Artois, qui paya de sa vie cette fatale victoire. Le sultan, accouru des provinces syriennes au secours de l'Égypte, expira lui-même dans cette sanglante journée, en laissant la couronne à son fils Touran-Chah.

Les croisés remportèrent un léger avantage dans la mêlée générale, que l'ardeur du comte d'Artois avait précipitée. Le surlendemain, les Mamelouks et leur chef Bibars furent repoussés par les chrétiens qu'ils avaient attaqués les premiers; mais, bientôt décimée par la contagion, l'armée de la croix éprouva un grand désastre à Minieh, près de Fareskour. Trente mille chrétiens, au dire des historiens arabes, restèrent sur le champ de bataille, et vingt mille autres furent faits prisonniers avec le roi de France, ses princes et ses chevaliers. Bizarrerie de la fortune ! La mort attendait Touran-Chah au milieu des joies du triomphe. A l'issue d'un banquet, où il avait réuni, à Fareskour, les chefs de son armée, les émirs se précipitèrent sur sa personne ; échappé à cette première attaque, et quelques moments après à l'incendie qui dévorait son refuge, il alla mourir dans les ondes percé d'une flèche. C'était le dernier rejeton des Ayoubites. Cette dynastie s'éteignit en lui.

Alors commença sous le nom de dynastie des Mamelouks-Bahrites, le règne de la milice qui naguère veillait à la garde des sultans. Cette dynastie eut deux souverains célèbres : Bibars et Malek-el-Nasser. Bibars combattit les Tartares et les chevaliers d'Édouard, prince royal d'Angleterre ; il subjugua l'Arménie et purgea le monde de la secte des Assassins, demeurée si mystérieusement formidable pendant deux siècles. Il recueillit les derniers souverains Abbassides, échappés au fer des Tartares Mongols, et fit revivre au Caire, dans les débris de leur race, un califat religieux, qui s'y perpétua pendant trois cents ans sous le patronage des sultans. Quant à Malek-el-Nasser, il eut des destinées mêlées de gloire et de revers. Sous son règne, Kazan-Khan, empereur d'Asie, lança de nouveau les Tartares contre les provinces syriennes et y fit égorger plus de cent mille habitants. « Les Tartares, dit l'historien arabe Gemel-el-Dyn, couvraient les campagnes de la Syrie comme des nuées d'une nuit orageuse. » Malek-el-Nasser, ayant levé des contingents nombreux, rejoignit Kazan-Khan dans la plaine d'El-Safer, près de Damas, et tailla en pièces les troupes mongoles. Des jours mauvais suivirent cette victoire. Détrôné par Bibars II, El-Nasser fut obligé de reconquérir sa couronne et de rentrer au Caire à main armée. Mais dès ce jour, instruit à l'école du malheur, il ne songea plus qu'à faire fleurir les arts utiles. Un grand nombre d'établissements et de constructions datent de cette époque. Un canal (*Kalyg-el-Nassery*), sept ponts, un observatoire, une mosquée, un palais de justice (*Dar-el-Adel*), plusieurs colléges, une foule de fontaines, enfin l'achèvement du magnifique hôpital *Moristant*, telle fut la série des travaux exécutés sous ce règne, l'un des plus longs, des plus paisibles et des plus bienfaisants qu'aient connus les populations égyptiennes.

Après Malek-el-Nasser, mort en l'année 1341 de notre ère, se succédèrent des sultans obscurs, qui prolongèrent pendant un demi-siècle l'existence de la dynastie bahrite. Cette dynastie finit en 1384, lorsque l'émir Barkouk, chef de la garde circassienne, jugea utile de s'investir du pouvoir. La dynastie des Circassiens ne fit guère que continuer celle des Bahrites. Ce fut toujours la même marche et le même système : toujours des émirs turbulents qui se disputaient le pouvoir à chaque vacance, et, le plus souvent, provoquaient ces vacances par des voies sanglantes et anarchiques. Barkouk eut du moins la gloire de sauver l'Égypte de l'invasion de Tamerlan, qui remplissait alors le monde du bruit de son nom et du retentissement de ses conquêtes. Barsabay, après lui, fit pour le pays des choses utiles et bonnes. Kayt-Bey, à son tour, parvint à se maintenir vingt-neuf années sur un trône déjà menacé par la puissance ottomane qui avait prévalu sur l'influence mongole.

Kayt-Bey commit pourtant une grande faute. Par une générosité fatale, il avait donné asile au prince Zizim (*Djem*), compétiteur de Bajazet II, ce qui attira sur l'Egypte des haines funestes pour l'avenir. En effet, le sultan Kansouh, qui succéda à Kayt-Bey, et après lui Touman-Bey II, eurent bientôt à se défendre contre toutes les forces de Sélim, successeur de Bajazet (an 1517 de notre ère, 923 de l'hégyre). Sélim marcha contre l'Égypte à la tête d'une armée nombreuse, défit les Circassiens et entra dans le Caire en conquérant et en souverain. Dès ce jour, le beau royaume d'Égypte ne forma plus qu'une province de l'empire ottoman.

Sélim séjourna au Caire pendant un temps assez long, afin de pourvoir lui-même à l'organisation politique de sa conquête. Il fit de l'Égypte un pachalik, dont le premier titulaire fut un certain Hayr-Beyk, personnage dont l'autorité se trouvait balancée et contrôlée par celle d'un chef militaire qui commandait la force armée de l'Egypte. Ainsi ces deux chefs devaient s'observer, se tenir en respect l'un l'autre, tandis qu'un troisième pouvoir, celui des émirs mamelouks, serait chargé de les départager. Cette organisation complexe, ouvrage de Sélim, avait en elle-même tant de conditions de durée que, malgré la distance, malgré une suite nombreuse de complots, malgré les révolutions de palais, qui ébranlèrent par intervalles l'empire ottoman, l'Égypte releva pendant trois siècles des firmans de la Porte, et demeura sa vassale, sinon tranquille, du moins obéissante.

Il serait trop long de suivre cette nomenclature interminable de pachas égyptiens, hommes sans importance pour la plupart, agents de la Porte, tantôt obéis, tantôt méconnus, doués toujours d'une grande fermeté politique, spéculateurs cherchant par toutes les voies, justes ou injustes, à se rembourser, à s'indemniser des présents magnifiques que leur avait coûtés leur investiture, à payer leurs baux annuels et à faire enfin leur fortune. A mesure qu'on avance dans cette période et qu'on se rapproche de notre temps, on voit peu à peu s'effacer l'influence exécutive de ces souverains de passage. Ce ne sont plus que des automates aux ordres des beys, chefs des milices, et surtout du cheik El-Beled, le plus puissant d'entre les beys. Tant que ces pachas siégent comme gouverneurs nominaux dans leur palais du Caire, ils signent d'une main docile tout ce qu'on leur commande, pactisent sous main avec les maîtres de fait pour que les exactions commises en leur nom leur soient de quelque rapport, se résignent à cette vie toute de condescendance et de lâcheté, de vol et d'infamie; puis, quand ils ont fait leur temps, plus dociles encore, plus ineptes, ils se livrent au kat-chérif de la Porte, qui les exile, les dépouille et souvent les étrangle.

Toutefois, à côté de ces gouverneurs sans dignité, figurèrent des beys remarquables. L'un des premiers fut Ismaïl-Bey, homme bienveillant et juste, tué par Zou-el-Figar, qui périt à son tour par l'épée. Sous Ismaïl eut lieu la peste dite de *Kaou*, à cause du cri d'alarme d'un santon nègre qui courait la ville, répétant: *Kaou! kaou!* (brûlure! brûlure!) Ensuite arrivèrent Ibrahim-Kyaya et Ibrahim-Rodouar, puis Khalil-Bey, et le célèbre Aly-Bey, trois fois vaincu, réintégré trois fois, homme de tête et de cœur, l'une des plus belles organisations que l'Orient moderne ait produites.

Le premier d'entre les cheiks, Aly-Bey osa faire sentir à la Porte à quel point il croyait son autorité personnelle détachée de toute autorité lointaine. Non-seulement il lui désobéit, mais il lui tint tête les armes à la main, la combattit et la vainquit. Le premier encore, il osa battre monnaie à son coin, en 1771 (1185 de l'hégire), et se faire nommer, par le chériff de la Mecque, *sultan roi d'Égypte et dominateur des deux mers.* Il rêvait, en effet, une puissance dans le genre de celle qu'avaient constituée les Toulounides, les Ayoubites et les premiers Mamelouks. Il fit plus, il osa rechercher des alliances européennes, s'adressant aux Vénitiens par l'entremise de l'Italien Rosetti, et aux Russes par le canal de l'Arménien Yagoub, qui fit des ouvertures à l'amiral Orloff. La trahison d'Abou-Dahab vint déranger ces combinaisons profondes. Ce général, s'étant révolté contre son bienfaiteur et son maître, le déposséda et le fit assassiner. Toutefois, le parjure profita peu de son crime; il fut frappé d'une mort presque subite. A ce cheik succédèrent Ibrahim et Mourad-Bey, que l'expédition militaire des Français devait bientôt mettre en relief.

Soit qu'ils eussent obéi à des suggestions étrangères, soit que, tenus à une grande réserve vis-à-vis des nationaux, ils eussent été conduits à frapper des avanies intolérables contre les négociants étrangers, ces deux beys attirèrent bientôt sur eux les colères de la France républicaine. Des pétitions collectives avaient été adressées dès l'an III (1795), au Directoire, par l'intermédiaire du consul Magallon; et, de retour à Paris, après le traité de Campo-Formio, le général Bonaparte les trouva, les lut et résolut de les utiliser. Une campagne lointaine et poétique servait alors ses desseins; il la demanda au Directoire, la fit décréter et l'exécuta.

Depuis plus de trente ans que l'on écrit sur cette expédition orientale, on n'a pu parvenir encore à s'accorder entièrement sur ses causes réelles. On a parlé d'invasion asiatique, de menaces contre les possessions anglaises des Indes, d'injures nationales à venger, d'ambition secrète chez le général Bonaparte, et de jalousie mal déguisée du Directoire, sans pouvoir préciser dans quelle proportion chacun de ces mobiles avait influé sur le plan de cette vaste entreprise.

Nous, nous croyons que le désir du général Bonaparte d'ajouter encore à l'illustration qu'il avait acquise sur les champs de bataille de l'Italie lui fit solliciter l'expédition d'Égypte, et que le Directoire accepta avec empressement le moyen qui lui était offert d'éloigner un général dont la gloire lui portait ombrage. Mais Napoléon eut le talent d'allier à son intérêt personnel celui de l'honneur outragé de la France. Il choisit avec bonheur pour se grandir une lutte qui devait relever notre nationalité des injures qu'elle avait reçues. Dans une pareille circonstance, une nation, et la France surtout, ne doit rien négliger pour faire respecter sa dignité et venger une injure.

Mais quelle grandeur aussi, quelle utilité n'offre pas, envisagée dans sa donnée providentielle, cette propagande militaire et scientifique? n'est-il pas beau ce pèlerinage de soldats et de savants qui vont porter aux Orientaux notre civilisation, en leur demandant compte de leur civilisation antique? De même que les Romains avaient jadis laissé sur leur passage des voies pavées, des cirques, des arcs de triomphe, nos Français devaient laisser à la vallée du Nil des ouvrages de défense, les rudiments de nos arts et l'exemple de notre tactique. Puis, au profit de notre propre gloire, nous allions interroger cette contrée toute fière du souvenir de ses pharaons et de ses hiérophantes, copier ligne par ligne l'histoire mystérieuse gravée sur les parois de ses murs, camper au milieu d'enceintes monumentales, pleines de noms de villes et de rois qui sont la personnification retentissante de générations éteintes, Thèbes, Memphis, Alexandrie, Menès, Sésostris, Ptolémée, nous allions voir, en un mot, et parcourir la vieille Égypte, la terre aux obélisques et aux pyramides, empire tour à tour égyptien, persan, grec, romain, arabe et turc, vieux berceau du monde, gardant sans doute encore la date de sa naissance et le secret de ses traditions primitives.

Telle était la mission de cette armée, dont Napoléon, avec son génie prompt et sûr, rassembla lui-même les éléments. Dans le double but de la campagne, il choisit un à un ses généraux et ses savants. Parmi les premiers figuraient des noms dont cette guerre continuait ou commençait la gloire : Kléber, Desaix, Reynier, Lannes, Berthier, Rampon, Dumas, Murat, Andréossy, Davoust, Verdier, Belliard, Junot, Duroc, Eugène Beauharnais, Bertrand, Bessières, Lagrange, Friant, Leclerc, La Salle, Lefèbvre, Bachelu, et une foule d'autres. Parmi les seconds, on citait déjà des noms européens pour le monde scientifique, ou qui le sont devenus depuis : Monge, Fourier, Berthollet, Denon, Geoffroy-Saint-Hilaire, Girard, Dubois, Dolomieu, Jomard, Say, Lelille, Costas, Nouet, Conté, Lepère, Redouté, Jollois, Devilliers, Dutertre, Jacotin, Testevuide, Dubois-Aymé, Lancret, Rosières, Saint-Genis, Chabrol, Casteix, Parceval, Caristie, Cécile, Corabœuf, etc., etc., hommes distingués dans leurs spécialités diverses, grandis sur le sol égyptien, théâtre de leurs conquêtes périlleuses ; revenus ensuite sur notre terre française pour y trier, à l'aide d'un travail patient, ce riche butin, pour le coordonner, pour le classer, pour lui donner une valeur d'ensemble.

Ainsi choisie par l'homme qui connaissait si bien les hommes, cette armée partit de Toulon au mois de mai 1798. Confiante dans l'étoile de son jeune chef, elle ne recula point devant une obéissance aveugle ; elle quitta les ports de France sans savoir au juste où on la conduisait. Sur son chemin, elle enleva Malte et ses forts réputés inexpugnables, détruisit après deux jours de siége ce vieil ordre chevaleresque et religieux, qui datait des beaux siècles de la chrétienté; elle cingla ensuite vers l'Égypte, débarqua sur sa plage, marcha vers sa seconde capitale, l'escalada et la prit. De là, le 8 juillet, elle s'ébranla pour aller au-devant des Mamelouks, qui n'avaient pas même défendu leur ville littorale; elle traversa une route qui, pour la première fois, lui donnait la mesure des souffrances qu'elle allait endurer : un océan de sables stériles et brûlants, ne rencontrant d'abord que la soif et la faim, ses premiers et ses plus rudes ennemis; elle marcha sans magasins, sans cavalerie, avec un petit nombre de pièces de canon, car le gros du matériel avait été embarqué sur le Nil. Au delà de ce désert, l'ennemi était rangé en bataille : il fallut vaincre son avant-garde à Chébiéris, et détruire sa flottille avant que d'engager, dans la plaine d'Embabéh, la bataille mémorable qui devait livrer l'Égypte aux conquérants lointains. Là, le 29 juillet 1798, en face des pyramides, et à la suite d'une de ces brèves et poétiques harangues dont Napoléon possédait si bien le secret, notre armée formée en carrés reçut le choc des plus vaillants et des plus habiles cavaliers du monde; elle les dispersa, les accula vers le Nil, et les précipita dans ses eaux. Cette bataille fut consacrée sous le nom des Pyramides. Le lendemain, le Caire ouvrait ses portes : l'Égypte était aux Français.

L'armée de terre avait dignement accompli sa tâche : l'armée navale fut moins heureuse dans ses efforts. L'amiral qui commandait la flotte, Brueys, avait cru devoir conduire ses vaisseaux dans la baie d'Aboukir, rade foraine, ouverte aux escadres ennemies. Nelson l'y attaqua le 1er août 1798. Il écrasa notre ligne d'embossage, coula ou prit les bâtiments qui la composaient. Brueys périt sur son banc de quart. Dupetit-Thouars couronna par sa mort une résistance admirable; le capitaine de *la Sérieuse* capitula sur sa frégate à demi submergée. Mais ces gloires partielles ne changeaient rien aux résultats : notre armée était coupée, entre elle et la métropole s'élevait une barrière infranchissable; la croisière anglaise régnait sur la mer. Désormais plus d'espoir de retour ni de renfort. Il fallait se résigner à agir solitairement sur le point conquis, à s'y organiser par une longue possession.

Le général Bonaparte le fit. Dans le but d'effaroucher aussi peu que possible les habitudes locales et ce système de suzeraineté nominale depuis longtemps familier à la Porte, il déclara qu'il était venu en Égypte avec la seule pensée de s'y substituer aux Mamelouks, simples usufruitiers du pouvoir. Il affecta un profond respect pour le patronage ottoman, combla d'honneurs et d'égards le kyaya du pacha, dernier fonctionnaire qui pût représenter en Égypte la Porte Ottomane. Non content de caresser ces susceptibilités politiques, il fit la part d'autres répugnances plus opiniâtres encore et plus dangereuses. Le préjugé religieux obtint de lui toutes les concessions que comportait l'intérêt de l'armée. A l'opposé des conquérants anciens, qui tous avaient persécuté le culte indigène, il affecta, au contraire, comme système et comme calcul, la plus entière tolérance. Lui régnant, la prière continua à se dire dans les mosquées, les mouezzins n'interrompirent point, du haut de leurs galeries aériennes, l'appel religieux aux croyants; les imans, les muphtis, les cheiks conservèrent leurs priviléges, et le grand chérif de la Mecque reçut de la part du jeune conquérant des avances auxquelles il ne dédaigna point de répondre. En même temps il cherchait à organiser le gouvernement des indigènes par les indigènes, et donnait au pays un divan, espèce de représentation nationale, dans laquelle figuraient les notabilités du Caire et des provinces. Des juges civils et un système d'impôts perçus comme auparavant, à l'aide d'agents cophtes, complétaient cette première ébauche d'organisation.

Les armes pourtant achevaient la soumission du pays. A la suite de la rencontre de Salahiéh, escarmouche sanglante et vive, les Mamelouks d'Ibrahim-Bey avaient été rejetés au delà de l'isthme; ceux de Mourad venaient d'être battus par Desaix à Sedyman; ils fuyaient vers le Saïd, décidés à ne plus procéder que par des escarmouches. Nos bataillons foulaient l'Égypte dans tous les sens d'Alexandrie à Suez, de Damiette à Philé : le cours du Nil appartenait à nos canonnières. Les révoltes étaient étouffées; les taxes se percevaient et se régularisaient. Après avoir senti la puissance des conquérants, on commençait à apprécier et à reconnaître leur justice. Le Caire avait bien, dans les premiers jours de l'occupation, pris l'initiative d'une révolte dans laquelle périt le jeune Sulkowski, aide de camp du général en chef; mais une répression exemplaire et prompte avait réduit à l'impuissance ces velléités turbulentes ou ambitieuses. C'était la dernière expérience d'hostilités intérieures : nulle agression de ce genre n'était désormais possible tant de la part des Mamelouks que de la part des Égyptiens, qu'à la condition de s'appuyer sur une attaque du dehors.

Cette attaque se préparait. Soit qu'elle obéît à un sentiment propre, soit qu'elle y fût poussée par l'Angleterre, la Porte ne voulut point se prêter à la singulière fiction qu'avait imaginée le général Bonaparte. Elle refusa de croire à sa suzeraineté sur cet étrange vassal; elle ne le toléra point en Égypte au même titre que les Mamelouks, et vit en lui un ennemi direct. Un envoyé de l'armée d'Orient, porteur de paroles de paix, fut renfermé aux Sept-Tours, et des armements eurent lieu dans l'Anatolie et dans la Syrie. Djezzar, pacha d'Acre, commandait l'avant-garde de cette expédition.

Napoléon aimait mieux, on le sait, attaquer que se défendre : il devança cette agression. L'expédition de Syrie fut résolue. Un corps de treize mille Français franchit le désert, prit, chemin faisant, El-Arych, Jaffa, Gazza, et vint camper devant Saint-Jean-d'Acre, la citadelle de Djezzar et le boulevard avancé de la Porte. Seul, le pacha n'eût pas tenu longtemps ; mais un français, un camarade de Bonaparte à l'école de Brienne, Phelippeaux, se trouvait dans la place pour y surveiller les travaux de la défense; mais sir Sydney Smith, le commodore anglais qui commandait dans ces parages, appuyait la place avec ses deux vaisseaux, et envoyait ses équipages au service des retranchements. Ensuite, il faut bien l'avouer, on commit des fautes ; on se trompa sur le côté vulnérable de la place, on ouvrit la tranchée sur le front où le fossé était le plus large, où la muraille avait le plus de solidité. Sans doute on espérait avoir raison de Saint-Jean-d'Acre, comme on avait eu raison de Jaffa et de Gazza, par un coup de main, et dans cet espoir, on ne fit, pour ce siége, que des préparatifs incomplets. On confia l'artillerie aux chances de la mer, faute d'autant plus grande que, en cas de prise, non-seulement on se trouvait désarmé, mais encore on avait armé l'ennemi. Du reste, tout dans ce siége tourna contre les Français. On avait compté sur la mortalité ordinaire, et outre des pertes énormes, causées par d'opiniâtres assauts, outre la mort d'officiers supérieurs, comme Caffarelli et Say, la peste vint joindre ses ravages à ceux de la guerre, et frapper de terreurs mystérieuses ceux qui restaient debout. Bientôt, à cet auxiliaire de Djezzar se joignirent les peuplades environnantes ; un instant contenues par l'éclatante victoire du Mont-Thabor, elles retrouvèrent toute leur audace à la vue de la détresse de leurs ennemis.

Quand on rapproche ces diverses causes d'insuccès, on comprend comment et pourquoi l'armée française, invincible jusqu'alors, vint échouer devant Saint-Jean-d'Acre. Les premiers assauts furent marqués par une bravoure toute d'enthousiasme; les derniers, par un courage de résignation. L'armée fit ce qu'il était humainement possible de faire. Lancée à travers les déserts, sans munitions, sans artillerie, elle avait emporté Jaffa, Gazza, El-Arych, presque sans coup férir. Arrivée devant Saint-Jean-d'Acre, assaillie par la peste, dévorée de privations, elle trouva une place garnie de canons, défendue par la science et la tactique européennes, donna sous ses murs quatorze assauts, essuya vingt-six sorties, puis, non contente de ce champ de bataille quotidien, elle alla en chercher d'autres aux environs, et dota nos fastes guerriers d'un poétique nom de victoire. Il est vrai qu'il y eut chez elle une heure de découragement et d'hésitation; mais pour que des soldats éprouvés par les campagnes du Rhin, de l'Italie, de l'Égypte, en fussent venus là, il fallait que la mesure de leurs maux, de leurs souffrances et de leurs périls eût été largement comblée. Habitué à rencontrer chez eux des élans surnaturels, le général Bonaparte avait oublié qu'ils étaient des hommes; il s'était trop fié aux miracles de leur bravoure; il avait pris pour un état normal cette fièvre d'enthousiasme qui jusqu'alors n'avait rien connu d'impossible. L'événement vint le détromper d'une manière cruelle. Sous les murs de Saint-Jean d'Acre une réaction se manifesta dans l'esprit de l'armée : cette réaction alla jusqu'aux murmures. En présence de tant de peines physiques, l'ascendant moral du chef fut frappé d'impuissance.

Cette armée reconquit son énergie pour une admirable retraite. Elle revint camper, le 14 juin, aux portes de la capitale égyptienne qu'elle avait quittée le 10 février. Durant ces cent vingt-cinq jours, nos soldats firent cent vingt-trois lieues pour arriver à Saint-Jean-d'Acre, et cent dix-neuf pour en revenir ; le premier de ces deux trajets, en vingt jours de marche effective, donnant une moyenne de six lieues et trois vingtièmes par jour ; le second, en dix-sept jours de marche, donnant une moyenne de sept lieues. Dans ces contrées sans chemins praticables elle avait franchi plus de quatre-vingts torrents ou rivières, elle avait soumis sept villes et plus de trente villages. De ces détails statistiques, on peut conclure hardiment que la campagne de Syrie ne fut pas, pour nos armes, un échec sans gloire, un désappointement sans compensation ; c'était une guerre où il n'y avait ni vainqueurs ni vaincus ; car les Français ne se retiraient pas devant les Turcs, mais devant une série d'obstacles accidentels que l'ennemi n'avait pu ni provoquer ni prévoir. En résumé, si nul profit ne résulta de cette pointe vers la Syrie, si l'avenir de la conquête égyptienne n'y gagna rien en stabilité, du moins en resta-t-il pour l'armée de glorieux souvenirs et quelques belles pages de plus pour nos annales militaires.

Pendant la campagne syrienne, l'Égypte s'était maintenue dans une situation tranquille. Desaix avait à diverses reprises battu les Mamelouks du Saïd et les Arabes d'Yambo et de la Mecque, leurs fanatiques alliés ; il avait poussé sa marche jusqu'aux dernières limites de la domination romaine et avait occupé Philé et Éléphantine, détaché des avant-gardes en Nubie, pris Koceyr, et pacifié le double littoral du fleuve, dans la haute Égypte ; un fanatique, l'ange El-Mahdy, qui traînait à sa suite des hordes de Bédouins, venait d'expier sa hardiesse dans une dernière rencontre.

Le général Bonaparte sentit alors qu'il ne lui restait plus rien à faire en Égypte, ni pour la gloire de la France, ni pour la sienne. Limitée dans la vallée du Nil, la conquête n'avait plus ces allures de grandeur qui l'avaient séduit naguère. Dès lors son plan de départ fut arrêté ; seulement il attendit une occasion favorable. Le débarquement d'une armée turque sur la presqu'île d'Aboukir servit ses desseins secrets. Il y courut, et le 25 juillet 1799 tailla en pièces cette armée sans tactique, noya ou prit quinze mille hommes, retourna glorieux au Caire, n'y demeurant que le temps nécessaire pour arranger son départ. Les nouvelles de France étaient désastreuses : l'Italie était perdue, les frontières étaient menacées, le territoire se voyait à la veille d'être envahi. Il sentait en lui la force de réparer tous ces désastres, et de conduire de nouveau sur la terre étrangère les Français à la victoire. Il partit, laissant le commandement au seul homme qui pût le suppléer, à Kléber.

Le premier mouvement de Kléber, à cette nouvelle inattendue, fut de la suprise ; le second, du découragement. Il se crut sacrifié ; il cria à la trahison. Se défiant de lui-même et des autres, resté sans foi dans l'avenir de la conquête, voyant les choses sous le plus sombre côté, il fit passer ses impressions dans ses dépêches officielles, et dressa contre le général Bonaparte un acte d'accusation dans lequel ce dernier devait être à la fois l'accusé et le juge ; car, envoyées au Directoire, ces dépêches arrivèrent au Premier Consul. Conséquent au thème adopté, Kléber en fit le point de départ de sa conduite. Il avait dit que la situation n'était plus tenable, il ne songea donc qu'à provoquer et signer une capitulation pour sortir d'Égypte. Il ouvrit les conférences d'El-Arych, y envoya pour plénipotentiaires deux hommes de choix, Poussielgue et Desaix : l'un qui entrait dans sa pensée, l'autre qui aimait mieux se battre que capituler. Dans le cours de ces pourparlers diplomatiques, où l'on se trouva en face du commodore sir Sydney Smith et du reis-effendi ottoman, le désir d'en finir grandit en proportion des obstacles que l'on rencontrait ; de telle sorte que le point d'arrivée des conférences ne ressemblait en aucune manière au point de départ. Effrayé de la responsabilité immense qui pesait sur l'armée, craignant un revers militaire avec des forces aussi appauvries que les siennes, Kléber fut amené peu à peu à signer une transaction onéreuse avec des plénipotentiaires ennemis dont on devait plus tard contester les pouvoirs. Fidèle ensuite aux termes du traité, le général livra l'Égypte à l'armée du grand vizir, alors campée à El-Arych, étape par étape, ville par ville ; il fut assez heureusement inspiré toutefois pour garder le Caire jusqu'à la solution de quelques difficultés survenues.

Ces difficultés provenaient d'un revirement soudain dans la politique des Anglais et d'une violation flagrante de leurs engagements. Le traité d'El-Arych avait été conclu entre l'armée française d'une part, et d'autre part le grand vizir et sir Sydney Smith, représentant, celui-là la Porte, celui-ci l'Angleterre. L'Angleterre désavouait alors son agent. Le commandant des forces navales dans la Méditerranée, l'amiral Keith, déclarait que la transaction d'El-Arych devait être ajournée dans ses clauses exécutoires, et au moment où l'Égypte presque tout entière était livrée aux Ottomans, l'escadre britannique refusait d'exécuter un traité auquel Kléber s'était déjà soumis. C'était d'une politique peu honorable. Dès que Kléber se vit trompé, il retrouva sa force. Il marcha contre les Turcs à Héliopolis, battit soixante mille hommes avec douze mille, reprit la capitale tombée au pouvoir de quelques spahis, vengea enfin en un jour glorieux toutes les injures d'une longue période de faiblesse.

Cette seconde phase du commandement de Kléber fut le contraste et la critique de la première. Désormais c'était son œuvre qu'il allait défendre, non celle d'un autre. L'Égypte n'était pas un legs onéreux qu'il acceptait timidement, c'était une possession nouvelle, un royaume nouveau. La guerre avait baptisé son droit : à dix lieues du champ de bataille des Pyramides, il avait consacré le champ d'Héliopolis; son investiture n'était ni moins belle ni moins chèrement payée. Aussi la colonisation d'Égypte fut-elle dès lors arrêtée dans sa tête. Il en jeta les bases en continuant une portion des idées de son devancier. A l'instar de son chef, l'armée semblait avoir repris confiance; elle se résignait à un exil tranquille et glorieux : tout le monde alors, officiers et soldats, semblait n'avoir plus qu'un désir, celui de conserver à la France une terre qu'avait payée le sang des Français. C'était un beau rêve : sans le poignard d'un assassin, il eût été réalisé. Kléber fut frappé dans le jardin de sa maison sur la place d'El-Begayr, au moment où il s'y promenait avec un membre de l'Institut d'Égypte, M. Protain, par un fanatique nommé Souleyman. Le pal vengea la mort de Kléber; mais qui pouvait rendre aux soldats un chef impossible à remplacer ?

Il parut alors sur la scène et au premier rang un homme incapable de commander à la poignée de héros qui avait survécu. Cet homme, c'était Menou. Au milieu de ces généraux si jeunes, c'était le plus ancien général : la hiérarchie l'appelait au commandement. Menou ne recula point devant son incapacité et son impopularité notoires. Il accepta ; il commanda l'armée malgré elle, et la perdit de gaieté de cœur. Depuis cette investiture fatale, on ne peut considérer les événements que comme une série de fatalités enchaînées à une fatalité première. Les Anglais menaçaient l'Égypte d'une descente ; Menou ferma les yeux. Quand le général Abercromby se présenta avec ses troupes de débarquement, quinze cents hommes à peine se trouvaient là pour s'opposer à cette tentative décisive. Quoique prévenu à deux reprises diverses, le général en chef se tint immobile au Caire avec toutes les forces disponibles. On eût dit qu'il voulait faire la partie belle à l'ennemi, afin d'avoir plus de gloire à le vaincre. Toujours indécis, tâtonnant toujours, il divisa ses forces au lieu de les masser, ne marcha à la rencontre des Anglais, pour livrer la bataille du 30 ventôse, qu'avec une portion de ses troupes. Il attaqua mal, soutint son attaque plus mal encore, sacrifia de braves gens dans des escarmouches inutiles et compromettantes ; puis, battu et démoralisé, renonçant à tenir la campagne, il laissa isolé et livré à lui-même le corps de Belliard que menaçaient à la fois au Caire les escadrons des Osmanlis et les bataillons britanniques ; le laissa capituler sans essayer une jonction, sans chercher à attirer l'ennemi dans une action générale, sans tenter une fois encore la fortune qui pouvait tourner du côté du courage contre le nombre. Trop faible pour résister aux ennemis qui le cernaient, Belliard voulut au moins sauver les débris de l'armée. Il capitula, sortit du Caire avec armes et bagages, et fut embarqué pour la France avec son corps de troupes. Menou pourtant, traqué dans Alexandrie, résista quelque temps encore, dans l'espoir qu'une escadre promise arriverait de Toulon ; mais Gantheaume, marin incapable et irrésolu, n'osa pas tenter la fortune et resta à mi-chemin. Alors, pressé dans ses derniers retranchements par terre et par mer, avec six mille hommes minés par la faim, dévorés par la fièvre, Menou fut obligé de signer une capitulation moins glorieuse que celle de Belliard. Il s'embarqua des derniers, malade, atteint de la peste, humble comme un vaincu, attéré comme un coupable.

Là, au 15 octobre 1801, finit cette campagne, qui avait ainsi duré trois ans et trois mois ; campagne mêlée de gloire et de revers, et d'autant plus grande dans l'histoire, qu'elle y est sans analogues. Les Pyramides, Sédyman, Mont-Thabor, Aboukir, Héliopolis, voilà quels glorieux chevrons y gagna cette armée en butte à tant de maux, ayant tout à combattre et à vaincre ; aujourd'hui la mer, demain les sables ; tantôt le sabre mamelouk, tantôt le canon anglais, l'insurrection ou la peste ; l'ophthalmie et le scorbut ; enfin, la misère et la famine.

A côté des conquêtes militaires, se poursuivent, dans le cours de ces trois années, d'autres conquêtes non moins nobles et plus fructueuses. Quelques écrivains, sans doute mal éclairés, prétendent qu'on a exagéré l'importance des résultats obtenus par les savants de l'expédition française ; qu'on a raconté cette campagne, qui se réalisait à côté de l'autre, en style de bulletins, avec trop de pompe et d'enflure ; qu'on a estimé certains hommes bien au delà de leur mérite, qu'on a employé trop d'or à faire ressortir l'éclat de ces travaux de la science. Mais ces injustes critiques tombent d'elles-mêmes devant la belle moisson de découvertes et d'études rapportées d'Égypte par l'élite des savants de l'époque. Jeunes, pour la plupart, dans un temps où l'archéologie et la philologie étaient presque délaissées, ils ont fait plus que leur âge ne promettait, plus que l'état de la science ne devait faire attendre. Il faut dire encore que l'ouvrage dans lequel Napoléon fit consigner à grands frais les observations recueillies pendant l'occupation égyptienne, offre des morceaux précieux et complets, des recherches érudites et profondes ; que plusieurs questions ont été sinon résolues, du moins éclairées par ce livre; enfin, que l'Égypte y revit, à beaucoup d'égards, avec sa vieille physionomie monumentale, ses temples, ses divinités mystérieuses, son Nil fécond et sa langue emblématique. Aussi nous sommes loin de regretter la somme immense que l'ouvrage a coûtée : nous sommes de ceux qui pensent qu'on ne peut prodiguer trop d'or pour l'honneur des nations et le progrès de leurs lumières.

La trace de nos soldats et de nos savants ne s'est point effacée du sol égyptien : elle y restera empreinte éternellement. Les traditions indigènes perpétuent le souvenir de cette occupation triennale ; des monuments la constatent, des actes solennels en font foi. Le Caire ne pourra l'oublier à l'aspect de sa ceinture de forts, pas plus qu'Alexandrie, Damiette, Rosette, Kenéh, Syène. Aussi toutes les fois que l'Égypte éprouve le besoin d'agrandir le cercle de sa civilisation, c'est à la France qu'elle s'adresse. La France lui a envoyé un personnel de chefs pour ses armées, un matériel en vaisseaux de guerre, en artillerie, en fournitures nouvelles ; elle lui a donné des sujets pour toutes les branches des connaissances humaines, des ingénieurs, des architectes, des dessinateurs, des médecins. Récemment encore, ce fut la France, avant tous les autres pays, qui ouvrit ses écoles aux enfants de l'Égypte et les nourrit du pain de la science, comme s'ils eussent été ses propres enfants. On peut donc dire que si dans le premier tiers de ce siècle un prince s'est produit qui a accompli de si grandes choses en Égypte, c'est à l'impulsion française qu'il faut reporter la meilleure part de son initiative; c'est surtout à cette expédition savante et guerrière qui enseigna à l'Orient par la parole et par l'exemple les ressources d'une civilisation que l'Orient avait dédaignée jusque-là.

A peine nos bataillons, après la capitulation d'Alexandrie, avaient-ils quitté l'Égypte, que les Égyptiens les regrettaient déjà. Cette sécurité qu'avait fondée dans le pays l'occupation française disparut tout à coup; le pillage et le vol se reproduisirent avec une intensité ruineuse. Au lieu d'un maître, le pays en eut trois : les Anglais, les Turcs, les Mamelouks. Unis pour vaincre, ces alliés s'étaient divisés dès le lendemain de la victoire; ils avaient passé d'un état de tolérance mutuelle à des dispositions jalouses. Le premier acte de nouvelles hostilités eut lieu entre les autorités turques et les beys mamelouks. Le capitan-pacha et le grand vizir se défirent de quelques-uns d'entre eux à la suite d'un infâme guet-apens. Dans ce conflit, les Anglais prirent d'abord fait et cause pour les Mamelouks, les sacrifièrent ensuite à quelques priviléges commerciaux obtenus à Constantinople, pour revenir à eux. Toutefois, quelque désir qu'il eût de conserver des garanties contre la Porte, par une occupation permanente, le cabinet de Saint-James se vit obligé, peu de temps après l'évacuation de Menou, de retirer ses troupes du territoire égyptien, qui demeura ainsi livré aux partis musulmans qui se le disputaient.

Le champ restait libre alors aux Mamelouks d'une part, aux Turcs de l'autre; mais entre eux se présenta bientôt un troisième antagoniste, qui devait demeurer maître du champ de bataille. Les troupes expéditionnaires de la Porte se composaient en grande partie d'Arnautes et d'Albanais, pris à sa solde, phalange indisciplinée qui, médiocrement utile en temps de lutte, devenait un embarras et un péril quand la lutte était terminée. Parmi les séraskiers ou chefs de ces Albanais figurait Mohammed ou Méhémet-Ali, qui devait en si peu de temps s'élever à une rapide et brillante fortune.

Méhémet-Ali, dont le nom a eu un retentissement si grand, était né à la Cavale, en Roumélie, l'an 1182 de l'hégyre (1769). Dès son bas âge, il donna des preuves de ce caractère à la fois résolu et politique qui devait le pousser si haut. Nommé *boulouk bachi* (capitaine) à l'âge de vingt ans, il essaya quelques opérations de commerce, et ne se remit activement dans la carrière des armes que lorsque la Porte eut demandé un dernier contingent pour aller combattre les Français, alors maîtres de l'Égypte. Dans cette campagne, Méhémet, nommé *byn-bachi* ou colonel, fit preuve d'une telle habileté et d'un tel courage que le capitan-pacha le promut au grade de séraskier, dès qu'elle fut terminée. Dans ce nouveau poste, il marcha vers ses plans d'usurpation souveraine avec une suite, une persévérance et une sagacité prodigieuses. Tour à tour allié ou rival des divers pachas que la Porte donnait à l'Égypte, tantôt s'appuyant sur les Turcs pour neutraliser la puissance des Mamelouks, tantôt sur les Mamelouks pour tempérer l'influence des titulaires ottomans, cherchant dans la confiance des populations un levier pour soulever tous ces pouvoirs sans consistance, usant de ses Albanais turbulents, tantôt pour effrayer, tantôt pour combattre ses rivaux, Méhémet-Ali réussit à se faire nommer gouverneur, et, qui plus est, à se faire accepter par la Porte. Effrayée pourtant de l'exorbitance des pouvoirs de son titulaire, le Divan voulut quelque temps après le déposer; mais arrivé sur les lieux, l'amiral ottoman vit combien l'exécution de cet acte serait difficile, et il aima mieux subir une transaction qu'essuyer un échec. Méhémet-Ali fut confirmé dans ses pouvoirs.

Le nouveau vice-roi n'avait plus alors en face qu'un seul ennemi, les Mamelouks. Longtemps entre lui et cette milice belliqueuse ce fut une suite de combats marqués par des chances diverses, par des alternatives de succès et de revers. A peine dans le cours de cette lutte, qui dura jusqu'en 1811, on peut compter comme un incident essentiel une nouvelle descente des Anglais qui aboutit à un avortement. Le reste se compose de petits engagements de détail dans la haute et dans la basse Égypte, d'escarmouches, dont aucune n'a l'importance d'une rencontre décisive.

Toutefois, malgré cette situation critique toujours militante, Méhémet-Ali trouva le temps de changer de fond en comble la constitution intérieure de l'Égypte, l'assiette de l'impôt, l'organisation de l'administration et de l'armée. Pour annuler les dangers des révoltes de ses Albanais, milice toujours turbulente, il les dissémina dans les garnisons de la basse Égypte, après leur avoir payé l'arriéré de leur solde, et ne garda auprès de lui que les corps les plus fidèles et les plus sûrs. Cette espèce de licenciement, et les dons sans nombre qu'il fallait prodiguer aux agents de la Porte, auraient dépassé les ressources du vice-roi, s'il n'avait trouvé le moyen de tirer de l'or, et beaucoup d'or, du sein d'un pays en friche et d'une population épuisée.

Pour cela, il fit ce qu'avaient fait avant lui d'autres maîtres de l'Égypte; il n'augmenta point le chiffre de l'impôt, mais il diminua la mesure agraire. Le feddan de terre fut réduit d'un quart environ, ce qui éleva le produit en ayant l'air de conserver la taxe sur la même base. Tandis qu'il opérait ainsi sur la contribution territoriale, il essayait sur le commerce le système de monopole qu'il devait pousser si loin plus tard. Il constitua, pour le tabac, une régie à l'instar des nôtres. Déjà il rêvait le rôle de négociant et de propriétaire unique de l'Égypte, rôle qu'il ne se créa point systématiquement, ainsi qu'on l'a cru, mais auquel il fut conduit par la force même des choses. En effet, à mesure que Méhémet-Ali avançait dans son œuvre de régénération politique, il voyait passer entre ses mains les domaines considérables possédés jadis par les Mamelouks ou par leurs affiliés, en même temps qu'il s'affectait toutes les dotations religieuses et les propriétés des mosquées, tombées presque toutes en déshérence. Aussi, malgré les cris des ulémas et des muphtis, Méhémet-Ali put réaliser et maintenir ces empiétements inouïs jusque-là.

Il eut surtout besoin de toute sa froide énergie pour le coup décisif qui devait le laisser maître tranquille et absolu de l'Égypte. La bataille de Belhasseh avait terminé la longue période de résistance des Mamelouks ; vaincus à demi, à demi gagnés, ils avaient compris que l'Égypte avait un maître, et qu'il fallait fléchir le genou. Méhémet-Ali n'avait rien épargné d'ailleurs pour adoucir l'affront d'une chute ; désireux avant tout de concentrer au Caire tous ses anciens ennemis, il leur avait prodigué les habitations magnifiques, les meubles somptueux, les riches présents en or et en esclaves. Aussi, à part le vieil Ibrahim-Bey, Osman-Bey-Hassam et trois ou quatre beys subalternes, tous les Mamelouks étaient-ils réunis dans la capitale au mois de moharrem 1226 (février 1811). Ce fut dans ce moment, et à propos du départ de l'armée qui allait combattre les Wahabys, peuples indomptables du pays de Nedj, que

Méhémet-Ali convoqua, dans une cérémonie solennelle, tous les dignitaires et grands officiers de son armée. Les beys mamelouks étaient tous priés instamment et individuellement pour cette fête qui devait avoir lieu dans la citadelle. Ils s'y rendirent à la tête de leurs cavaliers, revêtus de leurs plus riches costumes et de leurs plus belles armes. Méhémet-Ali reçut les beys dans une tente magnifiquement décorée, où des esclaves leur offrirent du café et des rafraîchissements. Tout se passa, dans cette entrevue, comme si aucun piége n'attendait les malheureux conviés ; mais quand, au signal d'une musique militaire, ils eurent quitté le vice-roi et se furent dirigés vers les portes de la citadelle, les battants fermés sur eux et l'attitude d'un corps de Delhys et d'Arnautes les éclairèrent sur le sort affreux qui les attendait. Ils étaient cernés, traqués dans une espèce d'impasse, dans un boyau hérissé de rochers escarpés, où les soldats du vice-roi, hors d'atteinte eux-mêmes, pouvaient les fusiller impitoyablement. En effet, à peine se trouvèrent-ils en face de la porte massive et solidement assujettie, que la mousqueterie commença. Alors ce fut un spectacle horrible et douloureux : confiants et aveugles, les Mamelouks avaient cru venir à une fête ; ils n'avaient pas même apporté de cartouches. Aussi tombèrent-ils un à un, sans pouvoir se défendre. A chaque minute, les balles éclaircissaient leurs rangs, en choisissant de préférence les chefs comme victimes. Cependant, malgré la position presque inattaquable des assaillants, quelques Mamelouks purent mettre pied à terre et se faire jour, le sabre à la main, jusqu'aux portes du palais du vice-roi. Mais, dans ce combat sans espérance, ils furent bientôt désarmés et conduits devant le kyaya-bey, qui les fit décapiter un à un. Quatre cent soixante-dix Mamelouks étaient entrés dans la citadelle ; un seul en sortit vivant, c'était Anym-Bey. Cet homme, par un hasard inexplicable, avait pu gagner à cheval le mur d'enceinte. Là, quelque part qu'il jetât les yeux, il ne rencontrait qu'un mur de soixante pieds à franchir. Il s'y décida, certain de périr s'il hésitait, et lança son cheval dans le gouffre du fossé. Le noble animal mourut sur le coup; mais le cavalier fut sauvé. Devenu depuis gouverneur de Jérusalem, cet intrépide Mamelouk nous a lui-même raconté sa merveilleuse délivrance, lors de notre voyage en Syrie (1).

Cet acte de rigueur sanglante, qui rappelle le massacre des strelitz par Pierre le Grand, et celui qu'exécuta plus tard le sultan Mahmoud contre les janissaires, affermissait l'avenir de Méhémet-Ali : il le poursuivit jusque dans ses conséquences les plus extrêmes. Dans les provinces, comme au Caire, pas un Mamelouk ne fut épargné; on les immola tous sans pitié, sans égard pour l'âge. Leurs femmes, leurs enfants ne furent point à l'abri de la proscription politique : elle passa comme un ouragan sur tout ce qui, de près ou de loin, tenait au parti mamelouk.

Ces sacrifices servirent, pour ainsi dire, de prélude à la campagne que Méhémet-Ali préparait alors contre les Wahabys. Ces sectaires professaient une espèce de protestantisme qui les mettait hors de la communion or-

(1) Dans un charmant petit livre, le *Nil, Égypte et Nubie*, M. Maxime du Camp dit que le Mamelouk échappé au massacre de la citadelle fut saisi huit jours plus tard et décapité. Ce bruit, en effet, courut au Caire, et la tradition le répète encore aujourd'hui. Mais ce Mamelouk avait naturellement un grand intérêt à faire croire à sa disparition et à répandre le bruit de sa mort. Lorsque je le vis à Jérusalem, dans la maison de Pilate, qu'il habitait comme gouverneur, c'est en souriant qu'il me raconta les détails de sa fuite et les moyens qu'il avait pris pour se soustraire à la haine de Méhémet-Ali contre les Mamelouks.

thodoxe, réforme religieuse dont le chef était un nommé Abd-el-Wahab, d'où vint le nom de Wahabys. El-Wahab reconnaissait le Koran, mais en rejetait les commentaires. Il défendait le culte du Prophète, que les musulmans orthodoxes avaient, selon lui, exagéré ; il s'élevait contre les monuments que l'on construisait à la mémoire des saints (les santons) ; il rappelait enfin des préceptes du Koran, trop oubliés par les fidèles, tels que les lois somptuaires, l'administration impartiale et sévère de la justice, les exercices tendant à maintenir l'esprit guerrier, enfin l'abstinence des boissons enivrantes. En tout ceci, Mohammed-ben-Abd-el-Wahab n'innovait pas, il réformait seulement. Sa doctrine, comme celle du Coran, était du déisme pur.

Ce schisme religieux avait gagné le Nedj, province de l'Arabie centrale, pays de monts arides et de vallées fécondes, oasis délicieuses jetées au milieu des déserts ; mais il n'eût pas suffi à un ébranlement général de la contrée si un mouvement militaire ne s'y était joint et ne l'avait appuyé. A la voix du gouverneur, Mohammed-ben-Saoud, cette nouvelle révolution avait eu lieu vers la fin du siècle passé, et depuis lors, organisée républicainement, non-seulement la province de Nedj était demeurée tout à fait indépendante de la Porte, mais, conquérante à son tour, elle avait soumis Kerbaléh, el-Tayef et les cités saintes elles-mêmes, la Mecque et Médine.

Ce fut alors que Méhémet-Ali entreprit de venger l'islamisme et de rendre les lieux saints aux musulmans orthodoxes. Dans ce moment la puissance wahabite régnait d'une manière à peu près absolue sur toute la péninsule arabique, et le souverain de ce peuple, Saoud, mettait à contribution les plus riches provinces de l'empire persan. Méhémet-Ali seul ne s'effraya point : il commença contre les schismatiques du Nedj une guerre qui devait durer sept ans. Après son fils Toussoun, dont les armes ne furent point heureuses, il parut lui-même sur le théâtre de la guerre, et y envoya ensuite son autre fils Ibrahim, qui eut la gloire de la terminer, en 1818, par l'anéantissement complet de la puissance des Wahabites. Derrayéh, leur capitale, se rendit après un long siége, et leur souverain, Abd-Allah, fut obligé de se mettre à la merci du sultan de Constantinople, qui le fit décapiter sur la place de Sainte-Sophie, en ordonnant que sa tête fût ensuite pilée dans un mortier.

Cette guerre du Nedj, où Méhémet s'était montré plus intrépide et plus entreprenant que la Porte, le plaça tout à coup dans une position tout autre que celle des pachas ses collègues. Déjà il était presque, par le fait, un souverain indépendant. Quand son fils rentra au Caire, nommé pacha par le Divan, il lui ménagea une réception triomphale. Durant sept jours et sept nuits, le Caire resplendit de fêtes. Désormais l'avenir politique du vice-roi était assuré; il pouvait à son choix obéir ou désobéir aux firmans de Constantinople; mesurer le degré de patronage auquel il désirait s'astreindre pour rompre un jour ouvertement avec la métropole : il était assez fort pour ne plus rien craindre et ne plus rien ménager; seulement, dans cette pensée d'usurpation imminente, il devait maintenir sur pied une armée aguerrie et nombreuse, lui donner de l'occupation à toute heure, afin qu'elle ne devînt point un danger et un embarras, la recruter constamment soit en Égypte, soit au dehors.

De cette politique personnelle et profonde naquit la campagne du Sennaar. Dans cette guerre où parurent deux fils du pacha, Ismaïl et Ibrahim, l'armée égyptienne traversa, victorieuse, les deux Nubies, s'empara tour à tour du Sennaar, du Fazokl et du Kamamyl. Elle eût poussé probablement ses conquêtes jusque sur les plateaux abyssins, si les maladies n'avaient ravagé ses rangs, et si Ismaïl, son jeune et hardi général, n'avait été massacré à Chendy. Le defterdar Mohammed-Bey le vengea ; mais, dès ce moment, toute nouvelle pointe vers le sud fut abandonnée. Une garnison égyptienne fut seule laissée dans le Kourdafan.

D'autres expéditions vinrent d'ailleurs et coup sur coup occuper l'activité militaire de Méhémet-Ali. La première fut la conquête de l'Yémen ; la seconde fut la double campagne de Grèce, dans laquelle le vice-roi, alors plus puissant que la Porte, lui servait d'instrument sans pouvoir rétablir ses affaires. Nul doute que, livrée à elle-même, la Grèce n'eût pu résister aux armes d'Ibrahim, qui prit Tripolitza, incendia Argos, et entra après un siége opiniâtre dans les murs de Missolonghi ; mais, par une exception à sa politique habituelle, l'Europe coalisée intervint alors dans l'Orient pour que l'émancipation d'un peuple triomphât, malgré les efforts conjurés de ses anciens maîtres. Le canon de Navarin arrêta Ibrahim dans sa conquête, dont la réalisation eût été d'ailleurs pour Méhémet-Ali un fait peut-être impolitique. L'armée égyptienne quitta la Morée.

Plus tard, quand la Russie parut en armes devant les monts Balkans, et que le Divan demanda des secours à l'Égypte, le vice-roi trouva des biais pour décliner toute participation à cette guerre, et, pressé, refusa tout contingent. Il y a plus : à quelques années de là, le souverain de l'Égypte ne craignit pas d'opposer drapeau à drapeau, et d'attaquer de front une autorité que jusqu'alors il s'était borné à méconnaître. Quelques démêlés étaient survenus entre l'Égypte et la Syrie, démêlés que Méhémet-Ali voulut trancher avec le canon. Ibrahim franchit le désert de Suez, et après avoir pris en passant Gazza, Jaffa, Kaiffa, Jérusalem et Naplouse, il vint mettre le siége devant la pierre d'achoppement du général Bonaparte, devant Saint-Jean-d'Acre. La ville résista longtemps; mais, moins heureuse cette fois, elle se rendit. Ce fut alors que la Porte crut devoir intervenir dans la querelle. Après avoir longtemps menacé Méhémet-Ali par la voie de firmans et d'excommunications, le sultan comprit que le seul droit moderne était celui de la force, et il expédia contre Ibrahim son meilleur général, Housseyn, qui fut créé *feld-maréchal* d'Anatolie. Housseyn franchit le Taurus, occupa Adana, et rencontra à Homs l'armée de son adversaire. Une bataille eut lieu, dans laquelle Ibrahim, demeuré vainqueur, conquit toute la haute Syrie. Une seconde campagne ne fut pas plus heureuse pour la Porte. Le nouveau généralissime, Reschid-Pacha, fut entièrement défait dans les plaines de Koniah. Sans la crainte d'une intervention européenne, peut-être Ibrahim eût-il alors marché jusqu'à Constantinople, ou du moins jusqu'aux dernières limites de l'Asie-Mineure. Méhémet-Ali contint le jeune conquérant. C'était assez pour lui d'avoir subjugué cette fois toutes les provinces de la Syrie et le district d'Adana, vieilles annexes de l'Égypte.

Ces soins militaires n'absorbaient pas tellement le vice-roi, qu'il n'eût le temps de songer à des exploitations financières et commerciales. Dès l'an 1818, le sol égyptien avait été mis en ferme et le commerce en monopole. Méhémet-Ali était devenu le seul fermier, le seul négociant de l'Égypte. Tenant ainsi dans ses mains toutes les ressources et toutes les richesses, il put exécuter, dans une double pensée d'utilité pour le pays et de conservation personnelle, de grands et durables travaux. Ainsi le canal de Mahmoudieh, qui joint le Nil à la mer en débouchant dans le port d'Alexandrie, fut improvisé et livré à la navigation comme par enchantement. Vingt mille fellahs furent employés à ces travaux, et le canal fut creusé en huit mois. Un ingénieur français, et, sous sa direction, les jeunes Égyptiens envoyés dans nos colléges par le vice-roi pour y étudier nos sciences, dotèrent également Méhémet-Ali d'une flotte de guerre avec ses vaisseaux, ses frégates, ses bricks, et tout son matériel accessoire.

La pensée d'un monopole commercial ne vint à Méhémet-Ali qu'à la suite d'un incident survenu dans les marchés européens. En 1816 et 1817, une famine ayant sévi dans nos provinces, des navires de tous les pays allèrent mouiller dans les ports d'Égypte pour y prendre des cargaisons de blé, ce qui fut l'occasion d'une hausse exorbitante. Or, dans ce moment, le plus fort détenteur de grains était Méhémet-Ali, à qui les provinces du Saïd et du Delta payaient leurs contributions en nature. Tout autre souverain eût cru déroger en ouvrant une maison de commerce; Méhémet-Ali y vit une ressource pour l'accomplissement de ses projets; il tint haut son blé, le vendit avec un bénéfice considérable, et trouva dans ce résultat un motif suffisant pour devenir le grand intermédiaire de tous les échanges. Désormais, non-seulement le fellah travailla pour lui, mais encore les produits du sol, dont le prix variait au gré de la mercuriale souveraine, furent tous versés dans les entrepôts publics du Caire et d'Alexandrie.

Quand le blé n'offrit plus les mêmes avantages, ce fut le tour du coton. Un Lyonnais, nommé Jumel, avait naturalisé en Égypte le coton Fernambouc, l'un des plus soyeux et des plus beaux qui soient au monde; et ce coton, exploité sur une grande échelle, devint bientôt l'une des plus riches exportations du pays. Armé de ce nouveau produit, le vice-roi établit d'immenses relations avec les négociants d'Europe et ouvrit avec de puissantes maisons de Marseille, de Livourne et de Londres, une correspondance active confiée à son habile ministre, Boghoz-Bey. Ce fut grâce à cette industrie et à ces crédits ouverts qu'il put garnir ses ports de vaisseaux de guerre, fournir ses arsenaux, organiser son armée; ce fut avec ces ressources qu'il para à de longues et coûteuses guerres, qu'il soumit le Nedj, l'Yemen et le Sennaar, qu'il pourvut aux campagnes de Morée et de l'Asie-Mineure.

En 1839, le sultan, résolu de faire une nouvelle tentative pour arracher au vice-roi d'Égypte ses conquêtes en Syrie, envoya contre Ibrahim-Pacha une armée commandée par le séraskier Hafiz; cette campagne fut bientôt terminée par la bataille de Nezib (26 juin), où Ibrahim tailla en pièces la dernière armée du sultan. Pour arrêter le fils de Méhémet-Ali dans sa marche triomphale, il ne fallut pas moins que l'intervention de plusieurs des grandes puissances de l'Europe. On sait que, par suite de cette intervention, les troupes d'Ibrahim furent forcées d'évacuer les provinces syriennes, et que la guerre se termina, en 1841, par un traité qui accordait à Méhémet-Ali l'Égypte, à titre héréditaire, suivant l'ordre de primogéniture de mâle en mâle, sans qu'il eût pour cela rang supérieur aux autres vizirs; la Nubie, le Darfour, le Kordofan, le Sennaar et leurs dépendances, à titre viager, sous condition que les monnaies auraient le même module que celles de Constantinople; que le pacha d'Égypte ne pourrait nommer ses officiers que jusqu'au grade de colonel inclusivement; qu'il ne donnerait plus d'esclaves en payement aux troupes;

qu'il ne permettrait plus de faire des eunuques dans ses États, et qu'il payerait tribut.

Méhémet-Ali ne se laissa point abattre par cet échec de sa politique extérieure, et pendant les dernières années de son gouvernement, il continua de s'occuper activement de toutes les mesures qui pouvaient contribuer à la prospérité de l'Égypte. Il fit étudier sérieusement le projet de barrage du Nil, pour lequel un ingénieur français lui avait présenté un plan remarquable; il apporta diverses améliorations à l'administration, supprima le monopole des cotons et établit une école égyptienne à Paris.

En 1845, le bruit se répandit en Europe que le vieux vice-roi d'Égypte venait d'abdiquer le pouvoir pour le reprendre presque aussitôt des mains de son fils Ibrahim. Cette nouvelle, qui mit en émoi toute la diplomatie, était le résultat d'un épisode singulier de la vie du harem. Méhémet-Ali, malade et affaibli par l'âge, était venu un jour visiter sa fille, et il s'était passé dans cette entrevue une scène qui n'est pas sans rapport avec l'histoire de Sara présentant à Abraham la jeune Agar. On ajoute qu'un breuvage dangereux, un philtre, avait donné au vieux pacha des accès de folie furieuse. Revenu à lui, il demanda à voir son fils Ibrahim. On lui dit qu'Ibrahim s'était retiré dans un de ses palais, sachant que son père ne voulait recevoir personne. « Non, non, s'écria Méhémet, il est parti pour Constantinople, où il va demander, de mon vivant, la vice-royauté de l'Égypte; il compte sur ma mort prochaine, mais il mourra avant moi. » Et tout cela était vrai pour le présent et pour l'avenir. Ibrahim était à Constantinople, et déjà un firman confirmatif de l'hérédité lui avait été délivré.

Méhémet reprit pour un moment les rênes du gouvernement de l'Égypte; mais sa raison affaiblie ne tarda pas à s'égarer tout à fait. Il put cependant recevoir la nouvelle de la révolution de février 1848, et comprendre toute la portée de cet événement ; il en témoigna une affliction profonde, et voulut même, dit-on, équiper ses flottes et armer ses troupes pour venir défendre, en France, le roi qui venait d'être renversé.

Après avoir exercé quelque temps le pouvoir au nom de son père d'abord, et plus tard en son propre nom, Ibrahim-Pacha mourut du choléra, à la fin de cette même année 1848, et Méhémet-Ali succomba lui-même trois mois après, au commencement de 1849.

Méhémet-Ali a été véritablement pour l'Égypte un grand souverain. C'est à son génie qu'elle doit, sinon une indépendance absolue, du moins une existence propre et d'incontestables éléments de puissance et de grandeur ; en l'initiant à la civilisation européenne, il a contribué à faire renaître la prospérité de cette terre antique, que le percement de l'isthme de Suez et d'autres grands travaux achèveront bientôt de rendre aussi florissante qu'elle le fut à aucune époque.

Abbas-Pacha, petit-fils de Méhémet-Ali, succéda en 1848 à son oncle Ibrahim-Pacha, et mourut au mois de juin 1854.

Saïd-Pacha, l'aîné des fils survivants de Méhémet et oncle d'Abbas, gouverne aujourd'hui l'Égypte. Les premiers actes du règne de ce prince éclairé, les grandes entreprises qu'il fait exécuter avec le concours des Européens, font espérer en lui un digne continuateur de son père.

Quoique la terre égyptienne soit, comme l'a dit Hérodote, un produit du fleuve, il est impossible de préciser dans quelle proportion ont eu lieu ses exhaussements successifs. Alors même que, sur l'ensablement de monolithes demeurés debout depuis Menès, on trouverait le rapport et la mesure d'un attérissement, il est évident que ce serait là une preuve partielle et locale, d'où l'on tirerait à faux la conséquence que les alluvions ont procédé partout d'une façon uniforme et régulière.

Ainsi, on ne saurait admettre avec trop de réserve les arguments cosmogoniques empruntés à la géologie. L'aspect physique d'un pays ressemble assez à ces mirages trompeurs dans lesquels toute certitude visuelle disparaît pour faire place à des illusions toutes personnelles et contradictoires. Là où celui-ci aperçoit un lac, l'autre voit un bois de palmiers, un troisième les murs d'une ville. L'œil alors est la dupe et l'esclave d'un désir ardent; le lac est pour la soif, les palmiers sont pour l'ombre, les murs de la ville pour le repos. On voit tout cela parce qu'on le souhaite : ainsi en est-il pour la géologie. On adapte le terrain à un système, et non un système à un terrain.

Dans l'état actuel et réel, l'Égypte est une longue vallée qui se dirige du sud au nord et décline un peu à l'ouest. Trois grandes régions la partagent. Ces trois régions sont l'Égypte supérieure ou Saïd, dans laquelle se trouve l'ancienne Thébaïde; l'Égypte moyenne ou Heptanomide; la basse Égypte ou le Delta, à cause de sa forme triangulaire, qui se rapproche du *delta* grec. Cette vallée est encaissée dans les trois quarts de sa longueur, de Syène jusqu'à la prise du Delta, entre deux chaînes de montagnes, chaînes arides et nues, découronnées de toute végétation. A la hauteur de Philœ s'étendent des sommets granitiques d'où l'on tirait le granit rose des obélisques et des sphinx. Au-dessous commence le grès, et plus loin une charpente calcaire et crayeuse que recouvrent les sables.

C'est entre ces deux digues naturelles que se développe la vallée, tout inégale dans sa largeur. En effet, tantôt les deux chaînes se rapprochent du fleuve, comme dans la région granitique, et viennent se couper sur ses bords en brusques falaises ; tantôt, comme dans la région calcaire, la vallée occupe jusqu'à une demi-lieue de terrain sur chaque rive ; où enfin, comme dans la zone crayeuse, elle gagne une et deux lieues de terrain à droite et à gauche du fleuve. Ainsi la largeur moyenne de la vallée peut être évaluée à trois lieues et demie.

A la hauteur du Caire, cet encaissement naturel s'arrête tout à coup, et les débordements du fleuve ne sont plus ralentis que par les pentes douces du terrain et par les sables du désert qui forment des mamelons onduleux. La chaîne arabique finit et meurt ; mais la chaîne libyque se jette sur l'ouest, et en longeant les pyramides de Gizéh, en dérivant vers les vallées de Natroun et du fleuve sans eau, elle va se perdre au sein des solitudes libyques. Dans une de ses coupures primitives, elle a formé le bassin du Fayoum, espèce d'oasis intérieure que féconde un lac célèbre dans les temps antiques.

Telle est l'Égypte, une vallée d'alluvions étendues sur un lit de sable. Partout où les eaux du fleuve ne viennent pas déposer leur limon fécondant, le désert règne avec son arène mouvante et stérile. Entre le désert et le Nil, c'est un combat perpétuel, une lutte incessante, que les anciens Égyptiens avaient idéalisée par le combat allégorique de Typhon et d'Osiris. La vallée appartient à ces deux maîtres, qui se la partagent ; là où le fleuve parvient, elle est cultivable ; ailleurs, point. Dans les temps de crue, l'Égypte productive est toute sous l'eau. La disposition du Nil aide à ce travail d'immersion. Loin de se trouver, comme les autres fleuves, au point le plus abaissé de la vallée, il a, par l'exhaussement graduel de son lit, élevé le niveau de ses berges au-dessus de celui des terrains limitrophes, de sorte qu'à la moindre crue il déverse ses eaux jusqu'au pied de la double chaîne arabique et libyque. L'Égypte n'est donc, à proprement parler, que le lit du fleuve.

Quant à l'aspect des lieux, il varie suivant les zones. Vers Syène, et à la hauteur des cataractes, les masses granitiques donnent au paysage une teinte imposante et sévère. Ce fleuve qui se précipite en écumant dans une suite de tourbillons, cette nature nue et déserte, cette charpente de montagnes découpées en aiguilles bizarres, pleines d'anfractuosités et de déchirements, forment un ensemble qui saisit et subjugue. Mais au-dessous de ce point, l'Égypte devient d'une monotonie désespérante; la vallée arabe et le Delta surtout n'offrent pas un site qui récrée le regard, pas un accident de terrain qui le charme. Jamais géologie ne fut plus uniforme et plus triste. A peine les saisons varient-elles le spectacle.

L'Égypte en compte trois. Dès le milieu du printemps, les récoltes, déjà enlevées, ne laissent voir qu'une terre grisâtre et poudreuse, dangereuse à parcourir à cause de ses gerçures profondes. Les eaux, en se retirant, ont laissé le sol à la merci du soleil le plus actif, et le soleil a fendu la terre. Quand vient septembre, la scène a changé; c'est une inondation immense, une mer déployée sous le regard, une mer rouge et saumâtre, du sein de laquelle sortent çà et là des palmiers, des sycomores et des villages, communiquant entre eux à l'aide de digues artificielles, aussi étroites que peu solides. Les eaux une fois retirées, la terre reste à sec; mais c'est un marécage. La nature ne s'anime en Égypte, elle n'est vraiment belle que dans l'hiver. Alors la terre a revêtu sa robe de verdure. Fécondée par son hymen avec le fleuve, elle étale avec orgueil les fruits de son sein, ses beaux champs de riz, de maïs, de sésame et de dourah, ses bois d'orangers et de citronniers, ses bouquets de dattiers et ses allées de sycomores. La même monotonie règne encore dans l'ensemble des lieux, mais il a perdu sa physionomie morne et infertile. Le soleil, moins ardent, fatigue moins la vue et agit avec moins de force de répercussion. Il y a de l'ombre alors en Égypte, tandis que dans les autres saisons il n'y a point d'ombre, à proprement dire, quoiqu'il y ait des arbres.

C'est bien toujours la même Égypte qu'a dépeinte Amrou, son premier conquérant arabe. Le calife Omar avait écrit à Amrou : « Amrou, fais-moi de l'Égypte » une peinture assez exacte et assez vive pour que je me » figure voir de mes propres yeux cette belle contrée. » A quoi Amrou répondit : — « O prince des fidèles, peins-toi un désert aride et une campagne magnifique, au milieu de deux montagnes, dont l'une a la forme d'une colline de sables, et l'autre du ventre d'un cheval étique ou du dos d'un chameau. Voilà l'Égypte! Toutes ses productions et toutes ses richesses, depuis Assouan jusqu'à Mencha, viennent d'un fleuve béni qui coule avec majesté au milieu d'elles. Le moment de la crue et de la retraite des eaux est aussi réglé que le cours du soleil et de la lune. Il y a une époque de l'année où toutes les sources de l'univers viennent payer à ce roi des fleuves le tribut auquel la Providence les a assujettis envers lui. Alors les eaux augmentent, sortent de leur lit, et couvrent toute la face de l'Égypte pour déposer un limon productif. Il n'y a plus de communication d'un village à l'autre que par le moyen de barques légères, aussi nombreuses que les feuilles du palmier. Lorsque arrive ensuite le moment où ses eaux cessent d'être nécessaires à la fertilité de ce sol, ce fleuve docile rentre dans les bornes que la nature lui a prescrites pour laisser recueillir le trésor qu'il a caché dans le sein de la terre. Un peuple protégé du ciel, et qui, comme l'abeille, ne semble destiné qu'à travailler pour les autres, sans profiter lui-même du prix de ses sueurs, ouvre légèrement les entrailles de la terre, et y dépose des semences, dont il attend la fécondité du bienfait de cet Être qui fait croître et mûrir les moissons. Le germe se développe, la tige s'élève, l'épi se forme par le secours d'une rosée qui supplée aux pluies et qui entretient le suc nourricier dont le sol est imbu. A la plus abondante récolte succède tout à coup la stérilité. C'est ainsi, ô prince des fidèles! que l'Égypte offre tour à tour l'image d'un désert poudreux, d'une plaine liquide et argentée, d'un marécage noir et limoneux, d'une prairie verte et ondoyante, d'un parterre orné de fleurs variées et d'un guéret couvert de moissons jaunissantes. Béni soit le créateur de tant de merveilles! Trois choses, ô prince des fidèles! contribuent essentiellement à la prospérité de l'Égypte et au bonheur de ses habitants : la première, de ne point adopter légèrement des projets inventés par l'avidité fiscale et tendant à accroître l'impôt; la seconde, d'employer le tiers des revenus à l'entretien des canaux, des ponts et des digues; la troisième, de ne lever l'impôt qu'en nature sur les fruits que la terre produit. Salut. »

Telle était l'Égypte quand Amrou la subjugua, telle elle est aujourd'hui. Les lieux n'ont point changé; ils sont ce que les fait ce tableau plein d'observations calmes et judicieuses, tout empreint de la gravité, de la sagesse et de la poésie arabes. Quand on arrive en Égypte par le Nil, on voit le pays par son beau côté. La campagne pourtant varie peu : ce sont toujours des palmiers isolés ou réunis, plus rares à mesure que l'on s'éloigne de Rosette; des villages bâtis en terre, une plaine sans limites, qui, selon les saisons, est une mer, ou un champ, ou une arène mouvante; puis un horizon dont les lignes se succèdent avec une désespérante uniformité; un pays plat coupé de canaux, animé seulement par quelques troupeaux de chameaux ou de buffles, peuplé de Fellahs à demi nus et dévasté par des hordes nomades. Si l'on ajoute à cela un soleil qui brille dans un ciel toujours serein, des vents modérés, mais perpétuels, on aura une idée à peu près complète de l'état physique du pays.

Et pourtant l'Égypte n'a rien à envier à l'étranger; elle a des charmes qui ne sont qu'à elle, la sérénité immuable de son ciel, la prodigieuse fécondité de son sol. L'air y est si doux, que, dans les lieux favorisés, la végétation n'est jamais suspendue. Les inondations du Nil procurent trois récoltes, et partout où le travail humain a pu arrêter le fleuve pour étendre l'inondation, ce résultat s'est produit avec un grand succès.

De toutes les cultures, celles du Saïd ou haute Égypte sont les plus riches et les plus belles. Nulle part l'orge et le blé ne croissent avec plus de vigueur et d'abondance, nulle part le lin et le sésame ne donnent de plus sûrs produits. Tout y vient à souhait : les trèfles, les fèves aux têtes fleuries, les lupins, le henneh, avec lequel les femmes se teignent les ongles, l'indigo, le tabac et les pastèques rampantes. Si la haute Égypte a de moins les rizières qui demandent des terrains bas et noyés, en revanche les cannes à sucre y mûrissent parfaitement; le coton arbuste s'y plaît davantage; et de plus que les plaines littorales, la vallée supérieure peut offrir le carthame à fleur rouge et précieuse ; le bamier qui donne un fruit vert et gluant ; mais surtout le doura qui porte dans ses longues panicules la nourriture principale des indigènes du Saïd. La végétation du Fayoum, bien qu'elle continue celle du Saïd, a pourtant sa physionomie et son caractère propres : ce sont des champs de roses, en terre ferme et sur l'eau ; les fleurs de lotus, blanches ou bleues, jadis l'objet d'une grande vénération religieuse ; les nopals ou raquettes épineuses qui enlacent leurs feuilles d'un vert sombre, de manière à former des haies presque impénétrables ; l'olivier, la vigne et le saule, aujourd'hui presque disparus des autres campagnes égyptiennes. Dans la Thébaïde, ce qui frappe le plus, c'est le palmier doum, au tronc bifurqué, aux branches courtes et résistantes, qui portent à leur extrémité des tubercules ligneux et irréguliers.

Il faut dire néanmoins que si les zones de l'Égypte ne sont pas toutes également fécondes, cela ne dépend pas toujours du sol ni du climat. Avec des travaux suivis, on tirera de cette terre tout ce qu'on lui aura utilement confié. Il n'est presque aucun produit du globe qui, essayé en Égypte, n'y ait réussi dans des conditions possibles. On y cultive encore, outre le millet et une foule de légumes et d'herbes potagères, les melons, l'acore, le papyrus, le chanvre, le trèfle, la garance, le safran, l'aloès, le jalap, la coloquinte, la cardamone, le coton, le mûrier, le dattier, l'oranger, le limonier, le grenadier, l'abricotier, le cerisier, le pommier, le sycomore, l'acacia, la plante du séné, et d'autres végétaux dont la nomenclature serait trop longue.

Au nombre des animaux que nourrit l'Égypte, on compte la hyène, qui se tient sur la lisière du désert ; le chacal, très-rusé et très-hardi ; l'hippopotame, qu'on ne rencontre guère que vers le sud; la panthère, le renard, etc. Parmi les animaux domestiques, avec l'âne, le cheval, le chien, le chat et le buffle, on y voit le chameau et le dromadaire, espèces particulières à l'Orient. Les oiseaux sont très-nombreux; les vautours, les éperviers et les chouettes habitent les hauteurs, tandis qu'on aperçoit dans la plaine, les couars, les coucals, l'hirondelle, la mouette, le merle, l'alouette, la fauvette, le moineau, le bouvreuil, le pigeon, la colombe, le pluvier, le vanneau, l'ibis blanc et noir, le cormoran, le canard, et mille autres variétés. L'autruche parcourt les solitudes du désert. En poissons, le Nil n'a guère de remarquable que le *bichir* et le *fahaka*. Le premier, qui a deux pieds de long, tient à la fois du serpent, du cétacé et du quadrupède; le second a la faculté de se remplir d'air et de se gonfler en venant à la surface de l'eau. Parmi les reptiles figure un petit lézard vénéré des Égyptiens, parce qu'il signale la présence du crocodile; enfin le crocodile lui-même, la terreur du Nil, reptile gigantesque et vorace, qui était jadis l'objet d'un culte superstitieux.

Hérodote, qui a vu de ces animaux, en parle longuement, et, à part quelques traits hasardés, la description qu'il en donne diffère peu des observations récentes. Le crocodile est amphibie; il passe volontiers la journée à terre et la nuit à l'eau. Ses œufs ne sont guère plus gros que ceux d'une oie; mais le reptile qui en sort grandit quelquefois jusqu'à quarante pieds. Il a les yeux d'un cochon, les dents saillantes et fortes, la mâchoire supérieure tient à la tête comme celle du requin; ses écailles sont dures et presque impénétrables. Sa langue, peu mobile, est presque toujours assiégée d'insectes dont il ne peut se débarrasser par lui-même. Il faut qu'un petit oiseau, le nochilus, espèce de pluvier, vienne le débarrasser de ces ennemis incommodes, en pénétrant hardiment dans sa gueule. Soulagé par cette chasse, le crocodile s'y prête généreusement.

Aujourd'hui le Bas-Nil n'a point de crocodiles. Avant d'en apercevoir, il faut remonter à plus de cent lieues dans le fleuve. Ce reptile est d'ordinaire cruel, farouche, inquiet, audacieux; il guette les femmes qui viennent puiser de l'eau, et enlève parfois jusqu'à des hommes. Les œufs pondus sur la grève y éclosent sous les rayons du soleil. Les deux ennemis du crocodile, le tupinambus et l'ichneumon, révéré des anciens Égyptiens, en détruisent un grand nombre.

Sauf la peste, maladie endémique qui tient moins à des conditions atmosphériques qu'à l'absence des mesures d'hygiène, le climat d'Égypte est d'une salubrité inaltérable. Si la chaleur dans l'été y est excessive, et pendant six mois de l'année le soleil y est intolérable pour un Européen, cette chaleur accablante ne semble pas avoir de fâcheux effets pour la santé. Nos soldats s'y habituèrent sans peine. La transpiration y semble même être pour les indigènes une preuve d'état normal, car lorsqu'ils se rencontrent, au lieu de se demander, comme on le fait en Europe : « Comment » vous portez-vous? » ils se disent : « Comment trans» pirez-vous? » Dans l'hiver, quand le soleil s'éloigne, ces chaleurs se tempèrent et diminuent. On va quelquefois jusqu'à recourir aux fourrures pour se défendre contre des froids assez piquants. Alors les Turcs endossent la pelisse, qui n'est d'ordinaire qu'un meuble de luxe et de distinction.

Aucune des causes d'insalubrité qui agissent vivement ailleurs ne semble avoir de dangereux résultats en Égypte. Ainsi, le voisinage de marais et d'eaux stagnantes ne détermine point, comme en Syrie, des fièvres pernicieuses et mortelles. Cela vient peut-être de ce que dans une grande portion de l'année, l'Égypte, à la suite des débordements du Nil, n'est elle-même qu'un immense marécage, et qu'ainsi les localités où dorment des eaux stagnantes se trouvent à peu près dans les conditions de l'économie générale de l'atmosphère. Une autre cause de ce fait particulièrement avantageux à l'Égypte est peut-être la siccité extrême de l'air, dans un pays qui, situé entre la Libye et l'Arabie, est échauffé par les réverbérations d'un double miroir de sables. C'est à cette siccité que l'on doit en grande partie l'état de conservation des momies et des monuments. Si avancés que fussent les procédés d'embaumement chez les Égyptiens, les cadavres ne se seraient pas conservés aussi bien sous leurs bandelettes, sans la pureté constante et la sécheresse habituelle de l'atmosphère. Cette siccité est telle que les viandes exposées, même dans la saison la plus chaude, au vent du nord, ne se putréfient point, mais se calcinent et se durcissent presqu'à l'égal du bois. Dans les déserts, on a souvent trouvé des cadavres réduits à un tel état de dessiccation, qu'on pouvait soulever d'une seule main la charpente entière d'un chameau. Des émanations salines dont les preuves se trouvent partout contribuent à cette torréfaction universelle. Les pierres sont rongées de natron, qui, en divers lieux, se cristallise en longues aiguilles que l'on prendrait pour du salpêtre.

Cet état de l'air et du terrain doit entrer pour beaucoup dans l'activité presque incroyable de la végétation égyptienne. Partout où la plante trouve de l'eau, elle se développe avec une rapidité qui tient du prodige. On voit presque la tige pousser à vue d'œil. En revanche, les espèces importées sur ce terrain s'y abâtardissent très-promptement. Le sol admet et féconde les graines étrangères, mais il ne les perpétue point.

Il est peu de climats au monde qui aient la constance du climat d'Égypte. Chaque vent y a sa saison, et pour ainsi dire son temps de règne. Quand le soleil se rapproche de nos zones, les brises qui se tenaient dans la partie de l'est passent aux rumbs du nord et s'y fixent. Pendant le mois de juin, ils soufflent nord et nord-ouest, passent au nord et nord-est pour sauter au nord pur. Ce sont là les vents que l'on nomme étésiens. En octobre, ils adonnent vers l'est, puis deviennent variables en décembre et janvier, pour se fixer au sud en février, et dégénérer parfois en *Kamsin* ou vents du désert. Ces vents du désert, appelés en Arabie *semoum* ou poison, ne démentent pas le nom que lui ont donné les indigènes. Le ciel, quand ils soufflent, devient trouble; le soleil n'est plus qu'un disque violacé. D'abord modérément chaud, le vent prend peu à peu de l'intensité en soulevant une poussière fine qui pénètre dans les organes. Les corps animés le reconnaissent à leur état fébrile et maladif. Le poumon se contracte, la respiration devient courte et laborieuse, la peau est sèche, et rien ne peut rétablir la transpiration. Le marbre, le fer, l'eau, tout participe à cette chaleur. L'atmosphère est du feu; la vie alors est intolérable. Aussi, tant que règne le kamsin, l'un de ces vents, la population cherche-t-elle à se mettre à l'abri de son influence. Les habitants des villes et des villages s'enferment dans leurs maisons, ceux du désert dans leurs tentes ou dans des puits. Quand une caravane est surprise en route par cette haleine meurtrière, elle imite les chameaux qui plongent leurs narines dans le sable; on parvient quelquefois à éviter le kamsin en fuyant devant lui de toute la vitesse des chevaux.

Sous l'influence de ces vents du nord qui maintiennent les nuages dans les hauteurs abyssiniennes, l'Égypte voit rarement la pluie rafraîchir son territoire. Le Delta ne reçoit que fort peu d'eau en été, et il en tombe moins encore dans le Saïd. Un éclat de foudre est un prodige tel, que les populations se souviennent des années où ce phénomène a eu lieu. En revanche, les rosées sont perpétuelles et abondantes : plus fortes sur le littoral, elles diminuent à mesure que l'on gagne vers l'intérieur. A Alexandrie, dès le coucher du soleil, en avril, les terrasses sont trempées comme s'il avait plu. Ainsi s'établit une compensation nécessaire à la végétation égyptienne.

Tel est, dans sa physionomie générale, le sol égyptien. Sans accepter aucune des exagérations à l'usage des voyageurs optimistes, on doit dire que, dans des mains plus expertes et moins indolentes, ce pays deviendrait le jardin et le grenier de l'Orient. Les lacs dont il est semé, surtout vers le littoral, le long cours du Nil dans lequel les prises d'eau sont d'une exécution facile, serviraient d'éléments à un grand système de canalisation qui pourrait tripler tout d'un coup la masse des récoltes et les richesses productives de la vallée.

Créateur du pays qu'il traverse, le Nil ne peut pas être regardé comme un fleuve ordinaire. Le mystère de ses sources, la régularité périodique de ses crues, tout, dans les temps anciens, contribua à en faire le principal agent de la prospérité de l'Égypte. Il devint un dieu pour elle; on le nomma le *très-saint, le père, le conservateur du pays;* il était le représentant d'Ammon, et on l'adorait, d'après la version, d'ailleurs suspecte, d'Hor-Apollon, sous une double personnification, céleste et terrestre. Le dieu céleste est figuré sur les monuments par un corps humain à tête de bélier; le corps est enveloppé d'une tunique bleue, et la face est d'une teinte verdâtre : le dieu tient dans ses mains un vase duquel s'épanchent les eaux. Quelquefois à ses côtés sont trois autres vases, emblème de l'inondation : l'un de ces vases représentait, croit-on, l'eau que l'Égypte produit elle-même; le second celle qui lui vient de l'Océan; le troisième les eaux pluviales qui, descendues de l'Éthiopie, déterminent le débordement. Le Nil terrestre est aussi un personnage de forme humaine, toujours fort gras, et souvent hermaphrodite. Sur sa tête se balance un bouquet d'iris ou de glaïeul, symbole du fleuve débordé. Dans les peintures hiéroglyphiques, ce personnage fait presque toujours, au nom des rois, des offrandes aux grands dieux de l'Égypte. Il présente sur une tablette, tantôt quatre vases, tantôt des pains, des fruits, des bouquets de fleurs, des céréales et autres produits du sol. Les Égyptiens dans leur langue nommaient ce dieu *Hopi-mou*, c'est-à-dire : *qui se retire à volonté*.

Longtemps le Nil a occupé le monde savant à cause du mystère de ses sources. Au temps d'Hérodote on s'en inquiétait déjà. « Aucune des personnes avec lesquelles » je me suis entretenu, dit cet historien, soit parmi les » Égyptiens, soit parmi les Libyens et les Grecs, ne » s'est donnée à moi comme connaissant ces sources, » si ce n'est un Égyptien chargé de tenir les registres » des biens appartenant au temple de Neith à Saïs, et » j'ai cru qu'il plaisantait quand il m'a assuré possé- » der là-dessus les renseignements les plus précis. » Hérodote s'informa des sources du Nil aux frontières mêmes de l'Égypte, et là on lui assura qu'on pouvait remonter le Nil pendant quatre mois, et qu'à cette distance on arrivait à Méroë, capitale d'un royaume éthiopique, et résidence de transfuges égyptiens.

Après Hérodote, des savants de tous les pays et de tous les siècles s'occupèrent de la recherche de ces sources mystérieuses. Le premier de tous, le géographe Ératosthènes obtint quelques renseignements positifs durant les campagnes de Ptolémée Évergète, qui poussa jusqu'au cœur de l'Éthiopie. On lui doit les mesures exactes du fleuve depuis Méroë jusqu'aux cataractes de Syène.

A son tour, Néron envoya à la découverte des sources du Nil deux centurions romains. Ces deux voyageurs racontèrent qu'ils s'étaient avancés jusqu'au pays des Éthiopiens, dont le roi leur avait fait le meilleur accueil; puis qu'étendant leur course plus loin, ils avaient marché jusqu'à ce que des marais infranchissables les eussent forcés à rebrousser chemin. Les habitants mêmes du pays ne connaissaient point d'issue au travers de ces eaux stagnantes (1). Tout ce qu'il fut donné aux centurions de constater, c'est l'existence de deux grands rochers d'où le fleuve paraissait sortir.

Depuis ce temps jusqu'au seizième siècle, on cite peu de tentatives de ce genre ; mais, vers cette époque, les jésuites portugais, en mission dans l'Abyssinie, crurent avoir trouvé les sources du Nil, et annoncèrent avec un certain éclat cette importante découverte. Pour dissuader l'Europe, il fallut que le savant d'Anville, par la seule force de ses inductions géographiques, prouvât que les missionnaires avaient pris pour le Nil un de ses affluents. En effet, à une très-grande distance de ses sources présumées, le Nil ou *fleuve Blanc*, reçoit tour à tour le fleuve Bleu et l'Artaboras, rivières très-considérables. Les missionnaires portugais avaient pris le fleuve Bleu pour le Nil.

Les voyages modernes ont jeté quelque lumière sur cette question fort importante de la géographie, sans la résoudre toutefois complétement. Caillaud, qui, avec

(1) Ces marais ont été reconnus par nos **voyageurs modernes**.

M. Linant, accompagna Ismaïl-Pacha, en 1820, dans son expédition en Abyssinie, reconnut l'Artaboras et le fleuve Bleu comme deux affluents du fleuve Blanc ou du Nil. Quant à l'opinion que le fleuve étend entre le Caire et Tombouctou une communication navigable, et à celle qui voulait établir une identité entre le Nil et le Niger, elles furent abandonnées comme des hypothèses insoutenables.

Quelques années après, MM. Combes et Tamisier, et plus récemment MM. Dabadie, dans leurs intéressants voyages en Abyssinie, ont parcouru les rives du Nil Bleu (*Bahr-el-Azrak*), et, grâce à leurs recherches, nous possédons maintenant des notions assez complètes sur le cours de cet affluent, qui prend sa source près du lac de Dembéah et va se jeter dans le Nil Blanc, un peu au-dessus de Carthum ou Khartoum.

Quant au Nil Blanc lui-même, qui est le véritable Nil, il était resté très-imparfaitement connu jusque dans ces dernières années. Deux fils de Méhémet-Ali, Ibrahim-Pacha, devenu depuis si célèbre, et Toussoum (père d'Abbas-Pacha), firent, il y a trente-cinq ans, une expédition sur le fleuve Blanc, mais ils ne s'avancèrent pas au delà du territoire de la tribu de Denka, du 10e au 11e degré de latitude septentrionale. On a d'ailleurs peu de détails sur leur voyage; ce que Caillaud en a rapporté, il le tenait d'un chirurgien cophte, nommé Asphar, qui accompagnait les deux princes. Depuis cette époque d'autres explorations ont eu lieu avec plus de succès. Une mission catholique autrichienne, établie, en 1846, sur la rive droite du grand fleuve, à Bellénia, dans la tribu des Berry, au 5e degré de latitude septentrionale, a beaucoup contribué, non-seulement à répandre la civilisation chrétienne dans ces contrées, mais à favoriser les recherches géographiques. Avec l'appui des missionnaires, plusieurs voyageurs ont remonté le cours du Nil Blanc. MM. d'Arnaud et Thibaud, qui faisaient partie des expéditions ordonnées par Méhémet-Ali lors de son passage dans le Sennaar, avaient déjà reconnu le cours du fleuve jusqu'au 4e degré 40' de latitude nord. M. d'Arnaud s'était avancé jusqu'à l'île de Jaufer, ou de Guba, à six lieues au sud de Bellenia. D. Ignatio Knoblecher, l'un des prêtres de la mission, a pénétré, en 1848, jusqu'à la montagne de Loupouck, qu'il place sous le 4e degré de latitude nord. C'est à peu près au même point que s'est arrêté un missionnaire anglais établi dans le Zenzibar, M. Rehman. Ce dernier voyageur, d'après les renseignements donnés par les naturels, pense que la source du Nil est aux monts Kœnia; mais les notions les plus sûres et les plus intéressantes sur cette question se trouvent dans l'ouvrage que vient de publier M. Brun-Rollet, membre de la Société de Géographie, sous ce titre : *le Nil Blanc et le Soudan, études sur l'Afrique centrale* (Paris, 1855, 1 vol. in-8°). M. Brun-Rollet, qui a résidé longtemps à Carthum, d'où il a fait plusieurs voyages sur le Nil Blanc, dans le but d'établir des relations de commerce avec les tribus voisines, nous fait connaître mieux que ses devanciers ce beau fleuve et les contrées qu'il traverse. Au-dessus de Carthum, et avant de recevoir les eaux du Nil Bleu, le Nil Blanc ressemble à une belle nappe d'eau dont les rives se perdent, pendant l'inondation, sous l'ombre des mimosas gigantesques qui bordent le désert. Les premières tribus que l'on rencontre sur ses rives sont les Hassanieh, les Bakkara et les Chelouk. Au delà d'un village appelé Eleis, le fleuve est divisé par des îles nombreuses et cultivables qui, de loin, ont l'aspect de magnifiques jardins, et forment un archipel de plus de soixante lieues. Ces îles offrirent en 1288 une retraite sûre au roi de Dongolah, chassé de sa capitale par Kalaoun, sultan d'Égypte. On rencontre un peu plus loin le Mokada ou gué d'Abou-Zeid, lequel a reçu son nom d'un héros arabe qui le traversa. Les aventures merveilleuses d'Abou-Zeid alimentent les récits des conteurs du Caire; nous en parlerons plus loin. Tout près de ce gué se trouve l'île d'Argel, où se tiennent les préposés chargés par le roi des Chelouk de percevoir le tiers du produit de la pêche du Nil. Au delà de ce point le fleuve reçoit deux cours d'eau, le Piper et le Djall, puis une rivière importante, le Saubat, dont les bords élevés sont couverts d'une végétation luxuriante, et ensuite le Misslad; on rencontre plus loin d'immenses marais couverts de joncs et des forêts de hambadj, au milieu desquels la navigation est difficile (1), puis on arrive à Fayak, où M. Brun-Rollet a longtemps séjourné. En remontant encore le fleuve on traverse les territoires de diverses tribus, dont la plus importante est celle des Chir, qui habitent un groupe d'îles de trente lieues, situées au milieu du Nil. Après les Chir, on trouve la grande tribu des Berry ou Bary, et leur capitale Bellénia, résidence de la mission catholique dont nous avons parlé ci-dessus, et terme ordinaire des expéditions turques. Au delà de Bellénia, et près de la montagne de Loupouck, où s'arrêta en 1848 D. Knoblecher, on remarque plusieurs cataractes; le Nil s'élargit sur un plateau parsemé d'écueils, où l'eau manque souvent aux barques les plus légères, qui touchent le fond à chaque instant. Le fleuve fait ensuite un coude de douze lieues à l'ouest-sud-ouest. Sur la droite sont les dernières habitations des Berry, et sur la gauche celles des Wang-Ara. Arrivé au village de Garbo, que M. Brun

(1) Ce sont très-probablement les marais que rencontrèrent les centurions romains.

place au 3ᵉ degré de latitude nord, on est arrêté par une nouvelle cataracte formée d'une lisière de rochers entre lesquels le Nil s'échappe en écumant. M. Brun pense que cette cataracte pourrait être franchie à l'époque des crues. Sur les deux rives s'étendent les nombreux villages de la tribu des Makédo; on suit leurs possessions pendant deux journées; après eux viennent les Méroulys et les Hougoufi sur la rive droite, les Koukous et les Madi sur la rive gauche. Le fleuve est tellement resserré entre les montagnes habitées par ces peuples, qu'on le traverse sur un tronc d'arbre jeté d'une rive à l'autre. Plus au sud sont les Bido et les Kuendas, au teint olivâtre, dont la capitale est Bobenga. De Bobenga, où l'exploration s'est arrêtée, on voit se dessiner vers le midi, à une distance de deux jours de marche, les hautes montagnes de Kombirat, au delà desquelles habitent les Sadongos. Les sauvages de la tribu des Berry affirment qu'au-dessus du territoire des Sadongos il existe d'autres montagnes très-élevées. C'est là que M. Brun place, par conjecture, la source du Nil. Ces montagnes seraient au delà de l'équateur, à peu près sous la même latitude que les monts Kœnia, où le fleuve prendrait naissance, suivant l'opinion de M. Rehman.

Dans son cours connu, en Nubie et en Égypte, le Nil forme cinq cataractes qui toutes ont été visitées; dans les temps antérieurs la hauteur de ces cataractes, celle de Syène surtout, a été exagérée par les voyageurs; elles ont joui d'une réputation de merveilleux que des observations récentes ont à peine détruite. La cataracte de Syène en Nubie n'est pas, bien s'en faut, ce que l'ont faite Paul Lucas et Bruce.

Paul Lucas disait : « Nous arrivâmes une heure avant le jour à ces cataractes si fameuses ; elles tombent par plusieurs endroits d'une montagne de plus de deux cents pieds de hauteur. On me dit que les Barbarins y descendaient avec des radeaux, et j'en vis deux en ce moment qui s'y jetèrent de cette manière avec le Nil. Le seul endroit remarquable est une belle nappe d'eau large de trente pieds, qui forme en tombant une espèce d'arcade par-dessous laquelle on pourrait passer sans se mouiller, et il y a apparence qu'on prenait autrefois ce plaisir ; on y voit, en effet, comme une petite plate-forme où il y a plusieurs siéges pour s'asseoir... Quand j'eus contemplé assez de temps cet endroit où le fleuve se précipite de si haut, l'élévation et la commodité du lieu m'engagèrent à dessiner le cours du Nil, dont voici en petit la copie de la carte qu'on m'a fait l'honneur de présenter au roi. » A l'appui de ce récit fantastique, Paul Lucas produisait une carte du Nil bien autrement fantastique, et dans laquelle les montagnes nubiennes avaient deux cents pieds de haut.

A son tour Bruce a écrit : « Le bruit de la chute est tel, qu'il plonge dans un état de stupeur et de vertige, et que le spectateur n'a plus ses facultés pour observer le phénomène avec attention. La nappe d'eau qui se précipite a un pied d'épaisseur et plus d'un demi-mille de large ; elle s'élance d'environ quarante pieds dans un vaste bassin d'où le fleuve rejaillit avec fureur et répand en diverses directions des flots bouillonnants et pleins d'écume. »

Ceci est déjà plus modéré que Paul Lucas, et plus modéré aussi que le récit de Philostrate, dans la Vie d'Apollonius de Thyane. « Apollonius et ses compagnons, dit cet écrivain, entendaient à quinze stades de là le bruit d'une autre cataracte insupportable à l'ouïe, tellement que la plupart d'entre eux refusèrent d'avancer plus loin ; mais Apollonius se rendit à la cataracte accompagné d'un gymnosophiste et d'un timarion. De retour, il raconta aux siens que c'étaient les sources du Nil, qui paraissaient suspendues à une hauteur prodigieuse; que la rive était une carrière immense où l'eau se précipitait toute blanche d'écume, avec un fracas épouvantable, et qu'enfin le chemin de ces sources était roide et pénible, et au delà de tout ce qu'on peut imaginer. »

La concordance de ces récits pourrait faire croire à l'existence d'une chute d'eau semblable à celles du Bogota et du Niagara. Cette chute d'eau n'a existé que dans les rêves des explorateurs, anciens ou modernes, qui se sont copiés en s'exagérant l'un l'autre. La cataracte de Syène est simplement un exhaussement du lit du fleuve et un de ces barrages de rochers si connus en Amérique sous le nom de randales. Le bruit que fait le courant arrêté par cet obstacle s'entend à quelques minutes de distance. Plus fort pendant l'hiver, on peut le comparer au brisement de la vague sur une côte de récifs. Quand on arrive près de *Chellàl*, le chemin devient impraticable. Dressé à pic, le rocher descend vers le Nil dans une direction perpendiculaire, et semble s'y noyer pour saillir ensuite sous la forme d'aiguilles et d'écueils. Ces écueils, qui hérissent le fleuve, forment la cataracte. Il y a là étranglement dans le lit du fleuve, qui s'y trouve plus étroit de moitié qu'à Philœ et à Syène, et en même temps action turbulente, tourbillon, remous et rapides dans les eaux secouées par le jeu de ces roches saillantes ou souterraines.

C'est principalement vers la rive droite que les îles, plus rapprochées, apportent le plus d'entraves au cours naturel du fleuve. Dix barrages s'y échelonnent, devant lesquels le Nil refoulé forme une suite de petites cascades d'un pied d'élévation. Cet espace est rempli de tourbillons et de gouffres agités dans des directions violentes et souvent contraires. Sur la rive gauche, le fleuve, quoique plus rapide, a un cours plus égal. Pendant les hautes eaux, les écueils étant tous recouverts, il s'y trouve un canal navigable, que les bateaux peuvent remonter même à la voile. Dans les eaux basses, les barques se font remonter à la cordelle. C'est durant cette dernière époque que le Nil, tombant d'une hauteur de cinq à six pieds, rend moins dérisoire le nom de cataracte. Alors aussi les roches, submergées pendant l'inondation, se montrent à découvert, et rendent plus saillantes à l'œil les inégalités de son lit rocheux.

Ainsi l'on voit combien la cataracte de Syène répond peu aux descriptions que nous ont laissées les voyageurs du moyen âge. Maintenant, que faut-il croire? L'état des lieux aurait-il changé au point de faire d'une cataracte assourdissante, prodigieuse, immense, une simple chute d'eau, un choc du fleuve contre les brisants? ou bien encore, les récits des anciens qui s'accordent à placer non loin de Syène l'une des principales *catadoupes,* sont-ils le résultat d'une erreur de lieu, d'une méprise qui confond la dernière cataracte du Nil avec les cataractes supérieures? Hérodote, Diodore de Sicile, Sénèque, Pline, Ammien-Marcellin, n'avaient-ils raconté que des fables? et Strabon seul a-t-il raison quand il dit, en parlant du barrage de Syène : « La petite cataracte est une éminence de rocher au milieu du Nil, qui finit par un précipice d'où l'eau s'élance avec impétuosité? »

D'après l'état des lieux, observé avec soin, Strabon seul est dans le vrai; les autres écrivains sont au moins des exagérateurs. On aurait pu, avant que la Nubie fût moins connue, accorder une importance très-grande aux cataractes qui se rencontrent au-dessus de celle de Syène, et admettre que tout ceci est une confusion et un malentendu ; on aurait pu croire à l'existence de la cinquième cataracte de Bruce, qu'il nomme la cataracte d'Alata ; mais malheureusement aucune des excursions récentes ne justifie cette explication hypothétique, et il en résulte plutôt que les cataractes du Nil ont été de tout temps livrées aux fantaisies des poëtes. Le Nil, comme les fleuves du nouveau monde, a un cours embarrassé de barrages qui se multiplient dans la partie supérieure, mais il n'a point de véritable cataracte.

Le Nil ne fut pas moins célèbre dans les vieux âges, par ses inondations régulières et périodiques. A voir la manière dont procède encore aujourd'hui le fleuve, on ne saurait s'étonner que les anciens aient attribué à ce fait physique, facilement expliqué aujourd'hui, une cause surnaturelle. Voici comment un savant de l'expédition française raconte l'effet que produisit sur lui ce phénomène : « C'était un spectacle bien digne d'admiration de voir régulièrement chaque année, sous un ciel serein, sans aucun symptôme précurseur, sans cause apparente, et comme par un pouvoir surnaturel, les eaux d'un grand fleuve, jusque-là claires et limpides, changer subitement de teinte à l'époque fixe du solstice d'été, se convertir en fleuve couleur de sang, et en même temps grossir, s'élever graduellement jusqu'à l'équinoxe d'automne, et couvrir toute la surface de la contrée; puis, pendant un intervalle aussi régulièrement déterminé, décroître, se retirer peu à peu et rentrer dans leur lit à l'époque où les autres fleuves commencent à déborder. »

Si les causes de ces crues périodiques ont jeté les géographes anciens dans les voies du merveilleux, elles ont cessé d'être un mystère pour la science moderne.

On sait pertinemment aujourd'hui qu'elles sont le résultat des pluies régulières qui commencent en Abyssinie au mois de mars. L'effet ne s'en produit sur le Nil égyptien que vers la fin de juin, époque à laquelle commence la crue du fleuve, et il dure jusqu'à l'équinoxe d'automne. Alors, parvenu au maximum de sa crue, il commence à décroître, et cette décroissance dure pendant trois mois, au bout desquels il rentre dans son lit.

C'est après sa jonction avec le fleuve Bleu que le Nil, traversant la Nubie, entre dans l'Égypte à la hauteur de Philœ, baigne tour à tour Syène, Esneh, les monuments de l'ancienne Thèbes et les villages arabes de Louqsor et de Karnak, bâtis sur leurs ruines; ensuite, plus bas, Keneh, Girget, Syout, Manfalout, Mynieh, les pyramides et le Caire. Au-dessous du Caire, partagé en deux portions à peu près égales par l'embranchement qui forme le Delta, le Nil va se jeter dans la mer par une double embouchure, l'une au-dessous de Rosette, l'autre au-dessous de Damiette.

Dans tout son cours égyptien, le Nil est coupé par divers canaux dont quelques-uns ne sont pas sans importance. Dans le nombre, on peut citer le canal Joseph ou Bahr-Jusef, qui unit le fleuve à la vallée du Fayoum, canal de cent milles de long sur une largeur moyenne de cent cinquante pieds, et dont une portion paraît répondre à l'ancien canal Oxyrinchus, cité et vu par Strabon; le Beny-Ady, qui communique au précédent; le Bahr-el-Ouady ou canal de l'Ouest, creusé dans la roche calcaire et long de quinze lieues; le canal de Damanhour, qui en a dix; le canal de Bahireh, qui joint la branche de Rosette au lac Maryout, l'ancien Maréotis; le canal de Menouf, qui se prolonge durant douze lieues; le grand canal Aben-Mennegy, qui traverse Belbeys, et dont on porte le développement à quarante lieues; enfin le canal El-Mahmoudieh (ancien canal de Cléopâtre), ensablé naguère et qui a été recreusé avec une rapidité merveilleuse par Méhémet-Ali. Deux cent cinquante mille Arabes ont été employés à ce travail, qui a duré neuf mois; vingt mille ont été enterrés sous les berges. Parmi les canaux anciennement existants et dont le tracé se retrouve, il faut citer celui qui unissait le Nil à la mer Rouge, et qui, creusé par les pharaons, comblé ensuite pendant la période des invasions persane et grecque, fut réparé et remis en activité, comme nous l'avons dit ci-dessus, sous les premiers califes. Aujourd'hui, on n'en voit guère qu'un petit nombre de vestiges, à la hauteur du *Birket-el-Hadji* (lac des Pèlerins), aux environs du Caire.

On compte en Égypte dix lacs, dont sept communiquent avec la Méditerranée. Le lac Maréotis (Maryout), dont nous avons parlé en décrivant Alexandrie, est le premier que l'on rencontre sur la base du Delta, en venant de l'ouest. Ce lac contenait encore, au seizième siècle, des eaux douces que lui apportaient des canaux du Nil; l'impéritie et l'insouciance du gouvernement des Mamelouks le laissèrent se dessécher. Lorsque l'armée française descendit en Égypte, le Maréotis n'offrait déjà plus qu'une plaine sablonneuse, dont la partie la plus basse retenait les eaux de la pluie. Méhémet-Ali a fait barrer la communication de ce lac avec la mer, et le Maréotis ne reçoit plus que les eaux pluviales et les surverses du canal Mahmoudieh. Ces eaux couvrent sa surface pendant l'hiver; mais en été elles s'évaporent, et le fond du lac, ayant été longtemps imprégné des eaux de la mer, est couvert d'une couche saline assez épaisse qui lui donne l'aspect d'un terrain couvert de neige. Le sel, qui se cristallise ainsi, est exploité. Le pacha d'Égypte avait conçu, il y a vingt ans, le projet de remettre en culture le sol du Maréotis. Les autres lacs qui s'étendent le long des côtes de la Méditerranée, depuis Alexandrie jusqu'à El-Arych, sont ceux de Mahdieh, d'Edkou, de Bourlos, de Balah, de Menzaleh, de Bardoual. Dans la Basse-Égypte on remarque encore le lac de Natroun, que nous décrirons dans le chapitre suivant. Les lacs Amers, situés vers le milieu de l'isthme de Suez, et aujourd'hui desséchés, servaient de transition pour l'ancien canal, qui faisait communiquer la mer Rouge au Nil (1). Mais le plus célèbre des lacs de l'Égypte est le *Birket-el-Karoun*, ou lac Mœris. Le lac Mœris, s'il faut en croire la tradition, aurait été pratiqué à main d'homme, et serait l'ouvrage des pharaons égyptiens, ouvrage immense et non moins gigantesque que les pyramides, puisqu'il a soixante lieues carrées. Grâce à l'accumulation d'eau douce qui s'y maintenait, on pouvait régulariser les inondations du Nil, recevoir son trop plein dans les fortes crues, ou lui fournir un supplément dans les crues mauvaises. C'est dans le même but et dans le même système que le pacha d'Égypte avait songé à équilibrer à l'aide d'un barrage les débordements inégaux du Delta. Cette grande entreprise n'est pas encore complètement terminée, et déjà présente des inconvénients.

On a longuement disserté un point de vue de théories systématiques sur l'exhaussement du Nil et sur la formation de la vallée. Que la terre d'Égypte soit un

(1) Les lacs situés entre la Méditerranée et la mer Rouge, particulièrement le lac Timsah et le lieu appelé les *Lacs amers*, ont été parfaitement étudiés par MM. Linant-Bey et Mougel-Bey, dans leur grand et beau tracé du canal de Suez à Péluse, entrepris sous la direction de M. Ferdinand de Lesseps.

produit du fleuve, Hérodote le dit et beaucoup de faits le prouvent ; mais qu'on puisse établir d'une manière pertinente, soit à l'aide d'un travail mathématique, soit à l'aide d'inductions historiques, où s'arrêtait autrefois le rivage et quelle était précisément la forme du territoire ; combien il a fallu d'années, de mois, de jours et d'heures, pour que les alluvions descendues des terres éthiopiennes aient donné quelque consistance à ces marécages inhabités, et forcé le Nil, dont une branche déviait vers la Libye, à se rejeter tout entier vers la contrée issue de son limon, c'est là, nous le répétons, ce qui ne peut s'admettre qu'avec une grande réserve et une sage défiance.

Ce qui est positif, c'est que de tout temps le Nil fut réputé pour la salubrité de ses eaux, qui sont légères et agréables au goût. Les Égyptiens disent que si Mahomet en eût bu, il aurait demandé à Dieu une vie éternelle pour pouvoir en boire toujours. On va jusqu'à en expédier à Constantinople pour l'usage particulier du sultan et de son sérail.

La crue du Nil est célébrée tous les ans au Caire avec une pompe religieuse et au milieu d'un grand concours de peuple. Le oualy, ou chef de la police, se rend au kalidji, digue qui contient les eaux et les empêche de pénétrer jusqu'au Caire ; il la coupe solennellement au milieu des cris de la foule et des salves d'artillerie. Au moment où le fleuve se précipite dans l'ouverture pratiquée, les femmes jettent dans l'eau des mèches de leurs cheveux, des bouquets de fleurs, des rubans, des morceaux d'étoffes et des menues pièces de monnaie. Des adolescents et des enfants se jettent de leur côté dans l'eau bénie, afin d'être les premiers à s'y baigner. Grâce à cette coupure, la plus grande partie du Caire se trouve en peu de temps submergée, et l'on ne peut, dans beaucoup de quartiers, aller d'une maison à l'autre qu'au moyen d'embarcations.

De toutes les hypothèses ethnographiques dont l'ancienne population d'Égypte a été l'objet, la plus spécieuse et la moins déraisonnable est celle qui la fait descendre des peuplades nubiennes. Les hommes, dans les âges antiques, ont dû suivre le cours du fleuve ; ils ont dû venir d'où venaient ses eaux. Ainsi il n'est point improbable que les Abyssins et les Nubiens fournirent jadis à la vallée du Nil son premier noyau d'habitants. Dans les Barabras d'aujourd'hui, habitants de la basse Nubie, on remarque même une foule de caractères physiques qui leur sont communs avec ceux des momies trouvées dans les hypogées. Les Berbers ou Barabras ont les membres proportionnés et robustes, les cheveux à demi crépus, courts et bouclés, ou bien tressés selon l'ancienne mode égyptienne et huilés habituellement. C'est là, disent quelques auteurs, les vrais descendants des peuples d'Égypte; les Cophtes, auxquels on a faussement attribué cette qualité, paraissent être le résultat d'un croisement issu des générations conquérantes.

Telle est entre autres l'opinion de Champollion le jeune : « Les premières tribus qui peuplèrent l'Égypte, » dit-il, c'est-à-dire la vallée du Nil, entre la cata-» racte de Syène et la mer, vinrent de l'Abyssinie et » du Sennaar. Les anciens Égyptiens appartenaient à » une race d'hommes tout à fait semblables aux *Ken-» nous* ou *Barabras*, habitants actuels de la Nubie. » On ne retrouve dans les Cophtes de l'Égypte au-» cun des traits caractéristiques de l'ancienne popu-» lation égyptienne. Les Cophtes sont le résultat du » mélange confus de toutes les nations qui, successi-» vement, ont dominé sur l'Égypte. On a tort de vou-

» loir retrouver chez eux les traits principaux de la
» vieille race. »

Cette opinion semble d'ailleurs concorder avec la tradition historique. « Les Éthiopiens, écrivait Diodore
» de Sicile, affirment que l'Égypte est une de leurs co-
» lonies : le sol lui-même y est amené par le cours et
» par les dépôts du Nil ; il existe des ressemblances
» frappantes entre les usages et les lois des deux pays :
» on y donne aux rois le titre de dieux ; les funérailles
» sont l'objet de beaucoup de soins ; les écritures en
» usage dans les deux pays sont exactement les mêmes,
» et la connaissance des caractères sacrés, réservée aux
» prêtres seuls en Égypte, était familière à tous en
» Éthiopie. Il y avait, dans l'un et l'autre royaume, des
» colléges de prêtres organisés de la même manière, et
» ceux qui étaient consacrés au service des dieux, pra-
» tiquant les mêmes règles de sainteté et de pureté,
» étaient également rasés et habillés de même ; les rois
» avaient aussi le même costume, et un aspic ornait
» leur diadème. Les Éthiopiens ajoutaient beaucoup
» d'autres considérations pour prouver leur antériorité
» relativement à l'Égypte, et démontrer que cette con-
» trée est une de leurs colonies. »

A cette autorité historique viennent se joindre les traditions positives, quoique peu précisées, qui accordent aux plateaux d'Axum et du Gondar une civilisation dont la date se reporte aux premiers âges du monde, et l'existence longtemps fabuleuse de cet empire de Méroë, dont les vestiges semblent s'être reproduits sous les pas d'explorateurs modernes. Quelques détails viennent encore à l'appui de cette hypothèse : nous venons de dire que les Barabras ou Berbers ou Barbarins tressent encore leurs cheveux comme les tressaient les Égyptiens ; **ils portent des sandales tissues de feuilles de palmier,** comme celles que l'on retrouve dans les sépultures égyptiennes, attachées aux pieds des momies. Animaux sacrés chez les Égyptiens, l'ibis noir et l'ibis blanc se retrouvent dans la Nubie, tandis qu'on ne les voit plus en Égypte. Les Barabras usent encore d'un coussinet en bois, de forme circulaire, meuble de leurs ancêtres. Dans d'autres ustensiles, dans les armes, dans les parures, la même forme antique se retrouve.

Il y a plus, les anciens Égyptiens connurent et distinguèrent la race noire, la race africaine, dont quelques ethnologues les font descendre. Dans les peintures hiéroglyphiques, on voit figurer parmi les vaincus des hommes qui appartiennent à ce type. Ils connurent aussi la race grecque et les races blondes du Nord, s'il faut en croire l'explication de Champollion à propos d'un tableau allégorique qu'il exhuma des tombeaux de rois (*Byban-el-Molouk*), creusés dans les flancs des montagnes de Thèbes.

« Dans la vallée de Byban-el-Molouk, dit cet archéologue, nous avons admiré, comme tous les voyageurs, l'étonnante fraîcheur des peintures et la finesse des sculptures de plusieurs tombeaux. J'y ai fait dessiner la série des peuples figurés dans les bas-reliefs. J'avais cru d'abord, d'après les copies de ces bas-reliefs publiées en Angleterre, que ces peuples, de race bien différente, conduits par le dieu Horus, tenant le bâton pastoral, étaient les nations soumises au sceptre des pharaons; l'étude des légendes m'a fait connaître que ce tableau a une signification plus générale. Il appartient à la troisième heure du jour, celle où le soleil commence à faire sentir toute l'ardeur de ses rayons, et réchauffe toutes les contrées habitées de notre hémisphère. On a voulu y représenter, d'après la légende même, *les habitants de l'Égypte et ceux des contrées étrangères*. Nous avons donc ici sous les yeux l'image des diverses races d'hommes connues des Égyptiens, et nous apprenons en même temps les grandes divisions géographiques ou ethnographiques établies à cette époque reculée.

» Les hommes, guidés par le pasteur des peuples, Horus, appartiennent à quatre familles bien distinctes. Le premier est de *couleur rouge sombre*, taille bien proportionnée, physionomie douce, nez légèrement aquilin, longue chevelure nattée, vêtu de blanc. Les légendes désignent cette espèce sous le nom de *Rot-en-ne-rôme*, la race des hommes, les hommes par excellence, les Égyptiens.

» Il ne peut y avoir la moindre incertitude sur la race de celui qui vient après; il appartient à la race des nègres, désignés sous le nom général de NAHARI.

» Le suivant présente un aspect bien différent : peau couleur de chair tirant sur le jaune, ou teint basané, nez fortement aquilin, barbe noire, abondante et terminée en pointe; court vêtement de couleurs variées; ceux-ci portent le nom de NAMOU.

» Enfin le dernier a la teinte de peau que nous nommons couleur de chair ou peau blanche de la nuance la plus délicate, le nez droit ou légèrement voussé, les yeux bleus, la barbe rousse ou blonde, la taille haute et très-élancée, le vêtement de peau de bœuf, conservant encore son poil; véritables sauvages tatoués sur les diverses parties du corps : on les nomme TAMHOU.

» Je me hâtai de chercher le tableau correspondant à celui-ci dans les autres tombes royales, et en le retrouvant en effet dans plusieurs, je me convainquis qu'on a voulu figurer ici les quatre parties du monde, selon l'ancien système égyptien : 1° les habitants de l'Égypte, qui, à elle seule, formait une partie du monde, d'après le très-modeste usage des vieux peuples; 2° les habitants propres de l'Afrique, les nègres; 3° les Asiatiques; 4° enfin (et j'ai honte de le dire, puisque notre race est la dernière et la plus sauvage de la série) les Européens, qui, à ces époques reculées, ne faisaient pas une très-belle figure dans le monde. Il faut entendre ici tous les peuples de race blonde et à peau blanche, habitant non-seulement l'Europe, mais encore l'Asie, leur point de départ. »

Telle est l'hypothèse de Champollion, qu'il ne faut admettre qu'avec une grande réserve, les illusions de l'ethnographe, à propos de l'Égypte, étant tout au moins aussi suspectes que celles de l'archéologue et du géologue. Ce qui semble ressortir plus évidemment d'observations réelles faites sur des momies, c'est que le vrai type égyptien n'avait aucun des caractères nègres que Volney et d'autres savants lui ont attribués. Chez les autochtones, l'angle facial était beau, les traits étaient réguliers, les lèvres prononcées, mais bien jointes. Leur teint était bruni par le climat, et, chose assez bizarre, dans leurs peintures hiéroglyphiques, ils donnent à la femme un autre teint qu'à l'homme : celle-ci tire sur le jaune, celui-là sur le rouge. Dans toutes les recherches faites sur les cadavres des momies, on n'a retrouvé nulle part les traces d'une conformation nègre, et au contraire des cheveux parfaitement lisses adhéraient encore à la peau.

Ainsi, l'on peut rigoureusement déduire de tous ces faits que la population primitive de l'Égypte descendit des plateaux éthiopiens, et sans doute les premiers émigrants ne furent pas l'élite de cette race. Errante d'abord et misérable, elle disputa un terrain marécageux aux reptiles qui l'infestaient, se fixa ensuite dans les localités les moins ingrates, et, dans une double conquête sur le désert et sur le fleuve, amena cette vallée, déserte naguère, à l'état du plus florissant empire du monde. Dans cette progression lente et merveilleuse, la population dut suivre, comme elle l'avait fait au début, le cours du fleuve, poussant plus au nord à mesure qu'elle était surabondante, et passant ainsi de Thèbes à Memphis pour arriver au Delta, cet exhaussement plus moderne.

Comme si ce pays devait procéder en tout par couches diverses et successives, les populations égyptiennes se composent, aussi bien que son terrain, d'alluvions et d'agglomérats. Les Perses, les Macédoniens, les Grecs, les Romains, les Ethiopiens, les Abyssins, les Arabes, les Géorgiens, les Turcs, les Mamelouks, n'ont pu passer sur cette terre sans y laisser des traits épars et confus de leur passage. De là vient cette race cophte, qui n'est, à proprement parler, que le mélange et le croisement des vainqueurs et des vaincus, type sans caractère, parce qu'il les a tous, peuple sans passé comme sans avenir, produit bâtard et dégénéré dans lequel Volney a vu à tort les indigènes de la vieille Égypte. Les Cophtes ont la peau bouffie, l'œil gonflé, le nez quelquefois écrasé, la lèvre assez forte. Ils sont chrétiens, mais chrétiens schismatiques. Le plus grand nombre vit dans la haute Égypte; mais on en retrouve dans toutes les villes de la vallée, exerçant presque tous des fonctions administratives pour lesquelles ils ont une grande aptitude. Tant que dura l'occupation des Français, les Cophtes furent les seuls percepteurs de l'impôt, comme ils l'étaient d'ailleurs sous les Mamelouks. Sous le nom d'*écrivains* (*grammaticos*), ils sont les intendants, les secrétaires et les agents fiscaux des autorités égyptiennes. Rusés et intelligents, ils s'acquittent de leurs fonctions avec assez de succès et de zèle pour mériter toutes les haines des pauvres fellahs dépouillés par eux.

A côté des Cophtes, qui sont une minorité peu importante de la population égyptienne, sont les Arabes, classe la plus nombreuse et la plus répandue. Ces Arabes sont de plusieurs sortes, et, pour ainsi dire, de plusieurs dates.

Les uns remontent à la conquête d'Amrou; ce sont les fellahs ou paysans de l'Égypte. Dans le premier siècle de la conquête musulmane, on vanta tellement aux nomades du désert la fécondité de la vallée du Nil, qu'ils y accoururent par milliers. L'affluence fut telle, que les régnicoles grecs furent effacés et disparurent, absorbés par les nouveaux venus. Les Arabes cultivateurs ont bien conservé leur physionomie originelle; seulement, en se fixant sur un sol plus fécond, ils ont acquis de plus beaux développements physiques. Les paysans d'Égypte sont d'une taille élevée; la moyenne est de cinq pieds quatre pouces, et il n'est pas rare de voir des hommes de six pieds. Leur peau, hâlée par le soleil, est presque noire; leurs membres musculeux sont robustes et souples; le visage est d'un bel ovale, le front large et avancé; l'œil noir, brillant et expressif, se cache sous de beaux sourcils noirs; la bouche bien découpée a presque toujours de magnifiques dents.

A côté de ces Arabes, venus des déserts de l'Est, figurent en moins grand nombre des Arabes occidentaux ou Maugrabins, venus à diverses époques et sous divers chefs, soit de la Lybie, soit de la Mauritanie. Quoique appartenant à la même race et présentant les mêmes caractères physionomiques, ces indigènes tiennent à être classés à part des autres fellahs; concentrés dans le Saïd, ils y ont des villages et même des princes particuliers.

Enfin il existe autour de l'Égypte, comme autour de la Syrie, une autre sorte d'Arabes, qu'on nomme

Arabes-Bedouins ou habitants des déserts. Organisés par tribus, comme les Bedouins de l'Arabie, ces nomades ont gardé les mœurs et les usages des peuples vagabonds. Dispersés dans les rochers, dans les cavernes, dans les ruines, ou campant au cœur du désert, ils n'abordent les terres cultivables que dans un but de pillage ou pour y faire pâturer leurs troupeaux. Il est, dans le nombre, des tribus qui arrivent régulièrement chaque année, à l'époque de la décroissance du Nil, du fond même de l'Afrique, afin de profiter des herbes nouvelles, et qui, au printemps, quand la sécheresse est revenue, s'enfoncent de nouveau dans le désert. D'autres, au contraire, s'établissent en Égypte à poste fixe et y louent des terres qu'ils ensemencent. Quoique vagantes, ces tribus posent entre elles des limites qu'elles franchissent rarement, et seulement en cas de guerre. Toutes ont, à peu de chose près, les mêmes mœurs, les mêmes usages, le même genre de vie, et cette vie ne diffère que par des nuances imperceptibles de celle des Arabes du grand désert. On estime que les tribus qui se promènent, soit dans les sables lybiques, soit sur le littoral de la mer Rouge et dans l'isthme de Suez, peuvent compter trente mille cavaliers ; mais ces forces sont tellement désunies et isolées, qu'elles ne laissent jamais l'Égypte sous le coup d'invasions collectives et formidables.

Parmi les tribus lybiques, les plus connues sont celles des Oulad-Ali, des Keoubys et des Hennadys, que le général Andréossy visita et dont il a décrit les mœurs. Ces Arabes se nomment entre eux *Arab-Kheych* ou Arabes des tentes, par opposition aux Arabes sédentaires, qui sont des *Arab-Khayt* ou Arabes des murailles.

La richesse de ces tribus consiste en troupeaux et en

chameaux, tandis que celle des Arabes des villages est en gros bétail. Les vêtements des nomades consistent en un *burnous* ou *bernous* de laine blanche, dont l'étoffe se fabrique en Barbarie.

Le gouvernement patriarcal domine parmi ces tribus arabes. Le cheik, choisi dans une famille ancienne et respectée, n'exerce sur les membres de la peuplade qu'une autorité toute bienveillante et persuasive; son droit le plus réel est celui de paix et de guerre : quand on signe une trêve, c'est lui qui revêt la pelisse et reçoit les présents. Les seuls droits sacrés aux yeux de ces Arabes sont ceux de l'hospitalité. Quand un étranger s'est assis dans leur tente, qu'il y a bu, mangé et fumé, il est à l'abri de toute insulte. Quant à la foi du serment, elle est illusoire; un traité juré sur leur tête, ou même par Allah, n'est pour eux qu'un engagement sans valeur, qu'ils violent à la première occasion.

Ces Arabes semblent regarder l'Égypte comme leur propriété. Quand on leur reproche leur vie de pillage, ils répondent qu'ils ne font que reprendre leur bien. « Nous avons été chassés par la force, disent-ils, nous reprenons par la force ce qui nous appartient. » Aussi la présence d'une de ces tribus est-elle pour les bourgades égyptiennes le plus redoutable de tous les fléaux. Les armes habituelles de ces nomades sont des piques en fer carré, emmanchées d'une hampe de douze à quinze pieds, dont ils se servent avec la plus grande adresse. Cependant, les tribus campées à l'ouest du Nil ont presque toutes des armes à feu. Leur manière de combattre est d'ailleurs désespérante. Évitant une rencontre décisive, ils cherchent à agir par voie de surprises, et quand ils sont les plus faibles, ils fuient vers le désert où la cavalerie la mieux montée ne peut les atteindre. Pour réduire cet insaisissable ennemi,

Napoléon avait imaginé de créer un corps de cavalerie, qui, au lieu de chevaux se servait de dromadaires, animal dont la course, moins rapide d'abord que celle du cheval, est plus longtemps et plus uniformément soutenue. Au bout de dix heures de course, le dromadaire a vaincu la meilleure jument. A l'usage de ce corps singulier, on avait dressé des dromadaires qui s'agenouillaient pour recevoir leurs cavaliers, et qui obéissaient ensuite à un caveçon. L'escadron étant peu nombreux, on avait imaginé un moyen bizarre de le multiplier aux yeux des Arabes. Chaque cavalier avait deux ou trois costumes de rechange en toile de couleur, l'un bleu, l'autre blanc, l'autre jaune, couleurs saillantes et bien distinctes. Dans le courant d'une poursuite, ils avaient soin de changer plusieurs fois d'uniforme, afin que la tribu poursuivie crût avoir toujours affaire à des ennemis nouveaux et s'exagérât leur nombre. C'est ainsi que le général en chef de l'armée d'Égypte parvint à réduire les peuplades lybiques ou du moins à neutraliser leurs ruineuses invasions.

Quand les tribus sont aux prises, les jeunes filles se montrent à la vue des combattants; elles jouent du tambourin et entonnent des chants propres à exciter leur courage. Les blessés sont soignés par les femmes, qui font grand cas de la valeur. En temps de guerre, les camps maintiennent toujours en observation sur les hauteurs, des vedettes qui, pour donner le signal, élèvent leur turban au-dessus de leurs lances. Si le camp doit avancer, les vedettes marchent sur l'ennemi; dans le cas contraire, elles se replient vers le camp.

Les Arabes portent avec eux, à chaque migration nouvelle, la plus grande partie de leurs richesses et de leurs approvisionnements. Dans les camps à demeure, ils cachent leur grain et leur paille hachée au fond de grands trous creusés dans la terre. Quelques lambeaux de terrain cultivable, le voisinage d'un puits d'eau douce, déterminent le choix d'un emplacement propre à camper. Certaines tribus ont, en outre, à quelques lieues dans le désert, des entrepôts entourés d'une enceinte crénelée, et plus loin encore, des dépôts dans le sable, que les propriétaires seuls peuvent connaître à de certains indices. Ces Arabes ne sont point aussi fanatiques que les musulmans et les Arabes sédentaires. Souvent même, l'intérêt politique dominant l'intérêt religieux, ils ont préféré des infidèles aux croyants. Ainsi, quand l'armée française eut renversé la puissance des Mamelouks, on entendit les filles de la tribu des Hennadys chanter :

Vive le peuple qui a chassé Mourad du Caire !
Vive le peuple qui nous a laissé voir les villages !
Vive le peuple qui nous a fait manger des foutyrs (1).

Quelques années plus tard, lorsque Méhémet-Ali eut entrepris l'extermination des Mamelouks, trois de ces tribus de Bédouins, les Hennadys que nous venons de nommer, les Oulad-Ali et les Guemaates, prirent parti dans la lutte; les premiers soutenaient les Mamelouks, les autres s'étaient prononcés pour le vice-roi et le secondaient puissamment. La victoire s'étant déclarée pour Méhémet-Ali, les Oulad-Ali et les Guemaates s'enrichirent de ses bienfaits et reçurent de lui des terrains et des pensions, tandis que les Hennadys étaient chassés de la province Bahari qu'ils habitaient. Lorsque Abbas-Pacha arriva à la vice-royauté de l'Égypte, sa première pensée fut d'abaisser ceux qui avaient joui de la faveur de son aïeul, et d'élever ceux qui avaient été dans sa disgrâce. Sa haine contre le fils

(1) Le *foutyr* est une sorte de gâteau feuilleté au beurre, qu'on mange avec du miel et de la mélasse.

du chef de la tribu des Guemaates, El-Mazri, que protégeait Saïd-Pacha, donna lieu à des événements dramatiques et à des scènes de violence, dont on trouve le récit curieux dans un ouvrage récemmeut publié (1).

Outre les Cophtes, les Arabes et les Bedouins, l'Égypte compte encore dans sa population quelques Turcs qui s'y sont naturalisés depuis la conquête de Sélim, et qui, longtemps en possession des emplois de l'administration de la guerre et du culte, se sont maintenus en partie, même pendant la durée de la scission entre la Porte et Méhémet-Ali. D'autres Turcs, appartenant à la classe du peuple, exercent au Caire et dans les grandes villes les arts qui demandent quelque étude et les métiers les plus lucratifs. A côté des Turcs existait la classe des Mamelouks, classe puissante naguère, mais aujourd'hui complètement détruite.

Les mœurs de ces diverses races ont pris cette sorte d'uniformité qui se produit toujours parmi les hommes habitant la même contrée et vivant sous le même ciel. Chez les fellahs, c'est la patience et la résignation d'hommes de tout temps exploités par la cupidité et par la violence. Le cultivateur ne jouit pas en Égypte du fruit de ses sueurs. Il n'y a pour lui ni sûreté, ni aisance possibles. Placé entre des maraudeurs nomades et des collecteurs impitoyables, le fellah traîne une vie éternellement tourmentée et misérable. Le riz et le blé passent sur la table de ses maîtres; il faut, quant à lui, qu'il se contente de doura, dont il fait un pain sans levain. Ce pain et des ognons crus pour chaque jour, quelquefois du miel, du fromage, du lait aigre et des dattes, puis, dans les grandes fêtes, de la viande, voilà la nourriture habituelle de ces malheureux. Le vête-

(1) *Mœurs égyptiennes au dix-neuvième siècle*, par M. Achille Jubinal, 1855, in-8.

ment est à l'unisson; il consiste en une chemise de grosse toile bleue et un manteau noir d'un tissu clair et grossier. Un bonnet avec un méchant mouchoir de laine rouge forme leur coiffure. Les habitations ne consistent presque toujours qu'en une hutte de terre où l'on étouffe de chaleur et de fumée. Cette condition du peuple égyptien est à peu près la même dans les villes, où la foule circulant dans les rues offre un spectacle affligeant de misère et de nudité.

Du reste, pour ce peuple, nulle garantie contre l'arbitraire, nulle loi qui le protége. Dans tout l'Orient on verse le sang d'un homme comme celui d'un bœuf. L'officier de nuit dans les rondes, le juge dans ses tournées, jugent, condamnent et font exécuter la condamnation. Les bourreaux marchent toujours avec eux, et au premier ordre la tête d'un malheureux paysan tombe dans un sac de cuir, et son cadavre demeure sur la place. Depuis le gouvernement de Méhémet-Ali, cet état de choses a été modifié, il est vrai, par un système de douceur et de tolérance judiciaire; mais que de pas à faire encore avant qu'une civilisation complète ait appris aux Orientaux la valeur de la vie d'un homme! Depuis l'avénement de Saïd-Pacha, élevé en France, à Paris, on espère encore de plus heureuses modifications. L'éducation européenne qu'il a reçue, l'élévation de son caractère, sa sagesse, sont la garantie d'une véritable régénération pour l'Égypte.

Si la population actuelle a subi si longtemps ce système d'oppression, ce n'est pas que le courage et l'énergie lui manquent, comme on le croit en Europe. Les fellahs égyptiens sont des hommes d'une persévérance et d'une activité incroyables; aucun travail ne les rebute, aucune fatigue ne les abat. On les a vus périr par milliers dans le creusement du canal Mahmoudieh, et achever en neuf mois cette gigantesque besogne. Agiles autant que robustes, ils suivent à pied le cheval le plus rapide. A la ville, à la campagne, à la guerre, on voit les *saïs*, espèce de palefreniers, courir à côté de leurs maîtres et ne point perdre de terrain. Dociles vis-à-vis des supérieurs, ils ne se pardonnent rien entre eux, et apportent dans leurs vengeances une opiniâtreté arabe. Plutôt que de déceler, ils souffrent la bastonnade, et quand par hasard ils reçoivent une atteinte dans leur honneur de père et d'époux, ils en tirent une expiation inévitable et sanglante. On en a vu égorger leurs femmes de leurs propres mains.

Quant aux autres classes des habitants de l'Égypte, leurs mœurs sont celles de tous les Orientaux, calmes, graves, monotones. Pour les riches oisifs, la vie se partage entre les plaisirs du bain et ceux du harem, entre la prière et la conversation, entre la pipe et les sorbets. A peine se donnent-ils, de temps à autre, comme distraction extérieure, le plaisir d'une promenade à cheval, ou d'une excursion dans les jardins qui entourent presque toujours une ville.

La classe moyenne, de son côté, s'adonne aux arts et au commerce. Quoique fort perfectionnés depuis Méhémet-Ali, les arts mécaniques sont encore dans un état peu avancé chez les Égyptiens. Les ouvrages de menuiserie, de serrurerie, d'armurerie, y sont tout à fait grossiers. Les quincailleries, les merceries, les canons de pistolet et de fusil sont importés de l'étranger. On trouve à peine au Caire deux ou trois horlogers. On y fabrique de la poudre à canon, mais elle est brute et à gros grains; il y a des raffineries, mais le sucre est plein de mélasse. En revanche, la sellerie, la poterie, la fabrication des soieries et l'orfévrerie sont traités avec tout le soin désirable, et avec un goût particulier au pays. Les tapis, les nattes, la teinture des étoffes y ont des ouvriers qui savent les adapter aux habitudes et au luxe de l'Orient. Tous ces produits sont en général satisfaisants, surtout à cause de leur durée.

Malgré cette infériorité industrielle, le Caire forme le centre d'un commerce assez important. Sa position entre la mer Rouge et l'intérieur de l'Afrique, entre le littoral de la Méditerranée et la région du Haut-Nil, en fait le rendez-vous de caravanes accourues chaque année de toutes les directions. Les plus riches sont celles d'Abyssinie et du Maroc. La caravane d'Abyssinie, plus nombreuse avant que Méhémet-Ali eût promené ses armes victorieuses au delà des cataractes, apportait ordinairement au Caire mille à douze cents esclaves noirs, des dents d'éléphant, de la poudre d'or, des plumes d'autruche, des gommes, des perroquets et des singes. L'autre, celle du Maroc, qui ne semble avoir déchu, ni de sa force numérique, ni de son importance commerciale, se forme de tous les pèlerins ou hadjis qui, de l'intérieur de l'Afrique, du pied de l'Atlas, de la Mauritanie, de la Lybie et même du Sénégal, se rendent vers la ville sainte où prêcha et mourut le Prophète. Cette caravane, partie du Maroc, côtoie la Méditerranée en recueillant des recrues à Alger, à Tunis, à Tripoli, à Barkah; puis, après avoir traversé le désert, elle arrive à Alexandrie, forte de quatre mille chameaux, et se rend au Caire pour se réunir à la caravane d'Égypte. Au Caire, tous les chefs qui la commandaient jusque-là s'effacent devant l'*Emir-el-Hadji*, ou prince des Pèlerins, qui était jadis ou le pacha lui-même ou le lieutenant du pacha. Ce dignitaire, dont les pouvoirs sont à demi religieux, conduit alors la caravane vers la Mecque, d'où elle revient quatre mois après. Seulement, les pèlerins du Maroc ayant encore six cents lieues à faire pour retourner chez eux, n'arrivent dans leur patrie qu'après douze ou quatorze mois d'absence. Le chargement de ces caravanes consiste en étoffes de l'Inde, en châles, en gommes, en parfums, en perles, en galles, et surtout en café moka, ou de l'Yemen. Le Caire ne garde pas la somme entière de ces marchandises, mais sans compter les bénéfices que cette ville réalise sur la portion qui lui reste, elle perçoit encore sur les pèlerins un droit de capitation qui s'élève à une somme assez considérable.

Outre ces deux grandes caravanes, il en arrive d'autres plus petites venant de Damas, avec des étoffes de soie et de coton, des huiles et des fruits secs. Lattakieh envoie à Damiette des chargements de tabac, et reçoit en échange du riz d'Égypte. Constantinople expédie des fourrures, des armes, des vêtements, des merceries, contre du riz et des fèves. Marseille fournit à l'Égypte des draps, des cochenilles, des étoffes et des galons de Lyon, des épiceries, du papier, du fer, du plomb, des sequins de Venise, des thalers d'Allemagne, des talari (1), contre des cotons et des indigos, nouvelles et précieuses cultures. Chargées à Alexandrie sur des *djermes*, ces marchandises remontent le Nil, et vont alimenter le marché du Caire, qui dessert toute la consommation de la moyenne et de la haute Égypte.

Dans notre résumé historique on a vu sous quel régime fiscal l'Égypte était placée. Au lieu des exactions brutales d'autrefois, régnait, lors de notre séjour en

(1) Le *talaro* était autrefois une monnaie de Venise valant 5 fr. 28 cent. Aujourd'hui on donne, en Égypte, le nom de *talari* aux douros d'Espagne, qui valent de 5 fr. 25 c. à 5 fr. 75 c., suivant le cours. Ils sont particulièrement estimés par les Arabes quand ils portent sur l'une des faces les deux colonnes d'Hercule, avec la devise : *Non plus ultra.*

Égypte, un monopole absolu qui n'était que l'expression plus silencieuse et moins violente d'un autre despotisme administratif. Il existait bien encore des agriculteurs et des négociants, mais leur action se trouvait à peu près absorbée par celle de l'agriculteur et du négociant unique qui s'était attribué la manipulation de toutes les affaires de l'Égypte. Turcs, Arabes, Juifs et Francs, tous les hommes s'occupant de commerce à Alexandrie et au Caire, passaient pour n'être que les agents plus ou moins directs du pacha.

En retour de ce système onéreux, l'ancien vice-roi a doté l'Égypte d'éléments de force qu'elle n'avait point avant lui. Ainsi, l'Égypte, à l'époque où nous l'avons visitée pour la seconde fois, avait une armée de quatre-vingt mille hommes; quatre vaisseaux de ligne, dont deux de cent canons, douze frégates, quatorze corvettes et treize bricks, sans compter les bâtiments d'un ordre inférieur; elle avait une école de médecine à Abou-Zabel, dirigée par un Français d'un mérite distingué, le docteur Clot-Bey; une école d'administration où se formaient les jeunes gens destinés à des fonctions publiques. Aujourd'hui on connaît en Égypte l'imprimerie, les machines et les bateaux à vapeur, les télégraphes et l'éclairage au gaz. C'est à Méhémet-Ali que la vallée du Nil doit le plus incontestable élément de sa richesse actuelle, le coton; elle lui est redevable encore de ses beaux arsenaux, de ses chantiers, de ses manufactures, du percement de plusieurs canaux et de la mise en état de tous les autres, enfin de ses ponts et de ses routes, bienfait inappréciable dans un pays où chaque caravane se frayait, pour ainsi dire, son chemin. Beaucoup d'industries spéciales à l'Égypte, comme l'éducation des abeilles, la préparation de l'eau de rose et du salmiak, la fabrication des cuirs, des tapis, de la verrerie, de la poterie, ont eté efficacement protégées par lui. Les errements administratifs, laissés jusque là dans le vague, ont été fixés et précisés. A l'instar de notre système français, les provinces d'Égypte, sous Méhémet-Ali, furent classées en départements, arrondissements et sous-arrondissements. Des assemblées provinciales furent établies, en même temps qu'un divan ou conseil, composé de cent quatre-vingts députés des provinces, se réunissait au Caire pour délibérer sur les affaires de l'État, sous la présidence du vice-roi. C'est dans ce divan que furent discutées la loi criminelle, qui spécifiait les délits et les peines, et la loi civile qui rendait tous les indigènes également accessibles aux emplois publics. C'est là aussi qu'étaient portés de temps à autre les cas épineux de la fiscalité égyptienne et l'examen des revenus du pays, que quelques évaluations portaient alors à cent millions de francs. Les recensements de la population générale de l'Egypte en portaient le chiffre, à la même époque, à deux millions six cent mille âmes.

Cette population, habituée à la main de fer des beys mamelouks et des pachas ottomans, paraissait s'accommoder du gouvernement, presque régulier d'ailleurs, de Méhémet-Ali. Sans doute, la présence d'une armée aguerrie entrait pour quelque chose dans le calme et l'obéissance que nous y avons vu dominer; mais en dehors même de tout appareil de force militaire, l'Égypte trouve dans le caractère de ses habitants des gages d'ordre et de sécurité.

Les populations égyptiennes, comme celles de tout l'Orient, n'ont pas la mobilité passionnée des nôtres; elles se résignent facilement et se font au joug d'un maître. Cela vient sans doute de ce que dans l'Orient la vie est presque tout intérieure; on n'y connaît pas les émotions bruyantes de la place publique, les plaisirs des grandes réunions, ni ces jouissances scéniques qui mettent en présence pendant plusieurs heures des milliers de spectateurs inconnus l'un à l'autre. Dans l'Orient, la coutume tend à isoler les hommes; en Europe, elle tend à les rapprocher. En Égypte, il y a peu de distractions, et elles plaisent malgré leur monotonie, ou plutôt à cause de leur monotonie. Quand on a, en fait de divertissements, cité les conteurs, les jongleurs, les almés, les psylles, en fait de délassements qui occupent les heures oisives de la journée, nommé le harem, la maison de bains ou *hamman*, la promenade à cheval, le café public, où d'ailleurs les hommes importants ne se montrent pas, on a parcouru à peu près tout le cercle de la vie orientale, de la vie égyptienne. C'est au Caire surtout qu'on peut étudier ces détails des mœurs de l'Égypte, et nous aurons occasion d'y revenir dans notre description de cette capitale.

Le genre de vie des habitants de l'Égypte semble favorable à la santé, car la vieillesse n'y est liée à aucune de ces infirmités qui l'accompagnent en Europe. Parmi les maladies les plus communes, il faut citer l'ophtalmie, qui, dans les premiers jours de l'occupation, frappa une bonne partie de l'armée française. Ce mal est une véritable endémie. Il n'est pas rare de voir au Caire vingt aveugles sur cent personnes, sans compter celles dont la vue altérée a besoin de l'abri d'un bandeau. Ces ophtalmies si communes semblent provenir de l'état de l'atmosphère et de la fraîcheur humide des nuits. L'œil, fatigué et irrité durant le jour de la réverbération des sables, se trouve, le soir venu, saisi par la moiteur de l'air salin, contraste funeste qui doit altérer l'organe de la vue. A cette cause si l'on joint d'autres causes incidentes, comme l'habitude de coucher sur des terrasses, la mauvaise nourriture, on se rendra suffisamment compte d'un mal qui fait que la cécité est si commune dans toute ville égyptienne.

La petite vérole, qui existe dans la vallée du Nil, y est violente et meurtrière; on y connaît bien l'inoculation, mais on ne la pratique point. Pour combattre ce mal, qui attaque surtout les enfants, les mères ne connaissent rien de mieux que des amulettes bénies par des santons, et qu'elles attachent au cou de ces petites créatures. Ces amulettes n'empêchent pas une mortalité effrayante de régner en Égypte parmi les enfants du peuple. Une autre infirmité est celle des hydrocèles, auxquelles les Cophtes et les Grecs sont plus particulièrement sujets; quelques fièvres malignes signalent le retour du printemps.

Mais de toutes les affections morbides, la plus dévorante, la plus fatale à la population égyptienne, c'est la peste. La peste est endémique en Égypte. D'ordinaire, elle éclate d'abord à Alexandrie, passe de là à Rosette, et de Rosette au Caire, pour se répandre dans tout le pays. Tantôt c'est Alexandrie qui la réveille à Constantinople, tantôt Constantinople qui la réveille à Alexandrie. Alexandrie et Constantinople sont les deux plus grands foyers de peste qui existent sous le ciel. Avec quelques précautions sanitaires, sans doute, ce fléau ne dévasterait bientôt plus l'Orient; mais en dehors même de leurs habitudes d'insouciance, les musulmans rencontrent leur loi religieuse qui leur interdit toute précaution contre l'épidémie. *Allah kerim*, Dieu est grand! telle est la sentence fataliste qu'ils opposent aux ravages du mal. Si Dieu a décidé que le croyant sera frappé, le croyant, en se préservant de la peste, irait contre les décrets de Dieu; ainsi raisonnent les Turcs. Par suite de ce système, toutes les mesures de lazaret, de quarantaine, pour les individus comme pour les marchandises, sont regardées par eux comme autant d'impiétés, de sacriléges. C'est à peine s'ils se résignent à souffrir que les Francs songent à se garder de la contagion. Cependant, il est passé en force d'usage que, la peste une fois déclarée, les Francs ferment leur *khan* ou quartier et se tiennent dans une sorte de séquestre volontaire, eux, leurs femmes, leurs commis et leurs domestiques; dès ce moment ils ne communiquent plus avec le dehors. Les vivres, déposés à la porte du khan, y sont reçus par un portier qui les saisit avec des tenailles de fer, et les plonge soit dans l'eau, soit dans le vinaigre. Quand on veut parler avec des interlocuteurs du dehors, on maintient toujours une certaine distance pour empêcher le contact du vêtement ou de l'haleine. Grâce à ces précautions, la peste atteint rarement les Européens; mais il faut qu'ils sachent observer rigoureusement, pendant cinq ou six mois, cette espèce d'arrêts forcés. Depuis quelques années la peste apparaît moins souvent en Orient, mais le choléra semble l'avoir remplacée.

On a vu ci-dessus (p. 102), que l'Égypte se partageait en trois grandes divisions : la basse Égypte ou Delta (Bahari), l'Égypte moyenne ou Heptanomide (Ountani), la haute Égypte ou Thébaïde (Saïd), qui comprennent une superficie totale de 367,000 mètres carrés. Ces divisions principales sont encore en usage, et nous les suivrons dans la description que nous allons donner des diverses parties de l'Égypte. Sous les Mamelouks, tout le pays était considéré comme formant quinze provinces. La basse Égypte en contenait neuf : Bireh ou Baïreh, Rosette, Garbieh, Menouf, Damiette, Mansourah, Charkieh, Kelyoub et Giseh; la moyenne, trois : Atfeh, Fayoum et Benisouef; la haute, trois : Syout, Girgeh et Thèbes. Ces divisions furent maintenues par Napoléon. Méhémet-Ali les changea et soumit l'Égypte à de nouvelles classifications administratives, propres à centraliser l'action du pouvoir. Tout le pays a été divisé par lui en sept gouvernements principaux, régis par des intendants nommés *Moudyrs*. Ces gouvernements *(Moudyrlicks)* sont divisés en départements, et les départements en cantons. Chaque canton renferme dans sa circonscription plusieurs villages.

CHAPITRE TROISIÈME.

BASSE ÉGYPTE OU DELTA.

Lacs et vallée de Natroun; monastères des Grecs et des Syriens; couvent de Saint-Macaire. — Bahr-belâ-Mâ ou *fleuve Sans-Eau*. — Aboukir; Rosette; le Delta; ville et mosquée de Tantah; Mehallet-el-Kebir; Fouah; Rahmanieh; Damahnour (*Hermopolis parva*); Sa-el-Hadjar, ancienne *Saïs*. — Les sept bouches du Nil dans l'antiquité; lac Menzaleh; îles de Matarieh, de Tennis et de Tounah; San, ancienne *Tanis*; Péluse; château de Tineh; Faramah; Damiette; ruines de Hon (*Héliopolis*); Belbeys (*Pharbœtis*); ruines d'*Onion*; Tel Bastah (*Bubaste*); Aboukir (*Busiris*); Heydeh; Mansourah; Koum-Zalat, ancienne *Butis*; Tmay-el-Emdyd; El-Arych (*Rhinocorura*).

Les environs immédiats d'Alexandrie sont d'une tristresse navrante; c'est le désert d'Afrique, ce n'est point l'Egypte. La terre, profondément gercée, y nourrit à peine quelques palmiers, dont les premiers rameaux plongent dans le sable, et la plante que les Arabes nomment kaly, plante dont on fait de la soude naturelle. D'ailleurs, pas un bouquet d'arbres en dehors de la ligne de dattiers qui suit l'ancien kalyg, pas une maison, pas un village. C'est de tout côté un spectacle de désolation qui prédispose mal le voyageur et qui lui communique des impressions tristes, dont les paysages du Nil peuvent à peine le distraire.

Au nord d'Alexandrie et dans le cœur même du désert, s'étendent deux vallées importantes pour le géographe autant que pour le géologue. Ce sont celle des lacs de Natroun et celle du fleuve Sans-Eau (Bahr-Bela-Mâ). Cette région de l'Egypte, domaine de tribus arabes nomades, s'était, avant les jours de l'expédition française, dérobée à des investigations précises et complètes. Le père Sicard seul avait parlé des déserts de Chaia, et de lacs, espèce de fosse naturelle de trois à quatre lieues de long sur un quart de large, qui produit par transsudation un sel que l'on détache à coups de barre.

Là se bornaient les détails obtenus sur cette zone, lorsqu'Andréossy y fut envoyé par le général Bonaparte. Cet officier avait l'ordre d'explorer la contrée et comme savant et comme économiste. Il importait, en effet, d'un côté, de savoir si les hypothèses d'une déviation dans le cours du Nil, à une époque très-reculée, rencontraient dans l'aspect des lieux des preuves parlantes, et, de l'autre, si les lacs de Natroun, l'une des richesses de l'Egypte, pouvaient être exploités d'une manière plus égale et plus fructueuse. Dans ce double but, des hommes spéciaux et compétents, parmi lesquels figuraient Berthollet et Fourrier, se joignirent à Andréossy dans cette excursion.

Les lacs de Natroun sont situés au sein d'une vallée qui se développe du nord-ouest au sud-est. L'espace qu'ils couvrent a sept lieues de long sur deux mille quatre cents pieds de large. On compte six lacs, séparés les uns des autres par des landes arides. Les deux premiers, vers le sud, portent le nom de Birket-ed-Dyourah, *lacs des Couvents;* les quatre suivants ont des noms qui ne présentent aucune signification particulière. Les eaux de ces lacs haussent et baissent à des époques correspondantes aux crues du Nil, ce qui pourrait faire croire qu'ils sont alimentés par des infiltrations souterraines du fleuve. Ces eaux contiennent des sels qui diffèrent de l'un à l'autre. C'est toujours du muriate de chaux, de soude, du carbonate de soude et un peu de sulfate de soude; mais le carbonate domine dans les uns et le muriate dans les autres. L'exploitation des lacs de Natroun est presque toujours affermée aux habitants de Terraneh, et c'est de cette ville que partent les caravanes chargées de leur produit. Chacune de ces caravanes se compose ordinairement de cent cinquante chameaux et de cinq cents ânes, pouvant transporter six cents *kantars* de natroun ou natron (environ trente-six mille kilogrammes). La récolte annuelle du natron paraît s'élever à plus de trente-six mille quintaux. De l'entrepôt de Terraneh, on dirige cet alcali sur Alexandrie et sur Rosette.

La vallée des lacs n'offre en fait de ruines que les débris d'une verrerie, dont on ne saurait préciser l'époque, et, en fait de monuments, que quatre monastères qui paraissent appartenir au quatrième siècle de notre ère. C'est d'abord le couvent des Grecs, *El-Baramous*, celui des Syriens, *Deyr-Saydeh*, puis le couvent d'*Anbà-Bichay*, et celui de *Saint-Macaire*. Bâtis à peu près sur le même plan, ces monastères ont la forme d'un parallélogramme, dont le grand côté aurait depuis deux cent quatre-vingt-quatorze pieds jusqu'à quatre cent vingt-six, et le petit côté depuis cent soixante-quatorze pieds jusqu'à deux cent quatre, ce qui donne une surface moyenne d'environ quatre mille six cent quatre-vingts pieds carrés. Les murs d'enceinte ont environ quarante pieds d'élévation et huit à neuf pieds d'épaisseur à la base; ils sont en bonne maçonnerie et bien entretenus; le mur au-dessus du trottoir a des meurtrières saillantes pour que les moines, s'ils sont assiégés, puissent se défendre à coups de pierre; les lois canoniques leur interdisant l'usage des armes à feu.

L'entrée de ces couvents est si étroite et si basse, qu'on n'y peut pénétrer qu'en se tenant courbé. Outre une porte très-épaisse défendue par un machicoulis, il existe deux énormes meules de granit qui ferment hermétiquement l'ouverture extérieure. Avant de livrer passage à qui que ce soit, il n'est sorte de précaution dont ces religieux ne fassent usage. La crainte des Arabes les oblige à se tenir sur un qui-vive perpétuel, et presque toujours un moine demeure en vedette sur le haut des murs pour donner l'alerte au besoin. Malgré un état de surveillance hostile contre les tribus voisines, les solitaires de la vallée de Natroun se voient forcés d'exercer à leur égard les devoirs de l'hospitalité. Quand les Bédouins, dans leurs courses, passent au pied du couvent, l'orge pour les chevaux, le pain et les dattes pour les hommes, descendent du haut des murs à la première sommation. Ceci est en même temps un acte de charité et un acte de conservation et de prudence. Rien, dans ce qui entoure ces religieux, ne donne à supposer qu'ils s'occupent ni des travaux de l'esprit ni d'ouvrages manuels. Ils n'ont pour tous livres que des manuscrits ascétiques, sur parchemin ou sur papier de coton, les uns en arabe, les autres en cophte, avec une traduction marginale en arabe.

La plupart de ces religieux sont borgnes ou aveugles, la réverbération des sables et la fraîcheur des nuits usant de bonne heure chez eux l'organe de la vue. Les principaux revenus de ces monastères consistent en aumônes péniblement recueillies, et qui fournissent à peine aux cénobites de quoi se nourrir. Leurs aliments ordinaires se composent de fèves et de lentilles préparées à l'huile. Andréossy compta neuf moines au couvent d'El-Baramous, douze à Ambà-Bichay, et vingt à Saint-Macaire. Quand il meurt un membre de la communauté, le patriarche du Caire pourvoit à son remplacement; chaque moine a sa cellule, réduit étroit, haut d'un mètre environ, et où le jour ne pénètre que par l'entrée. Les meubles consistent en une natte, les ustensiles en une jarre et une bardaque ou gargoulette, vase en terre destiné à rafraîchir l'eau. Les églises et les chapelles ont un aspect qui rappelle parfaitement les églises du Bas-Empire. Elles offrent à l'archéologue des points d'étude importants, et à l'artiste des vues ravissantes. Des images souvent tracées par des peintres grecs en décorent les murs, des lampes ornées d'œufs d'autruche pendent aux voûtes de la nef; les autels sont garnis des accessoires nécessaires aux cérémonies du culte, objets précieux dont la forme et le style présentent souvent des sujets intéressants pour l'étude de l'art chrétien en Orient.

Les monastères les plus voisins des lacs ont des puits creusés dans l'enceinte intérieure. Ces puits contiennent trois pieds environ d'eau douce, qu'on élève au moyen d'une roue à pot; ils suffisent aux besoins de chaque couvent, et à l'arrosage d'un petit jardin où croissent quelques légumes et un petit nombre d'arbres : le dattier, l'olivier, le henneh et le sycomore. Le couvent des Syriens possède l'arbre miraculeux de saint Éphrem, qui a dix-neuf pieds de hauteur sur neuf pieds de tour; c'est le tamarinier de l'Inde (*Thamar-Hendy*); quoiqu'il soit fort commun dans le Saïd, les moines du couvent s'en croient les seuls possesseurs. Ils racontent avec naïveté comment saint Éphrem, pour confondre l'incrédulité d'un jeune néophyte qui se plaignait de l'aridité du désert, planta son bâton dans le sable, en lui ordonnant de devenir arbre. Le bâton crut en effet; il poussa branches et racines, et depuis lors la tradition du miracle est restée dans le couvent avec l'arbre qui y donna lieu.

A côté de la vallée de Natroun et dans une direction parallèle, se développe une autre vallée connue sous le nom de *Bahr-belâ-Mâ, fleuve Sans-Eau*. Séparée de la première par une crête sablonneuse, encombrée elle-même de sables, cette vallée se montre d'une stérilité uniforme dans un bassin qui a près de trois lieues de largeur d'un bord à l'autre. Ce qui lui donne quelque importance, c'est qu'à diverses époques les savants ont soupçonné que ces encaissements prolongés pouvaient être un arrière-lit du Nil ou une dérivation de ce fleuve. Le nom populaire que le vallon a conservé, la disposition du terrain, les pétrifications qu'on y trouve, tout paraît fortifier cette conjecture. Quand on explore la vallée, on y reconnaît à chaque pas les traces des eaux fluviales. Des bois pétrifiés et agatisés, d'autres dans un état moindre de cristallisation, des vertèbres de gros poissons minéralisées, du quartz roulé, du silex, des fragments de jaspe qui parsèment ce bassin, forment autant de preuves de plus à l'appui de l'hypothèse scientifique. La plupart de ces minéraux appartiennent aux montagnes primitives de la haute Égypte, et les eaux du Nil ont pu seules les entraîner jusque-là. Ce lit fluvial recevait-il seulement une portion du fleuve, ou le fleuve tout entier, c'est ce qu'il est plus difficile de constater. Pour résoudre cette difficulté, il faudrait remonter toute la vallée, et aller rejoindre son point d'attache avec celle du Nil. Jusqu'ici, aucun voyageur européen ne l'a fait; mais les rapports concordants des Arabes établissent que la vallée du fleuve Sans-Eau va aboutir d'une part au Fayoum, de l'autre au golfe des Arabes. Ainsi il se pourrait que le fleuve Sans-Eau n'eût été qu'un canal de décharge pour le trop plein du lac Mœris, à moins que l'importance du lit et la nature des débris qui le jonchent n'y fassent voir l'ancienne branche principale du Nil lui-même.

Tant qu'on demeure dans le rayon d'Alexandrie, ce n'est point l'Égypte qu'on a sous les yeux, mais la lisière du désert. L'Égypte commence à Rosette. On passe pour y arriver devant le château et la rade d'Aboukir, nom à la fois d'une triste et glorieuse célébrité. Sa rade vit la grande catastrophe navale où Nelson gagna son brevet de lord et de baron du Nil; son promontoire vit la magnifique victoire que le général Bonaparte remporta sur quarante mille Osmanlis refoulés dans la mer qui les avait amenés. Aboukir est un château assez fort qui exigea un siége de la part des Français quand il fallut le reprendre sur les Turcs.

Au delà d'Aboukir et quand on a traversé le lac Mahdieh, puis le lac d'Edkou, où aboutissait l'ancienne bouche du Nil appelée Canopique ou Héracléotique, on arrive à l'embouchure de la branche de Rosette ou au *Boghaz*, barre dangereuse où périssent souvent les petits navires et les djermes indigènes. A cet endroit, soit par l'effet d'un barrage de sables, soit par suite du choc des eaux du Nil contre les eaux de la mer, un ressac énorme et dangereux tourmente le bassin du fleuve. Lorsque le vent fraîchit, il s'y élève de vraies tempêtes avec des vagues énormes. Ce boghaz a peu de profondeur; dans une lieue d'étendue, il offre à peine une ouverture de quelques toises pour le passage des navires, et encore cette ouverture varie-t-elle de jour en jour. Les pilotes sont occupés à toute heure à sonder ces parages. C'est seulement après avoir lutté quelques heures contre le courant que l'on entre dans le lit tranquille du fleuve, qui s'encaisse entre deux rives taillées à pic et couronnées de palmiers et de sycomores. Ainsi, sous un berceau d'arbres on arrive à Rosette (*Raschyd*), qui se cache dans un coude du fleuve au sein d'une forêt de dattiers, de bananiers, d'orangers et de lentisques.

Rosette fut bâtie vers l'an 870 de notre ère, par le petit-fils du célèbre calife Haroun-al-Raschyd, non loin de Kouras, l'ancienne Naucratis, et près de la bouche du Nil, appelée aujourd'hui de Rosette et autrefois Bolbitine. Les ensablements du fleuve ayant ruiné peu à peu le commerce de Fouah, ville située plus avant sur ses bords, Rosette recueillit cet héritage et devint l'un des entrepôts les plus actifs du littoral. Il y a trente ans, elle avait encore le monopole du transit entre Alexandrie et le Caire, mais le canal Mahmoudieh, creusé par les soins de Méhémet-Ali, l'a fait déchoir de sa position et de son importance.

La ville de Rosette se développe sur la rive occidentale du Nil dans une étendue d'une demi-lieue environ. Les murailles de briques rouges dont elle est entourée, la forêt qui lui forme une ceinture verdoyante, au travers de laquelle on voit percer les flèches élancées des minarets, la beauté du fleuve roulant ses ondes majestueuses dans un lit large et encaissé, la variété et la fraîcheur de ses jardins, en font une des villes les plus agréables de la basse Égypte. Tous les ans, les eaux du Nil viennent baigner ses maisons sans les endommager.

Les rues de cette ville sont peu nombreuses; elles sont tortueuses, étroites et le plus souvent pleines d'ordures, comme dans toutes les villes de l'Orient. Les chiens y errent en grandes troupes sans qu'on y fasse attention; c'est surtout sur les quais qu'on les rencontre en quantité considérable. En vain, après la prière du soir, chercherait-on âme vivante dans les rues de Rosette; tout le monde est rentré chez soi, et la ville est une solitude. Le système d'éclairage public consiste dans des lampes que les propriétaires suspendent devant leurs portes. Les habitants ne réparent jamais leurs maisons; quand ils jugent qu'elles ne sont plus logeables, ils les quittent pour en occuper d'autres, qu'ils abandonnent de même à mesure qu'elles tombent de vétusté. Quoique mieux bâtie qu'Alexandrie, Rosette a des maisons si peu solides, que, sous un climat plus destructeur, il n'en existerait déjà plus rien depuis longtemps. Ces maisons étaient, du reste, autrefois, plus spacieuses et plus élevées qu'à Alexandrie.

La partie occidentale de la ville est remplie de ruines et de masures. Ce ne sont partout que parois de murs tombés, façades lézardées, fenêtres et toits à demi écroulés, et dont les fragments, soutenus en l'air comme en équilibre, menacent constamment les passants. Les maisons y ont si peu de valeur, que, dans les plus beaux quartiers même, le prix de la vente n'égale pas la moitié de ce que valent les matériaux. Elles sont généralement construites en briques de couleur rouge foncée. Quelquefois, il entre dans leur décoration des fragments d'anciens édifices employés d'une manière bizarre. On y voit des colonnes dont les bases servent de chapiteaux, et réciproquement des chapiteaux qui tiennent la place des bases. L'absence du goût et la malpropreté caractérisent l'habitant de Rosette. Ici, de même qu'à Alexandrie, le rez-de-chaussée est regardé comme malsain; on ne l'habite pas; il sert de magasin à fourrage, d'écurie, de cuisine ou de cellier. Si l'on en excepte celles des gens riches, toutes les maisons à Rosette ont l'escalier placé en dehors et construit ordinairement en pierre; une grande cloison l'enveloppe en guise de garde-fou, et sert à dérober les femmes à la vue quand elles montent ou descendent.

Le plus beau quartier de Rosette est situé le long du Nil. C'est là qu'on trouve les rues les mieux bâties, les maisons les plus élégantes, qui presque toutes appartiennent à des négociants étrangers. D'un côté elles ont vue sur le fleuve et sur les bords riants du Delta, ce qui rend leur situation délicieuse. Les chambres de l'intérieur des maisons ne communiquent pas de plain-pied. Pour passer d'un appartement à l'autre, on rencontre souvent deux ou trois marches à monter ou à descendre. Les étages à l'extérieur sont en saillie les uns au-dessus des autres, ou bien quelquefois la façade entière, à partir du rez-de-chaussée, avance de trois à quatre pieds sur le nu du mur. Cette saillie présente une surface de planches parfaitement unie, supportée par l'extrémité des poutres qui débordent la maçonnerie et sont elles-mêmes soutenues par des consoles. Des fenêtres fermées par des grillages éclairent les étages supérieurs. Il y en a quelques-unes qui, outre ces grillages, ont encore des volets; celles des gens riches possèdent intérieurement des châssis avec des vitres. Le bâtiment est toujours surmonté d'une terrasse sur laquelle les femmes viennent prendre le frais et peuvent se promener sans crainte d'être vues.

Parmi les édifices de Rosette d'une certaine importance, il faut surtout citer les *okels*. Ces vastes magasins, bâtis pour servir d'entrepôt à toute espèce de marchandises, offrent une architecture particulière, qui n'est pas sans luxe. De forme oblongue, ils ont en longueur quatre à cinq fois leur largeur. C'est une cour entourée d'une galerie soutenue au rez-de-chaussée par des colonnes et surmontée de plusieurs étages. Des arcs en ogive décorent les entre-colonnements. Les magasins sont disposés sous cette galerie ; chacun d'eux est éclairé par une fenêtre pratiquée au-dessus de la porte. Le premier étage diffère du bas, en ce que la galerie est remplacée par un long corridor, percé d'une grande quantité de fenêtres en ogive, avec de petites ouvertures carrées au-dessus, servant à donner du jour aux magasins, disposées de la même manière qu'au rez-de-chaussée. Les fenêtres du second étage sont ordinairement rectangulaires, et en bien plus grand nombre qu'aux étages inférieurs.

La principale mosquée de Rosette est très-vaste ; quoiqu'elle n'offre rien de régulier dans son plan, l'ensemble du monument a quelque chose qui impose. Le minaret, élancé et gracieux, s'élève dans les airs avec quatre rangs de balustres. L'intérieur de la mosquée est décoré de rangées de grosses colonnes entremêlées de colonnettes. Des nattes recouvrent le pavé. De beaux grillages en fer, travaillés à Constantinople, ferment les fenêtres pratiquées au-dessous du dôme pour éclairer l'intérieur. Les piscines où les musulmans font leurs ablutions sont placées dans un bâtiment attenant à la mosquée, ainsi que d'autres bassins destinés au même usage.

Tous les bazars sont réunis dans la rue qui traverse la ville d'Occident en Orient; ils sont fournis de marchandises et de productions assez variées, mais leur malpropreté est telle, qu'on n'est nullement tenté d'entrer dans les boutiques. De belles casernes ont été construites à Rosette par l'ordre de Méhémet-Ali, qui a introduit dans cette ville plusieurs innovations empruntées à notre industrie, entre autres des forges pour la marine, des filatures de coton, et un moulin à vapeur pour la préparation du riz.

En l'absence de fontaines publiques sous un ciel brûlant, les propriétaires aisés de Rosette entretiennent, dans des fabriques attenantes à leurs demeures, des jarres pleines d'eau où les passants peuvent venir se désaltérer au moyen d'un vase destiné à cet usage. Dans quelques maisons, c'est à l'aide d'un siphon que l'eau est offerte à la soif des passants. Ce siphon, dont l'une des branches plonge dans une cuve placée à l'intérieur, laisse sortir extérieurement le bout de l'autre branche, en sorte qu'il suffit d'aspirer pour amener l'eau à l'orifice qu'on tient dans la bouche.

Rosette paraît avoir été autrefois beaucoup moins restreinte qu'elle n'est aujourd'hui. On peut juger de l'étendue de sa première enceinte par les restes de ses anciennes murailles ensevelies sous les sables. Ces débris forment, assure-t-on, le noyau des dunes qui s'élèvent autour de la ville dans la direction de l'ouest au sud. Chaque année, les sables du désert, poussés par les vents d'est et du sud, augmentent ces atterrissements au point de faire craindre qu'ils n'envahissent un jour la ville. Les dattiers, enfermés dans ces monticules, présentent le phénomène curieux d'une croissance proportionnelle à l'exhaussement des dunes; ils suivent le progrès des sables et portent leurs cimes à des hauteurs incomparablement plus grandes que celles où ils seraient arrivés sans cette circonstance.

La ligne de monticules qui s'étend le long du Nil, du côté du sud, paraît d'une formation antérieure aux autres buttes sablonneuses. La plus élevée est la colline d'*Abou-Mandour*, ainsi appelée en souvenir d'un santon enterré dans une mosquée construite au pied du monticule. Le tombeau d'Abou-Mandour (Père de la lumière) est l'objet de nombreux pèlerinages. Beaucoup de musulmans atteints d'ophtalmie viennent y chercher leur guérison. Non-seulement le saint a le pouvoir de rétablir la vue de ceux qui sont menacés de la perdre, mais les femmes stériles sont persuadées qu'elles deviennent fécondes en l'invoquant. Les neuvaines se font sous la direction de l'iman de la mosquée. C'est à lui que les pèlerins remettent leur offrande, et chaque fois qu'un bateau passe devant la mosquée, passagers et mariniers déposent quelque don entre les mains de l'iman pour se rendre le santon favorable. Au sommet de la colline s'élève une tour carrée sur laquelle on a, depuis peu, placé un télégraphe. Des débris de colonnes trouvés au pied du monticule, ainsi que d'autres fragments de ruines, indiquent, suivant plusieurs archéologues, que là était située la ville de Bolbitine.

Les alentours de la ville de Rosette sont renommés par leurs nombreux jardins entrecoupés de ruisseaux et de petits lacs. Ces jardins répandent un ombrage délicieux, et chaque propriétaire vient y respirer la fraîcheur pendant le jour sous des kiosques élégants. Là, dans des enclos formés par des haies vives, vous trouvez confondues les espèces d'arbres les plus diverses. Tous y croissent pêle-mêle comme dans une forêt. Le branchage du bananier, de l'oranger, du citronnier, du cédrat se mêle à celui de l'abricotier, de la bigarrade; le sébestier vient au milieu des myrtes; le sycomore étend ses vastes rameaux parmi les dattiers, dont le feuillage domine au-dessus des autres arbres. Point d'allée ni de chemin sablé comme en Europe; ce serait donner au grave musulman la tentation de la promenade, et le jardinier coupable d'un pareil crime serait impitoyablement chassé.

Les terres situées à l'est, dans le Delta, et celles qui s'étendent au nord de la ville sont semées en trèfle ou en riz. On y cultive aussi le sésame, la colocasse, le lin, l'abélasis et plusieurs plantes potagères. La pastèque et le melon y viennent également. Les dattiers y sont plantés en quinconce et espacés de douze à quinze pieds les uns des autres.

Ce Delta, qu'on aperçoit pour la première fois de Rosette, peut être appelé le jardin de l'Égypte. La figue, l'orange, la banane, la grenade y croissent presque sans culture et y sont d'une qualité exquise. La campagne y a un aspect qui ne se retrouve dans aucun autre pays : c'est une surface immense, sans montagne, sans colline, coupée de canaux innombrables et couverte de riches moissons; ce sont des bois touffus sous lesquels s'abritent les huttes en terre des fellahs, des cassiers aux fleurs jaunes, des limoniers aux fruits d'or, qui, serrés l'un contre l'autre, forment une ombre impénétrable au soleil.

La terre du Delta est un limon noir dont la fécondité semble inépuisable. Son principal produit paraît être le riz, et après le riz, le coton. Quand une rizière est préparée, des bœufs, un bandeau sur les yeux, tournent des roues à chapelets qui versent de l'eau dans un bassin, d'où elle se répand sur les champs. Après un séjour d'une semaine, quand la terre est profondément imbibée, hommes, femmes, enfants marchent dans la boue et enlèvent sans effort toutes les racines des plantes. Ce travail fini, on arrache le riz haut d'un pied, et on le transporte dans la rizière, où, chaque jour inondé, il croît avec une rapidité surprenante. Planté à la fin de juillet, on le coupe en novembre et on étend les gerbes sur l'aire. La paille est ensuite hachée à l'aide de roues que l'on promène sur les gerbes, ensuite le van la sépare du grain. La dernière opération consiste à détacher par l'action d'une meule, les pellicules qui enveloppent le riz, et à ensacher la denrée dans des *couffes* faites avec des feuilles de dattier. Le riz des environs de Rosette, fort estimé dans l'Orient, se nomme *Sultani*. Il paraît être destiné à l'approvisionnement des riches consommateurs d'Alexandrie et de Constantinople. Le riz est à peine coupé, que l'on arrache le chaume, et qu'à la suite d'un léger labour on y sème de l'orge qui pousse en très-peu de temps. Ceux qui préfèrent des fourrages sèment de la luzerne qui, au bout de vingt jours, s'élève à un pied et demi de haut sur une masse compacte de verdure. On la fauche trois fois avant la saison des riz; ainsi, en douze mois, le même champ donne deux moissons, l'une de riz, l'autre d'orge, ou quatre récoltes, l'une de riz et trois de fourrages.

Tel est le Delta : ses terres, arrosables à l'aide de roues à chapelet, sont bien plus fécondes et bien plus productives que celles de la Thébaïde. Il est vrai que plus on gagne vers les villages de l'intérieur, moins on y remarque de richesse et d'aisance, les cultures suivant plutôt le cours du Nil et des canaux intérieurs.

Parmi les localités de quelque importance qui couvrent le territoire du Delta, il faut citer *Tantah*, chef-lieu de l'une des divisions récentes. C'est une des villes les plus belles et les plus populeuses de la basse Égypte. On remarque surtout sa belle mosquée, dont le dôme et les minarets passent pour des chefs-d'œuvre d'architecture sarrasine. Cette mosquée est l'objet d'une grande vénération de la part des dévots égyptiens qui, trois fois par an, viennent y visiter le tombeau de Seyd-Ahmed-el-Bedaoui. Ce pèlerinage donne lieu à trois riches foires, dont l'une, celle d'avril, est très-considérable. Il faut citer aussi dans le Delta *Mehallet-el-Kebir,* qui occupe, suivant quelques géographes, l'emplacement de l'ancienne Xoïs, et suivant d'autres, celui de Cynopolis. C'est une assez grande ville située sur le canal Melyg, et autrefois chef-lieu de la province de Garbieh. Bien qu'elle soit un peu déchue, on y compte pourtant encore dix-sept mille habitants qui s'adonnent à des industries manufacturières. La plupart des étoffes qui servent à la parure des femmes égyptiennes sortent des manufactures de Mehallet-el-Kebir; on y fabrique les mouchoirs dont elles se couvrent la tête, leurs chemises fines de lin, les serviettes brodées de soie qu'on emploie dans les bains, et les tissus précieux qui couvrent les divans des riches. Il ne reste d'autres vestiges d'antiquité dans l'enceinte de cette ville, que des fragments assez nombreux de pierres sculptées, provenant d'un temple d'Isis, dont les ruines se voient encore près du village de Bahbeyt.

Fouah, sur la rive droite du Nil, était une des villes les plus importantes de la basse Égypte, avant que Rosette fût devenue l'intermédiaire et l'entrepôt du commerce entre Alexandrie et le Caire. Autrefois, les navires de l'Europe abordaient dans son port; aujourd'hui, réduite à n'être plus qu'un simple bourg, les nombreux avantages dont elle jouissait n'existent plus pour elle. Il y a à peine un siècle et demi elle était encore très-florissante. Sa population et sa richesse ont diminué avec son commerce; elle possède cependant encore quelque industrie. On y fabrique du maroquin, des toiles, des ustensiles de ménage et des cordages. Les habitants s'adonnent surtout à la navigation et passent pour d'excellents marins. Le site où s'élève cette ville est réellement un des plus pittoresques des rives du Nil. Bâtie sur le bord oriental du fleuve, elle se trouve presque en face de l'embouchure du Mahmoudieh, qui semble se diriger perpendiculairement sur lui et présente ainsi l'aspect d'un immense canal. Le bras du Nil, en cet endroit, forme en avant de la ville une île délicieuse où croissent en grande quantité des arbres à fruit, l'oranger, le citronnier, le dattier, le henné. En général, le territoire des environs est couvert de vergers qui donnent à toute cette campagne une physionomie riante et fertile. Malgré sa décadence, la ville de Fouah se distingue encore par ses nombreuses mosquées, par l'élégance et la diversité de ses minarets. Les Almées y habitent un quartier particulier où elles ont le privilége de vivre en toute liberté. Quelques voyageurs pensent que Fouah a été bâtie sur l'emplacement de l'antique *Métélis*. Belon, qui visita cette ville dans le seizième siècle, en fait la première cité de l'Égypte après le Caire. Ses rues ont toujours été fort étroites; aujourd'hui elles n'offrent plus que des masures. La plupart des maisons qui les bordent tombent en ruines; les unes sont construites en briques cuites, les autres en pierres. Les bazars, jadis fournis de toutes sortes de marchandises, nous ont paru abandonnés. Un seul moulin était en activité à Fouah pour la préparation du riz. Nous y avons vu aussi une filature de coton qui fonctionnait pour le compte du pacha; et une fabrique de bonnets rouges, dits *tarbouchs*, la seule qui alors existât en Egypte.

Presque en face de Fouah, sur la rive gauche du Nil, est le bourg de *Rahmanieh*, renommé dans le pays par la culture des ognons, célèbre dans l'histoire par plusieurs combats livrés dans les plaines qui l'entourent; c'est là que se trouve la prise d'eau du canal Mahmoudieh.

Damanhour (*Hermopolis parva*), que Strabon place à tort sur le Nil, se trouve située sur le canal d'Alexandrie, entre le fleuve et le lac Maréotis; elle compte parmi les villes anciennes de l'Egypte. Aboul-Féda, écrivain arabe du treizième siècle, la nomme *Damanhour du Désert*, et dit qu'elle était de son temps la capitale du Baireh. Assez vaste, mais mal bâtie, Damanhour ne se distingue pas en cela des autres villes de cette contrée; c'est toujours le même système de construction, aussi peu solide qu'incommode et désagréable à l'œil. La plupart des maisons sont en terre ou en briques; quelques-unes, plus apparentes, sont bâties en pierre et ont un petit belvéder au-dessus de la terrasse qui termine le faîte. En général, les Orientaux ne s'appliquent point à embellir les habitations particulières. Quand l'existence et la fortune des individus ne sont point garanties, les démonstrations d'opulence peuvent être cause d'une ruine complète, et il est naturel que chacun cherche à conserver ce qu'il possède en le dissimulant. Ce n'est guère que dans les édifices publics et religieux qu'on remarque de l'élégance et de la recherche. Les mosquées, les okels, les khans, les bazars, présentent, même dans les villes peu importantes, des monuments aussi imposants que gracieux. Malgré la chétive apparence de ses habitations, l'aspect général de Damanhour n'est nullement triste. Ces bouquets de palmiers qui balancent leurs touffes verdoyantes au-dessus des maisons et parmi les flèches élevées de ses minarets, lui donnent un air d'animation qui n'est pas sans charme. L'eau qui la baigne presque de tous côtés entretient au dedans et au dehors de la ville une végétation abondante. De vastes et belles plaines s'étendent tout autour et alimentent par de riches récoltes de coton, un commerce considérable. Damanhour doit à cet avantage une sorte de prospérité. La plus grande partie des habitants s'occupent des différentes branches de cette industrie ; les uns épluchent le coton, les autres le battent ; d'autres le cardent et le filent. Cette application au travail semblerait être une sauve-garde contre les vices, cependant les mœurs y sont fort dissolues. Les femmes publiques y vivent en grand nombre et affichent beaucoup d'effronterie. Lors de l'occupation de l'armée française, en 1799, Damanhour éprouva les effets de la guerre. Un fanatique musulman, qui se disait l'*ange* ou l'*iman* El-Mahdy (le conducteur), ayant provoqué le soulèvement des Arabes de Barka, envahit la province de Baireh, à la tête de nombreuses populations, pénétra la nuit dans la ville de Damanhour, et incendia la mosquée où s'était réfugié un détachement de soixante hommes de la légion Nautique, qui périrent tous au milieu des flammes. Revenues à Damanhour, les troupes françaises ruinèrent la ville et en massacrèrent tous les habitants. Aujourd'hui, grâce à sa situation et à son commerce, Damanhour s'est un peu relevée de ses ruines. Sa population se compose de Cophtes et de Mahométans. Le caractère de l'architecture arabe semble plus nettement tranché dans ses mosquées que dans celles des autres petites villes. Le galbe des dômes, la distribution intérieure, les arceaux, les colonnades, tout y a une physionomie native ; les arcs n'y décrivent point l'ogive pure comme dans une foule d'autres monuments de la même contrée ; quelques-uns forment une portion du demi-cercle arabe. Cette espèce de courbe, que nous avons particulièrement remarquée dans la galerie de la mosquée principale, du côté de la cour, se répète aussi dans les ornements extérieurs du même édifice ; on la voit sculptée sur le cordon qui sert de couronnement aux arceaux. Quelquefois l'arc décrit un plein-cintre. En général la colonne y est basse, affaissée sous un chapiteau analogue au chapiteau roman, ce qui imprime à ce mode de construction un caractère de gravité triste qui s'allie bien au sentiment religieux. Les pilastres de la façade du bâtiment carré qu'on aperçoit sur la gauche de la grande mosquée, quoique peu gracieux, s'harmonisent assez heureusement avec l'ensemble de l'édifice, et sont tout à fait dans le goût arabe. En général, l'exubérante végétation qui entoure la ville et se mêle à tous les monuments de Damanhour, leur donne un aspect très-agréable.

Lorsque nous arrivâmes au village de *Beni-Salameh* ou Salamoun, sur la rive occidentale du Nil, à peu de distance de Schabour, les bords du fleuve, que nous avions vus jusque-là si fertiles, prirent un caractère de nudité que nous ne leur connaissions point encore. Probablement l'élévation du terrain sur lequel repose Beni-Salameh l'empêche d'être fertilisé par les eaux du Nil, même dans ses plus grandes crues. Ce village, presque entièrement dépeuplé, est entouré de murailles peu élevées et percées de quelques portes. Les maisons, peu nombreuses, sont couvertes de coupoles demi-sphériques qui, de loin, ont l'apparence d'immenses ruches. Deux habitations seulement, plus élevées que les autres, sont terminées par des terrasses; probablement elles servent de demeure au cheik.

Sur la même branche du Nil, mais beaucoup plus bas, vers la rive orientale du fleuve, nous avons visité le misérable village de Sa-el-Hadjar, près duquel se trouvent les ruines de *Saïs,* l'antique capitale du Delta, mère d'Athènes et tombeau d'Apriès et d'Amasis. Hérodote nous apprend que le corps de Psammétichus fut aussi déposé à Saïs, dans le temple de *Neith* ou de Minerve, édifice imposant dont l'antiquité a célébré les merveilles, et qui contenait les sépulcres des pharaons Saïtes. Devant le lieu sacré s'ouvrait une avenue de sphinx et de statues colossales d'une hauteur prodigieuse. Tout près de l'entrée principale était une chapelle monolithe ou formée d'une seule pierre qu'Amasis avait fait transporter d'Éléphantine, distante de près de six cents milles de Saïs : deux mille hommes furent employés pendant trois ans à ce transport difficile. Cette chapelle avait en dehors vingt et une coudées de long, quatorze de large, et huit de haut dans œuvre; sa longueur était de dix-huit coudées sur douze de large et cinq de haut. Du reste, aucune trace de ces fondations antiques n'existe plus aujourd'hui. Ce que l'on remarque, ce sont les restes des circonvallations colossales de trois nécropoles, visitées par Champollion. On sait que Saïs était la ville préférée de Minerve, et qu'on y célébrait avec la plus grande pompe la fête dite des *lampes*, parce que les Égyptiens en allumaient pendant la nuit, et en grand nombre, autour de leurs maisons. Cet usage s'est perpétué jusqu'à nos jours en Égypte. La nuit, nous sommes entrés dans une ville de l'Heptanomide, où beaucoup de maisons avaient des salles garnies de lampes allumées, quoique nous n'y eussions rencontré aucun habitant. Et déjà, au Caire, nous avions remarqué qu'on faisait dans les fêtes un grand usage de lampes.

Suivant les auteurs anciens, unanimes là-dessus, le Nil se jetait autrefois dans la mer par sept embouchures. C'était en allant d'Orient en Occident : la branche Pélusiaque ou Bubastique; la branche Tanitique ou Saïtique, qui porte aujourd'hui le nom d'Om-Farreg; la branche Mendésienne ou de Dybeh; la branche Phatnitique ou Phatmétique, qui est celle de Damiette; la branche Sébennytique ou de Bourlos; la branche Bolbitine ou de Rosette; la branche Canopique ou d'Abou kir. L'existence de ces sept branches est constatée par les plus vieux documents géographiques, et les poëtes eux-mêmes l'ont célébrée dans leurs chants. L'histoire nous enseigne que la branche Pélusiaque était navigable lorsqu'Alexandre pénétra en Égypte : sa flottille, venue de Gazah, prit cette voie pour remonter le fleuve. Aujourd'hui, non-seulement cette branche est comblée, mais avec elle ont disparu les branches Tanitique, Mendésienne, Sébennytique et Canopique. Les seules embouchures du Nil sont aujourd'hui la Bolbitine et la Phatnitique, c'est-à-dire celles de Rosette et de Damiette. Quant aux anciennes branches, on a cru retrouver la bouche Mendésienne dans le canal d'Achmoun, et la bouche Tanitique dans le canal d'Om-Farreg. En allant de cette bouche à San (Tanis), on passe à droite des îles de Tounah ou de Tennis, et l'on pénètre dans le canal de Moueys. L'entrée de la bouche a beaucoup d'eau et le fond est de vase noire. On mouille à droite et à gauche des îles de Tennis et de Tounah par seize à vingt décimètres d'eau. La partie de la gauche n'est praticable que pour de très-petites djermes, et la ligne de la limite de la navigation du lac Menzaleh ne passe pas loin de leur direction. Les îlots, les bas-fonds qui se rattachent à la partie sud de ces îles font soupçonner un continent submergé. Le canal de Moueys a, vers son embouchure, depuis San jusqu'au lac Menzaleh, cent cinquante à trois cent soixante pieds de largeur, et de neuf à douze pieds de profondeur. Il communique avec le Nil, et verse, pendant l'inondation, un volume d'eau considérable, qui pénètre assez loin dans le lac sans prendre de salure. Les rives plates de ce canal indiquent d'ailleurs qu'il n'appartient pas aux temps modernes.

Ainsi, en faisant concorder ces observations, en s'assurant de la profondeur du lac Menzaleh, dans la ligne qui se prolonge du canal de Moueys à la bouche d'Om-

Farreg, en la comparant ensuite aux profondeurs moyennes de ses autres parages, un fait ressort avec évidence, c'est que le canal de Moueys est l'ancienne branche Tanitique qui se prolongeait jusqu'à Om-Farreg, et qui avait sur sa droite les villes de San et de Tennis, d'où il résulterait que le lac Menzaleh n'existe qu'au détriment des anciennes bouches du Nil, et qu'à d'autres époques le terrain sur lequel il se déploie était une côte ferme. La nature du fond de son bassin, où l'on trouve partout la vase du Nil, le peu de profondeur de ses eaux et leur faible salure, seraient au besoin des preuves surabondantes à l'appui de cette assertion. L'anéantissement des bouches Pélusiaque, Tanitique et Mendésienne, a dû arriver le jour où la branche Phatnitique ou de Damiette eut été creusée à bras d'hommes ainsi que le dit Hérodote. Alors en effet, les trois branches, affaiblies dans le volume de leurs eaux, ne se sont plus trouvées en état de résister aux flots de la mer que les vents du nord poussent incessamment contre ces rivages. C'est ainsi que la Méditerranée a reflué dans les terres, et y a formé un vaste lac. Le même incident s'est produit pour le lac de Bourlos, où se déverse l'ancienne branche Sébennytique.

Le lac Menzaleh s'étend aujourd'hui de la presqu'île de Damiette aux dunes de l'ancienne Péluse. Il est compris entre deux golfes découpés chacun en petites baies, et une longue bande de terre, basse et peu large, qui le sépare de la mer. Les deux golfes, en se réunissant, rentrent sur eux-mêmes, et forment la presqu'île de Menzaleh, à la pointe de laquelle se trouvent les îles de Matarieh, les seules qui soient habitées. La plus grande dimension du lac, de Damiette à Péluse, est de vingt lieues environ; sa plus petite est de cinq lieues; elle se prolonge de l'île de Matarieh à la bouche de Dybeh.

Le lac ne communique avec la mer que par deux bouches praticables, celles de Dybeh et d'Om-Farreg. Entre ces deux bouches, il en existe une troisième qui communiquerait avec la Méditerranée sans une digue factice formée de deux rangs de pieux, dont l'intervalle est rempli de plantes marines entassées. Une autre bouche semblable, mais comblée, existe au delà d'Om-Farreg. Ainsi, la langue qui sépare le lac de la mer ne compte que quatre interruptions sur un développement d'environ vingt lieues : elle est très-basse, infertile, et d'une largeur variable.

Les îles de Matarieh sont assez populeuses; mais les habitants n'ont pour s'y abriter que de misérables cabanes bâties en boue ou en briques. Onze cents hommes, outre les femmes et les enfants, y sont occupés à la pêche et à la chasse des oiseaux aquatiques. Dans l'île de Mit el-Matarieh, les cabanes se montrent pêle-mêle avec les tombeaux; elles ressemblent plutôt à des tanières qu'à des habitations.

Tyrans de leurs voisins, auxquels ils interdisent la pêche du lac, les insulaires de Matarieh n'ont avec eux aucune communication. Presque toujours nus, et le corps dans l'eau, accoutumés aux travaux les plus pénibles, ils sont vigoureux et déterminés, hardis et intrépides. Leurs formes sont belles, leur physionomie mâle et sauvage, leur peau brûlée par le soleil. Privés de toute industrie territoriale, ils ne vivent que de leur pêche, qui est ordinairement fort abondante. Leur plus grand commerce consiste en poissons frais, poissons salés, et en *boutargue*, mets bien connu des méridionaux, et qui se fait avec les œufs du poisson nommé *mulet*. Nulle part on ne rencontre plus de poissons et d'oiseaux d'une chair exquise, nulle part on ne pêche plus de poissons littoraux qui, analogues à la perche, s'entassent à l'embouchure des rivières pour s'y repaître d'un limon gras et animalisé. Leur préférence pour le lac Menzaleh s'explique facilement par la sécurité qu'ils trouvent à s'établir dans des eaux d'une si vaste étendue et à si bas fond.

Les îlots et les attérages du lac favorisent également la multiplication des oiseaux les plus estimés comme gibier, tels que divers canards, sarcelles et souchets, des barges, des bécasses, différentes espèces de bécassines, mais principalement le grand et magnifique oiseau aux ailes de feu, le *flammant* ou phénicoptère. Dans de certaines chasses, on abat de ces oiseaux singuliers une quantité telle, que des barques entières en sont comblées jusqu'aux bords : on ne mange pas la chair de ces animaux, mais on arrache toutes les langues, et on les envoie à Damiette. Du temps des empereurs romains, l'Egypte acquittait une portion de son tribut avec des langues de flammant : Héliogabale est un de ceux qui se montrèrent le plus friands d'une pareille redevance. Alors, comme aujourd'hui, les langues du flammant étaient donc arrachées ; mais de nos jours, c'est moins pour en faire un aliment impérial que pour en exprimer une huile qui remplace le beurre dans l'assaisonnement des mets. L'énorme multiplication des phénicoptères sur le lac Menzaleh tient au nombre des îlots écartés et déserts qu'il renferme, et à quelques accidents dans la forme de leurs rivages. Ces oiseaux sont singulièrement sauvages, et leurs pieds sont si longs qu'ils les obligent à couver assis, les jambes pendantes.

Les bouches du lac Menzaleh sont souvent visitées par des marsouins qui y arrivent de la haute mer, et qui se plaisent au jeu et au mouvement des eaux sur ces confluents. Le fond est d'argile mêlée de sables aux embouchures, de boue noire dans les canaux de Dybeh et d'Om-Farreg, de vase tapissée de mousse, ou de vase mêlée de coquillages partout ailleurs. Les eaux du lac ont une saveur moins désagréable que celles de la mer. Elles sont potables pendant l'inondation du Nil, et cela à une assez grande distance de l'embouchure des canaux. On navigue sur le lac à la voile, à la rame et à la perche; on mouille en s'amarrant à deux perches que l'on enfonce, l'une sur l'avant, l'autre sur l'arrière. Les bateaux pêcheurs du lac ont à peu près la même forme que ceux du Nil, c'est-à-dire que leur proue est plus élevée d'environ deux pieds que leur poupe. La quille est concave sur sa longueur, à cause de l'échouage assez fréquent dans un bassin qui se trouve avoir tant de bas-fonds. L'air du lac est très-sain; la peste arrive rarement sur ses îles nombreuses, dont les seules habitées sont celles de Matarieh.

La ville de Menzaleh, qui a donné son nom au lac, est une pauvre bourgade située sur la rive droite du canal d'Achmoun, à trois lieues de Matarieh et seize de Damiette. Sa population peut s'évaluer à huit mille habitants. Elle a quelques manufactures d'étoffes de soie et de toile à voile à l'usage des pêcheurs du lac.

C'est non loin de là que se trouvent les îles de Tennis et de Tounah, les plus importantes de ce petit archipel, quoique maintenant désertes. Il est évident, d'après l'aspect des lieux, qu'elles ont fait partie d'un continent aujourd'hui submergé. Des débris de tombeaux, des ruines d'habitations et de monuments signalent une existence antérieure. D'après l'analogie des noms et de la position géographique, il faut reconnaître sur ce point l'emplacement de Tennis et de Tounah, autrefois villes méditerranées.

Tennis, ville romaine bâtie sur les débris d'une cité egyptienne, florissait du temps d'Auguste. Une enceinte de murailles, flanquées de tours, faisait sa défense. Aujourd'hui, l'île sur laquelle elle s'éleva ne contient que des vestiges insignifiants de la ville antique. Quelques débris de bains, des souterrains voûtés avec art, des fragments d'une cuve rectangulaire de granit rouge, voilà les seuls objets qui aient une forme au milieu d'un amas de briques brisées, de faïences, de poteries et de verreries de toutes les couleurs. Les habitants des pays voisins ont épuisé ces ruines en leur empruntant des matériaux pour bâtir leurs maisons. Tounah ou Touneh, était moins considérable encore que Tennis. Cependant au milieu de quelques décombres, Andréossy y trouva à la surface du sol un camée antique sur agate, représentant une tête d'homme qu'il présuma être celle d'Auguste.

Non loin de ces deux positions antiques, et le long du canal de Moueys, on rencontre le petit bourg de San, reste de la Tzoan de la Bible, l'ancienne Tanis, qui était encore une ville immense aux jours des Grecs et des Romains. Dans l'intérieur de son enceinte, gisent les débris d'un forum spacieux, ayant la forme d'un parallélogramme : la grande entrée était du côté du canal, et de petites issues latérales le coupaient dans tous les sens. Tanis a été la plus illustre des villes de la basse Égypte; l'Écriture en parle souvent. C'est là que Moïse fut exposé sur les eaux, et sauvé miraculeusement; c'est là qu'habitaient les pharaons lorsque les Hébreux sortirent d'Égypte pour aller dans la terre de Chanaan. C'est là que mourut Jérémie. Au temps des Grecs, Tanis était la métropole du nome Tanitique, auquel elle avait donné son nom, et elle joua le même rôle sous les empereurs romains. Après l'établissement de la religion chrétienne, elle a été le siége d'un évêché dépendant du patriarche d'Alexandrie. Tanis était encore célèbre après la conquête des Arabes; dans la croisade de Jean de Brienne, elle tomba au pouvoir des chrétiens; plus tard ses habitants furent transportés à Damiette. Aujourd'hui le village de San n'est important que par un grand commerce de dattes que les Arabes de Salahieh viennent échanger contre des poissons salés.

Plus loin encore, et vers l'extrémité orientale du lac, quelques ruines marquent la place d'une autre ville célèbre : c'était *Péluse,* située entre la mer et les dunes, au milieu d'une plaine rase et stérile. L'extrémité de l'ancienne branche Pélusiaque, réduite à un canal de fange, traverse cette plaine en allant du lac à la mer. Au bord de ce canal, mais assez loin de la plage, s'élève le château de Tineh, détruit en partie : son origine paraît dater d'une époque antérieure à la conquête de Sélim. Faramah est à l'est de Péluse en gagnant vers la mer. Vainement aujourd'hui chercherait-on à reconnaître, au milieu de quelques décombres, cette célèbre Péluse, où se livra la première bataille entre les Perses conquérants et les Égyptiens envahis. Là où se trouvait une ville importante, à peine reste-t-il quelques colonnes enfouies sous les sables. Au lieu de cette Péluse qui vit assassiner Pompée, au lieu de ce boulevard de l'islamisme, que nos croisés ruinèrent en un jour d'assaut, ce n'est plus qu'un mamelon désert et silencieux, que couronnent quelques arbustes étiolés. Peut-être cette plage abandonnée va-t-elle retrouver une activité, une prospérité bien supérieures à celles qu'elle connut jadis. On sait, en effet, que c'est près de Péluse, dans la baie de Tineh, que doit déboucher le canal de jonction de la mer Rouge à la Méditerranée, si l'on adopte le tracé direct proposé par M. de Lesseps.

Tous les villages modernes échelonnés sur le littoral du lac Menzaleh, sont peuplés d'Arabes indolents et pauvres. La plaine de Péluse, les environs du canal d'Achmoun, n'offrent, quant à présent, qu'une suite de landes inhabitées. Les presqu'îles de Damiette et de Menzaleh font seules exception : de belles et vastes rivières s'y déploient, fécondées par des canaux d'arrosage.

C'est là que paraît Damiette, qu'on peut appeler le chef-lieu de l'Égypte orientale. Située au milieu d'une campagne délicieuse sur les rives du Nil, et non loin des bords du lac Menzaleh, elle a le droit de se dire privilégiée entre toutes les villes de la vallée. Sa position à quelques lieues de la mer est pour elle la cause de grandes ressources commerciales, tandis que le territoire qui l'entoure lui procure ses richesses agricoles. Des chrétiens d'Alep et de Damas, des Grecs, des Barbaresques, ont su y conquérir sur l'indolence turque le monopole des transactions industrielles. C'est à eux que Damiette doit l'un des marchés les mieux fournis de denrées et d'étoffes précieuses; c'est grâce à eux que la Syrie, Chypre et Marseille échangent avec l'Égypte les produits de leur sol et de leurs manufactures.

Damiette, plus grande que Rosette, et non moins riante qu'elle, s'arrondit en demi-cercle sur la rive orientale du fleuve. Une population de cinquante mille âmes se presse dans ses rues et dans ses bazars. Les maisons, celles surtout qui bordent le Nil, sont fort élevées, et au-dessus des terrasses qui les dominent se montrent de riants belvédères, ouverts à la brise fraîche du nord. De là, au travers des flèches aiguës des minarets, on découvre d'un côté la mer qui fuit à l'horizon, de l'autre le lac Menzaleh, et plus près de soi le Nil, ruban sinueux qui coule entre deux nappes de verdure. Aucun pays sous le ciel ne jouit d'une température plus heureuse. Jamais, dans les plus fortes chaleurs, le thermomètre ne s'y élève au-dessus de vingt degrés, tandis qu'au Caire on le voit souvent marquer douze degrés plus haut. C'est dans ce rayon que l'on trouve le roseau calamus, dont les Orientaux se servent pour écrire ; là aussi croît le papyrus, avec lequel les anciens fabriquaient leur papier ; enfin, c'est là que l'on aperçoit les premiers lotus, sorte de nénuphars, végétal au large et blanc calice, balançant sa tige avec orgueil et mollesse. Quant aux arbres, on rencontre aux environs de Damiette toutes les espèces déjà citées ; mais elles y sont peut-être plus belles. Des bois d'orangers, fleuris depuis la plus basse branche jusqu'au sommet, s'élèvent à une hauteur prodigieuse ; tandis que les dattiers, les bananiers, les cassiers et les sycomores abondent dans toutes leurs variétés. Autour de la ville se pressent de riants villages qu'anime une activité toute manufacturière. C'est là que se fabriquent les plus belles toiles d'Égypte, et surtout des serviettes recherchées au bout desquelles pendent des franges de soie.

A Damiette, chaque habitation particulière a son débarcadère pour faciliter aux embarcations de toute espèce le moyen d'aborder. Le commerce étendu que fait la ville nécessite la multiplicité de ces arrivages. On est agréablement distrait par une foule de canges élégamment décorées, qui montent et descendent le fleuve, abordent le rivage ou s'en éloignent. Les rues ne sont ni étroites, ni sales, ni tortueuses. Beaucoup de maisons, d'une construction plus élégante que dans beaucoup d'autres villes de l'Égypte, ont des salons d'une délicieuse fraîcheur. Non-seulement on ne paraît point ménager à Damiette les fenêtres aux façades des maisons, mais elles y sont quelquefois multipliées outre mesure. Il en est qui en ont jusqu'à deux rangs l'un sur l'autre. Plusieurs monuments publics méritent de fixer l'attention à Damiette. Elle possède des bains revêtus de marbre, des mosquées et des minarets d'un beau travail. Trois de ces mosquées se distinguent entre autres par la grandeur des proportions et la richesse des détails. L'une d'elles, ancienne église chrétienne, est remarquable par un grand nombre de colonnes de marbre qui en soutiennent l'intérieur. Celles qui supportent le portique au-dessous de la tour paraissent être d'ordre corinthien et proviennent vraisemblablement de quelque ruine antique.

L'embouchure du Nil étant aujourd'hui plus septentrionale qu'autrefois, les vaisseaux ne peuvent remonter le fleuve pour venir à Damiette, et sont obligés de s'arrêter dans la rade où ils prennent leur mouillage. La ville n'a donc point de port, quoiqu'elle ait un commerce très-animé et qu'elle soit l'entrepôt de tout le Delta.

Le cimetière de la Damiette moderne se trouve situé à quelque distance de la ville. Des murailles ruinées y tiennent le champ des morts enfermé dans une espèce d'enclos ; çà et là des pierres tumulaires dressées sur de petits tombeaux murés y désignent le lieu de la sépulture ; tout différent en cela des autres cimetières que nous avons vus, où les pierres surmontaient de petits monticules. Quelques-uns de ces tombeaux sont plus ornés que les autres. Un petit coffre de pierre carré, terminé au-dessus par un couvercle pyramidal ou couronné du turban, distingue entre eux ceux qui reposent dans la même enceinte. Du reste, point de verdure, point d'arbres parmi les tombes pour couper la nudité de la pierre ; mais souvent des vieillards et des femmes s'y montrent assis dans un grand recueillement. Quoique les Égyptiens modernes n'embaument plus leurs morts et ne creusent plus de catacombes pour les y déposer, ils n'en conservent pas moins une grande vénération pour ceux qui ne sont plus. Il n'est pas rare de rencontrer dans les plus pauvres villages des tombeaux de pierre, tandis que les habitations sont construites en terre et en boue. Diodore de Sicile nous apprend que les anciens Égyptiens mettaient plus de richesse et de magnificence dans leurs sépultures que dans leurs maisons, parce que les habitations des vivants n'étaient à leurs yeux que de simples hôtelleries ou des lieux de passage, tandis qu'ils considéraient les tombeaux comme des demeures éternelles. Cependant le cimetière de Damiette n'offre aucun monument funéraire bien remarquable. Les plus apparents appartiennent en général à des santons, auxquels on accorde toujours l'honneur des mausolées. Le peu de difficulté qu'il y a en Égypte à devenir saint fait que ces monuments y sont très-multipliés.

Telle est la moderne Damiette, qui n'a rien de commun, pas même l'emplacement, avec la Damiette sarrasine, la Damiette de saint Louis et de Jean de Brienne, à diverses fois conquise ou abandonnée par les Croisés. L'ancienne Damiette, la *Thamiatis* des Grecs, était située à deux lieues au nord de la ville moderne et sur la même rive du Nil. Elle avait un port sur la Méditerranée, à l'embouchure même du fleuve. Malgré cette position si heureuse, Damiette était encore, sous la domination des Grecs du Bas-Empire, peu importante et presque inconnue. Péluse, placée comme elle sur une branche du Nil, écrasait cette rivale naissante : mais lorsque cette ville, fréquemment saccagée, eut graduellement déchu de sa grandeur, Damiette recueillit peu à peu l'héritage de cette puissance qui s'éteignait. Toutefois, elle n'était pas encore une place de guerre, lorsque, vers l'an 238 de l'hégyre, les empereurs de Constantinople la conquirent sur les Sarrasins. Reprise par ces derniers, elle se vit ceindre de murs, et depuis lors sa destinée fut de devenir le point de mire de toutes les croisades européennes.

Un écrivain éminent qui, après avoir étudié pendant presque toute sa vie la grande époque des croisades, a visité l'Orient à la fin de sa carrière pour vérifier sur les bords du Jourdain, sur les rives du Nil, les récits des chroniqueurs, M. Michaud a reconnu, près de Lesbeh, l'endroit de la côte où débarquèrent les croisés de Jean de Brienne, roi de Jérusalem, en 1217, et l'armée de saint Louis en 1249. La première de ces deux expéditions a été racontée par deux témoins oculaires, Olivier Scolastique et l'anonyme de Reggio. Ils en ont tracé un tableau plein de poésie que nous aimons à reproduire d'après M. Michaud. « Les croisés conduits par Jean de Brienne avaient abordé le rivage d'Égypte à la fin de mai, et ils campaient dans une île (le Delta) qui se trouvait entre la mer et le *fleuve du Paradis* (le Nil). Le 1er juillet ils s'avancèrent sur plusieurs navires et placèrent des échelles pour monter à l'assaut d'une tour qui défendait le passage. Chaque vaisseau des assaillants portait des machines de guerre. Les Sarrasins se défendaient vaillamment; plusieurs des échelles furent brisées, et les chevaliers qui les montaient tombèrent dans les eaux du fleuve. Le jour de la fête de saint Barthélemy, apôtre, les Frisons et les Teutons entrèrent dans cette citadelle, et livrèrent un assaut à la tour des Sarrasins. Le feu grégeois roulait sur les chrétiens comme un torrent sorti de l'enfer; la flamme avait pris aux échelles et menaçait de gagner la tour de bois des assaillants; à cette vue les croisés restés sur le rivage tombèrent à genoux, se prosternèrent dans la poussière et versèrent des torrents de larmes; ils étaient si oppressés par la douleur que la voix leur manquait, et qu'ils pouvaient à peine dire: *Seigneur, ayez pitié de nous!* Toute l'armée chrétienne avait les mains tendues vers le ciel, et, comme si Dieu eût voulu exaucer les prières de ses serviteurs, tout à coup le feu s'éteignit, et l'étendard de la sainte croix parut sur la tour; les chevaliers qui l'attaquaient s'en rendirent maîtres, et les musulmans qui la défendaient furent amenés chargés de chaînes au camp des chrétiens. Les prisonniers disaient qu'ils avaient vu parmi les assaillants des guerriers célestes vêtus de blanc, et un guerrier vêtu de rouge. A ces signes les croisés comprirent que Jésus-Christ avait envoyé ses anges et l'apôtre Barthélemy pour attaquer la tour. »

« Cependant les pèlerins, maîtres de cette forteresse, et toujours occupés sur la rive gauche du fleuve, n'avaient pu encore s'approcher de la ville. Ils murmuraient comme les Hébreux dans le désert, et disaient au légat du pape : « S'il nous faut rester dans cette soli-
» tude, pourquoi nous avez-vous amenés ici? l'Europe
» manquait-elle de sépulcres? » A ces plaintes le légat fondait en larmes et conjurait le Seigneur d'aider les chrétiens. Ce fut alors que Dieu voulut éprouver son peuple. La veille de Saint-André l'apôtre, au milieu de la nuit, le ciel ouvrit ses cataractes; la mer et le fleuve, l'orage et la pluie, inondèrent tous les environs de Damiette. Les poissons de la mer vinrent jusque dans les tentes des pèlerins, plusieurs malades furent noyés dans leurs lits, beaucoup de vaisseaux périrent sur le Nil. Le légat se mit en prières : « Seigneur, disait-il, ô vous qui avez sauvé la barque de Pierre dans une tempête, commandez au vent et à la mer de retourner à leur place. » Cette prière fut répétée dans toute l'armée. Peu de temps après le soleil reparut, le ciel reprit sa sérénité et la mer se retira dans son lit. Pourtant, les croisés eurent beaucoup à souffrir de l'humidité et du froid; des maladies se répandirent dans le camp; il fallait à la fois se défendre des rigueurs de l'hiver, de la disette des vivres;

chaque jour était marqué par une nouvelle misère, par un combat opiniâtre, par de grandes funérailles; et les chrétiens, après toutes ces épreuves, n'avaient pu encore porter leurs tentes sous les murs de la ville. »

« L'armée du soudan couvrait toute la rive droite du Nil, depuis Damiette jusqu'à *Casal* (1); tous les jours le fleuve et ses rivages voyaient de nouveaux combats; les croisés, après s'être battus toute la journée, revenaient le soir dans leurs tentes, en disant tristement : « Sauvez-nous, Seigneur, sauvez-nous de cette nation perverse, afin qu'on ne nous dise pas : Où est votre dieu crucifié? Cependant, le jour de la fête de sainte Agathe, pendant la nuit, saint Georges et des légions d'anges apparurent dans le camp des Sarrasins, une voix terrible courait dans l'armée musulmane et répétait : *Fuyez, ou vous mourrez!* Le soudan, saisi d'une frayeur subite, s'enfuit avec ses émirs. Le lendemain les Templiers s'avancèrent à la tête de l'armée chrétienne; on s'empara des tentes et des armes que l'ennemi avait abandonnées; tout ce qui fut trouvé depuis Casal jusqu'à Damiette tomba au pouvoir des croisés.»

« Dès ce jour l'armée chrétienne mit le siège devant Damiette, et personne ne put y entrer ni en sortir. La ville contenait quatre-vingt mille habitants; le soudan y avait laissé, pour la défendre, une garnison de cinquante mille hommes d'élite, avec les plus braves des émirs, et des provisions pour deux ans. Les chrétiens avaient en abondance du biscuit, du fromage et de la chair de porc; le pain, le vin, la viande de bœuf et de mouton étaient rares; un mouton se vendait dix onces d'argent, une poule trente sous un œuf, deux

(1) *Casal* est un nom générique que les Francs donnaient à un bourg ou à un village; ainsi cette désignation ne peut servir à déterminer le lieu dont il s'agit ici.

sous. De même qu'un malade désire la santé, de même les croisés désiraient voir la verdure des arbres et des gazons; mais il n'y avait autour d'eux que du sable, et, dans les campagnes, les drapeaux belliqueux s'élevaient à la place des palmiers. Cependant le soudan du Caire, auquel s'était réuni le soudan de Damas, vint de nouveau attaquer les chrétiens. Les Sarrasins se présentèrent devant le camp des croisés en leur disant: « Il faut que vous renonciez au Christ, votre Seigneur, et à sa mère Marie, ou que nous renoncions à notre prophète Mahomet. » Les princes musulmans dressèrent ensuite un pavillon devant le fossé des croisés, et là ils mangèrent deux coqs en jurant de dévorer de même tous les soldats de la croix. Bientôt la bataille commença; mais les musulmans ne purent soutenir le choc des pèlerins. Les chrétiens restèrent inébranlables comme un mur d'airain, et leur courage était animé par ces paroles: *Si Dieu est pour nous, qui sera contre nous?* L'ennemi entreprit en vain de brûler un pont de bateaux établi sur le fleuve, l'assistance de Jésus-Christ et la valeur des croisés parvinrent à éloigner l'incendie. La ville fut pressée de tous les côtés; les assiégeants s'emparèrent de toutes les avenues, et leur armée s'étendit sur un espace de plus de trois lieues. »

« Le dimanche des Rameaux, le soudan du Caire et celui de Damas, sachant que les chrétiens voulaient célébrer l'entrée du Christ à Jérusalem, résolurent de les attaquer. Ils vinrent par le Nil avec soixante et onze galères, et par terre avec une multitude infinie de païens et de Sarrasins. Ils apportèrent avec eux des planches, des tables, des portes de maisons, et se firent suivre de beaucoup de mulets chargés de branches d'arbres pour remplir le fossé du camp; ils espéraient chasser les chrétiens de la rive droite du fleuve et délivrer Damiette. Le combat qui s'engagea dura depuis l'aurore jusqu'à la nuit ; le Seigneur favorisa tellement les chrétiens qu'ils tuèrent plus de cinq mille ennemis et prirent trente galères. Les croisés célébrèrent ainsi le dimanche des Rameaux ; ce jour-là ils ne portèrent d'autres palmes que des épées et des lances. Le jour de la Pentecôte le légat du pape, le roi et le patriarche de Jérusalem firent construire, à la manière des Lombards, un *caroccio* sur lequel on plaça l'étendard des chrétiens, et qui fut mis au milieu de l'armée. Les Sarrasins ne tardèrent pas à recommencer leurs attaques, mais, en voyant le caroccio, ils furent étonnés, et croyant qu'il y avait là quelque chose des secrets et de la puissance de Dieu, ils n'osèrent poursuivre le combat. »

« Les assiégés étaient parvenus, toutefois, à brûler les machines des chrétiens dirigées contre les tours de la ville. Les Pisans et les Génois se vantèrent alors qu'ils prendraient Damiette avec quatre vaisseaux qu'on approcherait des remparts. Ces guerriers avaient pour but de se faire une grande renommée, et leur orgueil irrita le Seigneur. Ils s'avancèrent au bruit des trompettes, élevèrent leurs étendards, attaquèrent l'ennemi avec opiniâtreté ; mais ils se virent à la fin obligés d'abandonner leur entreprise, et dès lors on reconnut que la ville ne serait livrée aux chrétiens que par la vertu divine. »

« Le siége présentait toujours de grandes difficultés ; comme le Nil était bas, on ne pouvait approcher des remparts, et la ville, du côté de la terre, se trouvait environnée de fossés profonds et d'un terrain marécageux. A chaque attaque des chrétiens, les assiégés allumaient des feux sur une haute tour nommée *Turcite*, et l'armée du soudan venait à leur secours. Dans la plupart des combats, la victoire semblait rester indécise. Les petits commencèrent à murmurer contre les grands; on accusait les princes et les chevaliers de rester en repos sous leurs tentes et d'abandonner le pauvre peuple au milieu des périls. Le légat, le roi, le patriarche, tous les autres seigneurs furent troublés de ces rumeurs populaires, et s'avancèrent en armes contre le camp des Sarrasins. Alors le malin esprit entra dans le cœur des guerriers : ils prirent tout à coup la fuite sans y être poussés par l'épée des ennemis. C'était la fête de saint Jean-Baptiste; le saint, disaient les clercs de l'armée, avait voulu avoir des compagnons de son martyre; il avait été décapité à cause de Dieu, et beaucoup de guerriers chrétiens, dans ce jour qui lui était consacré, furent décapités de même. Le soudan envoya cinq cents têtes de chevaliers dans la haute et basse Égypte, et fit partout annoncer que si on voulait des esclaves on n'avait qu'à venir, et qu'on en aurait tant qu'on voudrait. »

« Au mois de septembre suivant (1218), les ennemis entourèrent de tous côtés l'armée des chrétiens. Le soudan harangua ses soldats et leur dit : « O vous à qui la conquête du monde a été promise, ne voyez-vous pas que les chrétiens sont presque tous morts ou repartis pour leur pays; combattez vaillamment, et vous aurez leurs tentes et leurs armes ! » Il leur ordonna en même temps de se précipiter dans le fossé que les croisés avaient creusé autour de leur camp. Alors le légat du pape, élevant les mains au ciel et les yeux tout en larmes, prononça ces mots d'une voix humble : « Seigneur Dieu, vous qui voyez tous les êtres à vos pieds, tous les animaux de la terre, les oiseaux du ciel et les poissons de la mer, vous qui êtes venu au monde pour nous délivrer, Seigneur, exaucez nos prières, et ne souffrez pas que nous périssions sous les coups des Sarrasins, mais faites que nous triomphions de ces hommes impies qui ne croient point en vous, et que nous les convertissions à la vraie foi. » Après cette prière les soldats chrétiens fondirent sur les infidèles, et ils en firent un grand carnage. Les musulmans qui échappèrent se retirèrent tristement dans leur camp, en se plaignant de la dureté et de la malice des pèlerins. »

« Les croisés avaient perdu beaucoup des leurs ; plusieurs étaient retournés en Europe ; mais le Dieu d'Israël envoyait chaque jour de nouveaux combattants qui débarquaient sur la côte et se joignaient à l'armée chrétienne. Il y eut encore autour de Damiette plusieurs grandes batailles ; lorsqu'on donnait le signal d'une attaque générale, on s'y préparait par un jeûne de trois jours, par une procession qu'on faisait nu-pieds et par l'adoration de la vraie croix. Dans ces combats, les cadavres des Sarrasins couvrirent souvent les plaines, comme les gerbes couvrent une terre fertile au temps de la moisson ; et les infidèles qui combattaient sur le Nil périssaient misérablement dans les flots comme les soldats de Pharaon. Le soudan vit échouer toutes ses tentatives pour secourir la ville assiégée ; les vieillards et les enfants de la cité se mirent à pleurer et crièrent sur les murs : « O Mahomet ! pourquoi nous abandonnes-tu ? » Les habitants avaient muré plusieurs des portes pour que personne ne pût sortir ; s'il en échappait quelques-uns, ils paraissaient comme des fantômes sortant de leurs sépulcres. Enfin le vrai Dieu voulut que Damiette fût enlevée au culte des païens et qu'on y adorât son nom. Le 5 novembre, la veille de saint Léonard, au milieu de la nuit, il accorda aux croisés une victoire miraculeuse. Quelques guerriers bien armés étaient montés sur les murs de la ville avec beaucoup de crainte, car ils ne savaient pas si le Seigneur combattait avec eux. Ils se battirent au-dessus d'une des portes avec quelques Sarrasins, et s'étant emparés d'une tour, ils chantèrent le *Kyrie eleison;* aussitôt toute l'armée répondit : *Gloria in excelsis*, et le légat du pape, qui commandait l'attaque, entonna le *Te Deum laudamus;* les Hospitaliers et les Templiers répétèrent leur cri d'armes : *Sainte croix! saint sépulcre;* une porte de la ville fut ouverte, une autre brisée avec le bélier, et Damiette se trouva ainsi prise par la grâce de Dieu. »

Dans la croisade de saint Louis, la prise de Damiette ne coûta point de combats, et les croisés n'eurent qu'à chanter le *Te Deum*, car les Sarrasins, frappés de terreur, avaient déserté la ville. Les tentes de l'armée chrétienne couvraient encore une fois les campagnes désertes qui entourent la ville, mais on n'y retrouvait plus les scènes animées de la croisade précédente. La conquête facile de Damiette avait fait oublier aux pèlerins les dangers d'une guerre lointaine. « Les barons, nous dit Joinville, se prirent à faire de grands banquets les uns aux autres; le commun peuple se prit à outrager femmes et filles. » Au milieu de tous ces excès, les lois de la discipline étaient si mal observées, on négligeait tellement la garde du camp, que les Arabes-Bédouins s'introduisant la nuit jusque dans la tente des chevaliers, les tuaient dans leur lit, et portaient leurs têtes au soudan. Ajoutez à cela les discordes élevées entre les chefs de l'armée, et l'impuissance du roi de France à les apaiser. « Ainsi, dit M. Michaud, dans le lieu même où les croisés de Jean de Brienne avaient souffert tant de misères, montré tant d'héroïsme et de résignation, où chaque combat commençait par une prière et finissait par un saint cantique, on vit régner, pendant plusieurs mois, les vices de Babylone et les désordres précurseurs des grandes calamités. »

Lorsque saint Louis, fait prisonnier à Mansourah,

eut été obligé de rendre Damiette au sultan pour prix de sa liberté, celui-ci, fatigué d'avoir sur les bras une place qui semblait attirer les plus vaillants soldats de la chrétienté, prit le parti de la raser de fond en comble, et de la rebâtir à deux lieues plus avant dans les terres. Aboul-Fèda et Makrizy sont tous les deux si précis dans la mention de cet événement, qu'il se trouve avoir acquis l'autorité d'un fait historique incontestable. La nouvelle Damiette, bâtie en 1250, se nomma *Menchié;* quant à l'ancienne, son emplacement se retrouve, comme nous l'avons dit, dans le village de Lesbeh, bâti sur des vestiges de fondations primitives. Sa destruction sous les Mamelouks a été néanmoins si complète, que rien au-dessus du sol ne témoigne aujourd'hui de son existence. La découverte de vastes citernes et d'aqueducs souterrains a pu seule ajouter quelques preuves matérielles aux traditions précises des auteurs arabes et occidentaux.

Le bourg de Farescour ou Pharescour, situé sur le Nil, à cinq lieues au sud de Damiette, fut la première station de l'armée de Jean de Brienne lorsqu'elle se mit en marche pour le Caire : « Le 16 des kalendes d'août, dit Olivier Scholastique, les croisés se trouvèrent tous réunis à Farescour; ils s'avancèrent en ordre de bataille; la cavalerie formait le centre; elle avait à sa gauche le fleuve couvert de vaisseaux chrétiens, à sa droite les fantassins, qui étaient si nombreux que les Sarrasins les comparaient aux sauterelles; les archers étaient placés en tête et sur les flancs de l'armée; les bagages, les troupes sans armes, le clergé et les femmes s'avançaient en sûreté le long du Nil. » L'armée de saint Louis se réunit aussi à Farescour avant de se mettre en marche pour Mansourah. Ce fut dans ce lieu que périt le dernier des sultans de la race des Ayoubites, égorgé en présence du roi de France et de ses barons, prisonniers des Sarrasins. Farescour a plusieurs mosquées, et compte une population de deux mille âmes.

Deux autres bourgs, placés entre Damiette et Mansourah, Baramoun et Serinkali, sont nommés aussi par les historiens des guerres saintes. Les sultans du Caire avaient un palais à Serinkah, qu'Olivier Scholastique appelle *Saremsac*, mais, à l'approche des croisés, après la prise de Damiette par Jean de Brienne, Malek-Khamel le fit livrer aux flammes. Baramoun est plus loin en remontant le Nil; il est bâti sur un lieu élevé, et entouré de hautes murailles. Les campagnes de Baramoun et de Serinkah furent témoins des misères de l'armée de Jean de Brienne, lorsque ces guerriers, devant lesquels toute l'Égypte avait tremblé, se virent contraints par la famine de revenir sur leurs pas. Le Nil, alors au plus fort de sa crue, avait inondé les plaines. Il faut voir dans la chronique d'Olivier le tableau du terrible désastre qui accabla les soldats de la croix. « Les Égyptiens, dit-il, assurés de notre retraite, nous poursuivirent avec ardeur et nous firent éprouver des pertes qu'on ne peut calculer. Le vaisseau que montait le légat, portant beaucoup de malades, et de vivres, semblable à un château fort, était défendu par des hommes armés et par des archers. Il protégea efficacement les galères qui marchaient avec lui; mais, comme il voguait trop vite, entraîné sans doute par la force du courant, il ne put fournir à temps les vivres dont l'armée de terre avait besoin. Un de nos *cogons*, rempli de guerriers allemands, trop éloigné du vaisseau du légat, et une petite galère des Templiers, où étaient cinquante balistes et d'autres armes, furent pris par les ennemis... Le soudan, au commencement de la nuit, avait envoyé des ordres pour faire rompre les digues. L'eau, s'étant répandue, laissa dans la campagne un limon gras et épais qui arrêta les chevaux et les cavaliers. Le lendemain, à la première heure du jour, nous aperçûmes à notre droite la terrible cavalerie des Sarrasins qui nous pressa vivement. A notre gauche, les galères ennemies, montant et descendant le fleuve, nous harcelaient sans cesse. Derrière nous, la phalange des fantassins noirs, traversant des lieux marécageux, nous poursuivait cruellement. Une troupe, qui vint au-devant de nous, ne nous laissa aucun repos. Dans cette extrémité, le roi Jean fondit avec impétuosité sur les ennemis qu'il avait en face de lui, et parvint à rejoindre sa troupe sain et sauf. Les Templiers et les Hospitaliers réunis tombèrent sur les Éthiopiens, et les forcèrent à sauter, comme des grenouilles, dans le lit du fleuve. D'autres repoussèrent à coups de flèches ceux de ces Éthiopiens qui voulaient regagner le bord. On dit qu'il en périt mille qui furent atteints et blessés en nageant. Les autres, voyant cette déroute, se retirèrent un peu. Comme nous ne pouvions avancer, le roi ordonna de dresser le petit nombre de tentes qui restaient. Les Sarrasins ne cessèrent tout le jour de nous attaquer à coups de traits; nous leur opposâmes les fantassins, qui nous servirent de remparts et leur renvoyèrent leurs flèches; nos cavaliers, continuellement sous les armes, protégeaient nos fantassins. La nuit suivante, les Égyptiens rompirent les plus grandes digues, et firent ainsi couler les eaux sur la tête de ceux qui dormaient. Un peu avant l'aurore, lorsque les ténèbres couvraient encore la terre, les Éthiopiens, échappés du gouffre où ils avaient été poussés, se réunirent, et quoique la plupart fussent nus, ils se précipitèrent, pour venger leurs pertes, sur notre arrière-garde. Vous eussiez vu alors les nôtres chercher à fuir çà et là, et le vulgaire sans armes montrer sa frayeur; mais, renfermés de tous côtés par les eaux, ils ne savaient comment s'échapper. Le maréchal du Temple, avec la troupe qu'il commandait, leva l'étendard, et, faisant volte-face à ceux qui nous poursuivaient, les força de s'arrêter et de reculer. La cruelle position où se trouvait l'armée fit songer à demander la paix. Imbert, procurateur de la milice du Temple, entraînant avec lui tous ceux qu'il put gagner, passa du côté des ennemis et alla exposer au soudan l'état critique où nous étions. Cet Imbert était le confident des secrets du légat et les trahit pendant longtemps. Néanmoins, le soudan écouta patiemment les députés qu'on lui envoya, et, pendant les conférences, il fit suspendre toute hostilité contre nous. Ses frères, et surtout le prince d'Émesse, ennemi déclaré du nom chrétien, essayèrent de le détourner de tout arrangement, en lui disant que les Français, enveloppés par les eaux, ne pourraient lui échapper. Mais le soudan, prince doux et prudent, plus ami de la paix qu'altéré de sang, ayant tenu conseil avec ses frères et les grands de sa cour, leur remit sous les yeux l'exemple du sultan de Perse qui, trop enflé de ses succès, avait voulu imposer au roi du Caire et aux autres rois de l'Asie le joug de la servitude, et qui, à la fin, vaincu par David, prince de Géorgie, avait perdu tous ses États. Cependant, les négociations traînaient en longueur; elles durèrent tout le samedi et le dimanche jusqu'au soir sans que rien fût décidé. Le jour de la décollation de saint Jean-Baptiste, la disette de vivres et de pâturages fit prendre aux nôtres la résolution de mourir honorablement dans un combat plutôt que de périr honteusement dans un déluge. Tous les Francs, s'animant les uns les autres, se rangèrent en bataille; les ennemis en firent autant; mais les Sarrasins, considérant que celui qui provoque un ennemi par désespoir est presque sûr de triompher, s'éloignèrent un peu par ordre de leurs chefs, et la nuit qui survint empêcha le combat. D'ailleurs, les plus prudents craignaient quelque trahison si l'on venait, par une attaque subite, à rompre les négociations de la paix. Enfin, le 13 du mois de septembre (1221), toutes les difficultés étant aplanies, nous tendîmes la main à l'infidèle pour en obtenir du pain; ce ne furent ni le fer ni les traits qui nous réduisirent à cette humiliation dans un pays ennemi, mais le débordement des eaux et de défaut de vivres. » Olivier rapporte ensuite les conditions du traité fait avec Malek-Khamel, et dont la restitution de Damiette fut la principale clause (1).

Les mêmes lieux rappellent encore d'autres souvenirs non moins tristes. Nous avons reconnu, entre Baramoun et Serinkah, le petit canal par lequel les Musulmans firent arriver leurs barques et leurs galères pour surprendre les croisés de saint Louis, qui fuyaient par le Nil après la bataille de Mansourah. C'est là qu'un grand nombre de chevaliers chrétiens furent dépouillés, massacrés et jetés dans l'eau ou chargés de chaînes. Près de cette île verdoyante qui s'offre à nos regards, au milieu du Nil, le sire de Joinville jeta dans le fleuve le petit coffret qui renfermait ses joyaux et ses reliques et fut sauvé des mains d'une multitude furieuse « *par un bon Sarrasin, qui le tint embrassé et l'emporta dans une des galères du soudan.* »

Il reste peu de monuments et de souvenirs à citer dans ce rayon de l'Égypte inférieure, où passèrent tant de peuples, où se succédèrent tant de dynasties. L'aspect actuel des lieux est si confus, que l'on ne pourrait d'ailleurs procéder à une reconstruction de l'état

(1) *Bibliothèque des Croisades,* par M. Michaud, 3ᵉ partie, tome III, page 154 et suivantes.

antique, d'après l'état moderne, qu'au moyen des plus grands tâtonnements, et avec une extrême réserve.

On remarque cependant, dans la partie de la basse Égypte la plus rapprochée du Caire, les ruines de *Hon*, l'*Héliopolis* des Grecs, ainsi nommée à cause de son temple magnifique dédié au Soleil, et fondé ou achevé par Sesourtesen I, premier roi de la douzième dynastie. Héliopolis était l'une des plus importantes villes de la vieille Égypte; on la citait pour la beauté de ses monuments et pour son collége, où les prêtres enseignaient les hautes sciences, collége dans lequel Hérodote, Platon, Eudoxe, Thalès de Milet vinrent s'initier aux secrets des hiérophantes. Là, dans le temple du Soleil, officiait autrefois comme grand prêtre, Putiphar, dont le patriarche Joseph fut l'intendant. Les deux obélisques d'Alexandrie, qu'on appelle les Aiguilles de Cléopâtre, et que nous avons décrits, étaient venus d'Héliopolis, où ils avaient été dressés par ordre de Sésostris. Quand les Hébreux furent les maîtres de la terre de Chanaan, leurs pensées se tournèrent quelquefois vers Héliopolis, et dans les mauvais jours d'Israël, ceux qui avaient à redouter les persécutions vinrent y chercher un asile. Les traditions saintes nous apprennent que la famille de Jésus-Christ vint dans cette ville lorsqu'elle fuyait les poursuites d'Hérode. On y montre encore la fontaine, le jardin et le sycomore de Joseph et Marie. La ville du Soleil fut frappée d'une décadence précoce. Déjà, du temps de Strabon, elle était presque déserte, et ses monuments, enlevés un à un par les Césars, avaient, en partie, été transportés à Rome, pour l'embellissement de la ville éternelle; mais Héliopolis conservait son école des prêtres; on montrait encore aux étrangers l'observatoire d'Eudoxe, situé dans la direction du Nil, et la maison que Platon avait habitée pendant onze ans. Quelques ruines du temple du Soleil, les débris de sphinx dont parle Strabon, et un obélisque de granit sont les seuls vestiges qui subsistent de l'antique Héliopolis. L'obélisque resté debout au milieu d'une campagne déserte est encore entier, quoique la surface du côté de l'est paraisse un peu altérée (1). Il est probablement contemporain du grand temple du Soleil, dont il paraît avoir fait partie ; mais l'inscription gravée sur l'une des faces du monument annonce qu'il fut réédifié par un pharaon de la vingt-troisième dynastie.

Dans la plaine d'Héliopolis, la fortune des armes a souvent décidé du sort de l'Égypte ; c'est par là qu'arrivèrent les armées de Cambyse et d'Alexandre ; c'est là que le lieutenant d'Omar vint camper avec ses hordes victorieuses, et que le dernier des sultans mamelouks fut vaincu par Sélim ; c'est là, enfin, que le général Kléber remporta, sur l'armée du grand vizir, une éclatante victoire, le 20 mars 1800. Dans cette mémorable journée, l'armée ottomane comptait soixante dix mille combattants ; elle avait son avant-garde retranchée dans le village de Matarieh, près des ruines d'Héliopolis, et elle prolongeait ses avant-postes depuis le Nil jusqu'à la mosquée de Sibilli-Hallem. Kléber, qui avait réuni sous les murs du Caire les troupes de la haute et basse Égypte, marcha à sa rencontre. Il avait formé sa première ligne de quatre bataillons carrés. Friant commandait les deux bataillons de droite, et Régnier les deux bataillons de gauche. L'espace d'un carré à l'autre était rempli par la cavalerie sous les ordres du général Leclerc, appuyé par une partie du régiment des dromadaires. L'artillerie de réserve, placée

(1) Voyez la *Description des ruines d'Héliopolis*, par MM. Lancret et Dubois-Aymé, *Description de l'Égypte*, 2ᵉ édition ; 1829, in-8°, tome V, page 61.

derrière le centre, formait la seconde ligne; les sapeurs du génie et quelques pelotons de grenadiers lui servaient de soutien. Sur les côtés marchaient plusieurs pièces flanquées par des tirailleurs; des compagnies d'élite doublaient les angles, et cette petite armée de dix mille hommes présentait une masse impénétrable. L'aile droite des Français arrive d'abord devant la mosquée de Sibilli-Hallem, aperçoit un poste de six cents chevaux et le met en fuite au premier coup de canon. A peine le jour commençait à poindre; l'aile gauche s'arrête afin de donner à l'aile opposée le temps de venir dans la direction d'El-Marek couper la retraite de l'avant-garde ennemie. Tandis que ces mouvements s'exécutaient, une colonne d'infanterie et de cavalerie turques s'avançait du côté du Caire. Les guides de Kléber reçurent l'ordre de charger le corps de Mamelouks qui précédait cette colonne; ils faillirent être enveloppés par leurs adversaires. Le 14e régiment de dragons et le 22e de chasseurs se précipitèrent dans la mêlée et dégagèrent les premiers assaillants. Toutefois, le général en chef craignit de se trop dégarnir, et ne voulut pas, d'abord, en se portant en avant, poursuivre ce premier succès. Il préféra s'en tenir à l'attaque du village de Matarieh.

Le général Régnier commença cette attaque. Nous allons en donner le récit, ainsi que celui de la bataille d'Héliopolis et des événements qui la suivirent, en citant textuellement le rapport officiel adressé par le général en chef Kléber au gouvernement français :
« Des compagnies de grenadiers, mises en réserve reçurent l'ordre d'emporter les retranchements, et l'exécutèrent avec une bravoure digne des plus grands éloges. Tandis qu'ils s'avançaient au pas de charge, malgré le feu de l'artillerie ennemie, on vit les janissaires sortir de leurs retranchements et courir, l'arme

blanche à la main, sur la colonne de gauche; mais ils n'y rentrèrent plus : arrêtés de front par le feu vif et soutenu de cette colonne, une grande partie tomba sur la place; le reste, pris en flanc par la colonne de droite, et bientôt attaqué de toutes parts, périt sous la baïonnette : les fossés, comblés de morts et de blessés, n'empêchent plus de franchir les retranchements; drapeaux, pièces d'artillerie, queues de pachas, effets de campements, tout reste en notre pouvoir; une partie de leur infanterie se jette dans les maisons à dessein de s'y défendre; on ne leur laisse pas le temps de s'y établir; ils y sont tous égorgés, livrés aux flammes; d'autres, essayant de sortir du village de Matarieh, tombent sous le feu de la division Friant; le reste est tué ou dispersé par une charge de cavalerie.

» L'ennemi voulut abandonner ses tentes et ses bagages, mais aucun pillage ne retarda le mouvement des troupes; l'armée comprenait la nécessité de poursuivre rapidement le vizir jusqu'aux limites du désert, et cette pensée semblait animer à la fois tous les chefs et tous les soldats. »

« Le seul récit de l'affaire de Matarieh fait l'éloge de nos braves grenadiers; la colonne de droite, composée de deux compagnies de la 22e légère et de deux de la 9e de bataille, était commandée par le citoyen Réal, capitaine de la 9e; et celle de gauche, formée de deux compagnies de la 13e et de la 85e de bataille, était sous les ordres du citoyen Taraire, chef de bataillon de la 85e. »

« Dans le même temps, Nasif-Pacha me fit savoir qu'il désirait parlementer, et demandait un officier français de marque. Je lui envoyai le chef de brigade Beaudot, mon aide de camp; aussitôt qu'il fut aperçu des troupes turques, on l'assaillit de toutes parts, et on le blessa à la tête et à la main. Deux mamelouks du pacha, qui l'accompagnaient, parvinrent avec peine à le soustraire aux assassins; conduit au vizir, il fut retenu comme otage pour Mustapha Pacha, et Assem Agha, tefterdar, qui étaient auprès de moi. »

« Pendant que cela se passait et que le général Régnier rassemblait sa division autour de l'obélisque d'Héliopolis, des nuages de poussière annonçaient l'arrivée du corps de l'armée turque; un rideau dont la pente est insensible unit les deux villages de Sericaurt et d'El-Marek; l'armée ottomane prit position sur ces hauteurs, et le vizir, dont on distinguait la garde à l'éclat de son armure, s'établit de sa personne derrière un bois de palmiers qui entoure ce dernier village. »

« Le général Friant, déjà en marche, fut bientôt attaqué par les tirailleurs qui garnissaient le bois; le général Régnier reçut ordre de se porter sur la droite de l'ennemi, au village de Sericaurt; notre armée s'avança en reprenant insensiblement son premier ordre de bataille. Le général Friant repoussa d'abord les tirailleurs ennemis, les chassa du bois d'El-Marek; il attaqua avec le canon et des obus le groupe de cavalerie qui formait le quartier général du vizir; des pièces d'artillerie placées sur le front de l'armée turque, tirèrent quelque temps sur nos carrés, mais sans succès, tous leurs boulets passant de plusieurs toises au-dessus de nos têtes; nos pièces répondirent par un feu soutenu qui fit bientôt cesser celui de l'ennemi; alors, et presque dans un instant, tous les drapeaux se réunirent de divers points de la ligne ennemie : le carré de droite du général Friant reçoit l'attaque, et laisse approcher les assaillants à demi-portée de mitraille; arrêtés par les premières décharges, ils se séparèrent, et, notre feu continuant, ils se déterminèrent tout à coup à prendre la fuite : notre infanterie ne voulait tirer qu'à bout portant, et ne brûla point une amorce. »

« La chaleur qui succède à la retraite des eaux occasionne souvent des gerçures profondes dans le terrain ; c'est ce qui avait ralenti l'impétuosité de la cavalerie ennemie, et ne permit pas à la nôtre de charger utilement les fuyards. »

« Le vizir était dans le village d'El-Marek, exposé au feu de nos pièces ; il y attendait le succès de ses ordres ; c'est alors que son armée s'ébranla, et les divers corps, se séparant, nous entourèrent de toutes parts ; nous nous trouvâmes ainsi placés au milieu d'un carré de cavalerie d'environ une demi-lieue de côté. Cet état subsista tant que les armées furent en présence. Voyant que cette attaque n'avait jamais réussi, le vizir se retira précipitamment à El-Hanka. »

« Cependant j'étais inquiet sur ses desseins ; déterminé à le suivre partout, au Caire, dans le désert, dans les terres cultivées, je n'avais d'autre soin que de l'atteindre et de le forcer ; je ne tardai point d'apprendre qu'il était de retour à El-Hanka. Le citoyen Laumaka, interprète, qui avait accompagné mon aide de camp, revint auprès de moi ; le vizir l'avait chargé de me proposer de faire cesser les hostilités et d'évacuer le Caire, conformément au traité ; je lui fis répondre que je marchais sur El-Hanka ; notre armée continuait de s'avancer sur ce village ; la cavalerie qui était devant nous se replia confusément et prit la fuite : de ceux qui étaient sur les flancs et sur les derrières une partie revint sur ses pas en faisant de longs circuits, d'autres se dispersèrent de divers côtés ; quant à Mourad-Bey, il s'était porté sur notre droite dès les premiers moments de l'attaque, et s'était éloigné à perte de vue dans le désert, pour ne point participer à l'action. »

« L'armée ottomane était trop vivement poursuivie pour qu'elle pût s'arrêter à El-Hanka : nous y arrivâmes avant le coucher du soleil; ses effets de campement, ses équipages, que l'ennemi avait abandonnés, annonçaient assez la précipitation de sa retraite; on trouva dans ce camp quelques objets précieux, et une grande quantité de cottes de mailles et de casques de fer. »

Après avoir ainsi raconté la bataille d'Héliopolis, Kléber poursuit dans son rapport le récit de la nouvelle lutte qu'il eut à soutenir pour triompher de la révolte qui venait d'éclater dans la capitale de l'Égypte.

Le lendemain de sa victoire, le général en chef, ayant entendu le canon que l'on tirait au Caire, jugea à propos d'y envoyer en toute hâte quatre bataillons de renfort sous le commandement du général Lagrange. De son côté, il se mit en marche pour Belbeys, qu'occupaient mille chevaux et une nombreuse infanterie ennemie. Guidés par les savantes manœuvres du général en chef, Friant, Régnier et Belliard dispersèrent la cavalerie, et l'infanterie, qui s'était jetée dans l'un des forts, fut obligée de se rendre à discrétion.

« Les assiégés, continue Kléber, me supplièrent de leur permettre de se rendre auprès du grand vizir, et de laisser à quelques-uns d'entre eux les armes nécessaires pour se défendre contre les Arabes. J'y consentis, et ils sortirent de la place le 1ᵉʳ germinal. Pendant qu'on s'occupait de les désarmer, un d'entre eux, animé par le désespoir et le fanatisme, s'écriait qu'il préférait la mort; et, comme s'il s'indignait de ne pas la recevoir, il s'avança contre le chef de brigade Latour, mon aide de camp, et lui tira un coup de fusil à bout portant; la balle ne fit qu'enlever son épaulette. A l'instant tous ceux à qui on avait laissé des armes les jetèrent, en disant qu'ils ne méritaient plus de les conserver, et que leur vie était à nous. Le coupable fut puni de mort sur-le-champ par nos grenadiers; nous trouvâmes dans la ville et dans les environs dix pièces de canon, parmi lesquelles étaient deux pièces anglaises semblables à celles qu'on enleva à Aboukir, et qui portaient la devise: *Honni soit qui mal y pense.* Les assiégés sortirent de Belbeys au nombre de huit cents, laissant dans cette place environ trois cents morts. »

Lorsque, après la prise de Belbeys, le général en chef se porta sur Salahieh, où il croyait avoir à combattre les restes de l'armée du grand vizir Youssuf, il ne trouva qu'un camp abandonné, des tentes renversées, des coffres brisés, des caisses remplies de parfums et de vêtements, des selles et des harnais épars, des pièces d'artillerie, des litières, des ameublements confondus ensemble. Youssuf, épouvanté, s'était enfoncé dans le désert avec cinq cents hommes d'escorte.

L'armée turque chassée de l'Égypte, Kléber, pour s'occuper du soin de réprimer la révolte qui venait d'éclater dans les diverses provinces, après avoir pris des mesures pour assurer la reddition des places situées sur le littoral de la Méditerranée, reprit la route du Caire à la tête de la 88e demi-brigade, de deux compagnies de grenadiers de la 61e, du 7e régiment de hussards et des 3e et 14e de dragons.

Des événements de la nature la plus alarmante s'étaient passés dans la capitale et dans ses faubourgs. En voici l'exposé d'après le rapport du général en chef :

« Quelques heures après le commencement de la bataille d'Héliopolis, dit Kléber, la rébellion avait éclaté dans la ville de Boulak. Les habitants, dirigés par un petit nombre d'Osmanlis, élevèrent des drapeaux blancs; et s'armant de fusils et de sabres, qu'ils avaient tenus cachés, sortirent des murs, et se portèrent avec fureur contre le fort Camin, dont la garnison n'était que de dix hommes. Le commandant les fit canonner à mitraille, et ils ne tardèrent point à se dissiper. Les plus fanatiques s'obstinèrent à l'attaque jusqu'à ce que les tirailleurs envoyés par le général Verdier, et une sortie du quartier général secondant le feu du fort, les obligèrent à se retirer, après avoir perdu trois cents hommes. Alors les habitants de Boulak se bornèrent à tirer sur les troupes françaises de quelque part qu'elles se présentassent pour entrer dans la ville. Dans le même temps, le peuple du Caire s'était porté en foule au delà de l'enceinte, attendant l'issue de la bataille générale ; il vit arriver successivement des corps de Mamelouks et d'Osmanlis qui assuraient que la défaite des Français était inévitable ; bientôt après, Nasif-Pacha se présenta à la porte des Victoires ; il était accompagné d'Osman-Effendi, Kiaya-Bey, l'un des personnages les plus considérables de l'État ottoman, d'Ibrahim-Bey, de Mohamed-Bey-el-Elfi, d'Assan-bey-Gedaoui, et, en un mot, de tous les chefs de l'ancien gouvernement, excepté Mourad-Bey : ils annoncèrent que les Français avaient été taillés en pièces, qu'ils venaient prendre possession de la capitale au nom du sultan Sélim, et ils célébrèrent le triomphe de ses armes sur les infidèles : ils étaient accompagnés d'environ dix mille cavaliers turcs, de vingt mille Mamelouks et de huit à dix mille habitants des villages qui s'étaient armés. »

« Ces troupes, qui avaient échappé à notre vue par un grand détour, étaient entrées dans le Caire le 29 ventôse, vers l'heure de l'*asr*, et elles y furent reçues aux acclamations de tout le peuple. Chaque habitant s'efforçait de faire éclater sa joie, soit par zèle pour la religion, et respect pour le nom du grand-seigneur, ou pour faire oublier les liaisons qu'il avait eues avec les Français. »

« Nasif-Pacha se rendit sur-le-champ dans le quartier des Européens ; la multitude le suivit, et en fit ouvrir les portes ; et, pendant que deux des négociants tombaient à ses pieds en lui montrant la sauve-garde du vizir, ses soldats et la populace se jetèrent dans l'enceinte ; ils brisèrent les portes des maisons, des magasins, et des comptoirs ; les habitants furent massacrés sans distinction d'âge, de sexe et de nation ; on jeta leurs corps dans le Khalydj ; tout ce que ces négociants possédaient fut pillé en moins d'une heure ; les meubles furent enlevés ou brisés, et on mit le feu au quartier. Pendant cette expédition, Nasif-Pacha excitait le peuple à le suivre sur la place Esbekieh, pour y exterminer le reste des Français enfermés dans la maison de Mohamet-Bey-el-Elfi, résidence du quartier général, où il y avait à peine deux cents hommes sous les ordres de l'adjudant général Duranteau. Le pacha accourut, à cet effet, avec une partie de ses troupes ; des grenadiers et des guides sortirent avec la plus grande bravoure contre cette cavalerie, et la repoussèrent. Cette résistance inattendue détermina les chefs à s'établir dans les maisons situées sur la place. »

« C'est alors que le soulèvement du Caire devint général ; il se forma des attroupements dans toutes les places ; on menaçait de mettre le feu aux maisons de ceux qui se tenaient enfermés : plus de cinquante mille hommes furent armés de fusils ; les autres portaient des piques et des bâtons. Pendant qu'on arborait les drapeaux blancs, les crieurs des mosquées publiaient des imprécations contre les infidèles ; les Mamelouks et les janissaires parcouraient la ville ; la multitude les suivait, poussant des cris affreux ; les femmes et les enfants faisaient entendre des cris de joie d'usage, appelés *ulalus*. On attaqua les maisons des Cophtes, des Grecs, des chrétiens de Syrie, et un grand nombre de ces malheureux périt sans défense; leurs corps jetés dans les rues y éprouvèrent pendant le siége les insultes publiques. On saisit Mustapha-Agha, chef de la police sous le gouvernement des Français, et les chefs de l'armée turque le firent empaler; la populace applaudit à son supplice. Huit soldats de la 13e demi-brigade, commandés par le citoyen Klane, sergent, entreprirent de se faire jour à travers la foule; leur intrépidité leur sauva la vie; les séditieux voyant tomber quelques-uns des leurs, s'éloignèrent, et les Français achevèrent leur retraite sur la citadelle, après s'être battus dans les rues dans un intervalle de plus d'une lieue. Trois d'entre eux furent blessés; leurs camarades s'arrêtèrent pour les défendre, et les portèrent jusqu'à la citadelle; les révoltés, auxquels ils avaient enlevé une pièce de canon, qu'ils n'abandonnèrent que pour secourir leurs blessés, les poursuivirent jusqu'aux portes de ce fort, étonnés et furieux de cette action aussi hardie que digne d'admiration. »

« Le principal but de Nasif-Pacha était d'emporter le quartier général, mais il n'y put réussir : deux cents Français soutinrent pendant deux jours ce siége extraordinaire contre les forces réunies des Mamelouks, des Osmanlis et des séditieux : ils occupaient quelques maisons voisines, où ils étaient vivement pressés, lorsqu'on aperçut la colonne du général Lagrange, qui arrivait d'El-Hanka; alors un corps de quatre mille cavaliers, tant Osmanlis que Mamelouks, se porte au-devant de notre colonne, mais une fusillade et quelques coups de canon dispersent les assaillants; nos troupes continuent leur marche, et le général Lagrange entre au quartier général vers les deux heures après midi. Le 30 il y apportait un secours aussi nécessaire qu'inattendu, et la première nouvelle de la victoire. Le poste du quartier général devint bientôt inexpugnable; l'artillerie et le génie concoururent à cette belle entreprise qui déconcerta l'ennemi. La citadelle et le fort Dupuy continuèrent le bombardement de la ville, qui avait commencé dès les premiers instants de la révolte. Cependant nous avions été obligés d'abandonner successivement les maisons que nous occupions sur la place : les insurgés s'avançaient aussi sur notre gauche dans le quartier cophte. Le général Friant arriva sur ces entrefaites avec cinq bataillons; il repoussa l'ennemi sur tous les points; mais les succès même qu'il obtint lui firent connaître combien il était difficile de pénétrer dans l'intérieur de la ville. De quelque part qu'on se présentât, on trouvait dans toutes les rues, et pour ainsi dire à chaque pas, des barricades et maçonneries de douze pieds d'élévation et à deux rangs de créneaux. Les appartements et terrasses des maisons voisines étaient occupés par les Osmanlis, qui s'y défendaient avec le plus grand courage. Les chefs de brigade Maugras, de la 75e, et Conroux, de la 61e, furent blessés dans une des premières attaques de ces retranchements. »

« On mit tout en œuvre pour entretenir l'erreur du peuple sur la défaite des Français; ceux qui parurent en douter furent tués ou emprisonnés; nos envoyés étaient massacrés avant d'entrer dans la ville; les insurgés déployèrent une activité que la religion seule peut donner dans ce pays; on déterra plus de vingt pièces de canon enfouies depuis longtemps; on établit des fabriques de poudre; le peuple ramassait nos bombes et nos boulets à dessein de nous les renvoyer, et, comme ils ne se trouvaient point du calibre de leurs pièces, ils entreprirent de fondre des mortiers et des canons, industrie extraordinaire dans ce pays, et ils y réussirent. Le général Friant arrêta les progrès de l'ennemi en faisant mettre le feu à la file des maisons qui ferment la place de l'Ezbékieh, à la droite du quartier général; une partie du quartier cophte fut aussi incendiée, soit par nous, soit par les insurgés. »

« Telle était, ajoute Kléber, la position du Caire lorsque je m'y rendis le 6 au matin. »

Dans la suite de son récit, le général en chef expose qu'ayant trouvé les munitions épuisées, et jugeant dangereuse toute entreprise partielle jusqu'à l'arrivée de ses troupes de renfort, il employa ce délai à se créer des intelligences dans la place et à semer la défiance entre les habitants et les Osmanlis. Ces négociations mystérieuses réussirent d'abord. Les chefs ottomans, Nasif-Pacha, Osman-Kiaya et Ibrahim-Bey, lui proposèrent une capitulation dont il accepta les principaux articles; mais cette capitulation ne fut point exécutée, car à peine l'engagement fut-il connu dans la ville, que les meneurs, ceux qui avaient excité et entretenu la sédition, soulevèrent de nouveau la populace. On vit les femmes et les enfants arrêter sur les places les Janissaires et les Mamelouks, les conjurant de ne point les abandonner, et leur reprochant leur désertion. A l'époque fixée pour l'exécution des articles convenus, les Janissaires refusèrent de livrer les portes; et Kléber fut obligé de recommencer les hostilités.

« Dans ces circonstances, continue le général en chef, je n'avais point encore rassemblé tous les moyens militaires qui devaient me répondre du succès, et j'étais décidé à tout employer pour me rendre maître du Caire par une autre voie que celle d'une attaque de vive force, voulant sacrifier l'éclat d'un succès à deux intérêts bien plus chers, la conservation de l'armée et celle d'une ville nécessaire à son établissement dans ce pays. C'est alors que je fis éclater les intelligences que j'avais eues avec Mourad-Bey. »

Ici, Kléber, après avoir raconté ses négociations antérieures avec ce valeureux chef des Mamelouks, que la haine du gouvernement turc avait mis du parti de la France, parle du traité qu'il conclut avec Mourad : « Aussitôt après l'échange de ce traité, ajoute-t-il, Mourad-Bey nous fit parvenir des subsistances; il livra les Osmanlis qui s'étaient rassemblés dans son camp, et ne cessa d'entretenir des intelligences qui préparèrent une capitulation définitive. Son influence dans le Caire n'ayant point un effet aussi prompt qu'il le désirait, il me proposa d'incendier la ville, et peu de temps après il m'envoya des barques chargées de roseaux. Cependant Dervich-Pacha s'était rendu dans la haute Égypte par suite de la convention d'El-Arich; averti de la reprise des hostilités, il rassembla un corps de dix mille hommes, tant Arabes que cultivateurs, et marcha quelques journées vers le Caire. J'exigeai de Mourad-Bey qu'il se portât contre eux ; ce prince m'avait prévenu, et il m'informa que, sur des ordres qu'il avait expédiés, le pacha avait déjà été abandonné des deux tiers de ses gens. « Au reste, dit-il, faites-moi savoir si vous demandez sa tête, ou si vous exigez seulement qu'il se retire de l'Égypte. Dervich-Pacha ne tardera pas à repasser en Syrie. »

Ici se termine la partie du rapport qu'avait écrite le général en chef Kléber. Nous résumerons les faits suivants d'après une pièce officielle rédigée par Menou, sur le rapport particulier du chef de l'état-major de l'armée.

Les mesures que l'on avait prises et les secours de Mourad-Bey mettaient les Français en état de porter des coups décisifs. Friant, avec un détachement de sa division, pénétra dans le quartier cophte, en chassa l'ennemi et lui enleva quatre drapeaux ; le lendemain, le même général emporta le faubourg de Boulak, tandis que Régnier s'emparait du santon d'Abousieh, situé près du fort Sulkowski, et qu'un détachement du régiment des dromadaires reprit l'ancien poste de la direction du génie où les Turcs s'étaient fortifiés. L'attaque des autres parties de la ville, suspendue un moment par les pluies torrentielles, fut reprise le 18 avril. Les premiers assauts se dirigèrent contre la maison de Sidy-Fatmeh, qui fut détruite par une explosion de mine. Le combat s'engagea ensuite sur tous les points. Sous les ordres du général en chef, le général Friant, secondé par Donzelot, réduit le quartier des bouchers et celui des Cophtes que les insurgés avaient repris, et Régnier attaque avec le même succès la partie de la ville voisine à la porte Bab-el-Charieh, tandis que la 3ᵉ compagnie de carabiniers de la 22ᵉ demi-brigade met en fuite les troupes de Nasif-Pacha et de Hassan-Bey-Djeddaoui. L'ennemi perd tous ses postes ; les Français s'y établissent ; l'acharnement des deux partis redouble, et la capitale de l'Égypte sera bientôt réduite en cendres si elle tarde à se soumettre. On transmet à Kléber des propositions inacceptables ; il les écoute et ne répond aux députés qu'en leur montrant d'une fenêtre de son palais l'incendie qui commençait à dévorer le Caire et le faubourg de Boulak. Sur ces entrefaites, le général en chef apprend que les Anglais ont débarqué des troupes à Suez ; il y envoie en toute hâte quelques compagnies d'infanterie avec cent dromadaires, un détachement de dragons et trois pièces d'artillerie, et bientôt la place de Suez est à nous, malgré la résistance opiniâtre des Anglais. Ce dernier succès détermina l'ouverture de nouvelles conférences entre le général de l'armée française et les chefs de l'armée ottomane. Kléber communiqua son traité avec Mourad, dicta les articles de la capitulation, qu'Ibrahim-Bey et Nasif-Pacha ratifièrent avec empressement; et le 27 avril 1800, le général en chef fit son entrée solennelle au Caire (1).

Ainsi, comme on le voit par ce récit officiel, il fallut, à la suite de la glorieuse journée d'Héliopolis, que le général Kléber remportât un nouveau triomphe, sous peine d'être obligé, après sa première victoire, de capituler et d'évacuer l'Égypte. Il existe un document curieux qui peint d'un seul trait cet homme extraordinaire, c'est une lettre écrite par Kléber au ministre de la guerre pour être présentée au général Bonaparte, premier consul, et dans laquelle il se plaint qu'on lui envoie des graines de plantes alimentaires au lieu de soldats, dont il avait besoin pour maintenir son armée à peu près au complet et remplir les vides que chaque jour faisait la guerre. Nous avons eu cette lettre entre les mains et nous en possédons une copie. C'est à M. le comte d'Aure, intendant général de l'armée d'Égypte, et depuis ministre du roi Murat à Naples, que nous devons la communication de ce précieux autographe. Les personnes qui étudient la philosophie de l'histoire, et particulièrement les événements extraordinaires de la fin du dix-huitième siècle, rechercheront cette lettre, qu'il ne nous est pas permis de transcrire. Ils y verront de quelle énergie était doué le grand homme de guerre que ses

(1) Rapport du général Kléber sur la bataille d'Héliopolis et sur la révolte du Caire, et Rapport du général Menou sur la suite de ces événements, publiés dans les *Pièces officielles de l'armée d'Égypte*, deuxième partie. Paris, Didot, an IX, in-8°, pages 110 à 170. On peut consulter aussi *l'Histoire de l'Expédition d'Égypte et de Syrie* par M. Ader, revue, pour les détails stratégiques, par M. le général Beauvais. Paris, 1826, in-8°, pages 303-324.

contemporains avaient surnommé le *Dieu Mars*, son caractère, le style de sa correspondance et ses rapports avec le pouvoir qui gouvernait alors la France. Pour rendre une complète justice au général Kléber, il faut d'ailleurs reconnaître qu'en Égypte sa sollicitude ne se portait pas seulement sur les choses de la guerre, et nous ne devons pas oublier de rappeler que c'est lui qui, le premier, accueillit la proposition de publier le grand ouvrage destiné à réunir les travaux des savants de l'Institut d'Égypte, pensée qui fut depuis réalisée sous le gouvernement de Napoléon Ier par un décret impérial.

Belbeys, petite ville située à la jonction de plusieurs canaux dérivés du Nil, ne semble pas avoir eu beaucoup d'importance dans les temps anciens. Ceinte de murailles, elle est placée dans une position très-pittoresque. Partout dans l'intérieur les palmiers se mêlent aux habitations particulières. Quoique basses et à toit plat, les maisons y ont toutes des fenêtres sur les façades, ce qui donne à Belbeys quelque ressemblance avec certains villages maritimes du midi de la France. Un monticule peu élevé domine la ville au nord-ouest; à son sommet est une mosquée, qu'au mode de son architecture on prendrait volontiers pour un de ces châteaux qu'on rencontre quelquefois dans nos provinces de l'ouest. La ville s'étend du nord au sud. Au temps des croisades, Amaury, roi de Jérusalem, la prit et la dévasta. Les Français la fortifièrent en 1798, et, comme nous l'avons dit, Kléber en chassa, deux ans plus tard, l'armée turque qui s'en était emparée. Sa population est évaluée à cinq mille âmes. C'est la résidence d'un aga, dont le château est auprès de la mosquée. Dans le voisinage de Belbeys se remarquent quelques ruines de la ville d'*Onion*, où se trouvait un célèbre temple juif, bâti sur le modèle de celui de Jérusalem, par Onias le grand prêtre. Des prêtres et des lévites y pratiquaient les mêmes cérémonies que dans le grand temple, et Ptolémée Philométor, protecteur d'Onias, avait assigné des terres et des revenus considérables pour l'entretien de ce monument. Après la prise de Jérusalem, Vespasien le dépouilla de ses ornements et le fit fermer.

Le village de Tel-Bastah, qui aboutit au lac Menzaleh, semble avoir été bâti presque sur les ruines de l'ancienne Bubaste. Bubastis (*Phi-Beseth* de la Bible), l'une des plus anciennes villes d'Égypte, servit de résidence aux rois de la vingt-deuxième dynastie de Manéthon. On y voyait un temple splendide dédié à Bubastis, la Diane des Égyptiens. Cette déesse y était représentée sous la figure d'une chatte, et la fête annuelle qui avait lieu en son honneur attirait, dit-on, sept cent mille étrangers. L'antiquité vante beaucoup les proportions du temple et la richesse de ses sculptures. On a trouvé sur le sol des environs des pierres couvertes d'hiéroglyphes et plusieurs autres ruines qui ont été décrites par les commissaires d'Égypte. Au sud de *Samanoud*, l'ancienne Sebennytus, un autre village assez misérable, *Abousir*, correspond à l'antique *Busiris*, célèbre par son temple d'Isis, et plus encore par la grande fête que les Égyptiens célébraient tous les ans en l'honneur de cette déesse. S'il faut en croire Hérodote, on y voyait accourir une multitude d'individus des deux sexes, qui, après s'être frappés et lamentés, mangeaient les restes d'un bœuf qui avait été offert à la déesse. Dans le voisinage d'Abousir et de Samanoud, à deux lieues et demie au nord de cette dernière ville, se trouve le lieu que les Arabes nomment *Bahbeyt*, couvert de vastes débris, dont MM. Jollois et Dubois-Aymé ont donné la description (1).

(1) Voyez *Description des principales ruines situées dans la partie*

Ces deux savants y ont reconnu une grande enceinte quadrangulaire de mille quatre-vingt-six pieds de long et de sept cent vingt-trois de large, renfermant les ruines d'une ancienne ville, et ayant cinq issues, deux à l'ouest, autant au sud, et une seule au nord. Cette enceinte est formée de briques crues, qui présentaient autrefois un parement bien dressé, mais qui n'offrent plus maintenant qu'une surface inégale et des masses irrégulières. Au milieu sont amoncelés, sur un espace de deux cent quarante pieds de longueur sur cent cinquante de largeur, les restes d'un monument très-remarquable de l'architecture égyptienne. Dans un amas confus de pierres granitiques de couleurs variées on reconnaît des fragments d'un plafond, des architraves, des chapiteaux, des frises, et tous les débris d'un temple. Une des pierres du plafond, mesurant onze pieds de long, cinq pieds de large, et deux pieds et demi d'épaisseur, porte sur une de ses faces la figure d'un scarabée; elle paraît avoir appartenu au soffite de l'entre-colonnement du milieu du portique. Tous les chapiteaux, comme ceux du temple de Dendérah, sont composés de têtes d'Isis, mais ils sont moins ornés et d'une proportion beaucoup moins grande. La façade du portique du temple de Bahbeyt devait avoir quatre-vingt-dix pieds de longueur sur cinquante-quatre de profondeur. On voit épars de tous côtés des fragments couverts d'hiéroglyphes, des frises et des corniches richement sculptées. Dans quelques blocs de granit sont pratiqués des soupiraux à travers lesquels la lumière arrivait dans le temple; chaque soupirail est d'une longueur d'envi-

de *l'ancien Delta comprise entre les branches de Rosette et de Damiette*, par MM. Jollois et Dubois-Aymé, membres de la commission des Sciences et des Arts d'Égypte, ingénieurs des ponts et chaussées. (*Description de l'Égypte*, 2ᵉ édit., 1829, in-8°, tome V, p. 159.

ron quatre pieds. On voit encore des parties d'un escalier dont plusieurs degrés sont taillés dans le même bloc. C'est le granit noir et le granit rose qui forment la totalité des ruines de Bahbeyt. En général, tous les morceaux de granit employés dans le temple offrent des surfaces planes exactement dressées, des arêtes vives et droites, des sculptures d'un travail achevé. Les sujets représentés sur les parois intérieures et extérieures des murs sont principalement des offrandes à Isis, dont la coiffure est formée d'un disque enveloppé des cornes d'un taureau. Les différentes scènes sont séparées, en haut et en bas, par des rangées d'étoiles, et sur les côtés par des lignes d'hiéroglyphes. Les frises sont également décorées de têtes d'Isis, et il n'y a de comparable à leur élégance et à leur richesse que les décorations analogues du grand temple de Dendérah. On retrouve enfin à Bahbeyt, comme dans l'antique Tentyris, la figure d'Isis reproduite partout, et combinée avec des accessoires de l'effet le mieux entendu et le plus agréable. Il ne peut donc exister aucun doute sur la destination de ce monument; c'est un temple d'Isis, et la grande enceinte qui le renferme indique, comme l'a remarqué d'Anville, l'emplacement de la ville d'Isis, l'*Isidis oppidum* de Pline (lib. I, cap. 10), l'*Iseon* ou *Iseopolis* d'Étienne de Bysance. Nous avons cité plus haut un autre temple d'Isis fort célèbre, situé à quelques lieues de là, à Busiris; la table Théodosienne en signale encore deux autres, voisins des embouchures du Nil. Il était naturel que les sanctuaires consacrés à la divinité qui, dans le système religieux des anciens Égyptiens, représentait le principe de fécondité, fussent particulièrement multipliés dans la partie de l'Égypte la plus fertile, la plus riche par les productions du sol.

Il faut citer encore, dans le même rayon, la petite ville de Heydeh, florissante par l'industrie de ses habitants et par l'excellente culture de leurs terres.

Une des principales villes du Delta, comme industrie et comme agriculture, est *Mansourah*, située à douze lieues de Damiette, sur la rive droite du Nil et près du canal d'Achmoun. Cette ville, que nos chroniqueurs nomment *la Massoure*, est célèbre par l'une des plus sanglantes batailles des croisades, et par la captivité de saint Louis. Selon l'historien arabe Abd-er-Raschid, Mansourah aurait été bâtie, l'an 336 de l'Hégire, par le sultan Al-Mansour-Billah, d'où lui serait venu son nom. Mais on sait positivement qu'elle fut fondée l'an 1217 de notre ère par le sultan Malek-Kamel, fils de Malek-Adhel. Lorsque les chrétiens, après s'être emparés de Damiette, se disposaient à marcher sur le Caire, ce sultan s'était retiré sur la rive droite du canal d'Achmoun avec ce qui lui restait de ses troupes; on commença par dresser des tentes, puis on bâtit des maisons et des mosquées. Mansourah, comme le vieux Caire, fut d'abord un camp et devint ensuite une cité; cette cité s'appela Mansourah, ou *la Victorieuse*, parce que les musulmans y arrêtèrent les croisés de Jean de Brienne qui marchaient contre la capitale de l'Égypte. Trente ans plus tard, l'armée de saint Louis vint camper dans le même lieu.

« Arrivés, dit Joinville, en face de la rivière du Resci (le canal d'Achmoun), nous trouvâmes de l'autre côté toute la puissance du soudan pour nous défendre le passage, ce qu'ils faisoient bien aisément, car il n'y avoit aucun moyen de passer, et toute l'armée étoit arrêtée sans pouvoir aller plus oultre. » On essaya de faire une digue à travers le canal, mais le courant emportait tout ce qu'on voulait lui opposer. Les Sarrasins ne cessaient de lancer des traits et des pierres; plusieurs de leurs machines vomissaient sans cesse ce terrible feu grégeois que les croisés ne connaissaient point, et qui leur causait un effroi mortel. Quand les chevaliers chrétiens voyaient arriver ces disques flamboyants, « gros comme des tonneaux, semblables à des dragons volants, » qui retentissaient comme la foudre et « qui avoient une queue d'une aune, » ils se jetaient à terre, appuyés sur les coudes, et recommandaient leur âme à Dieu. Le bon roi saint Louis criant à haute voix et pleurant à grosses larmes, disait : *Beau sire Dieu, sauvez-moi et toute ma gent!* Plusieurs fois les Sarrasins passèrent le canal et vinrent attaquer les chrétiens dans leur camp; mais ils furent reçus vigoureusement «aux épées et aux lances.» « Il se fit là, dit une chronique manuscrite citée par M. Michaud, assez de grandes prouesses et de beaux coups et hardis de part et d'autre; les Turcs finissaient toujours par être déconfits; les nôtres les chassaient, tuant et abattant jusqu'au grand fleuve du Nil, et à cause de la grande peur qu'ils avaient de la mer, ils se jetaient dans l'eau ; il y eut ainsi grande quantité de Sarrasins noyés et occis de diverses manières. » Cependant les croisés ne pouvaient vaincre les obstacles qui les retenaient au delà de l'Achmoun ; après quelques semaines de travaux et d'efforts inutiles, un Bédouin vint leur indiquer un endroit où ils pouvaient passer le canal. Ils entrèrent dans le fleuve et y trouvèrent « bon gué et ferme terre. » Ce lieu est appelé, par Makrisy, Sedam. Les gens du pays y passent encore quand les eaux du Nil sont basses.

Les chevaliers qui traversèrent les premiers n'eurent pas la patience d'attendre les autres, et saint Louis était encore de l'autre côté du canal lorsque l'avant-garde, entraînée par Robert, comte d'Artois, frère du roi, s'emparait, à une lieue de là, du camp des Sarrasins et poursuivait l'ennemi jusque dans Mansourah. Il n'y eut dès lors que désordre dans la marche et dans les attaques des chrétiens, et l'histoire de cette journée ne présente, même lorsqu'on est sur les lieux, que des images confuses. Au milieu de cette confusion, on aime toutefois à suivre le sire de Joinville dans la plaine où il combattait avec quelques barons; « le sénéchal vit à main senestre grant quantité de Turcs et se mit à courir sur eux; ayant aperçu dans la foule des ennemis un grand Sarrasin, il lui donna de son épée par-dessous les aisselles et le tua mort tout d'un coup. » Il fut ensuite jeté par un coup de massue sur la crinière de son cheval, puis il s'avança avec ses compagnons à travers une multitude de Sarrasins qui étaient allés aux champs et qui couraient sur les chrétiens qu'ils rencontraient. Alors Joinville et les autres chevaliers se retranchèrent dans une maison en ruines. « Là fut *navré* messire Hugues d'Escossé de trois grandes plaies au visage; messire Raoul et messire Ferreis furent aussi blessés à l'épaule, tellement que le sang sortoit de leurs blessures tout ainsi que d'un tonneau sort le vin; messire Érard de Cévray fut atteint d'un coup d'épée qui lui trancha tout le nez tant qu'il chéoit (tombait) sur la bouche. » Dans cette détresse, le sénéchal de Champagne « se souvint de monseigneur saint Jacques et lui dit : Beau sire saint Jacques, je te supplie, aide-moi et me secours à ce besoin ! »

Le sire de Joinville était toujours retranché dans sa masure, lorsqu'il vit tout à coup paraître sur un lieu élevé le roi et ses gens, qui venaient « avec une terrible tempête de trompettes, de clairons et de cors. » Le heaume du roi de France était tout doré, il avait dans ses mains une épée d'Allemagne. « Jamais, ajoute le sénéchal, si bel homme ne vis sous les armes. » La présence de saint Louis devint le signal d'une bataille générale. « A cette fois-là furent faits les plus beaux faits d'armes qui oncques furent accomplis au véage d'outre-mer, tant d'une part que d'autre, car nul ne tiroit d'arc, d'arbalète ni d'autre artillerie; mais estoient les coups qu'on donnoit l'un sur l'autre à belles masses, épées et fers de lance, tout meslés l'un parmi l'autre. » Le corps d'armée où combattait saint Louis était appuyé à droite sur l'Achmoun; là un grand nombre de Sarrasins et de chrétiens furent précipités dans le fleuve et se noyèrent; les eaux étaient couvertes de casques, de cuirasses, de lances. Sur la rive opposée étaient les croisés qui n'avaient pu suivre l'armée. « Hors d'état de secourir leurs compagnons à cause du fleuve qui estoit entre deux, tous, petits et grands, crioient à haute voix et pleuroient, se frappoient la poitrine et la tête, tordoient leurs poings, arrachoient leurs cheveux, égratignoient leur visage et disoient : Hélas ! hélas ! le roi et son frère et toute leur compagnie sont perdus ! »

Tandis qu'on se battait sur le bord de l'Achmoun, Joinville, à quelque distance de là, gardait un petit pont avec son cousin Jean, comte de Soissons. Les Turcs leur jetaient des mottes de terre et de grosses pierres, et leur lançaient le feu grégeois, qui prenait à leurs armes et à leurs vêtements. Tous ceux qui défendirent le *poncel* étaient couverts de traits et de javelots; grâce à la cuirasse d'un Sarrasin, qu'il trouva sur le champ de bataille, le sénéchal ne fut blessé qu'en cinq endroits de son corps, tandis que son cheval avait reçu vingt blessures. A chaque moment il arrivait des troupes d'ennemis qui menaçaient les braves chevaliers, et dans un si grand péril le comte de Soissons disait à Joinville:

« Laissons braire cette canaille, car, par la coiffe-Dieu, nous parlerons encore de cette journée ès chambres des dames ! »

Cette bataille de Mansourah, qui fut incontestablement une victoire pour les Français, ne profita cependant qu'aux Sarrasins. Les chrétiens, qui s'étaient emparés du camp des musulmans, avaient perdu l'élite de leurs chevaliers; après la bataille, il y avait plus de deuil parmi les vainqueurs que parmi les vaincus, et lorsqu'on vint complimenter saint Louis sur sa victoire, des larmes coulèrent de ses yeux. Les jours suivants, il y eut d'autres grands combats où les croisés furent encore victorieux; mais l'armée chrétienne, affaiblie par ses propres succès, pouvait à peine sortir du camp qu'elle avait enlevé à l'ennemi; la peste et la famine vinrent bientôt ajouter à ses misères et à ses périls. Il fallut songer à rétrograder; et c'est pendant la nuit, au moment où l'armée se mettait en marche pour regagner Damiette, que le roi de France, placé à l'arrière-garde, tomba au pouvoir des Sarrasins avec la plupart de ses barons.

La ville de Mansourah et les campagnes qui l'entourent sont remplies des souvenirs de ce grand et désastreux épisode de nos guerres saintes. Nous avons visité la maison qui servit de prison à saint Louis. Les historiens arabes nous apprennent que cette maison appartenait alors au scribe Fakr-Eddin, fils de Lokman, et que le roi y eut pour gardien l'eunuque Sabih. Elle est située à l'extrémité de la pointe où le Nil se joint au canal d'Achmoun. Un immense sycomore se voit encore dans la partie qui fait tête au fleuve et étend sur les eaux son gigantesque branchage. Quelques palmiers à haute tige s'élèvent devant la façade de la maison et atténuent un peu le caractère sombre de son architecture. Une petite porte lui sert d'entrée ; le seuil est un gros bloc de granit rose. Les fenêtres sont en saillie comme dans presque toutes les villes d'Égypte, mais disposées avec plus de symétrie. L'ensemble du monument présente le style arabe dans toute sa simplicité. L'ordonnance en est sévère et annonce bien le génie de l'époque où il a été construit. On montre encore dans la maison la salle où saint Louis fut enfermé sous la garde de l'eunuque. C'est une grande pièce carrée et obscure de vingt à vingt-cinq pieds de chaque côté. Elle est située au rez-de-chaussée, et n'est éclairée que par une seule fenêtre au-dessus de la porte ; la hauteur de cette fenêtre est de deux pieds sur dix-huit pouces de large ; elle est grillée avec des barreaux de fer. Dans ces derniers temps, cette salle basse et humide servait de magasin ; on y déposait des peaux de bœufs et de buffles. Makrisy nous a conservé un petit poëme composé après la délivrance de saint Louis ; ce poëme se termine ainsi : « Si le roi de France était tenté de revenir en Égypte, dites-lui qu'on lui réserve la maison du fils de Lokman, et qu'il y trouvera encore ses chaînes et l'eunuque Sabih. » Un peu plus loin, vers le nord, en suivant les rives du Nil, on voit les restes de la voûte dite *Bazar-el-Gaalm*, où les barons de France furent détenus, et où saint Louis signa la reddition de Damiette. C'est là que, selon les historiens arabes, étaient entassés dans une vaste cour plus de dix mille prisonniers, dont on faisait sortir chaque nuit deux ou trois cents pour les noyer dans le fleuve. M. Michaud, qui visita Mansourah un an après notre second voyage en Égypte, logea dans une maison de construction ancienne, semblable à une forteresse du moyen âge. « Quand je parcours cette sombre demeure, dit-il, il me semble voir la maison dont parle Joinville, et dans laquelle Robert, comte d'Artois, frère du roi de France, après s'être défendu longtemps contre les Sarrasins, tomba sous leurs coups sans pouvoir être secouru. »

Depuis les croisades, et à une époque récente, Mansourah a vu couler encore le sang des Français. Pendant l'expédition d'Égypte, la ville avait une garnison française composée de deux cents hommes; la population des campagnes voisines se souleva contre eux et vint les attaquer. Ils ne purent résister à une multitude furieuse. Après s'être défendus quelque temps dans les maisons, ils furent dispersés et massacrés. Tout ce qu'il y avait alors de Français dans Mansourah tomba sous les coups des Arabes, à l'exception d'une jeune fille qui fut vendue comme esclave et devint l'épouse d'un cheik du voisinage. La ville de Mansourah est grande, mais privée de fortifications et presque à moitié ruinée. Les rues en sont étroites, et la plupart des maisons construites en briques. En somme, la ville est triste, et ne saurait passer pour un séjour agréable, comme l'ont dit quelques voyageurs; mais on vante la salubrité de sa température; les médecins du Caire et de Damiette conseillent à leurs malades d'aller respirer l'air de Mansourah. On distingue au loin cette ville par la hauteur de ses minarets et les bois de palmiers dont elle est entourée.

Koum-Zalat, appelé aussi Koum-Zafan, village insignifiant, marque l'emplacement de l'ancienne *Butis* ou *Buto*, un des lieux les plus remarquables de la basse Égypte par son temple monolithe dédié à Latone, et par un oracle vénéré dans la contrée. Le temple de Latone avait, suivant les auteurs anciens, quarante coudées de haut sur autant de longueur. Une pierre immense, dont les abords étaient de quatre coudées, lui servait de couverture. On dit que les habitants des environs de Butis et de tout l'espace marécageux compris entre Rosette et Damiette parlaient autrefois le dialecte bachmourique, et se distinguaient de leurs voisins par des mœurs presque farouches. Un fait assez singulier, c'est qu'aujourd'hui encore la même nuance se reproduit entre les naturels de cette zone et les riverains du Nil. Une autre bourgade du Delta, *Tmay-el-Emdyd*, est remarquable par un temple monolithe de granit.

A l'extrémité orientale de l'Égypte, vers la Syrie, sur les bords de la Méditerranée, et comme perdue dans les sables du désert, s'élève El-Arych, l'ancienne *Rhinocorura*, à laquelle les négociations entre Kléber et le plénipotentiaire anglais Sidney Smith rendirent il y a cinquante ans un peu d'importance. C'est le passage ordinaire des caravanes et des voyageurs qui viennent de Syrie en Égypte.

CHAPITRE QUATRIÈME.

LE CAIRE ET L'ÉGYPTE MOYENNE OU OUESTANIEH.

Le Caire, son histoire, ses monuments; détails de mœurs; les almées, les psylles; les conteurs; poëmes arabes; romans d'Abou-Zeyd, d'Ez-Zahir, d'Antar, de Delhemeh; fêtes publiques; industries diverses. — Environs du Caire; le vieux Caire; Boulak; Ile de Roudah; Choubra, maison de plaisance du pacha d'Égypte. — Les pyramides de Giseh; les pyramides de Sakkarah; plaine des Momies; puits des Oiseaux; ruines de *Memphis;* le Serapeum; retour au Caire; Suez; jonction de la mer Rouge à la Méditerranée; percement de l'isthme de Suez; Heptanomide ou région des sept nomes; île d'Or; mosquée d'Athar-en-Naby; Atfeh; Torrah (*Troïa*); Bayad (*Timonepsi*); Ahnâs (*Héracléopolis*); Nilopolis; Beni-Souef (*Cœne*); Behnesseh (*Oxyrinchus*); Abou-Girgeh (*Tumenti*); Fench (*Fenchi*); Chenreh (*Taconor*); Samallout (*Cynopolis*); Tahaneh (*Acoris*); vallée d'El-Arabah; mont Kolsoum; couvent de Saint-Antoine; le lac Mœris; temple de Casr-Karoun; le labyrinthe d'Égypte; pyramide d'El-Lahoum;

Medinet-el-Fayoum (*Crocodilopolis* ou *Arsinoé*); Achmouneyn (*Hermopolis magna*); ruines de diverses époques; El-Koussieh (*Cusæ*); Medinett-Keissar (*Pesta*); El-Tell (*Psinbla*); Mélaouy (*Hermopolitana Philace*); Mynieh; grotte appelée l'écurie d'Antar; hypogées de Beni-Hassan, de Zaouy, de Meyteyn et de Souadeh; Abadeh (*Antinoé*).

LE CAIRE.

A l'époque où le musulman Amrou parut sur les rives du Nil, c'est-à-dire dans la vingtième année de l'hégyre (644 de notre ère), l'Égypte n'avait point, à proprement parler, de capitale. Memphis était déjà dans une décadence complète; dévastée par Cambyse, elle avait ensuite été délaissée pour Alexandrie; son aspect était une vaste ruine. Maître de la contrée, Amrou voulut lui donner une nouvelle capitale; il fit bâtir une ville au lieu où il avait d'abord campé, et la nomma *Fostat* (la tente). A ce nom de Fostat, on ajouta celui de Masr, nom complétif attribué tour à tour aux diverses capitales, à Thèbes d'abord, à Memphis ensuite.

Avantageusement placée, et communiquant à la mer Rouge par un canal, Masr-Fostat devint bientôt une cité célèbre. Sous la longue suite des califes abbassides, elle grandit constamment en étendue et en population. Plus tard, Ahmed-ben-Touloun, qui, de simple gouverneur de l'Égypte, était parvenu à s'en rendre souverain à peu près absolu (voy. ci-dessus, page 61), modifia la position de la ville nouvelle, et la transporta à quelque distance du fleuve sous le nom d'El-Katayah. El-Katayah participa à la fortune brillante et rapide de ce chef des Tounounides; elle se développa dans une vaste étendue, et vint aboutir aux pieds du Mokattam. Quelques historiens arabes attestent qu'elle avait deux lieues de circuit, et qu'elle renfermait trois cent mille habitants. Cet état de choses dura ainsi jusqu'au premier calife fatimite, Moez-el-Dyn-Illah. Mais lorsqu'en l'an 362 de l'hégyre (972), le général des Fatimites, Djouhar, eut enlevé l'Égypte aux Abbassides, un nouveau tracé de capitale vint marquer cette nouvelle prise de possession. Aux environs d'El-Katayah, résidence des Toulounides, il fit construire un palais magnifique, en ordonnant à ses officiers et aux seigneurs de sa cour de venir loger autour de lui. Bientôt des casernes et des habitations s'élevèrent de toutes parts, et on eut tous les éléments d'une ville nouvelle, qui fut nommée *Masr-el-Kahirah* (la capitale victorieuse), dont nous avons fait le Caire.

Cependant Masr-Fostat, la ville d'Amrou, avait survécu à ces deux fondations successives. Située sur le Nil, elle avait conservé une importance commerciale que ses rivales ne pouvaient, à cause de leur position même, lui enlever. Mais, l'an 563 de l'hégyre (1168), les Français, sous la conduite d'Amaury I*er*, roi de Jérusalem, firent invasion en Égypte. Maîtres de Belbeys, déjà ils menaçaient Masr-Fostat, qu'ils appelaient la Babylone de l'Égypte, quand Chouar, vizir du dernier calife fatimite, livra cette ville aux flammes pour la soustraire à la domination du vainqueur. Les historiens arabes racontent qu'elle brûla pendant cinquante-quatre jours. Alors toute question de suprématie fut vidée. Le nouveau Caire recueillit la population de la ville incendiée, et prit le nom de *Masr*, titre des capitales, tandis que Fostat ne s'appela plus que Masr-el-Atikah (*vieille capitale*), dont nous avons fait improprement le *Vieux-Caire*. Ainsi le Vieux-Caire actuel est le Fostat d'Amrou, ou la *Babylone d'Égypte* de nos chroniques.

Depuis cette époque, l'accroissement du Caire fut des plus rapides. Le célèbre sultan Ayoubite Salah-ed-Dyn (Saladin) le peupla de monuments et le ceignit de murailles. Ce fut lui qui, en 1166, fit élever sur la croupe du Mokattam la citadelle qui domine la ville et la contrée. « Ce fils d'Ayoub, dit le géographe El-Bakou, bâtit les murs qui environnent le Caire et le château placé sous le mont Mokattam. Cette enceinte a vingt-neuf mille trois cents coudées de circuit. On y travailla jusqu'à sa mort. »

Le château dont il est ici question se trouve situé sur un rocher escarpé. La circonférence est de trois quarts de lieue, et on y monte par deux rampes taillées dans le roc. Le Caire s'étend à ses pieds en forme de croissant, et sa position serait vraiment forte si ce château n'était lui-même dominé par la montagne voisine. On y voit encore une foule de monuments que les Ayoubites y élevèrent, et dans le nombre le divan des Janissaires, le palais, le divan et le puits de Joseph (prénom de Saladin). Le palais de Saladin ne revit plus que par quelques ruines qui témoignent de sa magnificence. Mieux conservé, à l'époque de notre premier voyage, le divan de Joseph était une vaste salle dans laquelle les Ayoubites rendaient la justice. Trente-deux colonnes de granit la décoraient, et ces colonnes, par leurs proportions et par leur style, indiquaient qu'elles appartenaient à des monuments antérieurs. Mais un des travaux les plus étonnants de cette époque est le puits de Joseph, toujours œuvre de Saladin. Taillé dans le roc vif, il reçoit les eaux du Nil, qui, traversant des sables imprégnés de sel, y arrivent un peu saumâtres. Sa profondeur est de deux cent quatre-vingts pieds, et sa circonférence de soixante. Il est coupé en deux parties qui ne sont pas dans la même ligne verticale. Une rampe d'une pente douce, et rendue plus sûre par un parapet de six pouces d'épaisseur taillé dans le rocher, permet d'y descendre à une profondeur de cent cinquante pieds. Des bœufs élèvent les eaux jusque dans la citadelle au moyen d'une double roue à chapelet, d'un système analogue aux sakis dont se servent les fellahs sur les bords du Nil pour faire monter l'eau du fleuve et servir aux arrosements. D'autres citernes et d'autres puits sont disséminés dans le château, et, afin de les alimenter, le sultan circassien Kansou fit construire en 1500 un aqueduc immense qui commence près du Vieux-Caire. Du reste, chaque souverain de l'Égypte contribua pour sa part aux travaux que nécessitait ce grand ouvrage de défense. On y ouvrit deux portes, l'une sur la ville, l'autre sur la montagne (Bab-el-Gebel), et on les mit en état de résister aux assauts d'une soldatesque indisciplinée ou d'une population en révolte.

D'autres fondations suivirent ce grand travail militaire. On vit tour à tour s'élever des mosquées, chefs-d'œuvre de l'art arabe, des portes magnifiques, des palais somptueux, des habitations charmantes, des universités, des hôpitaux, des colléges, des prisons, des entrepôts, des bazars. Dans cette ère de prospérité nouvelle, le Caire était un point central de commerce et d'industrie. Ville intermédiaire entre l'Asie et l'Afrique, elle servait de rendez-vous aux caravanes syriennes et barbaresques, trafiquait avec l'Inde par la mer Rouge, et avec l'Europe par Alexandrie. Cependant peu à peu, sous l'oppression turque, ces éléments de richesse et de grandeur s'affaiblirent, puis disparurent. On laissa se dégrader les vieux monuments sans en reconstruire un seul nouveau. Dans les premiers temps de l'occupation musulmane, un canal existait, réunissant la mer Rouge au Nil; on le laissa s'ensabler à tel point qu'aujourd'hui on en retrouve à peine le tracé. Les sables du désert interceptèrent la navigation; l'ignorance et le fanatisme tuèrent l'industrie. Le dernier coup qui frappa le Caire fut la découverte du cap de Bonne-Espérance. L'Europe ayant trouvé le chemin de l'Inde, l'Égypte fut abandonnée à elle-même.

Aussi, sous les Mamelouks, le Caire était-il arrivé à une complète décadence, et à peine alors comptait-il deux cent mille habitants. Leur nombre était à peu près de deux cent quarante mille à l'époque de l'expédition française. Aujourd'hui, à la suite de la régénération commencée par Méhémet-Ali, et qui est appelée à faire de nouveaux progrès sous l'administration éclairée de son petit-fils Saïd-Pacha, la population doit dépasser trois cent mille âmes. Tout atteste au Caire une splendeur ancienne, facile à ressusciter. Des bazars considérables, des okels (entrepôts) garnis de marchandises, où se trouvent étalés des châles de Kachemyr et d'Égypte, des étoffes et des tapis de Perse, des tissus de Barbarie, des plumes d'autruche, des dents d'éléphant, de la poudre d'or, des milliers de barques se croisant sur le Nil, une population nombreuse encombrant les berges du fleuve, tout ce mouvement et ce bruit signalent encore une capitale puissante, riche d'éléments d'une inépuisable prospérité.

Peu de villes sont plus favorisées que le Caire sous le rapport des monuments. Elle compte soixante et onze portes, trois cents mosquées, des palais innombrables, des écoles publiques et des bibliothèques.

Tous ces monuments, que nous avons souvent visités et longuement étudiés, mériteraient une description à part; nous ferons du moins connaître avec quelque détail les plus importants, en commençant par ceux qui sont compris dans l'enceinte de la citadelle.

Située, comme nous l'avons dit, à l'extrémité de la croupe la plus avancée du Mokkatam, la citadelle du

Caire présente un tel assemblage de tours, de murailles, d'édifices, de cours et de bâtiments d'espèce et d'âges différents, qu'on la prendrait à elle seule pour une grande cité. D'immenses murailles l'entourent dans une circonférence de trois quarts de lieue. Par sa position elle domine la ville, mais elle est dominée à son tour par le Mokattam, colline stérile dont les flancs jaunâtres fatiguent la vue par la réverbération du soleil. Aboul-Féda appelle ce monument le *Château des lumières*; les habitants le nomment El-Kala. Quoique cette vaste forteresse soit fermée par une même enceinte, elle est cependant divisée en trois quartiers principaux, dont chacun a ses remparts et ses portes. Un de ces quartiers domine tous les autres, c'est celui du sud, appelé *Citadelle du pacha*, parce qu'il a toujours été la résidence du représentant du sultan. On donne le nom de *Citadelle des Odjaklis* à celui du nord; enfin le troisième, qui occupe le centre, est appelé *Citadelle des Janissaires*; il s'avance en double saillie vers la principale chaîne des monts Arabiques à l'opposite du Caire. Un quatrième quartier, nommé *El-Azab*, est sur le versant de la citadelle qui regarde la ville. Il forme, par son extrémité inférieure, l'un des côtés de la place de Roumélieh. Cette partie de la forteresse est si escarpée qu'on n'a pu y élever qu'un petit nombre de constructions. Au reste, ce côté ne présente guère que des masures, des rochers et des ruines. Un chemin profond traverse ce quartier dans toute sa longueur. Il commence à une esplanade au haut de la citadelle où donnent les entrées intérieures des quartiers du Pacha et des Janissaires, descend vers la ville en zigzags et vient aboutir sur la place de Roumélieh, presque en face de la mosquée du sultan Hassan. Il débouche dans cet endroit par une porte en demiogive, exhaussée de quinze à vingt marches taillées dans le roc vif. De chaque côté de la porte s'élève une tour avec des meurtrières dans le genre de celles qui flanquaient les places fortes du moyen âge. L'espèce de sentier qui vient joindre cette porte, nommée *Bab-el-Azab,* est étroit, anguleux, et creusé dans le roc. Sa pente était si rapide qu'on avait été obligé d'y pratiquer des gradins à la chute des sinuosités. Il est encaissé entre deux parois de roches abruptes d'une vingtaine de pieds de hauteur; au-dessus de ces parois se dressent des murs de bâtiments servant de casernes ou de magasins, au pied desquels court, ainsi que le long de la crête du rocher, une espèce de terrasse assez large pour que deux hommes puissent y circuler. Ce chemin, qui ne présente plus les mêmes difficultés depuis que Méhémet-Ali en a fait adoucir la pente et aplanir les aspérités, est célèbre par l'extermination des Mamelouks qui eut lieu en cet endroit en 1811. (Voy. ci-dessus, page 91.) C'est la route principale pour arriver à la citadelle. On y pénètre du côté du nord par une porte plus étroite que celle de Bab-el-Azab, et taillée dans le roc; elle est désignée sous le nom de porte des Arabes; la porte des Janissaires est à l'occident. Outre ces portes, il en existe encore deux autres extérieures et cinq intérieurement. La principale entrée est fermée par deux énormes battants ferrés. De larges bandes rouges et blanches sont peintes à la surface extérieure, ce qui se voit également dans les cours des palais et sur les enceintes extérieures des mosquées.

Les murs de la citadelle sont très-élevés et suivent les mouvements du terrain; la partie la plus ancienne de l'enceinte se distingue par des portions de murs formées de briques et de moellons cimentés avec du mortier; la partie moderne ne paraît pas construite avec autant de soin. Des fossés entourent les murailles; ceux du côté du Mokattam ont été creusés dans le roc. Trente-deux tours, tant rondes que carrées, s'élèvent autour des remparts; elles sont bâties par assises régulières et d'une grande solidité. Quatorze citernes ont été pratiquées dans cette vaste enceinte; celle qu'on appelle *Sibil-Kikhich*, située derrière la citadelle des Janissaires, est la plus considérable; elle suffit pour conserver la quantité d'eau nécessaire à la consommation de dix mille personnes pendant un an.

Nous avons déjà cité plusieurs des monuments qui furent élevés à diverses époques dans la citadelle du Caire; entre autres les ruines du palais de Saladin et le Puits de Joseph. Nous avons dit aussi quelques mots du Divan de Joseph et des trente-deux colonnes de granit rouge qui le décoraient. Ce dernier édifice, malgré l'état de délabrement où il se trouvait quand nous l'avons visité, était encore extrêmement remarquable. Les colonnes, hautes d'environ vingt-quatre pieds sans les chapiteaux, n'avaient pas toutes la même dimension quant à l'épaisseur du fût; plus ordinairement elles mesuraient trois pieds de diamètre. Cette irrégularité dans les proportions démontrait qu'elles n'avaient pas été faites pour cet édifice. Plusieurs de ces colonnes portaient des caractères hiéroglyphiques, ce qui prouvait qu'elles avaient appartenu à des monuments de l'antiquité égyptienne, et que peut-être elles provenaient de Memphis. De grandes dissemblances existaient aussi dans les chapiteaux. Les sculptures, qui semblaient y avoir été ajoutés par les Arabes, n'avaient presque point de relief; c'étaient de légers dessins gravés, sans profondeur, et représentant des nœuds, des filets, des palmes lisses avec des volutes dans les angles un peu plus en saillie. Les colonnes reposaient sur des bases en grès d'un travail assez grossier. Elles portaient des arcades de pierre en plein cintre, surmontées de frises, où l'on remarquait des inscriptions arabes en lettres d'une grandeur extraordinaire. Dans les angles des plafonds, à peu près de la même manière que dans nos pendentifs, on voyait des ornements de bois en forme d'encorbellement, présentant plusieurs étages. Il entrait dans le plan de ce monument une entente plus savante que dans la construction des plus belles mosquées du Caire, bien qu'il n'offrît pas les mêmes dimensions. La date de son érection remontait au règne de Saladin, c'est-à-dire au douzième siècle de notre ère. On pouvait juger par sa disposition du grandiose qu'avait alors l'architecture arabe. En vain eût-on cherché dans les siècles suivants, excepté dans les beaux monuments des Maures en Espagne, quelque chose qui rappelât ce grandiose et cette sévérité de style. Aussitôt après le règne de Saladin, il y eut décadence. Ni les derniers Ayoubites, ni les Mamelouks Bahrites n'ont rien laissé d'égal à ce que nous avons vu du Divan de Joseph, quoique plusieurs édifices, pleins de magnificence, aient été élevés par ces princes. Peu de monuments au Caire pouvaient être comparés à celui-ci, tant pour la correction que pour la pureté du goût. La porte de Bab-el-Nasr et la mosquée d'El Hakem, dont nous nous occuperons plus loin, offraient seules quelque analogie avec ce palais sous le rapport de l'art. Lorsque M. Michaud est venu après nous visiter le Caire, les voûtes du Divan de Joseph s'étaient écroulées, et l'ensemble de l'édifice ne présentait que des ruines ; nous croyons qu'il n'en existe plus rien maintenant.

Douze mosquées sont bâties dans l'enceinte de la citadelle. La plus remarquable est celle du sultan Kalaoun, œuvre de la fin du treizième ou du commencement du quatorzième siècle. L'édifice affecte dans son plan la forme rectangulaire; il a cent quatre-vingt-neuf pieds sur cent soixante et onze de côté. Chaque face offre le long des murailles deux rangées de dix colonnes; cependant la mosquée n'en possède en tout que soixante-douze à cause du vide laissé devant le sanctuaire de l'adoration. Ces colonnes sont en granit; les quatre que l'on voit aux angles de la cour sont plus grosses que les autres. Comme tous les édifices de ce genre, la mosquée de Kalaoun a une cour au milieu; elle est simple dans son architecture extérieure, mais les murs intérieurement sont incrustés de mosaïques. Ses deux minarets, d'un galbe élégant, sont bâtis avec solidité et ornés de sculptures gracieuses.

La citadelle renferme aussi le palais du vice-roi, rebâti par Méhémet-Ali. La façade du monument approche beaucoup du style de l'architecture européenne; elle est ornée d'un petit portique léger avec une terrasse élevée dans le goût oriental. Un second portique, décoré de colonnes élégantes, orne la partie où se trouvent les principaux appartements. La salle d'audience, embellie de peintures et de sculptures, est d'une grande richesse. Autour de cette résidence s'étendent de jolies terrasses garnies d'orangers et de fleurs, d'où l'on jouit d'un panorama magnifique. Il y a dans les dépendances du palais une ménagerie. C'est aussi dans la citadelle que siége le divan, que l'on bat monnaie, que se fabrique la poudre et que se fondent les canons. On y trouve en outre les ministères, plusieurs tribunaux, des casernes et des archives. Méhémet-Ali y a fait établir une imprimerie à son usage. C'est là qu'à l'époque de notre voyage se publiait, en turc et en arabe, la *Gazette du Caire*.

« Sur toute la citadelle domine la cime jaune et nue du

Mokattam, dont les flancs sont sillonnés par de profonds ravins. On y trouve çà et là d'énormes cavernes, des blocs de rochers détachés par l'effort de l'homme ou par des tremblements de terre. Tout le Mokkatam est une carrière d'où sont sorties Memphis, Héliopolis, le vieux Caire et le grand Caire. Jamais ces sommets arides ne furent habités; jamais on n'y vit croître un arbre, une plante. Cette montagne, qui appartient au désert, n'a point d'histoire. Les Égyptiens, les Arabes, prononcent à peine son nom. Les traditions nous apprennent seulement que l'antiquité allumait des feux sur le Mokkatam en l'honneur du soleil, dans le temps où le soleil était dieu. On trouve sur la cime de la montagne quelques masures parmi lesquelles plusieurs voyageurs ont reconnu les restes d'un observatoire et d'une mosquée; là le calife Hakem allait chaque jour interroger les astres du firmament pour savoir les secrets de Dieu et découvrir les richesses enfouies dans la terre; une fable populaire, répandue parmi les Arabes, répète encore aujourd'hui que le vieux calife avait lui-même caché ses trésors dans une grotte profonde, et qu'ils y restent sous la garde d'un crocodile dont la vigilance ne peut être endormie qu'à l'aide d'un talisman (1). »

Après avoir visité la citadelle nous allons faire parcourir à nos lecteurs la ville du Caire, et décrire la physionomie, les monuments et les mœurs de cette grande cité.

En général, les rues du Caire sont tortueuses et non pavées; quelques-unes sont si étroites que souvent les balcons de deux maisons opposées se touchent. Parfois les rues sont couvertes par le haut, et ce cas est fréquent pour les bazars; d'autres ont des embranche-

(1) *Correspondance d'Orient,* par MM. Michaud et Poujoulat, tome VI, page 48.

ments en zigzag, qui aboutissent à des impasses. Ce dédale de ruelles qui n'ont pas de nom, où vous ne voyez que solitude, ruines et murailles grisâtres qui vous enferment dans un espace de quatre ou cinq pieds de large, donneraient une bien fausse idée de la capitale de l'Égypte, si, au sortir d'une de ces petites rues resserrées et désertes, on ne se trouvait tout à coup au milieu d'une population pressée et active, ou sur des places immenses, dont quelques-unes sont trois ou quatre fois vastes comme celle de la Concorde à Paris. Cependant, il ne faut pas chercher, même dans les quartiers les plus populeux du Caire, une rue tant soit peu large et aérée. Les plus spacieuses n'ont guère que huit ou dix pieds de largeur, ce qui a été calculé à dessein de préserver des trop grandes ardeurs du soleil. En revanche, rien n'y peut garantir des effets terribles du khamsyn. Ce vent, lorsqu'il souffle, remplit l'air d'une poussière subtile et suffoquante, qui, se trouvant enfermée dans ces étroits passages, a les résultats les plus funestes pour la vue; aussi, plus d'un huitième de la population du Caire est aveugle.

Au premier aspect la ville paraît monotone. Toutes les rues, toutes les maisons s'y ressemblent; cependant, examinée avec plus d'attention, on reconnaît bientôt en elle une cité monumentale. A chaque instant on rencontre des portes sculptées dans le goût arabe, des mosquées aux coupoles hardies, d'élégants minarets, de riches arabesques, qui donnent à cette capitale un air à la fois varié et imposant.

On est étonné, en parcourant ces rues rétrécies, sombres et sinueuses, de voir une foule considérable y circuler sans encombre au milieu des ânes, des mulets, des chevaux, des dromadaires et des chameaux chargés qui s'y succèdent sans cesse. En l'absence de voitures, à l'usage desquelles la disposition de la ville ne se prêterait guère, les habitants se servent de baudets de louage pour se transporter d'un lieu à un autre. Le prix de la course d'un âne est de cinquante à soixante paras. Des chevaux sont aussi destinés au même usage; mais les baudets sont préférables à cause de leur force et de la douceur de leur train, qui est ordinairement l'amble.

La ville se divise en cinquante-trois quartiers ou *harahs*, parmi lesquels on en compte seize principaux. Plusieurs se distinguent et se désignent par la population qui les habite. Ainsi on a le quartier Cophte, le quartier Juif, le quartier Grec, le quartier Franc. Chacun de ces quartiers est fermé par des portes, les unes en pierre, dans le goût de l'architecture arabe, les autres avec un guichet et ressemblant assez à une porte de prison.

Parmi les places, il en est quatre qui méritent ce nom, celles de Kara-Meydand, de Roumélich, de Berket-el-Fil et d'El-Ezbekieh. Cette dernière est une des plus belles que l'on puisse voir. Sa superficie est presque égale à l'hippodrome intérieur du Champ-de-Mars. Au mois de septembre, quand la crue du Nil arrive à son maximum, cette place est inondée; et alors on la parcourt en bateau. C'est un curieux spectacle, la nuit surtout, lorsqu'on voit voguer sur ce vaste bassin des barques illuminées, et remplies de promeneurs qui viennent respirer la fraîcheur du soir. Dans les autres saisons de l'année, la promenade d'El-Ezbekieh, plantée d'arbres touffus, coupée d'allées et enjolivée de bosquets, est le rendez-vous de la population la plus distinguée du Caire. Depuis quelques années, sous l'influence des habitudes de l'Occident, qui ont complètement modifié la physionomie de cette ville, on a été jusqu'à établir le soir, sur la place d'El-Ezbekieh, des chaises où l'on va s'asseoir en buvant du café et en fumant le narguileh. Quand nous avons visité pour la première fois le Caire, il n'y avait pas une maison où il y eût une chaise. On ne se servait pour s'asseoir que de divans, de carreaux ou de tapis. Nous avons eu le bonheur de voir l'Orient, et particulièrement l'Égypte, avant que les mœurs eussent été altérées par les Européens. A notre premier voyage, les usages du pays étaient encore immuables, et nous pourrions presque affirmer que c'était l'Orient du seizième siècle que nous visitions.

Autour de la promenade d'Ezbekieh s'étend le quartier Franc, où l'on montre encore la maison du général Bonaparte et le jardin où Kléber fut assassiné. Ce jardin dépendait d'une maison habitée par le général en chef, et située sur la place d'Ezbekieh. Comme cette demeure, où était installé le quartier général, avait beaucoup souffert du siège de la ville, Kléber y fit faire des réparations, et, en attendant l'achèvement des travaux, il avait fixé provisoirement sa résidence à Giseh, dans l'ancien palais de Mourad-Bey. Le 25 prairial an VIII, il était venu au Caire visiter les travaux de sa maison, et il causait avec l'architecte Protain, membre de l'Institut d'Égypte (1), dans la grande galerie du jardin donnant sur la place, lorsqu'un jeune fanatique d'Alep, Soliman-el-Haleby, qui s'était approché de lui, et venait de lui baiser la main comme pour lui demander une grâce, tira tout à coup son poignard et le frappa mortellement. L'assassin fut arrêté à l'instant, et l'instruction du procès établit qu'il avait pour complices Seyd-Abd-el-Kadyr-el-Ghazzy, Mohammed-el-Ghazzy, Abd-Allah-el-Ghazzy et Ahmed-

(1) Nous avons connu M. Protain, qui nous a souvent entretenu de cet événement.

el-Oualy, tous quatre nés à Gazza, et lecteurs à la grande mosquée d'El-Azhar, au Caire. Le jugement rendu contre les coupables, le 27 prairial, porte ce qui suit : « La Commission a décidé à l'unanimité de choisir un genre de supplice en usage dans le pays pour les plus grands crimes, et proportionné à la grandeur de l'attentat, et a condamné Soliman-el-Haleby à avoir le poignet droit brûlé, à être ensuite empalé, et à rester sur le pal jusqu'à ce que son cadavre soit mangé par les oiseaux de proie. Cette exécution aura lieu sur la butte du fort de l'Institut, aussitôt après l'enterrement du général en chef Kléber, en présence de l'armée et des habitants. Elle a prononcé la peine de mort contre Seyd-Abd-el-Kadyr-el-Ghazzy, contumace; ses biens seront confisqués et acquis à la République française, son jugement sera affiché au poteau destiné à recevoir sa tête. Elle a condamné Mohammed-el-Ghazzy, Abd-Allah-el-Ghazzy et Ahmed-el-Oualy à avoir la tête tranchée et exposée sur le lieu de l'exécution; leurs corps seront brûlés sur un bûcher dressé dans ledit lieu à cet effet... » Cette sentence fut exécutée le lendemain 28 prairial, après l'inhumation de Kléber, dont l'oraison funèbre fut prononcée par Fourier, secrétaire perpétuel de l'Institut d'Égypte (1).

Les maisons du Caire, comme celles de toute l'Égypte, sont ordinairement en terre et en briques. Leur aspect extérieur est triste; on dirait des prisons, quoique la plupart aient deux et trois étages. Cependant les habi-

(1) Tous les détails relatifs à l'assassinat du général Kléber, avec les pièces de procédure et le texte du jugement rendu contre les coupables, ont été publiés dans les *Pièces officielles de l'armée d'Égypte,* seconde partie, page 275, et reproduits pour la plupart dans l'ouvrage intitulé : *Tableau de l'Égypte pendant le séjour de l'armée française,* par A. Galland, membre de la Commission des Sciences et Arts séant au Caire. Paris, 1807. 2 vol. in-8°.

tations des beys se distinguent de celles des particuliers par une construction plus régulière et plus somptueuse. Le rez-de-chaussée est en pierres de taille, et chacune des assises est peinte, tantôt en rouge, tantôt en vert. Au-dessus et à chaque étage, on aperçoit des balcons saillants, ou kiosques, avec des grillages ou des boiseries travaillées au tour. Presque toutes ces habitations ont une grande salle ouverte au rez-de-chaussée, salle que l'on nomme *mandar* ou *belvédère*. C'est dans cette pièce que le maître reçoit les visiteurs ordinaires, et d'où il voit tout ce qui entre dans la cour. Ensuite vient, toujours au rez-de-chaussée, une autre grande pièce, pavée en marbre, ornée au centre de jets d'eau, et garnie de divans. Là arrivent les intimes et les personnes reçues avec quelque cérémonie ; c'est l'endroit où se tient le propriétaire, et où il consume les heures entre la pipe et le café. Autour de ces appartements principaux sont distribués les salles de bains, les jardins, le harem et les écuries. La maison ou le palais d'Osman-Bey-el-Tanbourgy nous a paru surtout un modèle de cette architecture pleine de richesse qui distingue les demeures des grands du Caire. Ce monument, remarquable par l'élégance de certaines parties, la variété et la commodité des distributions intérieures, est situé près d'une mosquée, dans un quartier méridional de la ville. La façade du côté de la cour forme une galerie soutenue par des colonnes de marbre d'une grande légèreté ; les assises de cette galerie, peintes suivant l'usage, sont ornées de sculptures finement travaillées. Des lambris de marbres incrustés, présentant différents dessins, ajoutent encore au luxe de la construction. Les fenêtres ne sont pas moins historiées. Un escalier, circulaire à sa base, conduit dans l'intérieur par une espèce de tour prise à l'angle du bâtiment; des auvents surmontent le faîte et tournent leurs ouvertures vers le nord afin de faciliter l'introduction des vents de la région boréale, qui viennent rafraîchir les corridors et les appartements. L'aspect de ce palais est d'un effet qui plaît à l'œil, plus par la variété des détails que par la majesté de l'ensemble. C'est ordinairement dans la partie de l'édifice donnant sur le jardin que l'architecte déploie le plus de magnificence. Une terrasse dallée de marbre, des murs lambrissés avec des panneaux en marqueterie ou en mosaïque, des kiosques élégants, des colonnes de bois ou de marbre à chapiteaux arabes ouvragés de moulures gracieuses; des salles ouvertes aux brises du nord et ombragées par le feuillage du dattier et de l'acacia d'Égypte, enfin des portes, des balcons richement ornés, donnent à ce côté de la demeure des grands une physionomie aussi luxueuse qu'agréable. Dans toutes les maisons des beys il y a toujours, ainsi que nous l'avons dit, deux salons, l'un de cérémonie, l'autre pour l'usage ordinaire. Comme le maître possède ordinairement quatre femmes, chacune d'elles a aussi un salon entouré d'appartements qui ne communiquent avec les autres pièces de la maison que par des passages à l'usage de leurs domestiques. Ces communications sont fermées avec soin. Quant à l'entrée particulière, le maître seul en a la clef. Afin que les femmes ne soient pas vues, chaque salon a un tour à peu près semblable à celui qu'on pratique dans les maisons religieuses. Les pièces qui communiquent de l'une à l'autre ne sont point de plain-pied comme en Europe; on est toujours obligé de monter ou de descendre quelques marches. Au dedans des appartements se montre toute la somptuosité orientale. Les murs intérieurs n'offrent pas moins d'enjolivements que ceux du dehors. De riches tentures, des divans en étoffes brochées de soie et d'or, des tapis magnifiques, et une multitude de coussins de couleur cramoisie, distribués autour des salles, composent l'ameublement, auquel il faut ajouter de grands et beaux vases du Japon qui décorent l'entrée des pièces principales. Quant aux autres meubles à notre usage, ils sont inconnus dans les salons égyptiens.

Les jardins qui accompagnent les demeures des grands du Caire ressemblent bien peu aux nôtres. Là, nulle promenade, point d'allées ni de gazons, mais des bosquets touffus où le figuier-sycomore, l'acacia-lebbek, le dattier, le grenadier, le mûrier, le myrte, le napéca, croissent pêle-mêle et sans distribution. Au milieu de massifs d'orangers et de citronniers, parmi les berceaux de vigne et les feuilles gigantesques du bananier, s'élèvent de charmants kiosques, tantôt couverts en treillages, tantôt surmontés de coupoles où l'on respire un air embaumé. Des cours d'eau limpide murmurent sous les ombrages frais qui vous garantissent pendant toute l'année des ardeurs d'un soleil brûlant. Ces jardins, lieux de repos et de délices pour les habitants des palais dont ils dépendent, se nomment *geneyneh* ou *inghénéné*.

Telles sont les maisons des beys; les kachefs, les cheiks, les imans, le muphti, l'aga, l'ouali, le cadi, et les autres fonctionnaires ont aussi des demeures proportionnées à leur fortune, à leur rang ou à leur importance. Dans ces logements on ne trouve jamais des magasins réservés au commerce et ménagés à l'extérieur. Ces magasins ne se rencontrent que dans les quartiers marchands, dans les rues couvertes, dans les bazars. Du reste, ils sont simples au dehors comme au dedans; peu d'étalage, peu d'apparat, et à peine ce qu'il faut de montre extérieure pour indiquer le genre du commerce du détaillant. Le Caire compte douze cents cafés, où l'on ne vend absolument que cette boisson, passion de l'Orient.

Rien n'est plus beau que l'architecture des mosquées du Caire. L'art des Arabes semble y avoir épuisé toutes ses richesses, toutes ses dentelles, toutes ses broderies. Depuis la première époque de cette architecture, qui date de l'invasion, jusqu'à son abâtardissement, sous la domination turque, on retrouve toutes les manières, tous les caractères, tous les styles. Sur trois cents minarets, il n'y en a pas un qui ait le même port, le même jet; les trois cents coupoles décrivent toutes une courbe différente. Cependant, parmi ces monuments il en est quelques-uns qu'on doit distinguer particulièrement.

La mosquée de Touloun, vaste édifice qui date du neuvième siècle, est peut-être le plus beau monument de ce genre qui existe en Égypte, malgré l'état de ruine dans lequel il se trouve. Elle fut bâtie l'an 238 de l'hégire (850 de J. C.) par Ahmed-ben-Touloun, qui mit trois ans à l'achever. Il dépensa à cette construction cent vingt mille dynâr ou un million huit cent vingt mille francs. L'architecte chargé de ce travail fut un chrétien, le même qui construisit l'aqueduc et la fontaine. Comme on manquait de colonnes, il fit supporter les portiques par des piliers de forme carrée, en sorte que la beauté du monument résulta de l'ordonnance du massif, exécuté, suivant quelques-uns, sur le modèle de la mosquée de Smarrah, ou, selon d'autres, sur celui de la mosquée de la Mecque. Ne voulant pas que l'édifice pût être altéré par l'humidité ou détruit par le feu, Touloun prescrivit de n'employer dans les constructions d'autres matériaux que la chaux et la brique; il désigna lui-même le mont Yechkar pour l'emplacement du monument; un minaret, séparé de la mosquée par une espèce d'enceinte, fut bâti d'après ses idées et sur ses plans. Quoique dénaturé par des réparations postérieures, ce minaret, encore existant aujourd'hui, conserve sa forme originale. On y montait au moyen d'un escalier extérieur pratiqué en spirale. Selon un auteur arabe, qui nous a laissé beaucoup de détails sur Touloun, ce prince aurait fait faire les corniches en ambre pétrie, pour flatter l'odorat de ceux qui viendraient prier dans le temple; mais ce n'est là qu'une fiction digne des Mille et une Nuits. L'inauguration de la mosquée se fit avec une magnificence extraordinaire; pendant la cérémonie, l'enceinte fut jonchée de pastilles d'ambre qui enveloppèrent tout à coup les fidèles dans un nuage odorant. La porte principale du monument est percée à peu près en face du minaret dont nous venons de parler, elle est placée sous une arcade transversale tournée vers le nord-ouest. Deux autres portes latérales, ouvertes entre les deux angles, partagent la façade en trois parties égales où l'on voit trente-trois petites fenêtres terminées en ogive et aussi larges que hautes, formant comme un attique au-dessus des portes. Leurs ouvertures correspondent dans les galeries intérieures à dix-sept entre-colonnements. Ces galeries tournent autour d'une cour carrée, sur laquelle elles s'ouvrent par un grand nombre d'arcades. Tout l'édifice, c'est-à-dire la mosquée avec son enceinte, peut avoir environ deux cent quarante pieds de long sur deux cent vingt-huit de large. La masse extérieure est très-imposante dans son ensemble. Vu de dehors, le dôme n'a rien de bien remarquable, mais intérieurement les parois sont d'un riche travail. Quand nous avons visité cette mosquée, les frises, les arceaux des voûtes étaient encore couverts de sculptures, d'arabesques et de versets du Coran en relief; des lampes d'airain suspendues aux arcades des galeries illuminaient le temple; au-dessous du plafond étincelaient des étoiles d'or; tandis que le pavé était formé d'une précieuse mosaïque recouverte de nattes de Samana; un magnifique jet d'eau jaillisait en gerbe au milieu du parvis, sous un pavillon élégant. Comme accessoire à la mosquée, Touloun y fit encore bâtir un réservoir pour les ablutions et une pharmacie pour les indigents. Il chargea ensuite un médecin de régler le choix et l'application des remèdes. Dans les premiers temps de sa fondation, la mosquée de Touloun possédait un collége comprenant un grand nombre de chaires; le sultan mamelouk Hoceyn-ed-Dyn, qui régnait en 1297, y établit neuf autres chaires dont une pour l'astronomie et plusieurs pour la médecine et l'étude des lois. Depuis notre voyage, la mosquée de Touloun, spécimen admirable de l'architecture arabe de la première époque, a été convertie par Ibrahim-Pacha en hôpital militaire; on a démoli la fontaine de la cour, on a construit des refends entre les colonnes, on a fait des murs dans les galeries, on a morcelé et déshonoré ce beau monument.

Une autre mosquée non moins célèbre et presque aussi ancienne, est celle du calife El-Hakem, vaste édifice orné autrefois avec la plus grande richesse; elle est située au nord-est de la ville, non loin de la porte *Bab-el-Nasr*. On la nomma d'abord *Gâmah-Ennoreh*, la Mosquée lumineuse. Elle est à peu près de forme carrée, ayant environ cent soixante-cinq pieds de côté. Ses voûtes ne retentissent plus de la prière des fidèles, qui venaient jadis frapper de leurs fronts les dalles de ce sanctuaire; aujourd'hui elle est déserte et abandonnée;

ses arceaux tombent en ruines. Une grande partie de la frise, qui formait le couronnement des galeries, n'existe plus; les murs s'écroulent, et chaque jour cette détérioration augmente. Cependant, on peut juger encore, par le dôme et par les minarets qui subsistent, du goût qui a présidé à cette imposante construction. Le minaret, surtout, est d'un fort beau travail; sa forme est octogone; une profusion d'ornements sont distribués sur ses faces et font regretter vivement la dégradation dont il est menacé, et qui déjà attaque sa base. Les autres parties de la mosquée d'Hakem n'offrent plus que des salles sans plafond, des galeries écroulées.

La mosquée *des Fleurs*, ou El-Azhar, est une des plus importantes dans le culte islamite. En effet, en dehors de son beau style d'architecture, de sa coupole hardie et noble, El-Azhar a un but d'utilité scientifique et religieux que les autres mosquées du Caire n'ont point au même degré. Là se trouvent des corps de logis tout entiers destinés à offrir un asile aux pèlerins qui font le voyage de la Mecque; là sont aussi les écoles auxquelles accouraient jadis vingt mille élèves de toutes les contrées mahométanes, écoles célèbres par le choix scrupuleux de leurs professeurs, les premiers docteurs de l'Islamisme. De ce collége, illustre dans l'Orient, et auquel était jointe une des plus riches bibliothèques de l'empire turc, sortaient chaque année une foule de nouveaux docteurs de la loi, fiers d'avoir puisé leurs grades à une source aussi respectée.

L'enseignement donné dans cette université mahométane comprend encore aujourd'hui tous les degrés de l'instruction, et ses cours sont suivis par toutes les personnes qui se destinent aux professions religieuses ou civiles. Il suffit pour y être admis de savoir lire, écrire et réciter le Coran. La partie de la mosquée consacrée aux études est divisée en un certain nombre d'appartements ou corps de logis (*riwaks*), dont chacun est occupé par des étudiants du même pays ou de la même province. Chaque riwak, aujourd'hui, a sa bibliothèque particulière. Les cours comprennent la grammaire, la syntaxe, la rhétorique, la versification, la théologie, l'explication du Coran, ses Commentaires, les traditions du Prophète, la législation religieuse, civile et criminelle, l'arithmétique, l'algèbre. On y fait des lectures publiques dans les livres des différentes sectes mahométanes. La plupart des étudiants étant nés au Caire sont de la secte des Shafis, et le cheik placé à la tête de la mosquée appartient toujours à cette secte. Aucun étudiant ne paye l'instruction qu'on lui donne; presque tous sont pauvres, et la plupart reçoivent pour leur subsistance une rétribution journalière prise sur le revenu d'immeubles donnés à cet effet par de pieux bienfaiteurs. Mais, à l'époque où nous visitions le Caire, ils ne jouissaient plus de cette rente que pendant les fêtes du Ramadan, parce que Méhémet-Ali s'étant emparé de toutes les terres cultivables appartenant aux mosquées, les revenus d'El-Azhar se trouvaient considérablement réduits. Rien, dans ce grand collége, n'est à la charge du gouvernement, à l'exception des frais de réparation des bâtiments et des appointements des principaux officiers. Les professeurs ne sont point salariés; et, à moins qu'ils ne possèdent une fortune personnelle, ils n'ont d'autres moyens d'existence que de donner des leçons dans les maisons particulières ou de copier des manuscrits. Quelquefois les personnes riches leur font des dons. Tout homme apte à enseigner peut être admis comme professeur sur la simple autorisation du chef de la mosquée. Les élèves qui ne reçoivent pas de rente ne vivent qu'en allant réciter le Coran chez les personnes aisées ou prier sur les tombeaux. Quand leurs études sont suffisamment avancées, ils deviennent cadis, muftis, imans, ou maîtres d'école, soit au Caire, soit dans leur ville natale; d'autres, en petit nombre, se livrent au commerce. Il y en a enfin qui passent leur vie à étudier dans la mosquée d'El-Azhar, et quelques-uns obtiennent un rang élevé parmi les ulémas. Depuis la confiscation des biens appartenant à ce grand établissement, le nombre de ses élèves avait beaucoup diminué; il n'était plus que de quinze cents à l'époque de notre voyage. Dans les dépendances de la mosquée d'El-Azhar, et à l'angle oriental du principal bâtiment, se trouve un hospice appelé la chapelle des aveugles (*Zawiet el Omyan*). Trois cents aveugles de tout âge, parmi lesquels il y a beaucoup de jeunes gens, y sont nourris et entretenus aux frais de la mosquée. Ils ont des esclaves pour les servir et les conduire, et chaque jour on leur lit quelques pages du Coran. Ainsi, la mosquée d'El-Azhar, malgré sa décadence, réalise encore aujourd'hui, comme celle de Soliman à Constantinople, cette grande et pieuse pensée qui, autrefois, dans l'Orient, plaçait toujours auprès des monuments religieux les colléges, les bibliothèques, et des asiles pour les pauvres, les infirmes et les pèlerins.

Pour la beauté extérieure, la mosquée des Fleurs cède le pas à celle du sultan Hassan ou Haçan, la plus remarquable de toutes les mosquées du Caire par la grandeur et l'élévation de sa coupole, par le luxe et la variété des marbres qu'on y a prodigués, par ses ornements en arabesques, travaillés sur la pierre dure, sur le bois et sur le bronze, enfin par la légèreté gracieuse, par l'élévation merveilleuse des deux plus beaux minarets du Caire. C'est en montant sur les galeries aériennes de ces minarets que l'on peut avoir une idée générale de la ville et de la campagne qui l'environne. Du haut de ces observatoires aériens, l'œil embrasse tout un monde; d'un côté le Mokattam avec ses rochers calcaires, la citadelle et ses monuments; de l'autre le désert libyque dans un rayon de cinq lieues, solitude muette que dominent les pyramides de Gizeh; puis, sur un plan plus rapproché, l'île de Roudah et son nilomètre, Boulak et ses entrepôts, le vieux Caire et son aqueduc; la ville des Tombeaux, nécropole immense où chaque mort a son monument; enfin, aux pieds même de cet observatoire, la capitale de l'Égypte, hérissée de flèches aiguës et pavée de terrasses unies, laissant à peine entrevoir sur quelques places et dans les carrefours une longue fourmilière d'habitants.

La mosquée d'Hassan, située sur la vaste place de Roumélieh, en face de la citadelle du Caire, a été érigée l'an 1356 de notre ère par le sultan Hassan Malek-el-Nasry, qui régna deux fois et mourut en 1360. On évalue les dépenses nécessitées par sa construction, à près de mille *mitkals* d'or ou quinze mille francs par jour, pendant l'espace de trois ans qu'on travailla, ce qui formerait l'énorme total de seize millions de francs. Un des minarets s'étant écroulé peu de temps après l'achèvement de l'édifice, trois cents orphelins occupés à l'étude y furent écrasés; cet événement fut regardé comme un présage funeste pour le fondateur, et, en effet, suivant l'opinion populaire, Hassan périt trente-trois jours après la prédiction.

L'édifice est de forme quadrangulaire. Sa plus grande longueur est de quatre cent cinquante pieds, et la hauteur de son grand minaret de deux cent quarante pieds environ. L'entrée, du côté de la rue *Souk-el-Selah*, le marché des armes, est d'un caractère fort imposant, malgré son irrégularité, qui provient sans doute de la difficulté du terrain sur lequel l'architecte a été obligé de bâtir.

La richesse et l'originalité du style arabe éclatent partout dans cette belle mosquée. On ne peut s'empêcher d'admirer la hardiesse de la coupole, les vastes proportions de l'édifice. Les murs intérieurs et les pavés y sont incrustés de marbre d'une grande beauté. De tout côté les ornements, répandus avec prodigalité, offrent cette simplicité élégante qui est le caractère de ce genre d'architecture ; des dessins d'arabesques, des versets du Coran, en lettres gigantesques, sont les seules peintures qu'on y voit. Ces dessins, ordinairement de couleurs variées, présentent surtout, par la combinaison du bleu, du vert, de l'or et du rouge, un effet très-pittoresque. Quant aux sculptures, il n'y en a point d'autres que des figures capricieuses exécutées en pierre dure, en bronze et en bois, dans le goût arabe.

Les faces extérieures du monument sont aussi incrustées en marbre de différentes couleurs, et couronnées d'une corniche dont la saillie est considérable ; elles ont des inscriptions comme celles que nous avons décrites plus haut, et des sculptures imitant des feuillages, des enroulements de formes variées empruntés des végétaux ; un art exquis se fait remarquer dans le travail des grillages et des portes ; tout décèle dans l'exécution des moindres choses le goût qui régnait alors. On arrivait à la mosquée par plusieurs marches qui n'existent plus. Comme dans les temps de révolte elle servait d'asile au peuple, on en a muré les portes principales. Sa position est si forte qu'on y entretenait constamment une garnison de janissaires dont les casernes, contigües au bâtiment, existent encore. Intérieurement, les tribunes, les piscines et les bassins ont une perfection qui correspond à la beauté de l'édifice. Quoique d'une décoration simple, le sanctuaire est plein de majesté. Cette multitude de lampes, qui, dans les grandes cérémonies, projettent de la voûte du dôme une lumière éclatante sur toutes les parties de la mosquée, produisent un spectacle qui tient de la féerie orientale. Des nattes du Kordofan couvrent partout les dalles; une portière noire, surchargée de dessins dorés, tombe devant l'escalier du *mimber* ou *mimbar* (de la chaire), en haut duquel flottent les étendards consacrés. La niche du *kebla* est enrichie d'incrustations de nacre et d'écaille. A droite du mimber s'ouvre une salle nue et dégradée, dans laquelle est le tombeau du fondateur, le sultan Hassan; ce petit monument, d'un style simple, de forme oblongue, est tourné vers la Mecque, et défendu par une balustrade en fer. Aux pieds du sultan est placé un livre à fermoir d'argent; c'est un Coran que Hassan copia tout entier de sa main.

Il est regrettable que la place de Roumélieh n'entoure pas l'édifice de tous côtés. De misérables habitations basses et étroites gâtent, par leur voisinage, l'effet grandiose de cette belle architecture. On voit adossées contre les murs de la mosquée de sales cahutes arrondies de six pieds de diamètre sur quatre pieds de haut, dans chacune desquelles une famille entière vient s'entasser. Construites en terre mêlée de quelques pierres, ces étroites cahutes étaient, il y a quelque temps, ouvertes par le haut pour recevoir le jour et laisser échapper la fumée; aujourd'hui la plupart ont des fenêtres, et présentent un aspect moins misérable, quoique non moins choquant.

Sur le côté oriental de la grande place de Roumélieh, qu'on appelle aussi place du Sultan Hassan, à cause de la célèbre mosquée que nous venons de décrire, est une autre mosquée plus petite, mais d'une architecture élégante, celle de Mahmoudieh, au sud de laquelle s'élèvent les deux tours de la porte conduisant à la citadelle, et dont nous avons parlé. Sur la place du Sultan Hassan se réunissent les faiseurs de tours, les marchands ambulants et les oisifs en groupes plus compactes que ceux qui encombrent quelquefois les rues de Paris. Des fragments de rochers formant saillie au milieu de la place servent d'appui aux boutiques ambulantes des petits marchands qui débitent du tabac, des cannes à sucre, du vieux fer, etc. C'est également sur ce vaste emplacement que les jeunes gens riches vont s'exercer à lancer le djérid ou essayer leurs chevaux. C'est le lieu le plus animé et le plus pittoresque de la ville.

A une certaine distance de la même place de Roumélieh et à l'extrémité de la rue Khourbarieh, l'une des plus grandes du Caire, s'élèvent les deux *menezehs* ou minarets jumeaux des mosquées d'Émir Yacoub et Ibrahim Aga. A quelques différences près dans l'ornementation, ces deux minarets sont semblables et composés de trois rangs de galeries. La coupole de la mosquée d'Émir Yacoub est décorée d'incrustations profondes qui donnent à la pierre l'aspect d'un voile de dentelle jeté sur le tombeau de l'émir, placé dans ce temple. A l'intérieur le monument répond au luxe qu'annonce le dehors. Il est splendidement enrichi de marbre, de mosaïques, de lampes et d'œufs d'autruche. Son éloignement du centre de la ville le rend très-propre aux méditations des écrivains arabes et des commentateurs du Coran, qui fréquentent particulièremen cette mosquée.

Celle de Barkouk est située près du bazar des fabricants de chibouks, un des plus fréquentés du Caire;

aussi la cour de la mosquée de Barkouk est-elle incessamment visitée par une multitude d'oisifs qui rêvent ou dorment en attendant que les chibouks qu'ils ont commandés soient terminés, ou par ceux qui, ayant enfin en leur possession cette inséparable compagne de tout vrai musulman, veulent immédiatement en faire l'essai sous les portiques, à l'ombre d'un frais sycomore, en écoutant le bruit cadencé et argentin de quelque fontaine, ou le chant des oiseaux qui viennent, comme les hommes, chercher un refuge contre la chaleur dévorante du milieu du jour. Deux menezehs, d'une architecture élégante et simple, se dressent parallèlement de chaque côté de la porte d'entrée principale ; le menezeh de gauche possède une issue réservée par laquelle on peut, dans les instants de foule, sortir de l'enceinte de la mosquée. Le monument est de forme carrée, et la vaste cour placée au milieu mesure environ cent vingt pieds de côté. Au centre de cette cour on trouve un bassin octogone et le tombeau d'un santon. Deux pavillons avec dôme occupent les extrémités de la façade. Dans celui de gauche on voit la salle qui renferme la tombe du sultan Barkouk : dans l'autre, à droite, sont placées celles de sa famille. Une double galerie intérieure, soutenue par des piliers, lie les deux pavillons des extrémités. Un autre petit pavillon en dôme s'élève au milieu, c'est la niche de l'adoration. Deux entrées facilitent les communications de la mosquée. A côté de la porte principale est une fontaine publique, au-dessus de laquelle on a installé une école de jeunes garçons. Le sommet de la mosquée de Barkouk est terminé en terrasse. Au dehors, les parois des murailles sont ornées de bandes horizontales rouges et blanches alternées. Des dessins ingénieux et élégants, exécutés en mosaïques, recouvrent les murs intérieurs. Ces bandes horizontales, qu'on retrouve à Constantinople dans l'admirable église de Sophie, devenue mosquée, sont une imitation de l'architecture bysantine, qui elle-même avait imité les constructions romaines. Les peuples de l'Occident en ont fait usage en Italie, particulièrement dans le nord; on les retrouve aussi dans les monuments romans de la France et de l'Allemagne.

La mosquée de Kait-Bey, une des plus gracieuses du Caire, est située à l'est de la ville et hors des murs ; sa fondation date de l'an 870 de l'hégire (1463 de notre ère), et on peut la considérer comme un type parfait de l'architecture arabe de cette époque. Son ensemble est complet; la porte d'entrée, le dôme et le minaret sont d'une proportion agréable dans les formes et d'une recherche exquise dans les ornements. La porte est précédée d'une enceinte qui lui donne l'apparence d'une cour de justice; à droite et à gauche sont des bancs qu'on couvre de tapis pour les principaux officiers ; au fond on reconnaît la niche et le banc où se plaçaient le sultan et son vizir, qui arrivaient à cette espèce de trône par plusieurs rangs de marches. Cet usage de rendre la justice à la porte des mosquées était probablement pratiqué par les Arabes pendant leur domination en Espagne, car, à Valence, peut-être par imitation de cette coutume, on peut voir chaque semaine, à la porte de la cathédrale, trois juges nommés par les communes, qui, assis sur les bancs du portail, rendent la justice dans toutes les causes qui ne relèvent pas des grands tribunaux. Enfin, nous ne devons pas oublier que, dans notre moyen âge, en France, les causes ecclésiastiques étaient jugées à la porte des églises. Le jugement portait ordinairement : *Datum inter leones,* parce que deux lions étaient sculptés de chaque côté du portail. A gauche, en entrant dans la mosquée de Kait-Bey, est une fontaine, et au-dessus une école pour les jeunes garçons; à droite se trouve l'entrée de la mosquée, qui a une disposition semblable à celle d'Hassan dont nous avons parlé. Au milieu de cette entrée s'élève une construction légère en bois, ornée avec goût, et disposée de manière à laisser pénétrer la fraîcheur et le jour; on pourrait supposer que cette partie de l'édifice était originairement ouverte. L'intérieur est orné avec une merveilleuse richesse.

Dans la salle qui contient le tombeau du fondateur, sont deux cubes de granit, l'un gris, l'autre rose. Sur le gris, on voit une empreinte qui, s'il faut en croire la tradition reçue, est celle des deux pieds du prophète; sur le rose, est gravé l'empreinte d'un pied seulement. Ces deux cubes sont renfermés dans de petits monuments, l'un en bois, de forme pyramidale, sculpté et peint, l'autre en marbre surmonté de quatre petites colonnes qui portent une coupole en bronze décorée de ciselures dorées. On prétend que Kait-Bey les apporta de la Mecque. On les plaça à côté de son tombeau, où il sont visités et révérés par les pieux musulmans.

Nous pourrions aussi parler des mosquées d'Émir Khour, de Setti Zayneb, d'El Mouyed, de Hamed, de Scander-Pacha, de Gourieh et de beaucoup d'autres que nous avons visitées et admirées, mais elles ne diffèrent pas assez des précédentes pour qu'il soit nécessaire d'en donner une description spéciale. Il y a encore au Caire, près de l'hôpital de Moristan, où les aliénés et les malades se trouvent réunis, une mosquée curieuse par l'ancienneté de sa construction; elle date de l'an 1282 de notre ère, et doit sa fondation au sultan Kalaoun, qui a son tombeau dans une salle attenant à ce monument. Le style de l'architecture et le plan de l'édifice rappellent exactement la mosquée que le même prince fit bâtir dans la citadelle, et dont nous avons parlé ci-dessus. La salle du tombeau de Kalaoun est décorée avec une grande magnificence. Ses longues arcades reposent sur des piliers qui rappellent ceux de nos églises. On y remarque de nombreux chapiteanx à feuilles refendues et des boiseries sculptées d'un beau travail. On conserve dans cette salle le caftan de soie et la ceinture de cuir de Kalaoun, et on leur attribue des vertus talismaniques. Moyennant une rétribution donnée au gardien, les malades, hommes et femmes, se couvrent de ce caftan usé par les siècles, et passent la ceinture autour de leurs reins. Ensuite ils font trois fois le tour du tombeau en prononçant quelques prières, et se retirent guéris, dit-on, de leur maladie.

En général les mosquées du Caire sont, avec la célèbre Caaba de la Mecque, la grande mosquée d'Omar, à Jérusalem, les ruines de celles de Koniah dans l'Asie Mineure, la grande mosquée de Damas et celle de Cordoue en Espagne, les plus beaux monuments religieux que l'islamisme ait élevés. Les minarets y sont plus nombreux et plus remarquables qu'en aucune autre ville de l'Orient; on en distingue surtout onze, qui sont les minarets des mosquées d'Hassan, d'El Azhar, de Kalaoun, de Barkauk, de Touloun, de Kait-Bey, d'El-Mouyed, de Hamed, de Scander Pacha, de Gourieh et celui de la mosquée d'Amrou au vieux Caire. Rien de plus intéressant et de plus curieux à étudier que ces édifices élégants dont nous possédons en Europe un admirable spécimen dans la Giralda de Séville. C'est en observant l'architecture arabe dans les monuments religieux du Caire qu'on est surtout frappé de l'analogie qu'elle présente avec l'architecture ogivale des peuples de l'Occident au moyen âge; dans plusieurs des mosquées que nous avons décrites, mais surtout dans la mosquée de Kalaoun, cette ressemblance est frappante. De longues arcades servant de contreforts entre lesquelles sont d'autres arcades plus petites supportées par des colonnes; point de corniches, point d'entablement; un portail servant de décoration à la porte d'entrée, présentant plusieurs arcades, les unes dans les autres, soutenues par des groupes de colonnettes de différentes grandeurs; tout cet ensemble qui s'offre dans la mosquée de Kalaoun, élevée au treizième siècle, est ce qui caractérise les églises que l'on construisait à la même époque en France, en Allemagne et dans le nord de l'Italie, et dont les types les plus achevés sont plusieurs de nos cathédrales et la Sainte-Chapelle de Paris. Si l'on ajoute à l'architecture arabe ce que demandaient dans l'Occident nos usages religieux et ce qu'exigeait notre climat froid et pluvieux, on aura les statues, les bas-reliefs, les combles élevés, les pignons pointus, les chochetons, les gouttières avancées, tout ce qui forme la décoration obligée de nos églises de style ogival. Une telle similitude ne peut être fortuite et il est très-probable que par suite des rapports que les croisades établirent entre les peuples de l'Orient et ceux de l'Occident, ceux-ci auront imité l'architecture des Arabes comme les Arabes eux-mêmes avaient imité celle du bas-empire.

Nous n'achèverons pas cette description des édifices religieux du Caire sans parler des *tekiehs* ou couvents de derviches, qui s'y trouvent en assez grand nombre. Le plus considérable et le mieux approprié à sa destination est celui de la rue Habbanieh dont la fondation primitive est très-ancienne, mais qui fut reconstruit sous le sultan Sélim, par Mustapha-Aga. Le plan offre à peu près les mêmes dispositions qu'on rencontre dans les couvents de capucins de l'Italie : une cour entourée de portiques avec des cellules, un petit oratoire en pierres bien appareillées. Le couvent est principalement destiné à donner asile aux derviches voyageurs, qui n'y reçoivent que la ration de pain et l'éclairage. Ces derviches vivent habituellement d'aumônes et s'introduisent dans les maisons des riches aux heures des repas, sans aucune invitation. Nous avons même vu un derviche couvert de haillons entrer dans la salle où Méhémet-Ali donnait une de ses audiences publiques et s'asseoir sur un divan, à côté du vice-roi, sans qu'aucun officier tentât de s'y opposer ou que le prince témoignât le moindre mécontentement.

Parmi les monuments remarquables du Caire, on doit distinguer plusieurs des portes de la ville, surtout celles de *Bab-el-Fotouh* et de *Bab-el-Nasr*, qui sont les deux plus importantes. Toutes deux appartiennent à une vieille enceinte que le visir Bedhr-el-Gemâli fit construire pour entourer la partie septentrionale de la cité, et qui se trouve aujourd'hui à l'intérieur. La porte Bab-el-Fotouh (*Porte de Secours*), bâtie sous le règne de Saladin, s'ouvre, dans cette enceinte, près de la mosquée de Hakem. Les tours crénelées qui la flanquent de chaque côté sont d'une forme elliptique, mais trop saillante pour concourir avantageusement à sa défense. Les sculptures dont elle est ornée paraissent négligées, et l'ensemble de l'édifice est d'un style un peu lourd, quoique d'un effet assez imposant. La hauteur de la baie, mesurée sous la clef de voûte, est à peu près de trente-quatre pieds; on compte soixante-six pieds pour l'élévation totale du monument. Les inscriptions qu'on y remarque sont en caractères koufiques.

La porte Bab-el-Nasr (*Porte de la Victoire*), qui s'ouvre dans la même enceinte, de l'autre côté de la mosquée de Hakem, est beaucoup plus belle que la porte de Bab-el-Fotouh. On peut la considérer comme une des constructions les plus parfaites du Caire sous le rapport du style et du goût. C'est un monument du onzième siècle de notre ère, qui a peu d'analogie avec le caractère de l'architecture arabe telle qu'on la conçoit ordinairement. Son style est plus régulier, plus pur; il rappelle quelque chose des édifices mauresques de l'Espagne. Les deux tours qui s'élèvent de chaque côté de l'entrée sont carrées; les faces planes et lisses qu'elles présentent reposent agréablement l'œil, et le charment par la distribution bien entendue des parties. Tous les ornements s'aperçoivent sans fatigue, et concourent ainsi à relever l'effet de l'ensemble. Le travail des moulures et des corniches est plein de délicatesse. On y remarque des écus et des armes sculptés par une main habile, et des inscriptions en caractères koufiques. L'ouverture est un peu plus haute que celle de la porte Bab-el-Fotouh, et moins large, ce qui lui donne plus de grâce. L'élévation totale du monument, depuis le sol jusqu'au faîte, est d'environ soixante-dix pieds. A la base des murs de Bab-el-Nasr, on voit à droite des tombeaux musulmans, dont quelques-uns se distinguent par leur élégance. C'est par cette porte que Napoléon fit son entrée triomphale dans la capitale de l'Égypte, en 1799, suivi de toute son armée. Jamais la ville n'avait eu sous les yeux spectacle plus magnifique. Le héros de l'Orient fut accueilli par des transports unanimes. Les terrasses, les kiosques, les minarets étaient encombrés d'une foule brillante, parée de rubans de toutes couleurs.

Les fontaines (*sebil*) et les citernes qui, dans l'Orient, diffèrent totalement des nôtres par leur architecture, ont surtout au Caire un caractère particulier annonçant la grande ville, la cité métropolitaine. Dans la capitale de l'Égypte les fontaines sont plus grandes et plus ornées que celles de Constantinople même, si on en excepte le belle fontaine du sultan Ahmed, dans la cour du sérail. Dissemblables entre eux pour la forme extérieure, ces monuments ont tous, à peu près, les mêmes distributions intérieures. Ils sont composés ordinairement de trois étages ; le premier, situé au-dessous du sol, est un vaste réservoir destiné à contenir l'eau. On a soin de l'alimenter constamment au moyen d'outres que l'on va remplir sur les bords du Nil, et que l'on transporte à dos de chameaux. L'étage au-dessus de ce bassin est soutenu par un grand nombre de colonnes et de piliers en granit, provenant souvent d'anciens monuments. Cet étage forme le rez-de-chaussée. Il est orné extérieurement de belles fenêtres en arcades, flanquées de colonnes de marbre blanc travaillées en Italie. La plupart de ces colonnes sont d'un riche travail, les unes lisses, les autres torses ou cannelées ; quelquefois elles réunissent les deux genres à la fois avec des ornements en bronze doré. Des grillages également en bronze garnissent les fenêtres; ils sont d'une exécution très-recherchée, ainsi que tous les détails de la façade. Assez souvent, un autre étage surmonte les fontaines et sert de local à une école gratuite (*kouttab*). Les fontaines et les écoles qu'on y annexe sont en général fondées et entretenues par des legs, que des princes ou de riches particuliers ont laissés à cet effet. Des inscriptions gravées sur les murs consacrent la mémoire des fondateurs. Ces donations, d'une si grande utilité pour les habitants du Caire, sont respectées religieusement. Dans aucune ville d'Europe, excepté à Rome, peut-être, on ne trouve autant de fontaines publiques; non-seulement les réservoirs intérieurs sont à la disposition du peuple, qui peut en toute saison et gratuitement y puiser l'eau dont il a besoin, mais des espèces de syphons, établis dans les réservoirs avec une branche en forme de biberon qui sort au dehors, servent aux passants à se désaltérer. Dans beaucoup de citernes on étanche sa soif en puisant de l'eau à travers le grillage des fenêtres avec un bol en cuivre suspendu à une chaîne. La fontaine d'Ismaël-Bey, sur la place Souk-el-Asr, est surtout remarquable par sa forme extérieure, par les colonnes et les ornements des façades, les grillages des fenêtres et par le couronnement supérieur qui est à la fois original et de bon goût. Il faut citer aussi, pour son élégance, celle de la rue Habbanieh, voisine du couvent de derviches dont nous avons parlé. On trouve toujours ces fontaines dans les environs des bazars. Il y a perpétuellement des gens qui viennent y chercher l'ombre et la fraîcheur.

C'est ordinairement dans le voisinage des citernes que sont placés les abreuvoirs appelés *hôd* dans le pays. Ces sortes d'établissements n'ont aucune ressemblance avec ces bassins à ciel ouvert que l'on voit dans nos villes et nos villages, où les chevaux et les bestiaux peuvent se plonger tout entiers. Le principal abreuvoir public du Caire est celui du quartier *el Souhar*, près de la porte de Tourbeh. C'est un bâtiment plein d'élégance, avec des colonnes de marbre surmontées d'un dôme orné de sculptures et de niches. Des auges en pierre y sont maintenues à une hauteur convenable pour que les baudets et les chameaux puissent s'y désaltérer facilement. De même que les citernes et les écoles, c'est par des fondations particulières que les abreuvoirs sont entretenus; on comprend combien ces constructions ont d'importance et d'utilité dans une contrée placée sous un ciel brûlant et entourée par le désert.

Les éléments dont se compose la population du Caire sont très-hétérogènes. C'est la ville d'Égypte où l'on voit les bigarrures les plus singulières. Parmi les habitants, on rencontre des Turcs, des Arméniens, des Grecs, des Cophtes, des Juifs, des Nubiens, des Arabes. Les Européens y sont en très-petit nombre. Naturellement une pareille agglomération doit présenter une foule de différences notables dans les mœurs. En effet, si l'on jugeait des habitants du Caire par le Turc, on n'aurait certes aucune idée du Cophte, du Grec, du Juif ni du Nubien, dont le caractère et les habitudes sont tout opposés. On ne serait pas moins éloigné d'une appréciation exacte si l'on choisissait comme type un des autres indifféremment. Le Turc est fier, grave et indolent; l'Arménien est l'homme du commerce; le Grec est fin et rusé; le Cophte a les mœurs monacales; le Juif est avide et rampant; le Nubien est, par profession, servile; quant aux Arabes mahométans, qui forment le fond de la population égyptienne, ils tranchent d'une façon particulière au milieu de tous les autres.

Toutefois, il y a un point où tous ces éléments divers s'harmonisent dans la capitale de l'Égypte; c'est sous le rapport de l'élégance des manières et de la corruption des mœurs. A voir ces groupes d'hommes parés avec recherche, parcourant les rues ou causant entre eux avec dignité et politesse, on croirait être, au premier abord, au milieu de la civilisation raffinée des hautes classes de l'Europe. Mais, il faut bien l'avouer, ce n'est là qu'une apparence. Quand on étudie un peu la population du Caire, on ne tarde pas à s'apercevoir qu'elle continue les mœurs du Bas-Empire, qui se sont perpétuées en Orient jusqu'à nos temps modernes.

Chaque classe, chaque habitant originaire d'une contrée différente s'y distingue par des habitudes spéciales.

Les personnes aisées parcourent les rues de la ville sur des ânes. A chaque instant on rencontre des Arméniens montés sur des mulets couverts de riches tapis, des femmes voilées, des Turcs à cheval précédés de leurs esclaves, qui ne cessent de crier dans ce dédale de rues étroites et encombrées : *In bara! in bara!* (Garde à vous, garde à vous!) Une foule de nations, de peuples divers se heurtent, se coudoient ou s'injurient parmi des files de chameaux ou de dromadaires. Le Motoualis, l'Albanais, armés de leur grand sabre courbe et de leurs pistolets, affectent un air important, toisent la foule avec insolence, tandis que le Bédouin se prosterne devant le mufti au riche cortége et que la populace maltraite un pauvre Juif qui n'a pas eu le temps de se réfugier dans un bazar.

Si nous passons aux classes ouvrières, nous trouvons un nombre de quinze mille travailleurs à la journée, divisés en trois catégories : la première, composée de dix mille ouvriers, comprend les plus misérables; à peine le prix modique de leur salaire suffit à leurs besoins les plus pressants; la seconde se compose de trois mille individus, un peu moins malheureux quoique presque aussi mal rétribués. Ils sont considérés comme des sous-conducteurs de travaux. Enfin, la troisième catégorie, qui réunit environ deux mille ouvriers, est la plus aisée de toutes. Ces derniers remplissent le rôle de chefs d'ateliers.

Au-dessous de ces ouvriers journaliers, on trouve encore les domestiques, qui se recrutent en général chez les Nubiens et sont de race mulâtre. Ils ont une espèce de gouvernement exercé par un chef qu'ils élisent entre eux. Ce chef se charge de placer les nouveaux venus et les soutenir de son argent lorsqu'ils sont malades ou hors de condition. Toujours ses déboursés lui sont fidèlement rendus par ses obligés, dès que ceux-ci sont en état de s'acquitter. On compte au Caire près de trois mille personnes de cette classe, savoir : les *saïs*, les *farrachyn* et les *kaouas*. Le saïs est un palefrenier; il dort auprès des chevaux confiés à ses soins; un ou deux paras par jour et une ration de pain, c'est tout ce qu'on lui donne; mais en revanche il se procure une foule de petits bénéfices par des moyens détournés; en outre, il reçoit très-fréquemment des étrennes. Toutes ces ressources réunies rendent sa place lucrative et lui procurent une existence assez aisée. Peu de ces valets se marient; le grand nombre reste dans le célibat ou vise à amasser un pécule afin de vivre ensuite avec une sorte d'ostentation. Propres, bien vêtus, ils se distinguent surtout par leur adresse à manier le cheval. Leur caractère est emporté, mais jamais leur humeur n'éclate qu'entre eux. Naturellement arrogants et entêtés, ils ont cependant la plus grande soumission pour leur maître. Quelquefois le saïs cumule les fonctions de coureur avec celle de palefrenier; comme coureur, il précède les calvacades et écarte les curieux qui encombrent les rues. Un châle blanc roulé autour de la tête compose sa coiffure, qui contraste avec la teinte basanée de son visage; il est vêtu du *jubbeh* ou *gebbeh*, espèce de blouse serrée autour du corps par une ceinture jaune dans laquelle il aime à placer un poignard; ses jambes sont nues et ses pieds chaussés de sandales.

Presque tous les Européens établis au Caire sont des marchands. Leur existence est assez agréable. Après avoir donné la matinée aux affaires, ils emploient le reste du jour à se promener à cheval dans les jardins et dans les champs situés au nord de la ville. A l'époque de la crue du Nil, ceux que les affaires laissent libres se rendent dans leurs maisons de plaisance au Vieux-Caire, et sont charmés d'y recevoir les étrangers.

C'est surtout dans les bazars du Caire qu'on est frappé

de la variété de costumes et de types des divers peuples qui habitent l'Égypte ou qui viennent y trafiquer. On voit aller et venir sans cesse, devant la boutique des marchands, le Syrien couvert de son *abaïe* noire ou blanche ou à grandes raies brunes, les Turcs gênés dans leur nouveau costume officiel; les Fellahs, vêtus d'une simple tunique bleue; les Bédouins de la Libye, enveloppés de leurs grands manteaux de laine d'un blanc gris-jaunâtre et sale, les pieds entourés, comme dans l'antiquité, de linges retenus par des cordes; les Arabes du Sinaï, couverts de haillons, et dont quelques-uns portent encore des fusils à mèches; les nègres du Sennaar, les Maugrabins drapés de leurs burnous, et quelquefois enfin des Persans que l'on distingue facilement à leurs bonnets coniques en astracan.

Quoique les femmes des classes moyennes et les femmes des classes élevées diffèrent entre elles par la mise, leur habillement n'en est pas moins également beau et élégant. Leur chemise est très-ample, semblable à celle des hommes, mais un peu plus courte. Elle ne descend pas tout à fait jusqu'aux genoux. Elle est aussi généralement de la même étoffe que les chemises d'homme. Quelquefois elle est en crêpe de couleur ou bien absolument noire. Un très-large pantalon en soie, et plus ordinairement en coton rayé, est attaché d'une part autour des hanches sous la chemise avec un *dikkeh*, et de l'autre au-dessous du genou avec des cordons. Ainsi fixé il est assez long pour pendre sur le pied, et même pour traîner par terre.

Chez les personnes riches, ce pantalon, appelé *shintiyen*, est en mousseline blanche unie, imprimée, ou brodée. Par-dessus la chemise et le pantalon, les dames mettent encore un *yelek*, espèce de long habit de la même étoffe que le pantalon. Cet habit ressemble à celui des hommes appelé *kouftan*, seulement il est plus juste au corps et aux bras. Les manches sont aussi plus longues. Il est fait de manière à boutonner devant dans la partie qui s'étend du sein à la ceinture; le reste tombe en s'écartant également de chaque côté depuis la hauteur des hanches.

En général, le yelek est coupé de manière à laisser à nu la moitié du sein, sans autre voile que la chemise; mais beaucoup de dames la portent très-ample dans cet endroit. La mode exige maintenant que cet habit soit assez long pour tomber jusqu'à terre, et même on le laisse traîner de trois ou quatre pouces. On porte souvent, au lieu du yelek, une veste courte appelée *antery*, qui ne descend pas plus bas que le milieu du corps. Un châle carré, ou un voile brodé plié en pointe, est attaché d'une manière lâche autour de la taille en guise de ceinture. Les deux coins liés ensemble pendent par derrière. Sur le yelek on ajoute aussi un *gebbeh*, espèce de surtout de drap, de velours, ou de soie, brodé généralement en or ou en soie de couleur. Il diffère pour la forme du gebbeh des hommes, principalement en ce qu'il n'est pas si large. La partie antérieure est différente aussi. La plupart au lieu du gebbeh portent une jaquette appelée *saltah*, qui n'est ni moins riche ni moins bien travaillée.

Quant à la coiffure, elle consiste en un *tarbouch* surmonté d'un voile carré de crêpe, de mousseline imprimée ou peinte, qu'on serre autour de la tête. Deux ou plusieurs de ces voiles se portent à la fois et forment une espèce de turban.

Au Caire, comme dans toute l'Égypte, les danses et les chants des almées ou des gawazy sont un des spectacles les plus recherchés par le peuple. La plupart des voyageurs confondent les ghawazy avec les almées;

selon d'autres, les almées seraient uniquement des chanteuses. Nous qui avons visité deux fois l'Orient, nous nous sommes convaincus que les almées chantaient et dansaient. Le costume qu'elles portent en public ne diffère pas essentiellement de celui des femmes égyptiennes des classes moyennes. Dans l'intérieur de leurs maisons, elles sont vêtues du *yelek* et du *shintiyen*, dont nous avons parlé. Des colliers, des bracelets, des bijoux de toutes sortes relèvent leur parure; des sequins d'or, disposés en couronne ou en guirlande ornent leurs cheveux; quelquefois elles s'attachent un anneau au bout du nez. Leurs paupières sont peintes en noir pour donner plus de vivacité aux yeux. Les extrémités de leurs doigts, la paume de leurs mains, leurs oreilles, sont teints en rouge suivant la coutume pratiquée par les femmes égyptiennes. Il est rare qu'elles ne soient pas accompagnées de musiciens appartenant à la même tribu qu'elles.

Il n'est point de fête complète sans ces bayadères de l'Égypte. D'ordinaire elles viennent assister aux festins des grands et circuler dans la salle en récitant des moals ou chansons nouvelles. Après le repas, quand les chants ont cessé, elles dansent. Les cheveux nattés, la robe transparente et le visage découvert contre la coutume de l'Orient, elles commencent leur rôle de chorégraphe, dont la perfection consiste à reproduire dans toute leur vérité les gradations des sentiments de l'amour. Une musette dissonante et un tambour de basque composent leur orchestre; mais, pour ajouter quelque chose à son harmonie, elles-mêmes, en dansant, agitent dans leurs mains, soit des castagnettes, soit de petites cymbales de la même dimension. Le principal mérite d'une almée, c'est de savoir nouer ou dénouer à propos une ceinture flottante qui dessine leurs contours ; il faut qu'en la faisant voltiger autour d'elles et en la drapant avec grâce, elles ne manquent jamais leur rhythme musical. Quand elles commencent, le mouvement est lent et leur danse seulement voluptueuse ; mais quand elles sont sur le point de finir, les instruments redoublent de vitesse, et alors on les voit, jouant l'ivresse et le délire, agiter tous leurs membres avec une sorte de frénésie. Cependant, en d'autres occasions, ces femmes conservent une certaine décence. Souvent on les appelle dans l'intérieur des harems pour donner des leçons de danse et de déclamation aux femmes des grands ; elles figurent, comme conviées, aux fêtes et aux mariages. L'usage habituel qu'elles font de la poésie rend, en général, leur langage correct et sonore, et parfois elles jouent entre elles des espèces de comédies, qui, sans briller par l'invention, ont pourtant le don de charmer les orientaux, auxquels les combinaisons de la scène sont inconnues. A côté de ces almées de bonne compagnie, il y a d'autres almées de bas étage, bacchantes de carrefours. S'adressant à des sens plus grossiers, n'ayant d'ailleurs ni la grâce ni l'instruction des autres, elles cherchent à les vaincre en indécence. Sur les places et devant les cafés, on les voit, buvant des liqueurs fortes malgré les interdictions de la loi religieuse, provoquant les passants attroupés, et renouvelant leurs saturnales à chaque coin de rue.

Après les almées et les ghawazy se placent naturellement les psylles. Les *psylles*, ou conjurateurs de serpents, sont une classe de jongleurs toute spéciale à l'Égypte. Dans l'antiquité la plus reculée, les psylles de la vallée du Nil eurent une réputation fort étendue. Ces jongleurs prétendent avoir reçu en tradition le don de charmer les serpents et de conjurer leurs morsures. Ils ajoutent que tout homme qui n'est pas descendu d'un psyllé prétendrait en vain exercer cette périlleuse profession. De temps immémorial ils ont été constitués en une espèce de communauté industrielle exploitant la crédulité et vendant assez cher ses services. Le fond du métier consiste à évoquer les serpents qui peuvent se glisser dans une habitation et à les chercher, car les couleuvres sont le grand fléau des habitations égyptiennes. Pour cela, les psylles imitent, dit-on, le cri d'amour du serpent, et parviennent ainsi à les faire sortir de leurs retraites. Quand un habitant soupçonne qu'un de ces reptiles a pu se glisser chez lui, il appelle un psylle, et celui-ci, au milieu de grimaces sans nombre, joue son jeu de conjurateur, quelquefois inutile, quelquefois heureux.

Outre cet emploi ordinaire, les psylles ont le soin de se ménager quelques occasions de se produire d'une manière éclatante. Dans les rues, ils ne marchent jamais que le corps enlacé de reptiles. En les tenant par le cou et en les serrant avec force, ils évitent leurs morsures, et passent ainsi aux yeux du peuple pour des êtres surnaturels. Quand arrive une procession ou une fête solennelle, ces jongleurs s'empressent d'y accourir et d'y figurer comme acteurs essentiels. Des serpents autour du cou, autour des bras et des jambes, les cheveux hérissés, les yeux hors de la tête, ils soulèvent au plus haut degré l'émotion du peuple; d'autres fois, presque nus, affectant des poses d'insensés et portant de vastes besaces dans lesquelles ils entassent un grand nombre de serpents, ils se font piquer et déchirer la poitrine et le ventre; puis, comme par représailles, hurlant un cri sauvage, ils se jettent sur l'animal et le déchirent à belles dents. Le serpent que préfèrent les conjurateurs est la couleuvre que l'on nomme *hajé*.

Le général Bonaparte, à son arrivée au Caire, voulut voir les psylles. Il manda chez lui les plus célèbres, et, après avoir assisté à leurs mystères il les questionna d'une manière vive et caustique sur les relations qu'ils pouvaient avoir avec les serpents. Ces hommes ne se découragèrent point ; ils répondirent d'une manière hardie et intelligente. Des questions, on passa à une expérience. « Pouvez-vous savoir, leur dit le général, s'il y a des serpents dans ce palais, et, s'il y en a, pouvez-vous les obliger à sortir de leur retraite? » Les psylles répondirent affirmativement. Suivis du général et de quelques officiers, ils parcoururent le palais, et au bout de quelques minutes de recherches, ils déclarèrent qu'il logeait un serpent. Mais où? là était la difficulté. Enfin, à la suite de quelques mouvements convulsifs, ils s'arrêtèrent devant une jarre placée dans le coin d'une chambre. « Là-dessous, dirent-ils, il y a un serpent. » On regarda par derrière : l'animal s'y trouvait. Sans doute il y eut, en tout ceci, quelque tour d'escamotage, mais au moins fut-il bien joué.

Les escamoteurs et les charlatans du Caire passent pour plus habiles et sont plus aimés du peuple que dans toute autre cité mulsumane. Rarement on traverse une place publique sans voir la foule assemblée autour d'eux. Ceux qui se trouvent sur la place Roumélieh ont ordinairement des singes, des ours et d'autres animaux dressés aux tours d'adresse. Ces jongleurs ne diffèrent pas beaucoup de nos escamoteurs; des gobelets, des muscades, quelques vases de fer-blanc, quelques morceaux d'étoffe, voilà les grandes machines de leur théâtre. Presque toujours les serpents sont aussi pour quelque chose dans ces spectacles.

Les Égyptiens, les habitants du Caire surtout, ne sont pas dépourvus de divertissements d'un genre plus relevé que ceux dont nous avons parlé jusqu'ici. Les conteurs fréquentent les principaux cafés, particulièrement le soir des fêtes religieuses, et procurent au public un plaisir intellectuel avidement recherché. Placés sur une estrade devant le café, ils reçoivent du propriétaire de l'établissement une petite rétribution parce qu'ils y attirent la foule. Les auditeurs ne sont point obligés de les rémunérer, et la plupart ne leur donnent rien.

La classe la plus nombreuse de ces conteurs est celle qu'on désigne sous le nom de *shoara* (au singulier *shaër*, poëte). Ils sont appelés aussi *Abou-Zeydieh*, à cause du sujet invariable de leurs récits, qui est le roman populaire intitulé *Abou-Zeyd*. Il y a, au Caire, environ cinquante de ces shoara, qui jamais ne récitent autre chose que les aventures d'Abou-Zeyd.

Les événements mis en scène dans ce roman se rapportent, dit-on, au troisième siècle de l'hégire, c'est-à-dire au neuvième siècle de l'ère chrétienne. On croit qu'il fut écrit peu de temps après cette époque, mais nous pensons qu'il a été composé beaucoup plus tard, à moins que le texte primitif n'ait été altéré dans les transcriptions successives qu'on en a faites. Cet ouvrage forme ordinairement dix petits volumes in-4°, et quelquefois plus. C'est un mélange de prose et de vers, moitié narration, moitié drame. Comme composition littéraire, il a peu de mérite, du moins dans son état actuel, mais comme monument des mœurs et des usages des Arabes-Bédouins, il n'est ni sans valeur ni sans intérêt. Les héros et les héroïnes de ce roman sont nés pour la plupart dans l'Arabie centrale et dans l'Yémen. Leurs monologues, leurs apostrophes sont en vers, ainsi que les passages qui expriment les passions, les sentiments les plus vifs. Ces vers n'ont point de mesure; mais, suivant l'opinion de quelques savants du Caire, ils étaient originairement soumis au rhythme ordinaire, et ce sont les copistes qui les ont altérés. Quant on les récite, non pas comme les lettrés, mais à la manière populaire, ils offrent à l'oreille une certaine harmonie. Presque tous ces morceaux de poésie commencent et finissent par une invocation à Dieu et une bénédiction pour le prophète.

Les shoara racontent toujours de mémoire et sans livre. Ils chantent les passages versifiés, et, après chaque vers, ils jouent quelques notes sur le monocorde, instrument qu'on appelle aussi viole d'Abou-Zeyd, à cause de l'usage auquel on l'emploie exclusivement.

Pour mettre nos lecteurs en état d'apprécier ce roman célèbre, nous donnerons ici une analyse rapide du premier volume.

Abou-Zeyd, plus connu sous le nom de Barakat, était un Arabe de la tribu des Beni-Hilal. Avant sa naissance, son père, l'émir Rizck, avait épousé dix femmes, dont il n'avait obtenu d'autre postérité mâle qu'un enfant sans bras et sans jambes. Désespéré, il prend une onzième épouse, Khoudra, fille du schérif de la Mecque. Bientôt celle-ci devient enceinte. Un jour qu'elle se promenait avec une des femmes de Sarhan, roi des Beni-Hilal, elle voit un oiseau noir qui fond sur un groupe d'autres oiseaux, en tue un grand nombre et disperse les autres. Émue à ce spectacle, elle prie Dieu de lui donner un fils aussi fort et aussi vaillant que cet oiseau, dût-il être noir comme lui. Son vœu est exaucé. Elle donne le jour à un enfant noir. L'émir, qui attendait avec une joie impatiente la naissance de cet enfant, avait convoqué ses amis pour fêter son bonheur. On se figure sans peine son désappointement et ses soupçons; la vive tendresse qu'il avait pour Khoudra l'empêcha tout d'abord de la punir; mais le septième jour des réjouissances, l'enfant est montré aux convives. Ceux-ci exhortent leur hôte à chasser la femme infidèle qui a mis au monde un enfant témoignage vivant de sa honte. L'émir cède à regret, et renvoie Khoudra à son père le schérif de la Mecque, sous la conduite du cheik Mounia, avec une nombreuse suite d'esclaves.

Pendant le voyage, la caravane fait halte dans une vallée. Khoudra prie son conducteur de permettre qu'elle n'aille pas plus loin, car elle redoute la colère de son père. Pendant sa conversation avec Mounia, arrive, suivi d'une troupe de cavaliers, l'émir Fudl-Ibn-Beysem, chef de la tribu d'Ez-Zahlan; il écoute le récit des aventures de Khoudra, est touché de compassion, la recueille et élève son fils comme les siens. Barakat (c'est le nom que le jeune noir reçoit de son père adoptif) donne, dès sa plus tendre enfance, des preuves de force extraordinaire et d'indomptable courage, et dès l'âge de onze ans il possède toutes les sciences divines et humaines qu'on étudiait alors chez les Arabes, y compris l'astrologie, la magie et l'alchimie.

Arrivé à l'adolescence, Barakat fait la guerre aux tribus voisines et s'illustre par de nombreux triomphes. Un jour, il interroge sa mère sur son histoire, et celle-ci, pour se venger de l'époux qui l'a honteusement chassée, lui dit que l'émir Rizck est l'auteur de tous ses malheurs, le meurtrier de son père, le destructeur de sa tribu. Altéré de vengeance, le jeune héros cherche Rizck, lui fait la guerre, le bat et va le tuer, lorsque Khoudra prévient un parricide en dévoilant à son fils la vérité. Rizck et Barakat se reconnaissent, Khoudra rentre dans le harem de son époux, qui lui rend tous ses honneurs avec son ancien amour, et Barakat reprend le nom d'*Abou-Zeyd*, qui lui avait été donné à sa naissance.

Telle est en substance la première partie du roman d'Abou-Zeyd, où l'on trouve d'autres aventures très-nombreuses et très-compliquées. Le morceau le plus populaire de l'ouvrage est le récit de l'expédition connue sous le nom de *riyadieh*. Abou-Zeyd, déguisé en esclave, accompagne ses trois neveux, qui ont pris le costume des conteurs. Ils parcourent ensemble l'Afrique septentrionale, et se signalent par d'incroyables exploits contre la tribu arabe d'Ez-Zenatyeh.

Après les *shoara*, viennent, sous le rapport du nombre, les conteurs du roman d'*Ez-Zahir*, appelés *moaddítín* (conteurs d'histoires). Il y en a une trentaine au Caire.

Ce roman a pour sujet l'histoire du célèbre sultan Ez-Zahir Bibars, qui régna sur l'Égypte depuis l'an 658 jusqu'à l'an 676 de l'hégire (1260 à 1277 de notre ère). On trouve très-rarement des copies complètes de cet ouvrage; il forme six volumes in-quarto, divisés nominalement en dix parties. On ne sait ni le nom de l'auteur, ni l'époque précise où il a vécu. La vie d'Ez-Zahir est écrite dans le dialecte vulgaire des Arabes égyptiens. Comme ce poëme s'adresse au peuple, il est probable que les copistes en ont successivement altéré le style pour le rendre plus moderne.

Les événements racontés dans le premier volume de ce roman peuvent se résumer ainsi :

Un marchand, nommé Ali, ayant été chargé par le célèbre sultan d'Égypte Malek-Saleh de lui procurer des esclaves de Syrie, rencontra dans ce pays le fils captif du roi de Khouaresm, le jeune Mahmoud Bibars, principal héros du roman. Il l'acheta pour le sultan, mais bientôt après il fut obligé de le livrer en payement à l'un de ses créanciers de Damas. Celui-ci le donna à sa femme, qui chargea le nouvel esclave de prendre soin de son fils, enfant idiot et difforme. Un jour que Mahmoud était cruellement battu par sa maîtresse pour avoir laissé l'idiot tomber d'un banc sur lequel il était assis, la sœur de son maître, Fatmeh-Bintel-Ackwasi, étant entrée dans la chambre pour rendre visite à sa belle-sœur, fut frappée de la fière contenance de l'esclave, et surtout de sa ressemblance frappante avec un fils qu'elle venait de perdre. Touchée de compassion, elle racheta sur-le-champ le jeune Mahmoud, l'adopta, en lui donnant le nom de Bibars, qui était celui de ce fils dont elle pleurait la mort, et lui fit donation de tous ses biens, dont le nombre et la valeur étaient immenses. Bibars se montra digne de tant de générosité. Il donna des preuves du plus noble caractère, et signala son génie et son courage en exécutant les entreprises les plus extraordinaires et les plus difficiles. Ses succès lui valurent l'admiration générale; mais ils l'exposèrent à la jalousie et à l'inimitié du pacha de Syrie, qui ourdit en vain plusieurs complots pour le faire périr. Quelque temps après, Negm-ed-Din, vizir du sultan d'Égypte Malek-Saleh, beau-frère de Fatmeh, vint à Damas comme ambassadeur du sultan et pour visiter sa belle-sœur. A son retour, Bibars l'accompagna; accueilli avec faveur par Malek-el-Saleh, il parvint aux plus hautes dignités, et devint le favori du premier vizir Shahi-el-Afram. Les événements qui suivirent la mort du sultan sont ainsi racontés dans le roman :

« Après la mort du sultan Malek-el-Saleh-Ayoub, le vizir Eybek convoqua une assemblée dans sa maison, et invita l'émir Khalaoun et ses partisans à y assister. Il dit à Khalaoun : « Demain nous irons au divan avec nos troupes, et là l'un de nous deux sera proclamé sultan. Soit, répondit Khalaoun. De son côté, le premier vizir Shahi-el-Afram appela près de lui l'émir Eydems avec ses troupes, ainsi que tous les amis et adhérents de l'émir Bibars, et leur dit : « Demain prenez les armes et rendez-vous au divan; nous voulons faire reconnaître pour sultan l'émir Bibars, car Malek-el-Saleh, avant de mourir, a signé un firman qui le déclare héritier du trône. » Et ils répondirent : « Sur notre tête et sur nos yeux, nous le jurons. Le lendemain matin ils allèrent au divan, où ils trouvèrent le vizir Eybek, l'émir Khalaoun et l'émir Ala-ed-Din, qui s'y étaient aussi rendus avec leurs troupes, de sorte que le palais était tout rempli de soldats. Alors le premier vizir Shahi prenant la parole : « Lève-toi, ô Bibars, dit-il, assieds-toi sur ce trône, et règne sur l'Égypte comme sultan, car tu as été appelé à la souveraineté par un firman solennel. » L'émir Bibars répondit : « Je n'ai aucun désir d'exercer le pouvoir souverain; voici le vizir Eybek, voici Khalaoun, choisissez l'un ou l'autre pour sultan. — Cela ne peut-être, dit le premier vizir, aucun autre que toi n'occupera le trône. — Sur ma tête, répliqua Bibars, je ne régnerai point. — Comme il lui plaira, dit le vizir Eybek; la souveraineté ne peut être conférée par force. — Mais, dit le premier vizir, le trône doit-il rester inoccupé, et personne ne veut-il être sultan? » Le vizir Eybek répondit : « Me voici et voici l'émir Khalaoun; nous acceptons l'un et l'autre la souveraineté; choisissez l'un de nous deux pour sultan. » Alors l'émir Ezz-ed-Din-el-Hili, s'adressant au premier vizir : « O vizir Shahi, dit-il, le fils de Malek-el-Saleh est vivant. — El-Saleh a laissé un fils? demanda Bibars. — Oui, répondirent les Kourdes (1), son nom est Malek-Isa, et il demeure à El-Karak. — Et pourquoi, dit le premier vizir, ne nous avez-vous jamais parlé de lui? » Ils répondirent : « C'est parce qu'il boit du vin. — Il boit du vin? s'écria Shahi. — Oui. — Dieu l'amènera au repentir, » dit l'émir Bibars. Alors les soldats dirent : « Nous allons chercher Isa à El-Karak;

(1) Le sultan Malek-el-Saleh était de la maison d'Ayoub et de race kourde.

nous le conduirons ici et le proclamerons sultan. » Le premier vizir leur proposa d'emmener avec eux l'émir Bibars; mais Eybek et Khalaoun s'offrirent pour aller au-devant d'Isa et l'accompagner jusqu'à son arrivée, et l'émir Bibars dit : « Qu'il soit fait ainsi. »

» Eybek, Khalaoun et Ala-ed-Din avaient formé un complot pour perdre Bibars, qui, averti par son ami le premier vizir, se retire à Damas, chez sa mère, pour y attendre la suite des événements. Les conjurés, suivis de leurs troupes, vont trouver Isa au château de Karak, et lui annoncent qu'ils viennent le chercher pour le proclamer sultan au Caire. « Malek-el-Saleh, mon père, ne règne-t-il plus? demanda Isa. — Votre père est mort; il a été empoisonné par un traître. — Qui lui a donné le poison? — C'est un émir nommé Bibars. — Où est-il? — Il n'est pas ici. » Le premier vizir Sahi arrive à son tour à Karak, et salue le nouveau sultan, qui lui demande aussitôt où est Bibars, le meurtrier de son père. — Votre père, répond le vizir, est allé, par une mort naturelle, recevoir sa récompense dans le sein de Dieu. Qui vous a dit que Bibars l'ait empoisonné? — Ce sont les émirs et les soldats. — Bibars, dit le vizir, est à Damas; allez-y; accusez-le dans le divan du crime qu'on lui impute, et fournissez des preuves contre lui.

» Malek-Isa, les vizirs et leur armée, se rendent à Damas; le sultan, informé par le roi de Syrie (1) de la demeure de Bibars, va le trouver et l'accuse. « Je suis innocent, dit l'émir, et je m'en rapporte au jugement du cadi. On fait comparaître devant ce juge Bibars et ses accusateurs; mais ceux-ci ne pouvant alléguer aucune preuve contre lui, l'accusé est renvoyé

(1) Le roi de Syrie est désigné sous le nom de *pacha de Syrie* dans d'autres passages du roman.

absous et la calomnie confondue. Convaincu de l'innocence de Bibars, Isa fait apporter un cafetan et veut proclamer l'émir commandant en chef de son armée; Bibars refuse cette dignité, et comme le sultan lui demande l'explication de son refus : « C'est, répond-il, parce que j'ai appris que vous buvez du vin. — Il est vrai, dit Isa, que j'en ai bu quelquefois, mais j'éprouve un sincère repentir de cette faute. — A la bonne heure, reprit l'émir; mais j'oserai, prince, faire une convention avec vous, c'est que s'il vous arrivait encore de boire du vin, j'aurais le droit de vous infliger le *hadd* (1). » Malek-Isa ayant accepté et stipulé par écrit cette condition, Bibars est revêtu du cafetan, insigne du commandement suprême de l'armée, et, pendant trois jours, le sultan donne en son honneur des fêtes splendides dans la ville de Damas.

» Le nouveau maître de l'Égypte quitte la Syrie pour se rendre au Caire, où il est proclamé sultan sous le nom de Malek-el-Moazz (2), et l'un de ses premiers soins est de publier un firman qui confère la souveraineté, après lui, à l'émir Bibars.

» Dès le lendemain, Malek-el-Moazz fut infidèle à la promesse qu'il avait faite à Bibars. Dans son palais, au milieu de sa cour, il se fit apporter une bouteille dans laquelle on met ordinairement de l'eau, mais qui était remplie de vin, et il la but tout entière. Le premier vizir Shahi, qui seul avait remarqué sur les lèvres du sultan le rire de l'ivresse, avertit l'émir. Le jour suivant, celui-ci étant venu au palais, baisa la main du sultan et s'assit à la place qui lui était réservée. Presque aussitôt Malek-el-Moazz, s'adressant à un de ses esclaves : « Aboul-

(1) La *bastonnade*, punition ordinaire des musulmans qui s'enivrent.

(2) *El-Moazz* ou *Moazzum*, signifie *le magnifique*.

Kheyr, dit-il, donne-moi à boire. » L'esclave apporta une bouteille, et le sultan en but une partie. Bibars, tendant la main vers la bouteille, demanda aussi à boire. « C'est une eau médicinale, dit l'esclave. — N'importe, reprit Bibars, je voudrais y goûter. — Mais c'est de l'eau de rose. — Très-bien. » Et l'émir, prenant la bouteille, se fit apporter une coupe où il la vida, et il vit que c'était du vin. Alors, se tournant vers le sultan : « Dieu, qui vous a donné la puissance souveraine, ne vous a-t-il pas défendu de vous enivrer? Ne m'avez-vous pas juré de renoncer à l'usage du vin, et n'avez-vous pas signé, à Damas, un firman qui m'autorisait à vous infliger le *hadd* s'il vous arrivait de retomber dans cette faute? » Malek-el-Moazz répondit : « O Bibars, c'est une habitude que je ne puis vaincre. — Je prends Dieu à témoin, » s'écria l'émir; et, en présence des vizirs et de l'armée, il administra au sultan la bastonnade; mais Malek-el-Moazz s'en aperçut à peine, tant sa raison était obscurcie. »

Le second volume raconte les aventures fâcheuses qui furent pour Bibars la conséquence de sa conduite envers le sultan; on y voit aussi comment il rentra en grâce auprès de ce prince, ce qui lui arriva sous les règnes suivants, c'est-à-dire sous les sultans Khalil-el-Aschraf, Es-Saleh le jeune, Eybek (son mortel ennemi), et El-Moduffar, enfin dans quelles circonstances il parvint lui-même à la souveraineté.

Dans les autres volumes on trouve le récit des guerres du sultan Bibars en Syrie, de ses merveilleuses prouesses et des exploits des *fedawis* de son temps. Le terme de *fedawi*, que les Arabes emploient aujourd'hui pour désigner un guerrier d'un courage et d'une habileté extraordinaires, signifie spécialement un homme qui donne ou qui est prêt à donner sa vie pour racheter celle de ses compagnons ou pour défendre leur cause. Dans le roman d'Ez-Zahir, que nous analysons ici, on donne cette dénomination à une classe de guerriers qui ne reconnaissent d'autre souveraineté que celle du chef dont ils ont fait choix. Ce sont les mêmes guerriers que nos historiens des croisades appellent les *Assassins*, mot qui, selon l'opinion du savant orientaliste de Sacy, est une corruption du nom de *hashishin*, qu'on leur donnait parce qu'ils avaient l'habitude de s'enivrer de *hashish*. Le roman d'Ez-Zahir confirme l'étymologie reconnue par M. de Sacy. Les *fedawis* sont généralement représentés dans le poëme comme faisant usage du *beng* (substance qu'on mêle souvent au hashish et qui a les mêmes effets). Leur chef est *Shihah*, sur nommé le *sultan des châteaux et des forteresses*, que le poëte nous montre constamment engagé, et presque toujours avec succès, dans des entreprises ayant pour but d'obliger les *fedawis* à reconnaître son autorité et celle de Bibars. C'est un personnage rusé, espèce de Protée habile à tramer des complots et à prendre pour chaque aventure un costume nouveau. Un autre caractère singulier de ce roman est celui de Gouan (ou Jean), chrétien d'Europe, qui par une étude approfondie des lois musulmanes, a réussi à obtenir, et exerce pendant quelques années, l'emploi de cadi du Caire, et qui intrigue perpétuellement contre Bibars, Shihah et les autres chefs mahométans.

Le plaisir que procure le récit de ce poëme dépend en grande partie du talent des conteurs, qui ajoutent par le geste à l'intérêt du drame, et souvent même y introduisent avec esprit des incidents de leur invention.

Il existe au Caire une troisième classe de conteurs appelés *anatireh* ou *antarieh;* ils sont bien moins nombreux que les autres, et, à l'époque de notre voyage, on n'en aurait pas trouvé plus de six dans toute la ville. Leur nom vient du sujet ordinaire de leurs récits, le célèbre poëme d'Antar (*Siret Antar*). Les conteurs de l'histoire d'Antar récitent le livre à la main ; ils chantent les vers et lisent la prose à la manière populaire. Comme le rhythme de ce poëme est imparfaitement compris du vulgaire, les auditeurs sont presque toujours des personnes d'une certaine éducation.

Le poëme d'Antar est, à nos yeux, le plus beau et l'un des plus anciens monuments de la littérature des Arabes. Antar ou Antara, fils de Schédad, le chantre et le héros de cette célèbre épopée, peut être considéré à la fois comme l'Achille et l'Homère de l'Arabie. On croit qu'il vivait au sixième siècle de notre ère, environ cinquante ans avant Mahomet. Ses exploits firent l'admiration de ses contemporains, et le poëme qu'il avait composé pour célébrer ses hauts faits et ses amours mérita d'être écrit en lettres d'or sur des feuilles de byssus, et suspendu, comme un ouvrage achevé, à la porte de la Caaba de la Mecque, parmi *les moallacas* (1). On dit que sa renommée inspira au fondateur de l'islamisme le regret de ne l'avoir pas connu, et l'on cite de Mahomet ces paroles : « Le seul Bédouin que sa réputation m'eût fait

(1) Ce mot arabe signifie *suspendu*. Voici la liste des sept poëtes dont les œuvres forment la collection des *moallacas* : Amral-Kaïs ou Amrou-el-Kaïs, Tharasah, Zobeïr, Lebid, Antar, Amrou-ben-Kaltoun ou Kelthoum et Hareth. Plusieurs fragments des moallacas ont été publiés à Londres, par Jones, en 1782. Mais ce savant n'avait fait connaître qu'une très-petite partie des vers d'Antar. Les œuvres de quelques autres de ces poëtes ont été publiées depuis cette époque. On peut consulter sur ce sujet un savant travail de M. Sylvestre de Sacy intitulé : *Notice des anciens poëmes arabes connus sous le nom de moallacas*.

désirer de voir, c'est Antar (1). » Le poëme qui a pour sujet la vie de ce héros est écrit d'un style noble et élevé, partie en prose, partie en vers. C'est le tableau le plus complet des mœurs et des usages des Arabes du désert, avant la venue du prophète. Leur hospitalité, leurs vengeances, leurs amours, leur libéralité, leur ardeur pour le pillage, leur goût naturel pour la poésie, tout y est décrit avec la plus frappante vérité. Aucun livre n'offre sur ce sujet des renseignements plus abondants et plus dramatiques. Malgré le grand nombre de personnages qui y figurent et la multiplicité des événements qui s'y enchaînent les uns aux autres, ce poëme est facile à comprendre, et jamais les épisodes ne font oublier le sujet principal. Indépendamment de nombreuses beautés d'invention et de style, on trouve dans cette œuvre admirable le développement d'une grande pensée morale. On y voit un homme, privé des avantages de la figure et de la naissance, mériter par sa force d'âme, par la puissance de l'esprit et par un indomptable courage, d'occuper le premier rang parmi les hommes. « Les *Mille et une Nuits*, disait un Arabe, amusent les femmes et les enfants, Antar est le livre des hommes; on y puise des leçons d'éloquence, de grandeur d'âme, de générosité et de politique. »

On croit généralement parmi les Arabes que les matériaux du poëme d'Antar ont été recueillis d'après les écrits de ce guerrier poëte, par Asmaï, grammairien de la cour d'Aaroun-al-Raschid; et telle est l'opinion que nous avons souvent entendu exprimer par les lettrés du Caire et par ceux des provinces syriennes, où cet ouvrage est particulièrement populaire. Cependant, plusieurs sa-

(1) *Kitab el Aghani*, recueil de poésies arabes conservé en manuscrit à la Bibliothèque impériale, tome II, fol. 167, et *Journal Asiatique*, août 1833, p. 98.

vants d'Europe, entre autres, M. de Hammer, qui a publié dès 1812 plusieurs fragments de l'histoire d'Antar, et en a fait récemment une traduction française non encore publiée, sont d'un sentiment différent quant à l'origine de ce poëme. D'après eux, l'histoire d'Antar serait un roman composé au onzième siècle de notre ère, du temps de Louis VII et de saint Bernard, par un médecin d'Alep, Aboul-Moyyad-Ibn-Alsayegh, qui fut surnommé *El Antarieh*. Quelques-uns de ces savants même croient retrouver dans l'ensemble du récit l'influence des idées chevaleresques de l'Occident, que les guerres des Croisades introduisirent alors chez les Orientaux. Pour nous, qui avons souvent entendu raconter le poëme d'Antar en Syrie et en Égypte, et qui en avons rapporté un manuscrit traduit sous nos yeux pendant que les conteurs nous en faisaient le récit, nous croyons, avec les lettrés arabes, que sa composition remonte, au moins dans sa forme primitive, à une époque bien plus reculée, et qu'il ne peut avoir été imité de nos romans de chevalerie. C'est, à nos yeux, un ouvrage exclusivement empreint des idées de l'Orient ; la pensée générale qu'on y voit dominer, celle d'un esclave noir qui s'élève au premier rang par son courage et son talent, nous paraît appartenir bien réellement au temps et au pays où vivait Antar, et n'a rien de commun avec nos mœurs féodales du moyen âge. Si dans les détails du récit on trouve des points de ressemblance avec les scènes de nos romans chevaleresques, nous croirions plutôt que c'est le poëme d'Antar qui, connu des Européens au temps des croisades, aurait inspiré nos trouvères et nos poëtes de l'Occident. Il nous semble impossible de douter que l'histoire d'Antar soit une œuvre originale, composée, pour la plus grande partie du moins, d'après les ouvrages du héros lui-même, et modifiée d'âge en âge par les écrivains et les conteurs. Nous n'ignorons pas que les ulémas du Caire font peu de cas de cette histoire et dédaignent de la lire; mais il ne faut pas oublier que ce livre, tout empreint des mœurs antérieures à la venue du prophète, et où l'on voit à chaque page les héros vider leurs coupes pleines d'un vin généreux, a été mis à l'index dans les conciles de l'islam. Cette répugnance des ulémas s'explique donc parfaitement et ne prouve rien contre l'ancienneté ou la valeur poétique de cet ouvrage populaire.

Un savant anglais du dernier siècle, W. Jones, est le premier qui ait appelé l'attention des orientalistes sur cette grande composition, dont il a fait un magnifique éloge. Une version anglaise de la première partie de l'ouvrage a été donnée par M. Terrick Hamilton, secrétaire de l'ambassade anglaise à Constantinople, sous le titre de : *Antar, a Bedoueen romance*, Londres, 1817, 4 vol. in-8°, et cette version a été traduite, ou plutôt imitée librement en français, deux ans plus tard, dans une publication anonyme qui n'a point été achevée (1). C'est aussi sur la traduction anglaise qu'a été fait l'extrait publié par M. de Lécluse dans la *Revue française* du mois de mai 1830. D'autres extraits du texte arabe ont été ensuite donnés dans le *Journal asiatique* par MM. Caussin de Perceval, Cardin de Cardonne, Gustave Dugat et de Hammer; enfin, M. de Lamartine a récemment publié une brillante analyse du poëme d'Antar (2).

Nous croyons être agréable à nos lecteurs en exposant ici, d'après ces divers travaux, le sujet de cette

(1) *Antar, roman bédouin, traduit de l'arabe par Terrick Hamilton... imité de l'anglais.* Paris, Arthus Bertrand, 1819, 3 volumes in-12.

(2) *Vie des Grands Hommes*, par A. de Lamartine, Paris, 1855. Tome I, p. 267-345.

belle épopée et en citant quelques-uns de ses morceaux les plus remarquables.

Zobéir, chef ou roi de la tribu d'Abs, une des plus nombreuses et des plus guerrières de l'Yémen, était venu vénérer à la Mecque la sainte Caaba, premier temple bâti par Abraham. Ce puissant chef, campé avec sa tribu aux environs de la ville, cherchait une épouse parmi les filles de sa race, et la renommée lui avait désigné comme la plus belle une jeune vierge nommée Thémadour, fille du cheik Amrou. Zobéir n'osait demander Thémadour à son père, de peur d'un refus motivé sur d'anciennes haines de famille. Dans cette appréhension, il a recours à la ruse. Il invite Amrou à une fête sous ses tentes, et pendant que le cheik sans défiance se livre aux douceurs et aux honneurs de l'hospitalité, Zobéir donne secrètement l'ordre à des guerriers d'une tribu voisine d'attaquer la nuit les tentes d'Amrou et de disperser ses troupeaux, sans faire pourtant le moindre outrage à sa femme ni à sa fille. L'ordre s'exécute ; les cavaliers apostés fondent sur le camp d'Amrou, font fuir ses esclaves et chassent ses troupeaux devant eux dans la montagne. A la nouvelle de cet attentat prémédité, Zobéir s'élance à la tête de ses plus braves guerriers, poursuit les faux ravisseurs et ramène les chameaux et les esclaves aux tentes de son ami. Il voit Thémadour, « dont les joues étaient rouges comme la pivoine, la chevelure noire et épaisse comme les ténèbres de la nuit, » et il est enflammé d'amour. Amrou, qui, pendant ce simulacre de combat et de délivrance, était accouru lui-même au secours de sa famille et de sa tribu, est témoin de la générosité de Zobéir et le prie d'accepter l'hospitalité dans sa tente. Au milieu du festin offert à son libérateur, le cheik lui dit : « Je n'ai rien de plus précieux que ma fille

Thémadour ; je te la donne pour esclave ! — Je l'accepte, non comme esclave, répliqua Zobéir, mais comme épouse. » Les jeunes filles de la tribu amenèrent Thémadour voilée devant Zobéir, puis, lui enlevant son voile, laissèrent éclater sa beauté aux yeux de son époux. Zobéir emmena sa conquête dans sa tribu et s'enivra de sa félicité. Cependant Thémadour, quoique heureuse de l'amour qu'elle inspirait à Zobéir et qu'elle ressentait elle-même pour lui, souffrait dans son orgueil d'avoir été conquise comme une esclave au lieu d'être payée par de riches présents à son père, comme une fille libre, selon la coutume des Arabes. L'imprudent Zobéir lui avait avoué son subterfuge, et elle s'était promis de punir la ruse par une autre ruse et de forcer son mari à payer à son père le prix de sa dot. Une nuit qu'elle lui reprochait familièrement la feinte qu'il avait employée pour la conquérir, Zobéir se courrouça contre elle et, se levant avec colère, lui dit qu'elle était bien hardie de blâmer son maître et son époux. « Eh bien ! répondit Thémadour en souriant, sachez donc que votre ruse a été trompée par une ruse plus habile. Je ne suis point cette Thémadour dont vous avez convoité les charmes ; je ne suis que sa sœur et son ombre. La merveilleuse beauté à laquelle on m'a substituée pour vous satisfaire repose, à l'abri de vos désirs et de vos armes, sous la tente de mon père Amrou. » Zobéir se trouble et doute encore. « Si vous ne me croyez pas, reprend Thémadour, envoyez chez ma mère quelque femme âgée porter un message ; le voile de ma sœur se lèvera sans difficulté pour elle, et vous en croirez son rapport. — C'est par ses propres yeux qu'il faut voir, dit Zobéir. J'irai moi-même ; je revêtirai le costume d'un marchand d'aromates, je serai admis dans la tente, et je jugerai jusqu'à quel point je dois vous croire. » Le lendemain, le roi s'habilla en marchand ambulant, prit sous son bras une boîte de parfums, et, les pieds nus, les reins serrés d'une ceinture de cuir, il sortit avant le jour sans être aperçu et prit le chemin du camp d'Amrou.

Dès qu'il fut parti, Thémadour se leva précipitamment, prit des habits de guerrier, sortit de la tente, délia les jambes du cheval le plus rapide de son mari, et fuyant à toute bride vers le camp d'Amrou son père, dépassa sans être reconnue le faux marchand d'aromates et arriva avant lui dans la tente de sa mère. Elle se hâta de confier à son père et à ses frères le plan qu'elle avait conçu pour venger l'honneur de la famille. Elle les plaça en embuscade dans un bois de dattiers voisin des tentes; elle leur dit d'accourir à sa voix, de se saisir de Zobéir désarmé, et de ne lui rendre la liberté que lorsqu'il aura promis de payer à son père Amrou une dot digne de sa fille. Ayant alors quitté ses habits d'homme, Thémadour se couvrit le visage du voile des vierges, se noircit les paupières avec l'antimoine, et attendit l'arrivée du faux marchand. « Entrez, vendeur de parfums, lui cria la mère dès qu'elle l'aperçut rôdant comme un renard autour des tentes; voyez si vous avez quelques aromates qui puissent plaire à ma fille Thémadour. » Au nom de Thémadour, Zobéir se crut réellement trompé par Amrou. Avez-vous donc une autre fille? demanda-t-il à la mère. « Oui, » dit-elle, « nous en avons une autre appelée Klida, beaucoup moins belle que Thémadour. Nous avons changé son nom et nous l'avons donnée, sous ce faux nom de Thémadour, à Zobéir, pour nous venger de l'injure qu'il faisait à notre famille en acceptant de nous une épouse sans en payer le prix. Nous avons gardé la véritable Thémadour, merveille de l'Arabie, pour la marier à un guerrier de l'Yémen, qui nous offre des richesses immenses.

A ces mots, Zobéir rougissant de honte, se préparait à enlever par la violence la beauté qu'on lui avait dérobée, lorsque Amrou et ses fils, sortant du bois de dattiers où ils s'étaient retirés, paraissent à l'entrée de la tente, se jettent comme des lions sur Zobéir, lui lient les pieds et les mains et le garrottent, mais sans le blesser. Thémadour, son épouse vengée, laissant alors tomber à ses pieds son voile, sourit avec une fierté mêlée de tendresse à Zobéir enchaîné ; elle se glorifie d'avoir surpassé la ruse par la ruse. Zobéir, humilié et heureux à la fois de n'avoir été vaincu que par sa femme, convient de donner à Amrou mille chameaux, vingt chevaux de la plus noble race, cinquante esclaves mâles et autant de jeunes filles pour servir sa femme. A ce prix, il est délivré et reconduit par la famille d'Amrou à sa tente.

Dix fils, forts comme des lions, naquirent de l'union de Zobéir avec Thémadour, et devinrent les chefs de la tribu d'Abs, dont Antar fut le héros.

Schédad, fils de Carad, un des enfants de cette tribu, surpassait en valeur les plus illustres guerriers. On l'appelait ordinairement le *maître de Sirwet*, du nom d'une jument célèbre dont il était le possesseur. Plus d'un roi avait voulu la lui acheter, mais il refusa leurs offres et leurs présents, et souvent il répétait ces vers qu'il avait faits pour elle :

« Ne cherchez pas à acquérir ma cavale, car Sirwet n'est ni à vendre ni à louer. Sur elle je suis un roc ; ses bonds sont pleins de noblesse et de fierté ; je ne m'en séparerais pas quand on m'offrirait mille chameaux suivis de leurs conducteurs. Elle n'a point d'ailes, et cependant elle franchit les déserts et devance les vents.

Je la veux conserver pour le jour des combats, elle me sauvera la vie quand s'élèvera la poussière des batailles. »

Schédad, suivi de dix cavaliers, étant venu un jour enlever des esclaves et des troupeaux aux Arabes du pays de Cathan, les agresseurs trouvèrent la tribu si nombreuse, qu'ils n'osèrent l'attaquer pendant le jour. Ils attendirent donc la nuit en s'écartant dans le désert pour y faire paître leurs chevaux. Une esclave noire d'une incomparable beauté y gardait les chameaux de la tribu de Cathan. Les compagnons de Schédad se hâtent de brider leurs chevaux, chassent devant eux les chameaux et s'emparent de la belle esclave noire.

Au bruit de cet enlèvement, mille cavaliers des tentes de Cathan se précipitent à la poursuite des ravisseurs. Schédad, sans s'épouvanter du nombre des assaillants, fait pénétrer ses compagnons, avec l'esclave noire et le troupeau, dans une gorge étroite. Il se place lui-même à l'entrée du défilé avec quatre de ses guerriers, défend jusqu'à la nuit le passage, jonche la terre de blessés et de morts, et lorsqu'il a mis en fuite le reste des arabes de Cathan, il dédaigne sa part du butin conquis par son bras; mais, frappé de la beauté de l'esclave noire, il la demande pour unique récompense à ses guerriers. La passion des Arabes pour les filles noires de l'Abyssinie est célébrée par tous les poëtes de l'Orient. « L'ambre noir, » disent leurs vers, « est celui qui enivre le plus de son parfum. » Cette belle esclave, déjà mère de deux enfants, ravis avec elle, se nommait Zébéba. Schédad la conduisit dans sa tente, l'aima avec constance, et en eut un fils. Ce fils du guerrier Schédad et de l'esclave noire Zébéha fut Antar.

Dès ses plus jeunes années, Antar donna des preuves de sa vive intelligence, de son courage et de sa force prodigieuse. Quand il eut grandi, cet enfant d'un chef libre et d'une esclave fut traité par son père tantôt en serviteur, tantôt en fils. Il gardait les troupeaux dans la solitude, mais il s'exerçait à combattre les bêtes féroces. Un soir, en rentrant dans sa tente, il jeta son sac taché de sang aux pieds de Zébéha, sa mère. Elle l'ouvrit et frémit d'horreur en y trouvant la tête d'un lion, qu'Antar avait terrassé et démembré. Aussi généreux qu'intrépide, il tua un jour, d'un seul coup asséné par son bras de fer, le chef des troupeaux de Zobéir, qui disputait brutalement l'usage d'un puits à une vieille femme dont les chèvres mouraient de soif. A ce coup, tous les bergers, esclaves de Zobéir, se jettent sur Antar pour venger leur chef. Antar, ramassant un bâton noueux sur le sable, se défend seul contre tous et étend à ses pieds un grand nombre de ses agresseurs. Au bruit de la lutte, le jeune Mélik, un des fils de Zobéir, arrive et voit Antar assailli par mille bras. Il admire l'intrépidité, la force merveilleuse du jeune noir ; il vole à son secours, écarte les esclaves, fait marcher Antar à côté de son cheval, le protége contre la colère de son maître, lui fait obtenir son pardon et le ramène à la tente de Schédad. Les jeunes filles de la famille de Schédad se précipitent hors des rideaux pour contempler le triomphe du jeune esclave, le prodige des hommes, le vengeur des faibles et le protecteur des femmes.

Au milieu d'elles, Antar ne voyait qu'Abla, la plus belle des vierges de la tribu d'Abs. Abla était fille de Malek, frère de Schédad, et cousine ainsi d'Antar. Grâce à cette parenté et à l'union qui existait entre les deux tentes de Schédad et de Malek, Antar et Abla avaient vécu familièrement dès leur plus tendre enfance, et cet amour, qui devait faire le malheur, la gloire et la félicité d'Antar, semblait être né et avoir grandi avec eux.

En gardant les chameaux de son père dans la solitude, Antar chantait, et le sujet habituel de ses vers était sa cousine Abla. Toutes les images poétiques du désert étaient empruntées par le poëte pasteur pour rendre l'impression que lui faisaient la présence, la voix ou le souvenir de celle qu'il aimait. Mais, bien que ces premiers vers d'Antar, répétés par les Arabes sous la tente, rendissent déjà son nom célèbre entre tous les enfants de la tribu d'Abs, un accent de mélancolie et de découragement attristait toujours la fin de ses chants. L'esclave noir ne se dissimulait pas que son amour pour Abla était, aux yeux des Arabes, une sorte de sacrilége, et que Malek n'accorderait jamais sa fille à un homme marqué de la couleur de la servitude. Ce fut cette passion pour Abla qui lui inspira de bonne heure l'idée de tenter des prodiges d'héroïsme capables de vaincre la destinée, et de conquérir la main de celle dont il avait conquis le cœur.

« Je me précipiterai dans la mêlée, disait-il, je m'élèverai au sommet de la gloire, ou je tomberai sous la flèche des ennemis de ton père, ô Abla! Alors tu pleureras sur mon corps étendu et percé de coups à tes pieds, ou bien ton père t'accordera en récompense à ma main libératrice. »

Humiliés et irrités de ce qu'un vil esclave ose lever les yeux sur leur parente, les oncles d'Abla tendent mille piéges à l'adolescent pour le faire succomber, tantôt contre les guerriers, tantôt contre les bêtes féroces du désert. Sa force surnaturelle et son indomptable courage déjouent toujours leurs embûches.

« A chaque instant, » dit M. de Lamartine, « on croit relire l'histoire de Joseph haï et persécuté par ses frères. »

Chantre lui-même de ses propres exploits, Antar se vante avec la naïve fierté de l'Arabe de l'incomparable vigueur de son bras : « Me voici dans mon élément, s'écrie-t-il en apostrophant ses ennemis couchés dans leur sang à ses pieds ; c'est du sang que je respire. Ma force est célèbre ; mon sabre frappe comme la foudre, nul guerrier ne peut l'éviter ; l'arc et le sabre ont été les jouets de mon berceau. J'étancherai ma soif avec du vin, du vin aussi vieux que le monde. J'entendrai la voix que je préfère au bruit du fer dans la mêlée, quand les guerriers s'entre-choquent et tombent en vidant la coupe de la mort, la voix d'Abla ! Abla ! tu es le seul rêve de mon cœur, et je ne cherche la renommée que pour ne pas être méprisé un jour par toi ! Je suis noir, oui ; mais, j'en suis sûr, j'écraserai l'envie, j'anéantirai tout ce qui osera me résister ! »

Antar se signala dans la guerre de Zobéir contre les autres tribus de l'Yémen. Au retour des combats, le roi le faisait asseoir à ses festins, et le héros poëte célébrait à la table du prince les victoires de sa tribu et ses propres triomphes, mêlant toujours le nom d'Abla à ses accents de guerre.

Des chants nombreux du poëme d'Antar sont consacrés au récit des prodiges de son courage pendant ces années d'épreuves où Schédad et Malek son frère lui refusent le don de sa maîtresse. Ses vers, à cette époque, sont des gémissements plaintifs et quelquefois terribles sur sa destinée.

Quoique comblé d'honneurs et d'affection par le roi Zobéir, Antar ne pouvait obtenir le titre de fils reconnu et légitime de son père Schédad. « Vil bâtard, lui dit Schédad, oses-tu bien prétendre au rang de mes autres fils, toi fils d'une esclave, toi qui portes la honte de ta naissance écrite sur ta peau ! » Antar, désespéré à ces cruelles paroles, baisse la tête, s'enfonce seul dans le désert et déplore ainsi son infortune :

« En vain je me débats contre mon malheur. J'ai servi les hommes, j'ai cru que mes parents seraient mes protecteurs, et ils ont été pour moi plus dangereux que les serpents. Sur le champ de bataille, j'égale les enfants des rois, disent-ils; mais dans la paix, je ne suis plus pour eux que le fils de Zébéha, l'esclave noir! Ah! sans l'amour qui me consume, supporterais-je de tels outrages? O Abla! que ton image me console et me soutienne! Si ta demeure était au ciel, ma main envahirait les étoiles pour te mériter et te conquérir! »

Antar s'enfonça dans le désert, errant au hasard, sans amis, sans compagnons. Un jour, après une longue marche, il fut rejoint par quelques cavaliers de Zobéir, et s'étant réuni à eux, il attaqua la tribu de Cathan, immola ses guerriers, et s'empara de ses immenses troupeaux, riche dépouille qui allait égaler sa fortune à celle des Arabes pasteurs les plus opulents. Mais l'instinct du héros l'emporte en lui sur l'amour et l'orgueil des richesses; il échange tout ce butin contre un cheval persan fameux dans le désert sous le nom d'Abjer, et ce coursier sans égal est désormais associé dans l'histoire à tous les dangers et à tous les triomphes de son cavalier.

La colère de Schédad ne résiste pas à cette nouvelle preuve de la valeur de son fils. Il se glorifie des exploits d'Antar, et Malek lui-même feint d'être disposé à lui accorder sa fille. Il demande un jour au héros quel don il prétendait lui donner en échange d'Abla. « O mon
» oncle! répondit le jeune homme, loin de moi l'affront
» de mettre un prix à ce visage de lumière, à cette taille
» de palmier, à cette perle de l'Océan! Dites vous-même
» ce que vous désirez, et ne me demandez qu'une dot
» supérieure à ce que tous les rois et tous les guerriers
» de l'Arabie et de la Perse seraient impuissants à lui

» donner. » Malek lui demanda mille chamelles *acéfyr*, les plus rares et les plus estimées des Arabes. Antar les lui promit, chargées de plus de toutes les richesses de leurs maîtres; puis il partit pensif pour accomplir sa promesse et payer ainsi le prix d'Abla.

Un vieillard l'avertit que les chamelles acéfyr ne se trouvent que dans les terres du roi Moundhir, qui règne entre l'Arabie et la Perse, et dont les Persans et les Arabes redoutent également la puissance. Le lendemain Antar prend la route de l'Irak, pays soumis au roi Moundhir. La description qu'il fait dans ses vers de la terre d'Irak révèle en lui un poëte descriptif de premier ordre. Nous donnons la traduction de ce passage d'après M. Dugat :

« Là, dit-il, s'offrirent à mes yeux des maisons nombreuses et pleines comme des ruches, de vastes prairies, des parterres éclatants de fleurs, arrosés de sources jaillissantes; des chevaux arabes, au poil varié, bondissaient çà et là dans la plaine, comme des vagues dans la mer au vent du matin. Ils réjouissaient la contrée et faisaient frémir les feuilles d'arbre par leur hennissement. De jeunes chameaux s'offraient aussi à mes yeux avec leurs mères, des dromadaires, rapides comme la poussière sous le vent, des esclaves, de jeunes garçons, de jeunes filles noires aux cheveux bouclés. Là s'ouvrait une vallée, la plus riante que les génies aient jamais embellie; l'eau y débordait de toutes parts, semblable à de l'argent liquide; les parfums des herbes y répandaient l'odeur du musc; des milliers d'oiseaux, bulbuls, merles, passereaux, colombes à collier, perdrix, cailles, tourterelles, chantaient dans les sillons ou exaltaient sur les rameaux le nom de Dieu. Les paons y déployaient l'éclat de leur robe, comme si le Créateur les eût habillés des plus rayonnantes couleurs et eût versé sur eux le corail et l'hyacinthe (1). »

Le récit de l'expédition d'Antar dans l'Irak remplit plusieurs chants du poëme. Le héros est exposé d'abord au plus grand péril; après un long combat contre une foule innombrable de cavaliers, il tombe épuisé de fatigue sur le champ de bataille et devient le prisonnier du roi Moundhir. Mais bientôt après son bras délivre ce prince de tous ses ennemis, parmi lesquels il faut citer surtout le satrape Kosrouan et le Romain Baramouth; il réconcilie le roi de l'Irak avec le roi de Perse Chosroès, dont il était tributaire, et Moundhir reconnaissant lui donne, avec la liberté, les mille chamelles qu'il était venu conquérir et auxquelles Chosroès lui-même joint de magnifiques présents. Antar revint triomphant; Malek, son oncle, lui accorda sa fille, et l'esclave noir, enrichi des dons de Moundhir et de Chosroès, devint le plus puissant et le plus opulent des Arabes de la tribu d'Abs. Les années s'écoulèrent dans la paix, dans la guerre, dans de nouveaux exploits et dans une constante félicité auprès de la belle Abla, enviée de toutes les femmes de l'Hedjaz et de l'Yémen.

Nous passons sur ces nombreuses années de la vie d'Antar pour arriver à la mort du héros, un des plus beaux chants lyriques de toutes les langues. En voici la traduction que nous empruntons à un excellent article de M. Caussin de Perceval, publié dans le *Journal asiatique* du mois d'août 1833 :

Pour l'intelligence de ce dernier épisode du poëme, nous devons d'abord rappeler que, dans le cours de ses exploits, Antar avait vaincu un de ses ennemis

(1) *Revue asiatique*, Fragments d'Antar, publiés par M. Gustave Dugat.

nommé Ouézar ou Djézar, et que, pour le punir de ses agressions contre son peuple, il l'avait privé de la lumière du jour en faisant passer un sabre rouge devant ses yeux; puis il lui avait laissé la vie, la liberté et même le rang suprême dans sa tribu.

« Ouézar, fils de Djaber, dit le continuateur du poëme, méditait en secret sa vengeance. Quoique ses yeux fussent privés de la lumière, il n'avait rien perdu de son adresse à tirer des flèches. Son oreille, exercée par un long apprentissage à suivre les mouvements des bêtes féroces sur le bruit de leurs pas, suffisait pour guider ses coups, et jamais le trait qu'il avait lancé ne manquait son but. Sa haine, toujours attentive, écoutait avidement les nouvelles que la renommée lui transmettait de son ennemi. Il apprend qu'Antar, après une expédition périlleuse et lointaine, vient d'arriver couvert de gloire, apportant avec lui un butin immense, des trésors aussi riches que ceux qu'il avait reçus autrefois de Moundhir et de Chosroës. A ce récit, Ouézar pleure d'envie et de rage. Il appelle Nedjm, son esclave fidèle. « Trop longtemps, lui dit-il, la fortune a pro-
» tégé celui dont les succès me désespèrent. Depuis ce
» jour où un fer brûlant ravit la lumière à mes yeux, dix
» ans se sont écoulés, et je ne suis pas encore vengé!
» Mais enfin le moment est venu où je laverai ma honte,
» où j'éteindrai dans son sang le feu qui dévore mon
» cœur. Antar est campé au bord de l'Euphrate; c'est
» là que je veux l'aller chercher. Je vivrai caché dans
» les buissons, dans les roseaux, jusqu'à ce que le ciel
» livre sa vie entre mes mains. » Il ordonne à son esclave de lui amener sa chamelle, dont la course est aussi rapide que celle de l'autruche légère. Il s'arme de son arc et de son carquois, rempli de flèches empoisonnées. Nedjm fait agenouiller la chamelle, aide

son maître à monter, et prend la bride de l'animal docile, dont il doit diriger la marche. »

« Lorsqu'ils se furent enfoncés dans les espaces immenses du désert, Ouézar exhala en ces mots le ressentiment qui l'animait : « Mes paupières mutilées ne peu- » vent plus se fermer au doux sommeil ; une nuit éter- » nelle m'environne. Trois fois vaincu, j'ai roulé sur la » poussière, et ma tribu m'a repoussé de son sein » comme un ennemi. Malheur à toi, fils de Schédad, » toi qui as causé mes tourments et ma honte ! L'envie » a consumé mon cœur et exténué mon corps. Puisse » enfin la fortune, favorable à mes vœux, te faire tom- » ber sous mes coups ! »

« Après plusieurs journées d'une marche pénible, ils sortent des déserts arides et entrent dans le pays qu'arrose l'Euphrate, pays fertile, orné d'arbres et de verdure. Ils parviennent au bord du fleuve. Nedjm jette les yeux sur l'autre rive ; il aperçoit des tentes richement décorées, de nombreux troupeaux, des chameaux errants dans la plaine, des lances plantées en terre, des chevaux harnachés et attachés devant l'habitation de leur maître ; il entend les chants des jeunes filles et le son des instruments de musique. Une tente plus belle et plus haute que les autres était dressée à peu de distance du rivage ; devant la porte s'élève une longue lance de fer, auprès de laquelle est un cheval plus noir que l'ébène. Nedjm reconnaît le noble coursier d'Antar et sa lance terrible ; il fait arrêter la chamelle qui porte son maître, et se place avec lui derrière des buissons qui les dérobent à tous les regards. »

« Lorsque la nuit eut étendu sur la terre ses ombres sinistres, Ouézar dit à son esclave : « Quittons ce lieu ; les » voix qui frappent mon oreille me semblent éloignées. » Rapproche-moi du fleuve. Mon cœur me dit qu'un

» coup signalé va illustrer à jamais mon nom. » Nedjm le conduit par la main, le fait asseoir sur la rive, en face de la tente d'Antar, et lui présente son arc et son carquois. Ouëzar choisit la plus acérée de ses flèches, la place sur son arc, et, l'oreille attentive, il attend le moment de la vengeance. »

« Antar, dans une sécurité profonde, se livrait au plaisir de revoir Abla, sa bien-aimée, après une longue absence. Quoique séparé de la tribu des Bénou-Abs et isolé avec sa famille sur une terre étrangère, il ne croyait avoir à redouter aucun ennemi, parce que la terreur de son nom, imprimée dans le cœur des Arabes, était un boulevard qui défendait ses tentes contre les attaques de tous les habitants du désert. Abla, fière d'avoir pour époux le héros de l'Arabie, redoublait pour lui de tendresse, et l'amour d'Antar pour elle, loin de s'être affaibli par le temps, semblait n'avoir fait que prendre de nouvelles forces. Il oubliait dans les bras de cette compagne chérie et ses travaux et ses dangers, lorsque les hurlements lugubres des chiens, fidèles gardiens du camp, succédant à leurs aboiements prolongés, viennent jeter dans son âme un trouble inconnu. Inquiet, il se lève et sort de sa tente. Le ciel était sombre et nuageux. Antar erre quelque temps dans l'obscurité ; il entend de nouveaux aboiements qui lui paraissent venir du rivage du fleuve. Poussé par la fatalité, il s'avance au bord des eaux, et soupçonnant la présence de quelque étranger, il appelle son frère Djérir pour l'envoyer reconnaître l'autre rive. A peine il a élevé sa voix puissante, qui fait retentir les vallons et les montagnes, qu'une flèche l'atteint au côté droit et pénètre dans ses entrailles. »

« Aucune plainte, aucun gémissement indigne de son courage ne trahit sa douleur. Il arrache le fer de sa blessure et s'écrie : « O toi dont la main perfide s'est guidée

» sur le son de ma voix pour me frapper dans les ombres
» de la nuit, que ne puis-je te connaître, pour te pour-
» suivre jusqu'au fond des déserts et faire servir de pâ-
» ture aux animaux sauvages! Traître, qui n'as pas osé
» m'attaquer à la clarté du jour, tu n'échapperas pas à ma
» vengeance; tu ne jouiras pas du fruit de ta perfidie! »

« Ouézar entend ces paroles, et la crainte s'empare de son cœur. Il croit que sa flèche a mal servi son ressentiment, et à l'instant l'idée de la colère d'Antar, l'image des tourments qu'il lui prépare saisissent son esprit d'épouvante; ses forces l'abandonnent, il tombe privé de sentiment. L'esclave Nedjm, voyant que son maître n'est plus qu'un corps froid et sans vie, monte sur la chamelle et se hâte de s'éloigner de ces lieux. »

« Cependant Djérir était accouru à la voix de son frère. Antar l'instruit qu'il a été blessé d'un trait décoché de l'autre bord du fleuve par une main inconnue; il lui ordonne de poursuivre le traître qui l'a frappé, et retourne à sa tente à pas chancelants. Djérir se dépouille de ses vêtements et s'élance dans les ondes; bientôt il arrive au rivage opposé. Il cherche dans l'obscurité, et trouve gisant sur le sable un corps inanimé, auprès duquel sa main rencontre un arc et un carquois. Incertain si ce corps sans mouvement peut être rappelé à la vie, mais espérant tirer quelque éclaircissement de la vue de sa figure, il charge le cadavre sur ses épaules et le porte à la tente de son frère. »

« Antar, étendu sur le lit de douleur, environné de ses amis désolés, était en proie aux plus cruelles souffrances. La tendre Abla mettait un appareil sur sa blessure, qu'elle arrosait de ses larmes. Dans ce moment Djérir entre, et dépose aux pieds de son frère le corps d'Ouézar, avec son arc et ses flèches. A peine Antar a-t-il jeté les yeux sur ce visage mutilé, où la férocité est

encore empreinte, qu'il reconnaît l'implacable ennemi qui avait tant de fois conjuré sa perte. Il ne doute pas que le coup fatal ne soit parti de sa main, et que la flèche qui l'a blessé ne soit empoisonnée. Alors la douce espérance abandonne son cœur, et l'image de la mort se présente seule à ses yeux. Il l'envisage avec résignation, et, plongé dans de profondes pensées, il garde un moment le silence. Les combats où il a vaincu Ouézar sans pouvoir dompter son âme de fer, la persévérance de ce traître à poursuivre sa vengeance, enfin la justice céleste qui n'a pas permis qu'il survécût à son crime, viennent se retracer dans son esprit. Bientôt, sortant de sa rêverie, il s'écrie : « Le mal-
» heur de mon ennemi a satisfait mon cœur ; sa mort
» me console de ma fin prochaine, dont il ne sera pas
» témoin. Oui, l'on doit remercier le destin quand on
» survit à son ennemi d'un jour, ou même d'un in-
» stant. » Ensuite, s'adressant au cadavre d'Ouézar :
« Misérable, dit-il, tu n'as pas savouré le plaisir de la
» vengeance, et j'ai survécu à ton trépas. Mais vous
» jouirez de mon triste sort, vous, guerriers jaloux de
» ma gloire, rivaux que j'ai terrassés, et dont le cœur
» rongé par l'envie ne peut oublier la honte de votre
» défaite. Triomphez donc aujourd'hui, puisque telle
» est la volonté immuable de l'Être immortel dont les
» humains ne peuvent prévoir ni éviter les décrets. »

« Fils de mon oncle, lui dit Abla, pourquoi renoncer
» à l'espoir? Pourquoi laisser abattre ton courage? Une
» légère blessure de flèche doit-elle t'inquiéter, toi qui,
» méprisant les coups de sabre et de lance, as sup-
» porté sans te plaindre tant de blessures larges et pro-
» fondes, dont les cicatrices couvrent ton corps? »

« Abla, répond Antar, ma vie touche à son terme, la
» flèche qui m'a atteint est empoisonnée. Reconnais

» dans ce cadavre les traits d'Ouézar, et cesse de te
» flatter d'une fausse espérance. »

« A ces mots, Abla fait retentir l'air de ses gémisse-
» ments ; elle déchire ses vêtements, arrache ses longs
» cheveux et se couvre la tête de poussière. Les femmes
» qui l'entourent imitent sa douleur; bientôt tout le
» camp répond à leurs cris plaintifs, et au silence de la
» nuit succèdent le tumulte et les accents du désespoir. »

« Alors Antar dit à ses amis qui fondaient en larmes :
« Cessez d'inutiles pleurs. Le Très-Haut nous a tous
» assujettis à sa loi, et personne ne peut se soustraire
» aux arrêts du destin. » Puis, se tournant vers Abla :
« Chère épouse, dit-il, qui défendra ton honneur et tes
» jours après la mort d'Antar?... Je sais trop que la
» tribu des Bénou-Abs, privée du secours de mon bras,
» va être accablée par ses nombreux ennemis, écrasée
» par toutes les tribus de l'Arabie que la vengeance
» réunira contre elle!... Un second époux, un autre
» moi-même peut seul t'éviter les horreurs de l'escla-
» vage. De tous les guerriers du désert, Amer et Zéid-el-
» Khaïl (1) sont ceux dont la valeur protégera le mieux
» ta vie et ta liberté. Choisis donc l'un des deux et va lui
» offrir ta main... Pour retourner vers la terre qu'habi-
» tent les enfants d'Abs, pour assurer ton passage dans
» le désert, tu monteras mon coursier Abjer, tu revêtiras
» mes armes : sous ce déguisement, ne crains pas d'être
» attaquée ; marche avec assurance, sans daigner don-
» ner le salut aux guerriers des tribus qui se trouveront
» sur ta route. La vue du cheval et des armes du fils de
» Schédad suffira pour intimider les plus audacieux. »

« Ensuite Antar prit la main d'Amrou Zoulkelb (2), et

---

(1) Zéid-el-Khaïl, fils de Mouhalhil, vécut jusqu'à l'institution de la religion musulmane, qu'il embrassa.
(2) Guerrier de la tribu de Kadaa, et ami d'Antar. *Kitab-el-Aghani*, vol. IV, fol. 304.

la pressant contre son cœur : « Ami, lui dit-il, je te confie
» le jeune fils d'Arouè. Que cet aimable enfant, élevé
» par toi et formé par ton exemple, devienne un jour un
» héros, et que tes soins acquittent pour moi la dette
» d'amitié que j'ai contractée envers son père. »

« Cependant le rideau des ténèbres s'était levé ; l'aube parut en souriant et commença à colorer le sommet des montagnes. Antar se fit porter hors de sa tente, et là il distribua à ses parents et à ses amis les nombreux troupeaux, les chameaux et les coursiers qu'il possédait, et tout le butin qu'il avait rapporté de sa dernière expédition, réservant pour Abla la portion la plus considérable. Après ce partage, il fit ses adieux à Amrou et l'engagea à retourner dans sa tribu avant que le bruit de sa mort se répandît dans l'Arabie et enhardît leurs ennemis communs à venir l'attaquer. Vainement Amrou protesta qu'il ne le quitterait point et qu'il voulait escorter Abla jusqu'à la tribu des Bénou-Abs. « Non, lui dit
» Antar, tant que j'aurai un souffle de vie, Abla n'aura
» d'autre bras que le mien pour la défendre. Pars, et si
» tu veux exposer tes jours pour l'amitié, va combattre
» les Bénou-Nebhan, va venger ma mort sur la famille
» d'Ouézar. »

« Amrou cède à regret; il lui jure d'exécuter ses volontés, et les deux amis confondent leurs larmes dans un dernier embrassement. Antar ordonne les préparatifs du départ. Bientôt on abat les tentes, on les plie, on les charge sur des chameaux. La triste Abla se laisse revêtir des armes pesantes de son époux ; ceinte de son large sabre, tenant dans la main sa lance redoutable, elle monte sur Abjer, tandis que des esclaves font asseoir Antar dans la litière où Abla avait coutume de se placer dans des temps plus heureux, lorsqu'elle traversait les déserts. »

« On part : Amrou prend le chemin qui conduit à la

tribu de Kadaa ; Antar et sa famille se dirigent vers la terre de Chourbé. Ses esclaves chassaient en avant les troupeaux et les chameaux qui portaient les bagages; à leur suite venaient les cavaliers; la marche était fermée par Abla et Antar, accompagnés de l'infatigable Djérir, qui précédait Abjer, et de son neveu Khadrouf, qui guidait la chamelle chargée de la litière. »

« A peine ils avaient perdu de vue les bords fortunés de l'Euphrate et commençaient à s'enfoncer dans l'immensité des déserts, qu'ils aperçurent au loin des tentes qui paraissaient comme des points obscurs à l'horizon, ou comme une bordure noire de la draperie azurée des cieux. C'était une tribu riche et puissante. Les guerriers qui la composaient égalaient en nombre les grains de sable de l'Irak, et en courage les lions des forêts. Aussitôt que leurs yeux vigilants eurent distingué dans le lointain la faible caravane qui s'avançait, trois cents des plus braves s'élancèrent sur leurs chevaux, saisirent leurs lances et volèrent à sa rencontre. Aussi rapides que les gazelles légères, leurs coursiers franchissent l'espace, et bientôt ils sont à la portée de la flèche. Alors ils reconnaissent la litière et le guerrier qui l'accompagne : « C'est Antar, se disent-ils » les uns les autres; oui, c'est lui qui voyage avec son » épouse. Voilà ses armes, son cheval, et la magnifique » litière d'Abla. Retournons vers nos tentes, et ne » nous exposons pas à la colère de cet invincible guerrier. » »

« Déjà ils avaient tourné bride et allaient reprendre leur course vers leur tribu, lorsqu'un d'entre eux les arrêta. C'était un vieux cheik, dont l'esprit fin et rusé pénétrait les événements les plus secrets et perçait les voiles du mystère : « Mes cousins, leur dit-il, c'est » bien la lance d'Antar, c'est bien son casque, sa cui-

» rassé et son coursier, dont la couleur ressemble à
» la nuit, mais ce n'est ni sa taille ni sa contenance
» fière ; c'est la taille et le maintien d'une femme ti-
» mide. Croyez-moi, Antar est mort, ou bien une ma-
» ladie dangereuse l'empêche de monter à cheval ; et
» ce guerrier que porte Abjer, cet Antar prétendu,
» c'est Abla, qui se sera revêtue des armes de son époux,
» pour nous intimider, tandis que le véritable Antar
» est peut être couché mourant dans cette litière. »

« Ses compagnons, frappés de ses observations, reviennent sur leurs pas. Aucun d'eux cependant ne se sent l'audace de commencer l'attaque ; mais ils se déterminent à suivre de loin la caravane, dans l'espoir de voir naître quelque circonstance qui puisse fixer leur incertitude. »

« Cependant la main délicate d'Abla ne pouvait plus supporter le poids de la lance de fer ; elle est obligée de la remettre à Djérir. Bientôt, lorsque le soleil parvenu à la moitié de son cours eut échauffé les sables de toute l'ardeur de ses feux, épuisée de fatigue, accablée par la pesanteur de ses armes, Abla voulut s'arrêter et prendre un instant de repos. Djérir s'avance vers elle, la soutient et l'aide à descendre de cheval. »

« A ce spectacle, les cavaliers, qui observaient tous leurs mouvements, ne doutent plus de la réalité de leurs soupçons ; ils mettent leurs lances en arrêt et pressent les flancs de leurs coursiers pour fondre sur cette troupe qu'ils jugent trop faible pour leur résister. Antar était étendu dans la litière, presque privé de sentiment. Les cris des ennemis, les hennissements des chevaux viennent frapper son oreille et le retirer de cette léthargie. Le danger lui rend des forces ; il se soulève, montre la tête et pousse un cri terrible qui porte l'effroi dans tous les cœurs. A ce cri semblable au tonnerre, le crin des coursiers se hérisse, ils reculent,

ils fuient et emportent au loin dans la plaine leurs cavaliers glacés de la même terreur, et qui se disaient entre eux : « Malheur à nous ! Antar respire encore. Il
» a voulu éprouver les habitants du désert et connaître
» quelle serait la tribu assez hardie pour ambitionner la
» conquête de son épouse et de ses biens. » En vain le vieux cheik qui leur avait déjà inspiré sa confiance cherche encore à les rassurer ; la plupart sont sourds à sa voix et poursuivent leur course vers leur tribu. Trente seulement consentent à rester avec lui et continuent à observer la caravane. »

« Malgré ses douleurs que chaque instant rendait plus cuisantes, Antar avait voulu reprendre ses armes et remonter sur son coursier. Il fait replacer Abla dans la litière et marche à ses côtés : « Sois tranquille, lui
» dit-il, Antar veille encore sur toi ; mais ce sont
» ses derniers moments qu'il consacre à ta défense. » Abla attache sur lui un regard de tristesse. « Antar, lui disent ses compagnons en voyant son attitude souf-
» frante, n'épuise pas les forces qui te restent, remonte
» dans la litière. Longtemps tu nous a protégés par ta
» valeur, c'est à nous aujourd'hui de combattre pour
» toi. » Il leur répond : « Je vous remercie, mes cou-
» sins, vous êtes braves, mais vous n'êtes point Antar.
» Marchez, j'espère encore vous conduire heureuse-
» ment jusqu'à notre tribu. »

« Au déclin du jour, ils arrivèrent dans une vallée peu éloignée des lieux où campaient les Bénou-Abs-Elle se nommait la vallée des Gazelles, et les montagnes qui la formaient ne laissaient d'autre issue du côté de la terre de Chourbé qu'une gorge étroite où trois cavaliers pouvaient à peine se présenter de front. Antar fit passer en avant les troupeaux et la chamelle qui portait Abla. Quand il eut vu toute la caravane défiler devant lui, il s'avança lui-même à l'entrée de la gorge. En cet instant ses douleurs augmentent; ses entrailles sont déchirées, et chaque pas de son coursier lui fait éprouver des tourments pareils aux supplices des enfers. Il arrête Abjer, plante sa lance en terre, et, s'appuyant dessus, il demeure immobile. »

« Les trente guerriers qui suivaient ses traces, en le voyant dans cette position, firent halte à l'autre extrémité de la vallée. « Antar, se disaient-ils les uns aux
» autres, s'est aperçu que nous observions sa marche;
» sans doute il nous attend dans ce défilé pour nous
» exterminer. Profitons de la nuit qui va nous envelop-
» per dans ses ombres pour regagner nos tentes et re-
» joindre nos frères. — Mes cousins, leur dit le cheik,
» n'écoutez pas les conseils de la crainte; l'immobilité
» d'Antar est le sommeil de la mort. Hé quoi! ne con-
» naissez-vous pas son courage impétueux? Antar at-
» tendait-il son ennemi? S'il était vivant, ne fondrait-il
» pas sur nous comme le vautour sur sa proie? Avan-
» cez donc, ou si vous refusez de poursuivre votre mar-
» che, du moins, restez en ce lieu jusqu'à ce que l'au-
» rore vienne éclaircir vos soupçons. »

« Persuadés de nouveau par ces discours, ses compagnons demeurent; mais toujours inquiets et alarmés, ils passent la nuit sur leurs chevaux, sans se livrer aux douceurs du sommeil. Enfin le jour commence à paraître et à dissiper les ombres qui couvraient la vallée. Antar est toujours à l'entrée du défilé dans la même attitude, et son coursier docile est immobile comme ui. A cette vue les guerriers étonnés se consultent entre eux; toutes les apparences leur montrent qu'Antar est mort, et cependant aucun d'eux n'ose l'approcher, tant est grande la crainte qu'il inspire. Le vieux cheik fixe bientôt leur irrésolution. Il descend de sa jument, et, la piquant avec le fer de sa lance, il lui fait prendre sa course vers le fond de la vallée. A peine elle est parvenue au pied des montagnes, que l'ardent Abjer, la sentant approcher, s'élance vers elle en poussant de bruyants hennissements. Antar tombe comme une tour qui s'écroule, et le bruit de ses armes fait retentir les échos. »

« Les guerriers qui aperçoivent sa chute s'empressent de voler vers lui. Ils s'étonnaient de voir étendu sans vie sur la poussière celui qui a fait trembler l'Arabie, et ne pouvaient se lasser d'admirer sa taille gigantesque. Renonçant à l'espoir d'atteindre la caravane, qui avait dû arriver pendant la nuit à la tribu des Benou-Abs, ils se contentèrent de dépouiller Antar de ses armes pour les emporter chez eux comme un trophée. En vain ils voulurent saisir son coursier. Après la mort de son maître, Abjer n'aurait plus eu de cavalier digne de lui. Plus rapide que l'éclair, il disparaît à leurs yeux et s'enfonce dans les déserts. »

« On dit qu'un de ces hommes, touché du sort d'un héros qu'avaient illustré tant d'exploits, pleura sur son cadavre, le couvrit de terre, et lui adressa ces paroles : « Honneur à toi, brave guerrier, qui, pendant ta vie, » as été le défenseur de ta tribu, et qui, même après ta » mort, as protégé les tiens par la terreur qu'imprimait » ton aspect! Puisse ton âme vivre heureuse à jamais! » Puissent les rosées bienfaisantes humecter le lieu où » tu reposes! »

Telle est la fin de ce magnifique poëme oriental qui rappelle quelquefois les grandes images de la Bible, et qui égale en beauté le style et les admirables créations d'Homère, de nos merveilleux romanciers du moyen âge, et de l'Arioste et du Tasse.

Les *antarieh* ne se bornent pas toujours au récit du poëme d'Antar, ils racontent aussi des fragments du roman appelé *Siret-el-Mogahiddin* (*l'Histoire des Guerriers*), et plus communément *Siret-Delhemeh*, ou Zol-Himmeh, du nom de l'héroïne qui y joue le rôle principal. Il y a quelques années les mêmes conteurs récitaient également des morceaux tirés soit du poëme de *Seyf-Zoul-Yezen*, soit des *Mille et une Nuits*. Il est devenu si difficile de trouver des copies de ces deux derniers ouvrages, qu'on ne les raconte plus aujourd'hui; et lorsqu'on réussirait à rencontrer un exemplaire complet des *Mille et une Nuits*, le prix en serait trop élevé pour qu'un conteur pût l'acheter. Les romans d'*Abou-Zeyd*, d'*Ez-Zahir*, d'*Antar* et de *Delhemeh* sont choisis de préférence aux *Mille et une Nuits* comme sujets des récits populaires; il est certain que les musulmans de l'Égypte moderne conservent encore assez des mœurs des anciens Arabes pour prendre un plus grand plaisir à écouter ces chants guerriers.

Pour achever de donner au lecteur une idée des ouvrages où puisent aujourd'hui les conteurs du Caire, nous esquisserons quelques-unes des aventures relatées dans le roman de *Delhemeh*. Ce poëme est encore plus rare que ceux dont nous avons parlé ci-dessus. On nous avait dit que les copies complètes formaient cinquante-cinq volumes. Après de longues recherches, nous sommes parvenu à nous procurer seulement les trois premiers volumes, contenant ensemble 302 pages, et les tomes XLVI et XLVII. Les trois premiers volumes présentent un bon spécimen de tout le roman; malheureusement l'écriture en était défectueuse. Nous n'avons pu nous faire lire complétement, par les conteurs, que les deux premiers volumes. M. Lane, qui pendant son long séjour en Égypte a écrit un excellent livre sur les mœurs modernes des Arabes et des Égyptiens, et qui possède également ces trois volumes, dit n'en avoir traduit que le tome premier. Le sujet principal de l'ouvrage est, ainsi que l'annonce la préface, l'histoire des exploits des Arabes du désert, sous les califes Ommiades et Abbassides. Il a été composé d'après les récits de divers auteurs. Neuf de ces écrivains sont désignés; il n'en est aucun qui ne soit aujourd'hui oublié; leurs œuvres et l'époque où ils ont vécu sont également inconnues, mais on voit au style de leurs récits qu'ils ne sont point modernes. Voici quelle est, selon les antarieh, l'origine de ce roman. Lorsque El-Asmai ou El-Asmoï composa ou compila l'histoire d'Antar, cet ouvrage devint aussitôt si populaire et il excita un tel enthousiasme pour les hauts faits des guerriers arabes, qu'on rechercha de toutes parts avec empressement les contes du même genre; on en recueillit plusieurs, et c'est d'après ces matériaux que fut composé le *Siret-el-Mogahiddin* ou *Delhemeh*, par un écrivain inconnu qui, ne pouvant égaler l'auteur d'Antar par le talent, voulut le surpasser par l'étendue de la narration, en écrivant son livre en cinquante-cinq volumes, tandis que le poëme d'Antar n'en a que quarante-cinq.

Le roman de Delhemeh offre de grandes beautés poétiques et en même temps beaucoup de défauts, qui, selon toute apparence, doivent être attribués, pour la plupart, aux copistes.

La partie de l'ouvrage qui nous a été lue dépeint un des principaux personnages du roman. Nous allons en donner une traduction abrégée.

Au commencement du poëme, nous voyons que, du temps des califes Ommiades, aucune des tribus de l'Arabie ne surpassait en puissance, en courage, en hospitalité, celle des Benou ou Beni-Kilab, dont le territoire était situé dans l'Hedjaz. Cependant le vice-roi ou lieutenant, placé par le calife à la tête de toutes les tribus du désert, était le chef des Beni-Souleym, qui s'enorgueillissaient de cette distinction et en même temps de leurs immenses richesses. « El-Haris, chef des Beni-Kilab, le plus habile cavalier de son temps, dans une de ces expéditions si fréquentes que font les Arabes contre les tribus voisines, emmena captive une jeune fille d'une éclatante beauté, nommée Er-Rabah, et l'épousa. Bientôt Er-Rabah se vit sur le point d'être mère, et une nuit elle rêva qu'une flamme la brûlait intérieurement, et, se répandant ensuite au dehors, consumait ses vêtements. Troublée de ce songe, elle en parla à son mari, qui, saisi lui-même d'une vive inquiétude, s'empressa de chercher quelqu'un qui pût l'interpréter. Un vieux cheik lui dit que Er-Rabah était en danger de perdre la vie en devenant mère, mais qu'elle donnerait le jour à un fils d'une grande renommée, lequel à son tour serait père d'un fils plus illustre encore. Le cheik répéta cette prophétie à la femme d'El-Haris, et, à sa prière, il écrivit les lignes suivantes sur une amulette qui devait être attachée au bras droit de l'enfant aussitôt après sa naissance : « Cet enfant est le fils d'El-Haris, fils de Khalid, fils d'Amir, fils de Sasah, fils de Kilab. Telle est sa généalogie parmi les Arabes de l'Hedjaz, et il est vraiment de la famille des Beni-Kilab. » Peu de temps après, El-Haris tomba malade et mourut. Un grand nombre d'Arabes des tribus voisines qu'il avait soumis et réduits en esclavage se réjouirent de sa mort, et se préparèrent à se venger en pillant toutes ses propriétés. Informée de ces menaces, la jeune veuve résolut de retourner dans sa famille, et détermina un esclave noir à l'accompagner. Ils partirent secrètement, et, au milieu de la nuit, ils se trouvaient près du camp des Arabes soumis à l'émir Darim, lorsque l'esclave noir, entraînant Er-Rabah loin de la route, lui déclara impudemment qu'il éprouvait pour elle une vive passion et qu'elle devait y céder. La jeune femme refusa avec indignation; mais l'émotion avait précipité sa délivrance, et, au milieu de ces angoisses, elle donna le jour à un fils. Elle prit, pour laver l'enfant, de l'eau du ruisseau qui coulait au pied de la montagne; elle déchira son voile pour l'envelopper, et, après lui avoir attaché l'amulette au bras droit, elle le plaça sur son sein. A peine avait-elle achevé, que l'esclave, furieux de ses dédains, tira son sabre, lui coupa la tête et s'enfuit. »

« Par un décret de la Providence, il arriva que, dans le même temps, la femme du roi ou émir Darim venait de mettre au monde un fils qui mourut en naissant. L'émir, cherchant à dissiper son chagrin, était allé à la chasse le lendemain du meurtre d'Er-Rabah. Suivi de quelques cavaliers, il arriva près du lieu où le corps de la jeune femme était étendu, et il vit l'enfant pressant encore de ses lèvres le sein de sa mère. Au-dessus de sa tête une nuée de sauterelles, de l'espèce appelée *gondob*, le préservait des ardeurs du soleil. Saisi d'étonnement, l'émir dit à son vizir : « Regarde cette femme décapitée, vois cet enfant protégé par les insectes et encore allaité par sa mère. Par la foi des Arabes, si tu ne me dis pas quelle est cette femme et qui l'a tuée, tu seras traité comme elle! » Le vizir répondit : « O prince! personne ne peut pénétrer les secrets de Dieu (dont le nom soit loué)! Je n'ai jamais vu cette femme, je ne la connais point; mais, si vous m'en accordez la permission, je vous dirai ce que je pense de cet événement. — Parle, je te le permets, dit le roi. — Sachez, prince (mais Dieu seul sait tout), que cette femme est la fille de quelque roi; elle a eu commerce avec un esclave, elle est devenue mère, et sa famille, informée de sa honte, l'a tuée. Telle est mon opinion. — Chien des Arabes! s'écria Darim, oses-tu bien parler contre l'honneur de cette dame! Tu es bien heureux que je t'aie autorisé à dire ton avis, sans cela je te trancherais la tête avec mon sabre! Si elle eût commis ce crime, Dieu aurait-il permis qu'elle pût, après sa mort, allaiter son enfant? aurait-il envoyé ces insectes pour ombrager de leurs ailes l'innocente créature? » Et l'émir, après avoir fait laver et envelopper le corps de la jeune femme, lui fit donner une honorable sépulture. »

« L'enfant fut nommé *Gondobah*, du nom des sauterelles qui volaient au-dessus de sa tête. Darim le prit, l'apporta à sa femme, et le fit élever comme son propre fils. Quand il eut sept ans, on l'envoya aux écoles, où il resta jusqu'à ce qu'il eût appris le Coran. Arrivé à l'âge d'homme, il ne connaissait pas de rivaux dans l'art de dompter un cheval; c'était un héros accompli, *« amer comme une coloquinte, dangereux comme une vipère, redoutable comme une calamité* (1). »

« L'émir Darim, son père adoptif, partit un jour avec cent cavaliers pour une expédition dans le voisinage de sa tribu. N'ayant pas trouvé de butin, il s'avança jusqu'au territoire de Shumta (*la Grise*), femme extraordinaire que les guerriers les plus courageux redoutaient pour sa force et sa vaillance, et qui possédait d'immenses richesses. A l'approche de cet ennemi, Shumta vint à sa rencontre. Après un combat sanglant qui dura une heure, l'héroïne tua un grand nombre des cavaliers de Darim, et mit le reste en fuite, à l'exception de l'émir lui-même, dont elle s'empara, et qu'elle fit conduire, honteux et désespéré, dans sa forteresse.

(1) Chez les Arabes, ces comparaisons n'impliquent aucune idée défavorable. Ce sont, au contraire, les plus grands éloges qu'on puisse donner.

Ceux qui avaient pu s'échapper rejoignirent leur tribu et y apportèrent la nouvelle de ce désastre. L'émir Darim avait dix fils. Ils partirent tous ensemble, suivis d'une troupe nombreuse, pour délivrer leur père; mais Shumta les fit tous prisonniers après avoir tué ou dispersé leurs cavaliers. Alors Gondobah se détermina à prendre lui-même les armes contre l'héroïne. »

« Il sortit secrètement, sans se faire connaître à personne de la tribu, excepté à sa nourrice, et bientôt il arriva au but de son voyage. Quand Shumta, du haut des tours de son château, vit approcher ce cavalier aux fières allures, elle se hâta de descendre, et vint à cheval à sa rencontre, en jetant un cri terrible dont le désert retentit. Gondobah n'en fut point ému; on se défia de part et d'autre, et le combat s'engagea avec acharnement; la lutte dura une heure entière; à la fin la lance de Gondobah perça le sein de Shumta, et la pointe acérée traversa de part en part le corps de l'héroïne, qui tomba expirante et baignée dans son sang. Ses quarante esclaves, voyant leur maîtresse morte, se réunirent pour attaquer le vainqueur; mais il n'eut pas de peine à les désarçonner, et, après leur avoir reproché de servir une femme, il leur ordonna de se soumettre à lui. Tous le reconnurent pour leur maître. Gondobah partagea entre eux les trésors de Shumta; ensuite il délivra son père et ses frères adoptifs, et reprit avec eux le chemin de sa tribu. »

« Cet exploit répandit au loin la renommée de Gondobah chez les Arabes du désert, mais il fit naître l'envie dans le cœur de Darim, qui pria le jeune guerrier d'aller chercher loin de lui une autre résidence. Gondobah, après avoir fait d'inutiles instances pour rester, se prépara à partir. Il était sur le point de s'éloigner, lorsque Darim lui demanda la permission d'ouvrir l'amulette suspendue à son bras pour lire l'inscription qu'elle contenait. Gondobah y consentit; l'émir, en achevant la lecture de l'inscription, jeta un cri; et les Arabes qui l'entouraient lui ayant demandé la cause de cette exclamation, il leur dit : « Ce jeune homme est le fils de votre ennemi El-Haris, le Kilabite ; saisissez-vous de lui et tuez-le. » Gondobah insista pour combattre seul à seul tous les Arabes de la tribu. Darim se présenta le premier, et le défia en lui adressant ces paroles :

« Je t'ai sauvé de l'abandon et de la mort, toi, le rejeton d'une race perverse, et tu voudrais, vil enfant trouvé, t'élever au-dessus des plus grands de notre tribu et y prendre la première place ! Mais tes projets orgueilleux sont déjoués, ton espérance est déçue, car maintenant nous connaissons ton nom détesté. Ton père, altéré de sang, nous a opprimés ; nos enfants, nos biens ont été souvent sa proie. C'est aujourd'hui le jour de la vengeance, et tous nos guerriers vont me voir effacer leur affront. Ne crois pas échapper à la mort; ma redoutable lance va te percer sur l'heure ; c'est moi qui ai introduit un ennemi dans notre tribu, c'est à moi de l'en délivrer. »

« Gondobah lui répondit : « O mon père, vous m'avez toujours traité avec tendresse, n'en ayez point de regret. Laissez-moi me retirer en paix, et ne détruisez pas le bien que vous avez fait. — Ne cherche point à prolonger ta vie, cria Darim, tu vas mourir ! » Gondobah reprit :

« Écoute-moi, ô Darim, reviens sur tes pas tandis qu'il en est temps encore, et ne hâte pas l'accomplissement de ton destin ! tu n'as jamais trouvé en moi l'instinct du mal; toujours j'ai prononcé ton nom pour le glorifier et le bénir. Mon bras et ma lance ont anéanti la puissance de Shumta, qui te retenait captif. Est-ce parce que je t'ai délivré de l'esclavage que nous nous trouvons maintenant face à face, armés l'un contre l'autre? Dieu est juge entre nous; il est juste, et il saura faire voir qui de nous deux est bon, qui de nous deux est méchant. »

« A peine avait-il achevé de parler, que Darim fondit sur lui. Après un combat qui dura une heure entière, Gondobah traversa de sa lance la poitrine de l'émir. Les fils de Darim, voyant tomber leur père, accoururent tous ensemble pour le venger; Gondobah les reçut comme une terre altérée reçoit quelques gouttes de pluie; il en tua deux et mit en fuite les autres, qui allèrent annoncer à leur mère les événements dont ils avaient été témoins. A cette nouvelle, la veuve de Darim arriva, la tête et le sein découverts, et dit à Gondobah, en versant des larmes :

« O Gondobah, ta lance homicide vient d'accomplir d'affreux ravages; mon mari, mes enfants ont péri; les voilà baignés dans leur sang, et parmi eux je reconnais l'aîné de mes fils. Ils ont été justement punis; mais, maintenant, je t'implore pour que tu pardonnes à ceux qui survivent. Si tu as pitié de moi, mets des bornes à ton ressentiment, arrête le carnage. Par les soins que j'ai pris de ton enfance, par ce sein qui t'a nourri, je t'en conjure, noble jeune homme, épargne-nous. Dans cette lutte déplorable, les torts, je le sais, ne sont point de ton côté. Je t'aime comme si tu étais mon fils, et, jusqu'à mon dernier jour, je regretterai de t'avoir perdu. »

« Gondobah l'écoutait avec respect; lorsqu'elle eut fini de parler, il répondit :

« O ma mère, par Celui que tous les hommes adorent, par son saint prophète Mahomet, je déplore l'action que j'ai été forcé de commettre; elle était loin de mal pensée, et c'est contre ma volonté qu'elle s'est accomplie. Mais Dieu, à qui je dois la victoire, avait décidé que ces événements arriveraient. Pour l'amour de vous je pardonne à vos fils, et je voudrais que le sur lances eussent fait couler tout mon sang. M'éloigner de ces lieux, rompre les liens d'affection qui m'y avaient attaché, c'est pour moi une cruelle épreuve. Tant que je vivrai je souhaiterai pour vous une paix inaltérable, un bonheur sans mélange. »

« Après avoir prononcé ces paroles, Gondobah dit adieu à sa mère d'adoption, et partit seul pour la forteresse de Shumta. Les esclaves, le voyant approcher, vinrent à sa rencontre, et, pour satisfaire à leurs questions, il leur raconta ce qui lui était arrivé. Ensuite il leur demanda si quelques-uns d'entre eux voulaient l'accompagner pour aller à la recherche d'un territoire plus favorable, où ils pourraient arrêter les caravanes et vivre de butin. Tous s'étant déclarés prêts à le suivre, il en choisit un certain nombre, et laissa les autres dans le château. Gondobah et sa suite se mirent en route, et arrivèrent dans une contrée aride, sans verdure et sans eau. Les esclaves, craignant d'y mourir de soif, conspirèrent contre la vie de leur maître. Gondobah, s'apercevant de leur mécontentement et pénétrant leur dessein, poursuivit son voyage jusqu'à une région fertile, abondante en eaux et en pâturages. On fit halte pour y demeurer. Gondobah attendit que les esclaves fussent endormis, les tua l'un après l'autre à coups de sabre, et continua son chemin pendant la nuit. A la pointe du jour, il se trouva dans une vallée verdoyante, traversée par de rapides torrents et couverte d'arbres épais où le chant des oiseaux célébrait les louanges du Tout-Puissant. Au milieu de ce beau vallon il aperçut une tente arabe près de laquelle un cheval était attaché à une lance fichée en terre. Un personnage d'un extérieur distingué, couvert d'armes étincelantes, sortit de cette tente, s'élança sur le cheval, accourut au galop vers le fils d'El-Haris, et, sans prononcer un seul mot, se prépara au combat. « Mon frère, dit Gondobah, il est d'usage, parmi les guerriers, d'échanger un salut avant de se frapper; » mais il n'obtint aucune réponse. Les deux cavaliers combattirent jusqu'à ce qu'ils eussent brisé leurs lances. Ils tirèrent ensuite leurs épées, et, après une longue lutte, la victoire restait encore incertaine, lorsque Gondobah, ayant réussi à saisir les vêtements que portait son adversaire sous sa cotte de mailles, l'enleva de la selle et le fit tomber à terre. Alors le vaincu, élevant son épée, dit d'une voix douce qui allait au cœur : « Héros de l'Arabie, prends pitié de ta captive. — Êtes-vous un homme ou une femme? s'écria Gondobah saisi de surprise. — Je suis une jeune fille, répondit-elle, et, levant son *litam* (1), elle laissa voir un visage d'une beauté éclatante comme celle de la pleine lune. A la vue de ces traits enchanteurs, Gondobah fut ébloui, transporté d'amour. « O reine de beauté! étoile du matin! confiez-moi votre secret, faites-moi le récit de vos aventures. — Modèle des guerriers de ce siècle, répondit-elle, voulez-vous que je vous raconte mon histoire en prose ou en vers? — Perle du désert, je ne saurais entendre de votre bouche autre chose que des vers. » Alors elle lui raconta ainsi les événements de sa vie :

« Noble héros, guerrier magnanime, sans égal dans les combats, écoute mon récit. Je suis la fille de Malek-Kabous (2). Ma renommée comme guerrière s'est étendue au loin, et mon habileté à manier la lance et l'épée m'a valu le surnom d'héroïne. Beaucoup de prétendants

(1) Le *litam* est un morceau d'étoffe dont les Bédouins se couvrent souvent la partie inférieure du visage pour éviter d'être reconnus par d'autres Arabes qui pourraient avoir à exercer une vengeance contre eux.

(2) Les chefs des tribus les plus puissantes prenaient ordinairement le titre de *malek* ou roi.

m'ont recherchée en mariage, mais aucun n'a pu me décider à partager son amour, et j'ai juré à Dieu, le Tout-Puissant, le Miséricordieux, et à son noble prophète Mahomet, de ne prendre pour époux qu'un guerrier accompli, qui me donnerait une preuve de sa vaillance en combattant contre moi, sans montrer ni frayeur ni faiblesse. Après avoir réuni mes prétendants, je les ai défaits l'un après l'autre en présence de toute notre tribu. Mon triomphe sur ces braves guerriers m'a fait justement appeler Kattalet la *Victorieuse* (1), et je n'avais jamais rencontré personne qui pût me vaincre. Mais, dans la crainte que mon père ne finît par me contraindre à accepter un mari indigne de moi, j'ai pris la fuite, et je suis venue avec quelques cavaliers dans cette solitude, pour y demeurer. Là nous attendons le passage des caravanes, et le butin que nous faisons satisfait à tous nos besoins. Tu as épargné ma vie après m'avoir vaincue: accorde-moi une faveur plus chère encore, accepte-moi pour épouse, car tu as maintenant sur ta captive des droits que je suis heureuse de reconnaître. »

« La Victorieuse, ayant achevé son récit, conduisit Gondobah dans son camp, où il fut accueilli avec joie et fêté pendant trois jours. Le quatrième jour elle assembla les Arabes de sa tribu et donna, en l'honneur de Gondobah, un splendide festin, où tous, grands et petits, furent admis. Après le repas la conversation s'engagea entre les convives. On pria d'abord Gondobah de raconter son histoire. Il rappela ce qui lui était arrivé avec l'émir Darim, comment il l'avait délivré de sa captivité, et comment il en avait été payé par la plus noire ingratitude. Dix personnes étaient assises près de Gondobah; neuf d'entre elles firent le récit de leurs aventures;

(1) Littéralement *la meurtrière des héros.*

ensuite ce fut le tour du dixième convive, qui était un esclave. Il raconta qu'il avait été autrefois au service de l'émir El-Haris, dont il avait tué la veuve. Gondobah écoutait avec impatience le récit du meurtrier de sa mère; dès que l'esclave eut fini de parler, il tira son sabre et lui trancha la tête en s'écriant : « J'ai exercé enfin ma vengeance sur ce traître! » Les Arabes présents à cette scène saisirent aussitôt leurs armes en poussant de grands cris. Kattalet, qui ne se trouvait pas en ce moment avec eux, entendit de loin ces clameurs et vint en demander la cause. Les Arabes lui expliquèrent ce qui s'était passé, et la prièrent de leur livrer Gondobah pour le mettre à mort. La Victorieuse les prit à part et leur représenta que, l'étranger ayant mangé dans sa tente le pain et le sel, elle ne pouvait permettre qu'on attentât à sa vie, mais qu'il devait partir le lendemain, et que quand il se serait éloigné du territoire de la tribu, ils pourraient faire ce qu'ils désireraient. Elle les quitta ensuite et alla trouver Gondobah pour lui dire ce qui se tramait contre lui, et comme il lui demandait ce qu'il fallait faire : « Marions-nous sur-le-champ, répondit-elle, et abandonnons cette tribu. » Gondobah y consentit avec joie. »

« Leur mariage se fit donc immédiatement, et n'eut d'autre témoin que Dieu seul; ils partirent pendant la nuit et voyagèrent jusqu'au matin, en rendant grâces au Créateur. Pendant cinq jours ils parcoururent ainsi le désert, et, à la fin de la cinquième journée, ils arrivèrent à l'entrée d'une fraîche vallée couverte d'arbres et arrosée par de nombreux ruisseaux. Il faisait déjà nuit lorsqu'ils y pénétrèrent. Apercevant quelque chose qui s'agitait parmi les arbres, ils s'en approchèrent; c'était un cheval blanc comme le camphre. Ils restèrent dans ce lieu jusqu'au matin, et, dès que le jour parut, ils se virent au milieu d'un camp arabe; des tentes, des pavillons étaient dressés de tous côtés; les chevaux, les chameaux paissaient l'herbe épaisse, et, au milieu des groupes d'Arabes, quelques jeunes filles dansaient en jouant du tambourin. Toute la tribu paraissait dans l'abondance et dans la joie. En se promenant au milieu de cette heureuse vallée, Gondobah et sa jeune épouse sentaient croître leur amour; ils échangeaient de douces paroles. Ce fut alors que Kattalet, ayant demandé pour la première fois à son mari pourquoi il avait tué l'esclave, Gondobah lui raconta l'histoire de son enfance. Pendant qu'ils s'entretenaient ainsi en admirant la beauté de ces lieux, ils virent à l'horizon un nuage de poussière d'où sortit bientôt une troupe de Bédouins galopant vers la vallée. Gondobah crut que c'étaient les Arabes de la tribu de Kattalet, qui s'étaient mis à leur poursuite; mais il se trompait. Les nouveaux venus se préparèrent à attaquer les Arabes campés dans la vallée, et ceux-ci prirent les armes en criant: « Amir! Kilab! Kilab! » En entendant ce cri, Gondobah ému dit à sa femme: « Cette tribu est celle de mon père! C'est ma chair, c'est mon sang! Je vais la secourir. » Sa jeune épouse se joignit à lui, et tous deux, se précipitant sur les assaillants, en tuèrent un grand nombre, et aidèrent les Kilabites à mettre le reste en déroute. Délivrés de leurs ennemis, les Arabes de la vallée voulurent savoir le nom de leur libérateur, et, lorsque Gondobah eut achevé le récit de ses aventures, ils s'écrièrent : « La vérité triomphe, justice est faite, le glaive doit rentrer dans son fourreau! » Et, à l'instant, ils reconnurent Gondobah pour leur chef légitime. Cependant, après la mort d'El-Haris, les Kilabites s'étaient choisi pour chef un émir nommé Gabir, qui haïssait El-Haris et sa famille. Ce Gabir voulut disputer à Gondobah le premier rang, et le provoqua à un combat seul à seul; mais, quoique ce fût un vaillant guerrier, Gondobah le vainquit, et, après un nouveau triomphe sur les partisans de Gabir, qui avaient essayé de venger sa mort, le fils d'El-Haris fut définitivement proclamé chef de la tribu des Beni-Kilab (1).

Ce n'est pas seulement dans les poëmes et dans les récits des conteurs que brille l'imagination féconde des Arabes. Elle se retrouve aussi dans un grand nombre de leurs compositions historiques, où le récit des événements réels est fréquemment mêlé à des traditions et à des aventures merveilleuses. Nous citerons pour exemple, comme se rapportant plus spécialement au sujet que nous traitons ici, un ouvrage singulier, *l'Égypte de Murtadi*, fils du Gaphiphe, écrit en l'année 992 de l'hégire (1584 de notre ère), et traduit en 1665 par Pierre Vattier, sur un manuscrit de la bibliothèque du cardinal Mazarin (2). C'est un exposé fort curieux des

(1) M. de Hammer a commencé à publier à Vienne une Histoire de la Littérature des Arabes qui doit s'étendre jusqu'à la fin du douzième siècle de l'hégire, mais dont il n'a paru encore que six volumes s'arrêtant à l'année 538 de l'hégire. On y trouve, sur les Moallacas et sur toute la littérature arabe, les notions les plus savantes et les plus curieuses. Nous y renvoyons nos lecteurs. On trouve aussi d'intéressants détails sur le même sujet dans un ouvrage anglais qui a pour titre : *An account of the manners and customs of the modern Egyptians, written in Egypt during the years 1833, 1834 and 1835, partly from notes made during a former visit to that country in the years 1825, 1826, 1827 and 1828*, by Edward-William Lane. London, Ch. Knight, 1836. 2 vol. in-8°.

(2) Nous croyons devoir transcrire ici le titre complet de ce livre peu connu : *L'Égypte de Murtadi, fils du Gaphiphe, où il est traité des Pyramides, du débordement du Nil et des autres merveilles de cette province, selon les opinions et traditions des Arabes*; de la traduction de M. Pierre Vattier, docteur en médecine, lecteur et professeur du Roy en langue arabique, sur un manuscrit arabe tiré de la bibliothèque de feu Monseigneur le cardinal Mazarin.

traditions arabes sur l'Égypte. Murtadi explique, dès les premières pages, le plan de son travail. «Voici, dit-il, un livre dans lequel j'ai recueilli les excellences de la ville d'Alexandrie, ses merveilles et ses avantages; où je fais mention de la ville de l'Aigle-Noir, de la cause pour laquelle elle a été bâtie et de ce qu'elle contient aussi de prodigieux; où j'expose l'excellence de l'Égypte et de ses Coptes, de son Nil, des aliments qu'elle produit, de ses fruits et de leur usage dans chaque mois de l'année, de son étendue. Je prie Dieu de me faire la grâce de pouvoir raconter ce que ses sages et ses pharaons, ses magiciens et ses prêtres ont fait de merveilleux, ce qu'ils ont établi de talismans et de choses extraordinaires. Je parlerai de leurs richesses; je dirai comment ils les ont conservées dans leurs Pyramides, comment ils ont passé et les ont laissées, afin que ceux qui désirent s'instruire puissent en découvrir les vestiges, et que ceux qui enseignent les autres y trouvent des avertissements à leur donner.»

Au début de son livre, l'auteur s'occupe d'abord de l'histoire des Rois-Prêtres qui gouvernèrent l'Égypte dans les premiers âges. Il raconte que l'un de ces prêtres, nommé Gancam, de la race de Gariac, fils d'Aram, qui régnait avant le déluge, ayant prévu par sa science magique ce grand cataclysme, se fit bâtir par les démons un palais de bronze, au-delà de la ligne équinoxiale, où la ruine du monde ne le pourrait atteindre. Ce palais s'éleva sur le penchant du mont de la Lune, et sous ses portiques se dressèrent quatre-vingt-cinq statues

Paris, Thomas Joly, 1666; in-12 de LIV-304 pages. Il y a des exemplaires où le nom du libraire Thomas Joly est remplacé par celui de Louis Billaine; mais l'édition est la même, ainsi que la date. Le privilége du roi, publié à la suite de la préface, explique ce double nom. On y voit que Thomas Joly avait fait part de son privilége à Louis Billaine, pour en jouir conjointement.

d'airain, de la bouche desquelles sortirent les sources du Nil pour arroser l'Éthiopie et l'Égypte. « Ce roi Gancam, ajoute Murtadi, passe pour l'auteur des livres des Cophtes, où sont inscrits les événements de l'histoire et tout ce qui doit arriver jusqu'à la fin des temps. » C'est tantôt à ces livres merveilleux, tantôt aux traditions des anciens Égyptiens que l'historien arabe prétend avoir emprunté toute la suite de son récit. Nous ne répéterons pas ici ce qu'il dit de la prêtresse Borsa, qui rendait la justice au peuple, assise sur un trône de feu, et demeurait dans un palais d'aimant, ni du Roi-Prêtre Gariac, fils de Gancam, et de son arbre en métal de cuivre, aux mille branches, où venaient s'accrocher d'eux-mêmes les méchants et les prévaricateurs. Si nous passons au déluge, nous trouvons le trône d'Égypte occupé alors par le roi Pharaan, qui envoya le prêtre Philémon vers le prophète de Dieu Noé pour disputer contre lui sur le culte des idoles, et qui périt avec tout son peuple, dans l'abîme des eaux. Après lui régnèrent Masr, fils de Bansar ou Misraïm, fils de Cham, qui donna son nom à l'Égypte, Cophtarim, Cophtim, père des Cophtes, et Bardesir. Celui-ci, grand astrologue, publia de sages lois, et établit pour idoles les figures des astres. De son temps, Savan, l'Asmonéen, fonda « sur la montagne orientale de l'Égypte » la ville d'*Outiratis*, nommée aussi de l'Aigle-Noir. Murtadi expose ensuite avec de grands développements toutes les traditions arabes et cophtes qui se rattachent à la fondation des pyramides. Suivant les uns, ces monuments furent bâtis par le roi Bardesir, dont nous venons de parler ; suivant d'autres, parmi lesquels il nomme Armélius, auteur du livre des Illustres, et Abou-Masr l'astrologue, leur fondateur fut le roi-prêtre Saurid, fils de Sahaloc, qui régnait trois siècles avant le déluge. Nous citerons plus loin, en parlant des pyramides, quelques-unes des fables imaginées par les Arabes sur la destination de ces gigantesques monuments et sur les richesses qu'il y croient enfouies. Le quatorzième descendant du roi Bardesir fut Totis, qui reçut à sa cour le bien aimé de Dieu Abraham, et voulut lui enlever sa femme Sara. Murtadi raconte cette histoire d'après les livres cophtes et d'une manière assez conforme au récit de la Bible; puis il revient aux traditions arabes, suivant lesquelles le pharaon Totis fit creuser le canal du Nil à la mer Rouge, pour fertiliser le désert où s'était retirée Agar avec son fils Ismaël. Charobe, fille de Totis, empoisonna son père et régna après lui. Elle honora les prêtres et les sages, fit grand cas des magiciens et releva les temples. Pendant qu'elle occupait le trône, le roi Gébir le Mutaphe, qui campait dans la terre de la Balque, vint en Égypte. C'était un géant de la race des Gadites. Quand il était assis sur le rivage, les navigateurs qui se trouvaient en pleine mer l'apercevaient de plusieurs lieues. Il vidait d'un seul trait une coupe, ou plutôt une cuve de trente coudées de tour, remplie de vin. Gébir amenait avec lui quatre mille Gadites, dont chacun portait une pierre de la largeur du Nil. Son dessein était de demander la reine d'Égypte en mariage, et si elle le refusait, d'arrêter et de détourner avec ces pierres le cours du fleuve pour faire mourir les Égyptiens de faim et de soif. Charobe, très-savante en magie, essaya de déjouer par la ruse les projets de ce redoutable prétendant. Elle lui envoya de riches présents et l'invita à bâtir une ville sur les bords de la mer romaine, au lieu où fut depuis Alexandrie; mais à mesure que les ouvriers construisaient les murs de la nouvelle cité, des esprits invisibles, sortis du fond de la mer pendant la nuit, y précipitaient tout ce qu'on avait élevé. Une divinité, que le traducteur appelle une *nymphe marine,* parce qu'elle résidait aussi au fond de la mer, vint au secours de Gébir; elle lui donna le moyen de conjurer les démons, et lui fit trouver, au milieu d'antiques tombes royales situées près du rivage, d'innombrables trésors, au moyen desquels il acheva sa ville. La reine, voyant son stratagème déjoué, s'abandonna aux conseils de sa nourrice, qui commença par se débarrasser des soldats de Gébir, en leur faisant servir dans un festin des viandes empoisonnées; ensuite Charobe elle-même et sa conseillère vinrent trouver le géant dans son palais, et tandis que la reine lui adressait de douces paroles, la nourrice lui souffla au visage une fumée qui le fit tomber évanoui, puis elle lui ouvrit les veines. Comme il respirait encore, elle lui demanda s'il désirait quelque chose avant de goûter la mort. « Oui, répondit-il, je veux te prier de faire graver ces mots sur une des colonnes de mon palais. « Moi, Gébir, fils de Gévir le Mutaphe, qui ai possédé des trésors, assemblé des armées, coupé des montagnes, élevé des monuments de marbre et de porphyre, avec toute ma vaillance et tout mon pouvoir, j'ai été vaincu par les ruses d'une femme faible et impuissante, qui a dissipé mes armées et m'a ôté la vie. Quiconque veut prospérer, quoiqu'il n'y ait point de prospérité dans ce monde, doit se tenir en garde contre les tromperies des femmes. »

Cet épisode curieux de l'ouvrage prétendu historique de Murtadi contient beaucoup d'autres incidents merveilleux qui rappellent nos romans de chevalerie, et que nous ne pouvons qu'indiquer ici. Il faut lire surtout dans ses détails l'histoire de la nymphe marine, et comment il arriva qu'elle aida le roi Gébir à bâtir la ville d'Alexandrie. Cette nymphe apparut un jour à un berger gadite qui gardait, sur le rivage, les troupeaux du roi, et lui proposa de lutter contre lui, à condition que, s'il était vainqueur, elle serait à lui, et que, s'il était vaincu, elle pourrait prendre une de ses brebis. Le berger accepta et fut terrassé. Chaque jour, au coucher du soleil, le combat recommençait, et toujours la dame triomphante emportait au fond de la mer une brebis, prix de sa victoire. Ainsi le troupeau diminuait, et le pâtre se consumait d'amour pour la belle nymphe. Un jour le roi Gébir, qui s'était aperçu de la tristesse du berger, l'interrogea, et ayant appris cette merveilleuse histoire, il eut l'idée de prendre les habits du conducteur de son troupeau pour combattre lui-même la nymphe de la mer. Cette fois, l'enchanteresse fut vaincue. «Vous n'êtes pas, dit-elle au roi, mon adversaire de chaque jour. Remettez moi entre ses mains, car il m'a traitée courtoisement, et je partage l'amour que je lui ai inspiré. Vous êtes le roi Gébir, et si vous faites ce que je vous demande, je vous donnerai le moyen de conjurer les enchantements des esprits de la mer et d'achever vos bâtiments. Gébir accepta la proposition, remit la nymphe à l'heureux berger, et, en suivant les conseils qu'elle lui donna, il parvint, comme nous l'avons dit, à bâtir sa ville. Murtadi ajoute cependant que Gébir n'eut pas le temps d'achever la tour d'Alexandrie. Il prétend que ce monument fut terminé par Charobe, après la mort du géant, et qu'elle y fit graver son nom à côté de celui de Gébir.

Après l'histoire de Charobe, Murtadi termine la première partie de son ouvrage par une nomenclature fabuleuse des pharaons qui régnèrent sur l'Égypte jusqu'au temps de Joseph, fils de Jacob. La seconde partie est une suite d'extraits de divers auteurs arabes sur le Nil, ses sources, la cause de son débordement, les qualités du sol de l'Égypte, et sur quelques-uns des anciens rois dont il a déjà été question dans la première partie.

On trouve à la fin du volume de nombreux détails relatifs à la conquête de l'Égypte par les Musulmans et à la fondation de la mosquée d'Amrou au vieux Caire.

Ce que l'auteur rapporte de l'établissement des soldats d'Amrou n'est pas toujours d'accord avec les écrits des autres historiens arabes. Ainsi, il ne présente pas ce conquérant comme le fondateur de la ville de Masr (Fostat), aujourd'hui le vieux Caire. Selon Murtadi, cette ville existait auparavant, et il prétend qu'Amrou vint faire le siége de Masr, accompagné du Syrien *Quisias* (1). « Quisias, fils de Calthom, l'un des enfants de Som (Dieu lui fasse miséricorde), vint de Syrie à Masr avec Gamrou (Amrou), fils du Gase, et entra dedans avec cent hommes de sa nation, amenant leur équipage sur des chevaux... Gamrou et les Musulmans s'étant ensuite résolus d'assiéger le chasteau, Quisias choisit un lieu où il se pust arester luy et les siens, et y fit dresser son pavillon, suivant ce que nous raconte Abngamrou Mahommet, fils de Joseph, et y demeura pendant tout le siége du chasteau, jusqu'à ce que Dieu l'eust mis en leur puissance. Après cela, Quisias fut avec Gamrou à Alexandrie, laissant ses gens et son bagage en ce lieu-là, et après qu'Alexandrie eut aussi esté prise par les Musulmans, comme Gamrou revint à Masre après avoir ordonné aux Alexandrins le tribut qu'ils devaient payer, et signé les articles de leur accommodement, Quisias revint aussi en son quartier à Masre et y logea encore. Les Musulmans se marquèrent des logis, et Gamrou fit marquer le sien vis-à-vis de ces amas de sable, où Quisias s'estoit arresté. »

(1) Dans les extraits que nous donnons ici du livre de Murtadi, nous citons textuellement la vieille traduction de Vattier, où les noms arabes ont une forme très-différente de celle qui a été adoptée par les savants modernes.

Après ces particularités sur l'installation des conquérants à Masr, Murtadi arrive à l'histoire de la mosquée d'Amrou. Nous reproduirons plus loin, en décrivant ce monument célèbre, les détails qu'il donne à ce sujet.

L'histoire rapporte ensuite plusieurs mots mémorables attribués à Amrou. Certains cophtes, ayant fait au conquérant de l'Égypte des rapports défavorables sur quelques personnes pour obtenir de lui des faveurs, il leur dit : « Sachez que quand l'un de vous viendra devant moi accuser son frère, j'éleverai son frère en plus haute dignité, et je rabaisserai le médisant, car celui qui parle mal d'un autre médit de lui-même. » Il disait à ses capitaines : « Ne vous servez pas de mon nom comme d'un poignard pour commettre des meurtres. Soyez bons et bienfaisants. Ne disputez point aux faibles les choses qu'ils possèdent, de peur que Dieu ne vous punisse. »

Dans les dernières pages de son livre, Murtadi cite quelques-unes des sentences morales et des paroles célèbres attribuées à Mahomet et à d'autres sages de l'ismisme. L'auteur ne manque pas de rappeler que le Prophète a dit : « La bénédiction de Dieu est sur l'Égypte, » et qu'il avait ordonné qu'on l'ensevelît dans une robe de lin d'Égypte. Il assure avoir ouï dire à un prêtre égyptien qu'un jour Mahomet parla ainsi : « Personne ne peut rien manger de meilleur en ce monde que ce qu'il a gagné par le travail de ses mains. Car David, le prophète de Dieu, vivait du travail de ses mains. » On raconte, ajoute-t-il, que le Bara, développant la même pensée, disait : « Les prophètes et les saints ont toujours cherché à gagner de quoi vivre par les voies permises. Adam a été laboureur; Seth, tisserand; Édrise, couturier; Noé, charpentier; Cadar, muletier; David, fourbisseur; Abraham, semeur ou, selon d'autres, faiseur de crêpes; Saliche, marchand; Moïse, Saquile et

Mahomet, bergers; Le Kenan, couturier; Jésus, fils de Marie, pèlerin; Abubecre, Omar, Othman, Gali (Ali), Gabdorrachaman, fils de Guphe, Talche, Maimoune, fils de Meharam, et Mahomet, fils de Sirin, marchands de crêpes; le Zébir, fils du Gavame, Gamrou (Amrou), fils du Gase, et Gamer, fils de Carire, ont été marchands de soie; Job, pelletier; Sagad, fils d'Abuvacase, marchand de pastel; Othman, fils de Mahomet le Lachamien, était couturier, et Malique, fils de Dinare, écrivain. » Ainsi, le mahométisme aime à rappeler que son prophète, et la plupart des hommes qui se sont fait un nom parmi les enfants de l'islam, ont été des artisans. On peut ajouter que les plus célèbres d'entre eux étaient en même temps des hommes de guerre, et que c'est par le sabre qu'ils ont propagé leur religion. Le christianisme, lui aussi, eut pour premiers apôtres des hommes d'une naissance obscure, de pauvres pêcheurs; mais ces apôtres étaient des hommes de paix, et c'est par la parole seule qu'ils ont répandu la foi chrétienne dans toutes les contrées de la terre.

On voit par ces extraits que l'ouvrage de Murtadi, au milieu des traditions et des légendes fabuleuses dont il est rempli, offre quelques renseignements curieux pour l'histoire de la domination musulmane en Égypte.

On trouve sur ce sujet des notions plus précieuses encore dans les écrits d'un autre historien arabe, Aboûl-Mehacin (Djemal-Eddin-Youssef), né en Égypte, ou peut-être à Alep, dans les premières années du quinzième siècle de notre ère, et qui, après avoir étudié au Caire sous le célèbre Makrisi, se distingua à la fois dans les armes et dans les lettres, et mourut le 5 juin 1470. Parmi ses nombreux ouvrages, le plus intéressant est celui dont M. Juynboll, professeur de langues orientales à l'université de Leyde, vient d'entreprendre la publication, et dont le titre signifie : *les Étoiles brillantes, ou histoire des rois de Fostat et du Caire* (1). Ce sont les annales de l'Égypte depuis sa conquête par les Arabes, en 639 de J. C., jusqu'à l'année de l'hégire 856 (1452 de J. C.) Mais l'auteur ne se renferme pas dans les limites de cette contrée, comme paraît l'indiquer son titre. Il raconte nombre de faits arrivés ailleurs, surtout dans les pays soumis à l'islamisme. Plusieurs passages intéressants se rapportent à l'histoire des Arabes d'Espagne et à leurs guerres contre les chrétiens des Pyrénées et de la Septimanie. Aboul-Mehacin parle même quelquefois d'événements survenus dans l'empire byzantin, dans l'Asie centrale ou la Chine. Il commence par donner une notice biographique sur chaque souverain ou chaque gouverneur de l'Égypte, sous la date de son avénement au pouvoir; puis il expose le récit des faits accomplis durant son gouvernement. Le chapitre consacré à chaque année se termine par l'indication des personnes remarquables, hommes ou femmes, mortes dans le courant de cette année. La plupart de ces personnages sont l'objet de notices plus ou moins détaillées. La publication de cet ouvrage important témoigne de l'intérêt que continue de porter aux progrès de la littérature orientale, l'université de Leyde, à laquelle on devait déjà d'avoir fondé, en Europe, au dix-septième siècle, l'étude de la langue arabe.

La littérature des Arabes compte bien d'autres compositions historiques d'un caractère également sérieux,

(1) Il n'a paru encore que le tome I*er* du texte arabe publié par M. Juynboll, avec la collaboration de M. Matthes. Voici le titre de ce volume : *Abulmahasin ibn Tagri bardii Annales quibus titulum est : Annodjoûm azzahiret fy molouc misr oualkahiret, e codd. mss, nunc primum arabice editi.* Tomum primum ediderunt E. J. J. Juynboll et B. F. Matthes. Lugduni Batavorum, apud E. J. Brill, 1855 1 vol. in-8° de 54 et 794 pages.

et qui sont plus célèbres, notamment les écrits si estimés de Makrisi, d'Aboul-Féda et d'Aboul-Faradj, que nous avons eu occasion de citer plusieurs fois; elle est riche aussi en livres de sciences et d'arts. Toutes ces productions du génie de l'Orient ont été souvent l'objet de notre étude lorsque, pendant notre séjour au Caire, nous nous entretenions chaque soir, soit avec des ulémas ou des lettrés égyptiens, soit avec quelques anciens beys éloignés de la cour de Méhémet-Ali, et qui avaient connu les généraux et les savants de l'expédition française, soit encore avec des Francs, qu'une longue résidence en Égypte avait familiarisés avec la langue et la littérature du pays. Mais ce n'est qu'en Syrie que nous avons pu compléter nos recherches sur les livres les plus connus parmi les orientaux, et nous nous réservons de traiter ce sujet avec plus de développement lorsque nous aurons à parler de notre voyage à Damas.

Le sentiment musical est très-peu développé chez les Arabes, quoiqu'ils paraissent beaucoup aimer la musique. On pourrait dire qu'en Égypte toutes les classes ont leur chant particulier. Si vous longez les bords du Nil, vous entendez le matelot chanter sa chanson familière en agitant la rame; au désert, le chamelier vous distrait ou vous berce par un chant favori qu'il redit au milieu des sables. Peuple, ouvriers, tous ont leurs chansons propres qu'ils ne changent jamais. Creuse-t-on un canal, élève-t-on un édifice, les travailleurs entonnent par groupes l'air consacré, le refrain vulgaire qui les charme et soutient leur activité. Toutefois, il n'en est pas de l'Égypte comme de l'Italie. Ici l'oreille du gondolier qui chante sa barcarolle est exercée et musicale; le simple batelier vénitien ou napolitain a tout le goût, toutes les délicatesses du virtuose. L'Arabe égyptien ne fait entendre qu'un chant dur, privé de mélodie et d'expression.

Il n'existe pas moins de différence entre les musiciens arabes et les musiciens italiens. Malgré les prétentions des premiers, qui croient à leur musique le pouvoir de disposer l'âme à la joie, de provoquer la tristesse ou le sommeil, on peut dire qu'elle n'a rien de cette magie. Le musicien arabe ne sait point exécuter un air simplement et avec précision. Dans un concert, il n'y a jamais ni accord ni ensemble; c'est à qui renchérira sur les autres exécutants pour les broderies et les *fioriture*. Chacun s'efforce de faire distinguer son jeu par-dessus son voisin; en sorte que le résultat général de cette prétention est une cacophonie barbare au milieu de laquelle il est quelquefois impossible de distinguer le chant principal.

Les Égyptiens ont une grande variété d'instruments de musique; plusieurs de ces instruments sont très-anciens, ainsi que les airs qu'ils exécutent, car depuis fort longtemps on n'en a pas composé de nouveaux. Parmi les instruments le plus ordinairement employés dans un concert, nous nommerons le *kemangeh*, le *kanoun*, l'*éoud* et le *nay*.

Le kemangeh est une espèce de viole, dont le nom signifie, en persan, instrument à archet; sa longueur totale est de trente-huit pouces. Le coffre est formé d'une noix de coco, dont on a retranché la moitié, ou d'une sébile de bois; il est percé de petits trous. Sur la partie antérieure du coffre, on a collé un morceau de peau d'un poisson nommé *bayad*, et c'est par-dessus qu'est placé le chevalet; le manche est en ébène incrusté d'ivoire et de forme cylindrique. Un morceau d'ivoire plus ou moins façonné en termine l'extrémité. La partie du manche dans laquelle les chevilles sont enchâssées est de la même matière. Ces dernières sont en bois de hêtre avec les têtes en ivoire. Une tige de fer qui se prolonge à travers le *coffre* de l'instrument, et pénètre dans l'intérieur du manche à une profondeur de quatre ou cinq pouces, sert de pied au kemangeh. Chacune des deux cordes consiste à peu près en soixante crins de cheval. A leur extrémité inférieure, elles sont attachées à un anneau en fer placé au bas du *coffre;* l'autre extrémité est allongée par un morceau de boyau d'agneau, et roulée après la cheville. Sur les cordes, un peu au-dessous de la jonction des bouts de boyau, est une double bande de cuir qui fait le tour du manche de l'instrument.

L'archet a trente-quatre pouces de longueur. Sa baguette est généralement en frêne. Les crins dont il est garni passent à travers un trou percé à la tête de la baguette, où ils sont fixés par un nœud, et viennent s'attacher à l'autre extrémité à un anneau de fer : on les serre ou on les relâche au moyen d'une bande de cuir qui passe à travers cet anneau.

Dans un concert, le joueur de kemangeh s'assied ordinairement à la droite du joueur de kanoun ou en face de lui; à la gauche de celui-ci s'assied le joueur d'*éoud*, et près de ce dernier est placé le joueur de nay. Quelquefois il y a encore d'autres musiciens, et souvent deux chanteurs.

L'éoud est une espèce de guitare dont on joue en pinçant les cordes avec les doigts comme chez nous. Il est aussi un autre instrument qui se rapproche beaucoup de l'éoud, et qu'on appelle le *kebir-turki :* c'est la grande mandoline turque. Celle-ci se joue avec le *plectrum;* sa longueur est ordinairement de vingt-trois pouces. Le corps de l'instrument est en beau sapin avec des bords en ébène, orné d'une bordure de bois. Toute la table de l'instrument est recouverte d'une peau de poisson collée sur le bois pour l'empêcher d'être détérioré par le *plectrum*. L'instrument a sept doubles cordes; deux pour chaque note: les cordes sont en boyau d'agneau.

L'instrument appelé *kanoun* est une sorte de tympanon. On donne le nom de *nay* à une espèce de flûte. Il est encore une foule d'instruments dont les principaux sont le *kitar* ou la lyre éthiopienne; le *rebab*, ou la viole; le *zamr*, hautbois égyptien; le *zoukarah*, sorte de cornemuse, et une espèce de clavecin appelé *sautir*. Les musiciens, en général, sont peu riches, et ont le plus souvent un air fort misérable.

Les usages les plus remarquables des Égyptiens modernes doivent être particulièrement étudiés dans les fêtes périodiques qui se célèbrent au Caire. Ces fêtes ont lieu à des époques déterminées de l'année mahométane; les plus caractérisques sont celles du *Moharram*.

Les dix premiers jours du *Moharram* (premier mois de l'année lunaire mahométane) (1) sont considérés comme des jours de bénédiction, et célébrés par toutes sortes de réjouissances. Le dixième jour surtout est fort en honneur; on l'appelle *Ashoura*. Ce jour est saint à beaucoup de titres; c'est le jour où Noé sortit de l'arche.

Avant l'apparition du prophète, les Arabes avaient coutume de jeûner à cette époque. Mais le principal titre de cet anniversaire à la vénération des hommes religieux, c'est que ce jour-là le petit-fils de Mahomet, appelé *El-Hoseyn*, fut tué à la bataille de *Kurbela*. On

(1) L'année mahométane consiste en douze mois lunaires. Chacun de ces mois parcourt en rétrogradant les différentes saisons de l'année solaire, durant une période d'environ trente-trois ans et demi; conséquemment ils ne peuvent servir qu'à fixer les anniversaires des fêtes religieuses et les dates des événements historiques, mais ils ne sont jamais employés en matière de travaux agricoles et d'administration. Dans ces derniers cas, on fait usage des mois cophtes.

ne saurait imaginer les coutumes bizarres et les pratiques superstitieuses qui ont lieu encore tous les ans au Caire le jour de l'Ashoura. Mille actes contraires aux usages reçus sont commis dans ce jour de saturnales par les plus graves personnages de la ville.

La mosquée d'El-Hassan est surtout le théâtre des plus grands désordres. C'est là qu'a été déposée la tête du petit-fils du prophète, El-Hhoseyn, le saint, le héros de la fête. La foule encombre le grand portique de la mosquée. Le pavé du sanctuaire est dépouillé des nattes qui le recouvrent habituellement, et chaque fidèle entre faire ses ablutions. Aussi en peu d'instants le pavé de la mosquée est tout souillé de boue. Les femmes sont bousculées dans la foule, pêle-mêle avec les hommes; les enfants crient et se poussent; enfin les derviches s'apprêtent à exécuter le *Zikr*.

Ceux que nous avons vus étaient de différentes nations et de différents ordres. Quelques-uns portaient le turban et l'habit ordinaire des Égyptiens; d'autres étaient coiffés à la turque; le plus grand nombre avait de hauts bonnets en forme de pain de sucre, appelés *turtours*. L'un d'eux se distinguait entre tous par un bonnet blanc en cône, sur lequel étaient tracées en lettres noires des invocations aux quatre califes : à El-Hassan, à El-Hhoseyn, et à d'autres saints, fondateurs de différents ordres de derviches. La plupart de ces religieux étaient Égyptiens. Il se trouvait parmi eux quelques Turcs et quelques Persans. Au moment de commencer les exercices, des derviches font ranger la multitude en agitant leurs bâtons. Tout à coup un grand rond est formé par une quarantaine de ces moines, qui, les bras étendus et se tenant par la main, font la révérence en prononçant le nom de Dieu. Alors le cercle des derviches s'étend et enveloppe quatre colonnes de marbre du portique : Allah! allah! répètent les derviches, et ils inclinent leur tête et leur corps, et se mettent à marcher en tournant à droite avec rapidité. Aussitôt un autre derviche, qui se tient au milieu du rond, commence à pirouetter les bras étendus; il tourne avec une extrême vitesse jusqu'à ce que sa robe, en s'étendant, fasse l'effet d'un parapluie ouvert. Au bout de dix minutes d'une pareille rotation, il va s'agenouiller devant son supérieur, qui se tient avec lui dans le rond. Ensuite, sans montrer la moindre apparence de fatigue ou de vertige, il se mêle aux autres derviches qui forment le grand rond, et qui, en ce moment, crient le nom de Dieu avec la plus grande véhémence en sautant et tournant à droite. Dans ce moment, six derviches forment un petit rond dans le milieu du grand; ils placent leurs bras sur les épaules les uns des autres, et, ainsi disposés, ils exécutent une évolution semblable à celle du grand rond, mais d'une manière bien plus rapide, en criant comme le grand rond : Allah! allah! avec un accent beaucoup plus fort. Cet exercice dure environ dix minutes, après quoi tous les derviches s'asseyent par terre, et se reposent durant l'espace d'un quart d'heure, pour recommencer après comme la première fois.

Une autre cérémonie curieuse que nous avons observée au Caire est celle qui se célèbre à l'occasion de la circoncision des enfants. C'est à l'âge d'environ cinq ou six ans, et d'autres fois plus tard, que l'enfant est circoncis au Caire et dans les autres villes d'Égypte, tandis que dans les campagnes on ne pratique guère la circoncision que vers l'âge de douze ou treize ans. Avant l'accomplissement de cette solennité, les pères des jeunes garçons, à moins qu'ils n'appartiennent à des familles absolument indigentes, les promènent en procession dans les rues qui avoisinent leur demeure.

Généralement on saisit l'occasion d'une procession nuptiale pour diminuer les dépenses de la cérémonie. Dans ce cas, les parents et l'enfant conduisent la procession. Ce dernier porte ordinairement un turban de kachmir rouge. Quant au reste du costume, il est vêtu comme une jeune fille, avec le *yalek*, le *saltah*, et autres ornements de femme. Toutes ces parures sont le mieux possible. On les emprunte souvent à quelque dame de connaissance; aussi sont-elles toujours beaucoup trop grandes pour l'enfant. Dans la main de ce dernier est un mouchoir brodé qu'il appuie continuellement sur sa bouche avec sa main droite. Il est précédé par un garçon barbier chargé de faire l'opération, par trois musiciens et quelquefois davantage. Les instruments dont jouent les musiciens dans cette circonstance sont communément le zamr ou hautbois et le tambour.

La première personne de la procession est, selon l'usage, le garçon barbier, portant son *heml*, espèce de case de bois de forme quadrangulaire, avec quatre courtes jambes. La partie supérieure du heml est couverte de petits miroirs et d'ornements de cuivre en relief. Un rideau recouvre la partie inférieure. C'est tout simplement l'enseigne de sa boutique que porte le garçon barbier. Les musiciens viennent après lui. Il est des cas pourtant où ils précèdent le heml. Derrière les musiciens s'avance l'enfant, dont le cheval est conduit par un saïs. A sa suite marchent plusieurs femmes de ses parentes ou de ses amies. On y voit souvent aussi des gawazy ou des almées qui exécutent des danses.

L'étiquette observée à table et la manière de manger au Caire sont pour l'Européen un sujet d'étude assez curieux. Le souper doit être regardé comme le principal repas. La coutume générale est de préparer les mets pour le soir, et de manger le lendemain au dîner ce qui reste, quand il n'y a pas d'étrangers conviés dans la maison. Le chef de famille dîne et soupe ordinairement avec ses femmes et ses enfants. Mais, dans les hautes classes, beaucoup de gens sont trop fiers, ou trop occupés dans les affaires, pour manger ainsi en famille. Le repas en commun n'a lieu alors qu'à certaines occasions. Dans les dernières classes, quelques-uns aussi ne mangent que très-rarement avec leurs femmes et leurs enfants.

Lorsqu'un Égyptien fait visite à un ami, si l'heure du dîner ou du souper arrive, le maître de la maison est obligé de faire servir le repas; il en est de même quand le visiteur est étranger.

Chaque personne, avant de s'asseoir à table, lave ses mains et quelquefois sa bouche avec de l'eau et du savon, ou seulement se fait verser un peu d'eau sur la main droite. A cet effet, un domestique apporte à chaque convive un bassin et une aiguière d'étain ou de cuivre. Le bassin a un couvercle percé de trous avec un récipient élevé dans le milieu pour le savon. L'eau qu'on répand sur les mains passe à travers ce couvercle et tombe dans le fond; de cette manière, lorsqu'on présente le bassin à une seconde personne, l'eau qui a servi à la première a disparu. Il est d'usage de donner à chacun une serviette.

Un plateau rond en étain ou en cuivre, ayant ordinairement trois pieds de diamètre, sert de table; ce plateau est placé sur un tabouret d'environ quinze pouces de haut, fait en bois, et couvert souvent en nacre de perle, en écaille de tortue ou en os. Ces deux pièces composent le *soufrah*. Des pains ronds coupés par le milieu sont rangés autour du plateau avec des moitiés de citron et des cuillers de buis, d'ébène ou d'écaille de tortue pour chaque personne. Quelquefois on se sert d'un morceau de pain en guise d'assiette. Plusieurs plats d'étain ou de porcelaine, contenant différentes espèces de viandes et de légumes, sont placés ensemble sur le plateau, selon la mode du pays, ou bien on ne sert qu'un seul plat à la fois, selon l'usage de la Turquie.

Les personnes qui doivent prendre part au repas s'asseyent à terre autour du plateau. Toutes ont leur serviette sur les genoux. Si le plateau est placé près du bord d'un divan peu élevé, ce qui se fait souvent, quelques-uns des convives s'asseyent alors sur le divan et les autres sur le plancher. Mais si la société est nombreuse, le plateau est posé au milieu de la chambre, et les convives se rangent autour en mettant un genou en terre et tenant l'autre élevé : de cette manière, douze personnes peuvent se placer autour d'un plateau de trois pieds de large. Chacun doit découvrir son bras droit jusqu'au coude, ou retrousser la partie pendante de sa manche.

Avant de manger, tout le monde dit *Bi-Smillah* (ce qui signifie au nom de Dieu). On dit ces paroles à voix basse, mais d'une façon intelligible ; c'est le maître de la maison qui les prononce le premier. Ces mots sont considérés comme une prière à Dieu afin qu'il bénisse les mets, et comme une invitation aux conviés d'y prendre part.

Lorsque le maître de la maison dit à quelqu'un *Bi-Smillah* ou *Tafaddal*, ce qui est une offre de partager le repas, cette personne, si elle ne peut accepter, doit répondre : *Hancé-an*, c'est-à-dire qu'il vous profite ! ou quelque autre expression semblable ; autrement on craindrait qu'un mauvais œil ne fût jeté sur la nourriture.

Le maître de la maison commence le premier à manger; les convives suivent immédiatement son exemple. On ne se sert ni de couteaux ni de fourchettes : le pouce et deux doigts de la main droite tiennent lieu de ces deux instruments. Cependant on a des cuillers pour la soupe, le riz et les autres mets qui ne peuvent se manger facilement sans cela.

S'il y a plusieurs plats sur la table, on peut prendre de l'un et de l'autre ce qu'on aime, ou de tous successivement; s'il n'y a qu'un seul mets, chacun en prend tour à tour quelques bouchées jusqu'à ce qu'il soit fini. Choisir un morceau délicat et le présenter à un ami, est un acte de politesse.

Il ne faut pas croire que la manière de manger avec les mains, telle qu'elle est pratiquée en Égypte et dans les autres pays de l'Orient, soit aussi malpropre que le pensent les Européens. On rompt un petit morceau de pain qu'on plonge dans le plat, et on le porte à la bouche chargé d'un peu de viande, ou des autres ingrédients qui entrent dans la composition des mets. Le morceau de pain est généralement double, ce qui permet de saisir ce qu'on veut prendre.

Du reste, la nourriture est apprêtée de façon à être mangée facilement de la manière décrite ; elle consiste en grande partie en viande étuvée avec des oignons hachés ou d'autres légumes, en concombres et aubergines farcis, et en petits morceaux de mouton ou d'agneau rôtis à la brochette. Beaucoup de plats se composent entièrement de choux, de pourpier, d'épinards, de fèves, de pois-chiches, de courge coupée en petits morceaux, etc. Le poisson apprêté avec de l'huile est aussi un mets fort commun. La plupart des viandes sont cuites avec du beurre clarifié, à cause du manque de gras; elles sont ainsi d'un goût exquis. Le beurre, dans la saison chaude, est tout à fait liquide.

Quand une volaille est placée entière sur le plateau, on se sert généralement des deux mains pour la diviser et en séparer les membres; autrement deux personnes, se servant chacune de leur main droite, accomplissent ensemble l'opération. Il y a des Égyptiens qui s'en tirent tout seuls, et avec une seule main, de la manière la plus adroite. Beaucoup d'Arabes ne souffriraient pas que l'on touchât à la nourriture de la main gauche, excepté quand la droite est estropiée. Une volaille désossée, farcie de raisins, de pistaches, de mie de pain et de persil, est un mets ordinaire. On farcit ainsi également un agneau entier. On mêle souvent avec la viande étuvée des jujubes, du sucre, etc. Un plat de riz bouilli avec du beurre, et assaisonné de sel et de poivre termine, la plupart du temps, le repas. Dans les maisons riches, ce plat est suivi d'un bol de *khoushaf*, boisson douce qui consiste en eau bouillie avec des raisins et sucrée. Après l'avoir laissée refroidir, on y mêle quelques gouttes d'eau de rose. La pastèque remplace souvent cette boisson. Le seul breuvage, dans les repas, c'est l'eau du Nil, ou quelquefois, chez les riches, des sorbets. En général, on boit l'eau dans une bouteille de terre appelée *bardaque*, ou dans une coupe de cuivre.

Les Égyptiens mangent avec beaucoup de modération, quoique très-vite. Chaque personne, aussitôt qu'elle a fini, dit : *Elhham'douli-llha* (gloire à Dieu), et se lève sans attendre que les autres aient achevé de manger. Un domestique lui apporte le bassin et l'aiguière comme avant le repas, et elle lave ses mains et sa bouche avec de l'eau de savon.

Il ne nous a pas paru sans intérêt de donner ici des détails sur quelques-unes des mille industries dont la diversité frappe l'étranger dans la capitale de l'Égypte.

Rien de curieux comme la boutique d'un barbier au Caire. Des dalles de marbre, un plafond historié par des dessins bizarres, des miroirs et des rasoirs tout autour des murs; de chaque côté de la salle des stalles étroites et serrées où se place la pratique qui confie sa tête aux mains de l'opérateur; des fenêtres en colonnade et en arcades dentelées, surmontées d'un grillage avec des ouvrages de sculpture; enfin, un divan devant la fenêtre pour jouir de la fraîcheur de l'air du dehors; voilà rapidement quel est l'aspect de cet établissement, dont l'importance ne saurait être comprise dans nos villes du nord de l'Europe. L'enseigne de la boutique du barbier est aussi une pièce très-remarquable, dont nous avons donné la description en parlant des cérémonies de la circoncision. L'habileté du barbier égyptien est étonnante; il vous rase la tête en beaucoup moins de temps que n'en mettent nos barbiers européens pour raser le menton. Une des principales qualités de son talent consiste à arranger la barbe de chaque personne selon son âge, sa figure et sa condition. Il a coutume, lorsque l'opération est terminée, de parfumer celle des gens riches avec des eaux aromatiques. Une longue bande de cuir est constamment suspendue à sa ceinture pour repasser ses rasoirs, qui coupent toujours très-bien. C'est aussi le barbier qui fait les ongles des mains; il se sert pour cela du rasoir avec une grande dextérité. Presque tous les barbiers, en Orient, font de la médecine et de la chirurgie. C'est chez eux que se débitent les nouvelles, que la médisance et la chronique scandaleuse ont leur cours; mais, en cela, ils ne diffèrent point des barbiers des autres pays. Ils vendent une pommade épilatoire dont les deux sexes font un grand usage. On assure qu'elle fait tomber le poil très-promptement et sans douleur, quelle que soit la partie du corps où on l'applique. C'est une composition de chaux vive et d'oxyde d'arsenic.

Une douzaine de fabriques sont occupées au Caire par l'industrie du vinaigrier. On fait deux sortes de vinaigres en Égypte, celui du raisin et celui qu'on obtient des dattes. Dans la manipulation du vinaigre de raisin, on emploie le raisin sec de Chypre ou des îles de la Grèce. Celui que l'on récolte dans certaines localités de l'Égypte est mangé sur les lieux mêmes pendant qu'il est frais, ou bien les Cophtes en font un vin qui, ne pouvant être gardé, est consommé aussitôt. Pour faire du vinaigre, on commence d'abord par écraser le raisin sous la meule. On se sert pour cela d'un moulin d'une construction très-simple, sorte de bassin fait en maçonnerie légèrement couvert à sa partie supérieure, dans lequel on tourne la meule. Des dalles parfaitement jointes forment le fond de ce bassin où l'on jette le raisin destiné à être écrasé. Quant à la meule, elle mérite quelques détails. Au lieu d'être cylindrique comme chez nous, on lui donne la forme d'un cône tronqué, dont le plus grand diamètre est de deux pieds six pouces et le plus petit de deux pieds trois pouces; son épaisseur est d'un pied; elle a son plus grand diamètre tourné vers le pilier vertical auquel elle est fixée; sa circonférence est cannelée. On emploie généralement un tronçon de colonne de granit scié et travaillé, pour lui donner cette disposition. La forme conique a cela de particulier, que la meule dans sa rotation est aussi douée d'un mouvement de transport. Ce double mouvement a cet avantage, que par la rotation la meule foule la matière, tandis qu'en frottant par le transport, elle la chasse devant elle, la soulève, et renouvelle sans cesse les points de contact. Il en résulte que le raisin se trouve beaucoup mieux écrasé, et qu'on est dispensé de réitérer l'opération, ainsi qu'on y est forcé par le système de nos pressoirs. Dans certaines fabriques, ces sortes de meules sont mues par un cheval ou par un buffle; celle dont nous parlons ici, un seul homme peut la faire mouvoir. Après que le raisin a été écrasé, on le jette dans des jarres pleines d'eau, et on l'y laisse fermenter l'espace de quinze jours plus ou moins, selon la température de l'atmosphère, qui ne doit pas être au-dessous de quinze à dix-huit degrés. Ces jarres ont environ cinq décimètres de diamètre sur sept de hauteur. Quand le vinaigre est suffisamment fermenté, on le passe à travers un tamis de crin, d'où il coule dans de grands vases appelés *gourmah*. Ces vases sont enterrés dans la fabrique jusqu'au deux tiers de leur hauteur. On ajoute du miel à la liqueur, et on la laisse achever de fermenter durant une dizaine de jours ou davantage, si la température est froide. Ces opérations terminées, on décante le vinaigre, et on le conserve dans de très-grandes jarres qu'on ne remplit qu'aux trois-quarts. Afin de bien égoutter le marc, on le passe sous un pressoir à vis que l'on tourne à bras. L'espèce de vinaigre qui résulte de cette fabrication est la plus chère et la plus estimée; elle se vend à peu près le double de l'autre. Une mesure équivalente vaut environ douze médins. Il est encore une autre sorte de vinaigre que l'on obtient du vin de Chypre ou de Smyrne. On n'en fait qu'en très-petite quantité, et il vaut le même prix que le plus cher.

La fabrication de l'eau-de-vie de dattes est la principale occupation du distillateur du Caire. On commence par réduire les dattes en pâte au moyen d'une macération dans l'eau de dix à quinze jours en été, et de quarante en hiver; on les mêle avec de l'*yonsoun* ou anis, que l'on fait bouillir ensemble pendant une demi-journée; on l'introduit ensuite dans l'alambic et l'on procède à la distillation. L'eau-de-vie qui résulte de ce mélange est très-blanche, fortement imprégnée de l'odeur d'anis, mais inférieure en qualité à l'eau-de-vie de vin. On appelle les fabriques d'eau-de-vie *malbakh araki*. Quand on examine quels sont les moyens et les instruments de distillation, on est étonné de trouver une pratique si grossière dans une contrée où presque toutes les sciences sont nées, et d'où sont sortis les premiers traités de chimie. L'alambic est tout simplement en terre. C'est une espèce de cloche d'environ dix-huit pouces de diamètre sur seize pouces de haut. Le chapeau a environ quatorze pouces. En tout, l'appareil peut avoir de deux pieds à deux pieds et demi de hauteur. L'alambic pose à terre, et c'est sous la cloche qu'on place le combustible en guise de fourneau. Des morceaux de roseau lutés grossièrement font l'office de tubes. Une terrine pleine d'eau dans laquelle est plongé le vase où se rend l'eau-de-vie tient lieu du serpentin ou réfrigérant dont on se sert dans nos ateliers. Il résulte de l'emploi de moyens aussi imparfaits une perte considérable de chaleur et de vapeur d'alcool dans le laboratoire. Cette manière de procéder établit une grande différence entre les distilleries du Caire et les nôtres. On compte douze fabriques de ce genre dans la ville. La fabrique de l'okel de Soliman Tchaaouch est la plus grande de toutes; elle emploie onze alambics. Il se fait aussi en Égypte, outre l'eau-de-vie, une grande distillation d'eau de rose, notamment dans le Fayoum. On distingue l'essence pure de l'autre en ce qu'elle se fige en hiver.

Les ceinturonniers forment au Caire une corporation assez nombreuse. Les ouvriers de cet état travaillent debout. Le métier est monté sur deux rouleaux qui sont placés aux deux extrémités. Celui de droite porte les fils de la chaîne; c'est sur l'autre que se roule la ceinture à mesure qu'elle est fabriquée. Ces ceintures sont de différentes largeurs; elles ont depuis quatre jusqu'à six ou huit doigts. Les fils de la chaîne sont partagés en deux parties au moyen des lisserons et des lames mises en mouvement par des marches qui sont sous les pieds de l'ouvrier.

L'ouvrier ceinturonnier tient la navette de la main gauche, et la conduit à peu près comme nos tisserands. A chaque fois qu'il fait passer la trame, il serre le tissu avec un large couteau en bois de forme plate. Les fils de la chaîne se trouvent retenus au moyen d'une corde passée autour d'une cheville, et tendue par un poids.

On fabrique des ceintures en coton, en soie tissue d'or et en laine avec des fils de couleurs diverses, dont l'arrangement produit des dessins très-variés. Ces différentes espèces de ceintures se nomment *kamar*. Leur longueur est suffisante pour tourner deux fois autour du corps. Elles se ferment avec des boucles. C'est dans la ceinture que les Égyptiens placent leur argent, leurs papiers, leur pipe; ils la font servir encore à une foule d'autres usages. Tout le monde en porte sans exception. Celles du peuple sont en laine.

Ce sont les ceinturonniers qui fabriquent aussi les sangles pour les chevaux, les chameaux, les mulets et les ânes. La largeur de ces sangles n'excède pas trois ou quatre pouces. Elles sont tressées en coton et en laine d'une manière très-solide. On les appelle *hâzam;* elles se serrent au moyen d'un anneau fixé à un bout, et d'une courroie attachée à l'autre.

Comme l'eau des puits au Caire est un peu saumâtre, un grand nombre de *sakkas* (porteurs d'eau) gagnent leur vie en fournissant de l'eau du Nil aux habitants. Pendant la saison de l'inondation, ou plutôt pendant la période d'environ quatre mois après l'ouverture du canal qui coule à travers la métropole de l'Égypte, les sakkas tirent leur eau de ce canal; dans les autres temps ils vont la puiser au fleuve. Elle est transportée dans des outres par des chameaux, des ânes, ou par le sakka lui-même quand la distance n'est pas grande. Le chameau porte l'eau dans une paire de larges sacs en peau de bœuf, appelés *rei*. L'âne porte l'eau dans une peau de chèvre appelée *kirbeh* : c'est aussi une peau semblable que porte le sakka lorsqu'il n'a pas d'âne à son service. Le rei contient trois ou ou quatre kirbehs. Le cri général du sakka est *ya'ow'wud allah!* que Dieu m'assiste! Toutes les fois que l'on entend ce cri, on sait que c'est un porteur d'eau qui passe. Pour une outre en peau de chèvre pleine d'eau, portée à une distance de plus d'un mille et demi, on ne lui donne guère plus de deux sous. Un grand nombre de sakkas vendent de l'eau aux passants dans les rues. Cette espèce particulière de porteurs d'eau est appelée *sakka surbeh*. Le kirbeh de ceux-ci a un long bec de cuivre au moyen duquel il verse l'eau dans une tasse en cuivre ou en terre, dont se sert pour boire celui qui veut se désaltérer.

Il y a encore une classe beaucoup plus nombreuse de porteurs d'eau qu'on nomme *hemalys* : ce sont presque tous des derviches de l'ordre des *Riidys* ou de celui de de *Beiyou mya*. Ils sont exempts de la taxe appelé *fir ded*. Le hemaly porte sur son dos un vaisseau en terre grise et poreuse, auquelle on donne le nom d'*ibryk*. Ce vaisseau a la propriété de rafraîchir l'eau par l'évaporation. Quelquefois le hemaly a une tasse en terre parfumée avec de l'eau de fleurs d'oranger : cette eau est préparée avec des fleurs d'un oranger aux fruits amers nommé *naring* ; cette attention est réservée pour les meilleures pratiques. En général, le porteur d'eau de cette espèce est muni d'une besace qu'il tient suspendue à son côté. Il reçoit des personnes des classes élevées et des classes moyennes depuis un jusqu'à cinq *fuddahs* (1) pour une tasse d'eau. Les pauvres donnent en payement un morceau de pain, de viande, ou quelques comestibles que le hemaly met dans sa besace. La multitude des hemalys et des sakkas porteurs de l'outre en peau de chèvre, assiste ordinairement aux cérémonies religieuses pratiquées au Caire et aux environs pour fêter les anniversaires de la naissance des saints. Souvent le riche qui visite la tombe du saint auquel on rend hommage, paye le hemaly pour qu'il distribue gratis son eau à tous ceux qui lui en demandent. Cette œuvre de charité est appelée *tesbyl*, et se fait en l'honneur du saint fêté ce jour-là. Les porteurs d'eau qui sont employés de la sorte ont la permission de remplir leurs outres aux fontaines publiques, parce qu'alors ils ne demandent rien en retour de leur distribution. Pendant qu'ils donnent ainsi l'eau gratuitement, ils psalmodient sur un air de musique une espèce d'invitation à ceux qui ont soif, de profiter de la charité qui leur est offerte au nom de Dieu.

Les *Shurbetlys* ou marchands de sorbet, de même que les vendeurs d'infusion de réglisse que nous appelons à Paris marchands de coco, portent sur le côté gauche une urne en terre rouge, assujettie et retenue à la hauteur de l'épaule au moyen de cordes et de courroies. C'est dans cette urne que se trouve contenu le sorbet, que l'on fait de plusieurs manières. Tantôt c'est une simple infusion de raisins, tantôt un mélange de citron, de sucre et d'ambre.

Le marchand de sorbet tient ordinairement dans sa main gauche un vaisseau ou verre de *zebyd*, et dans sa main droite une cruche d'étain ou de cuivre remplie du

(1) Le fuddah vaut un peu plus d'un quart de centime.

même liquide. Quelques-uns d'eux portent sur la tête un baquet de cuivre avec des vases en verre contenant une boisson provenant de figues ou de dattes infusées dans l'eau. Ils colportent de même une espèce de gelée claire faite avec de la pâte de froment, du sucre et de l'eau bouillis ensemble, qu'ils assaisonnent de cannelle et de gingembre. Quelquefois la gelée est faite sans pâte; dans ce cas, elle est vendue sous la forme liquide et sert de boisson.

Il est encore une autre espèce d'infusion faite avec des tranches de melon trempées dans l'eau et adoucies avec du sucre. On remplace parfois les tranches de melon par du riz. Le marchand est muni de plusieurs coupes en verre à l'usage des consommateurs. Elles sont placées en général dans une espèce d'auge en étain qu'il porte attachée par un ceinturon au milieu du corps.

L'usage des voitures ou des charrettes n'existant pas en Égypte, il est remplacé par le chameau. C'est ce dernier qui transporte tous les fardeaux; il sert à la fois de monture au cavalier et de bête de charge. Un chameau bien dressé devient plus précieux que le cheval pour les longues courses à travers le désert. Plus en état de supporter la fatigue, la faim et la soif, il réunit la douceur à l'agilité, la docilité à la force. A la voix du chamelier qui l'a habitué à lui obéir, il se baisse pour recevoir le fardeau, ou faciliter à son cavalier le moyen de mettre pied à terre.

Nourri en ville avec de la paille, des fèves ou du trèfle, sa manière de vivre n'est plus la même une fois en course. Quelques jours avant d'entreprendre un voyage dans le désert, le chamelier l'habitue à se contenter d'une moindre ration et à ne plus boire que tous les deux jours. Une simple corde liée autour de sa tête suffit pour le conduire. Elle est disposée de façon à ne point gêner le museau ni les mâchoires. Avec le soin d'un ou de plusieurs chameaux, le chamelier est aussi chargé de tout l'attirail nécessaire au transport des marchandises.

Malgré la conformation de cet animal, qui semblerait le dispenser de porter toute espèce de fardeaux, l'homme est parvenu, au moyen d'une selle particulière, à se le rendre aussi commode que le cheval ou le mulet. Cette selle consiste en deux barres longitudinales et parallèles, liées à deux fourches supportées par des coussins bourrés qui garantissent le chameau du frottement. Le chamelier fixe la charge aux barres de la selle à l'aide de cordes ou de filets à larges mailles, et par ce moyen l'animal peut porter de très-grands poids. En général la profession de chamelier est exercée par les Saïs.

Quand on promène ses regards autour du Caire, on est frappé des contrastes que présentent les environs de cette métropole. Des sables arides, le désert étreignant une végétation puissante; une cité silencieuse, morte, auprès d'une ville animée, pleine de bruits, des monuments magnifiques au milieu de huttes et de masures ; la richesse unie à la pauvreté, et ce qu'il y a de plus grand à côté de ce qu'il y a de plus mesquin ; tels sont les alentours de la capitale de l'Égypte ; telle est l'Égypte elle-même, qui se résume parfaitement dans ce coin de terre.

A quelque distance du Caire proprement dit, et sur les bords mêmes du Nil, sont le Vieux-Caire et Boulak, que l'on regarde comme les deux ports de cette capitale. Le Vieux-Caire, ou la Babylone d'Égypte, dont nous avons précédemment indiqué, en peu de mots, la fondation et les vicissitudes, a perdu dans l'incendie qui le dévasta, les monuments qui faisaient son orgueil. On voit cependant les greniers vulgairement dits de *Josep* ce sont sept tours carrées dont les murs en brique ont quinze pieds de haut; ils renferment des montagnes de blé d'une hauteur prodigieuse. Mais ce qu'il y a de plus remarquable au Vieux-Caire, ce sont les restes de la mosquée célèbre qu'Amrou, le lieutenant d'Omar, fit bâtir sur le lieu même où il avait planté sa tente. Cette mosquée passe pour le plus ancien temple qu'ait élevé l'islamisme, et elle était désignée autrefois sous les noms de *vieille mosquée* ou de *couronne des mosquées*. C'est en l'année 21 de l'hégire qu'Amrou en jeta les fondements. La longueur primitive de l'édifice était de 50 coudées sur 30 de largeur. Quatre-vingts d'entre les compagnons de Mahomet assistèrent à l'érection de ce temple et à l'établissement du Kibla ou sanctuaire, dirigé vers la Mecque. Dans l'origine, on n'y voyait point de *mehrab* (niche), dont l'usage ne fut introduit que plus tard sous Omar-ben-Abd-el-Aziz. L'an 53 de l'hégire, le peuple s'étant plaint de l'exiguité de cette mosquée vénérée, Moavia la fit élargir et couvrit de nattes tout le sol, qui n'était alors qu'en gravier. Mouslema, fils de Mohklid, gouverneur d'Égypte, étendit l'enceinte de l'édifice du côté de l'est, et plaça, aux quatre angles, des tourelles pour les muezzins. Dans le premier siècle de l'hégire, principalement dans les années 79 et 92, d'autres agrandissements furent jugés nécessaires; on éleva une nouvelle chaire; on pratiqua quatre portes, au lieu de deux qui s'y trouvaient primitivement; on construisit un *Beit-el-Mal* ou *trésor public*. Sous le premier des califes Abbassides, on fit une cinquième porte, et au temps du calife Mahmoun, la mosquée avait déjà 290 coudées de longueur sur 150 de largeur. Endommagé en l'an 275 de l'hégire, par un incendie qui consuma entre autres ornements *la table verte*, l'édifice fut restauré par Khamarouieh, fils de Ben-Touloun. Cette restauration qui coûta 6800 dynars, eut lieu sous la direction d'un architecte nommé El-Adjifi. Un portique de neuf coudées fut ajouté en 357. Un jet d'eau, le premier qu'on ait vu dans les mosquées, fut construit pour celle-ci sous le calife Aziz-Billah. Tous les murs furent peints et couverts de dorures en 387 par ordre de l'eunuque Bardjevan. On fit transporter dans cette mosquée, l'an 403 de l'hégire, douze cents quatre-vingt-dix exemplaires du Coran, dont un grand nombre étaient écrits en lettres d'or. Hakem y fit placer, dit-on, un poële d'argent, ce qui attira dans ce sanctuaire une affluence encore plus grande qu'auparavant. Les sultans Kalaoun et Bibars qui firent construire tant d'autres monuments au Caire, ne négligèrent pas de réparer et de restaurer la mosquée d'Amrou. On dit que de leur temps, les voûtes de ce temple célèbre étaient éclairées par une si grande quantité de lampes, que l'on brûlait chaque nuit, pour leur entretien, onze mille quintaux d'huile épurée. Tel est le résumé de ce qu'ont écrit les historiens arabes sur l'origine et l'état ancien de ce monument. On trouve sur ce sujet des détails beaucoup plus circonstanciés dans l'ouvrage de Murtadi sur l'Égypte. L'intérêt qui s'attache à l'histoire de cette célèbre mosquée nous engage à reproduire ici ce passage, d'après la traduction de Vattier. « Les Musulmans (après avoir pris possession de Nasr (le vieux Caire) tinrent conseil pour résoudre du bastiment d'une mosquée, où ils se peussent assembler, et en escrivirent au commandeur des fidelles, Omar (Dieu luy fasse paix), qui leur fit response en ces termes: « *J'ay receu les nouvelles de la résolution que vous avez prise tous ensemble pour le bastiment d'une mosquée où vous puissiez célébrer le jour du vendredy, et faire vos assemblées. C'est sans doute une chose qui vous est nécessaire, et vous suivez en cela l'exemple de vostre Pro-*

phète (*Dieu luy fasse paix et miséricorde*). Car la première marque par laquelle il commença de signaler la religion musulmane, et le premier fondement sur lequel il la voulut affermir, fut de faire bastir sa mosquée dans le lieu de sa retraite. Assemblez donc là-dessus vos commandeurs et prenez conseil de vos anciens, qui sont des compagnons de l'apostre de Dieu; car la bénédiction de Dieu est dans les anciens. Ce qu'ils auront résolu d'un commun consentement, trouvez le bon, ô Gamrou, et ne vous y opposez point. Car l'assemblée du conseil attire la miséricorde de Dieu, qui protège cette nation en faveur de son Prophète. Jamais ils ne demeureront d'accord d'une chose où il y ait de l'erreur par la grâce Dieu et par sa miséricorde. Dieu vous maintienne dans l'union et fasse prospérer vos affaires, et vous affermisse dans la possession de vos conquestes, et nous assiste de ses graces vous et moy, et bénisse Mahomet et sa famille.» Les Musulmans ayant veu la response d'Omar (Dieu luy fasse paix et miséricorde), tinrent conseil sur l'affaire du bâtiment de la mosquée, et trouvèrent à propos de la situer au lieu où estoit logé Quisias, fils de Calthom. Gamrou le fit venir là-dessus et luy en demanda son avis, disant : ô Abugabdorrhachaman, je vous marqueray un logis au lieu de cettui cy, là où il vous plaira. Sur quoy Quisias parla ainsi : « Je vous ay desjà fait connoître, ô musulmans qui estes icy assemblez, que ce logement m'agrée fort, et qu'il est à moy ; mais je le donne de bon cœur à Dieu et aux Musulmans. » Il quitta donc cette place, et fut se loger avec ceux de sa nation, qui estoient les enfans de Som, et prist son quartier parmy eux. Sur quoy Abucainan, fils de Magamar, fils de Rabagui le Nachesien, en mémoire de ces avantures et pour honorer ces victoires, fit les vers suivans: *Et nous avons eu le bon-*

heur de conquérir Babylone, où nous avons choisi du butin en abondance pour Omar et pour Dieu. Le bon Quisias, fils de Calthom, a cédé et livré sa demeure et le logis qui luy apartenoit, à la divine prière. Tous ceux qui feront leur prière dans notre bastiment, sçauront, avec les habitans de Masre, ce que je dis, et le publieront. Abumansor le Balavien a fait sur le mesme sujet ces vers, où il parle à Gabdorrhachaman, fils de Quisias, fils de Calthom : Et ton père a cédé et livré son logement à l'assemblée des gens de la prière et de l'adoration. Le Lithe, fils de Sagad, jurisconsulte de Masre, parle en ces termes de l'ancienne grande mosquée de cette ville. Nostre mosquée n'estoit que des jardins et des vignes. Abugamrou, fils de Serrage, en dit cecy qu'il tient de Saguide, qui le tenoit des vieillards de son temps. « La place, dit-il, de nostre grande mosquée de Masre, n'estoit autrefois que des jardins et des palmerages; mais les Musulmans l'acquirent, et y firent bastir une mosquée pour s'y assembler (Dieu leur fasse paix à tous !) » Guemare, fils de Zebire le Crieur, dit que son père en parlait ainsi : « J'ay ouy, disoit-il, nos anciens du nombre de ceux qui avoient esté présens à la conqueste, qui parloient ainsi. Il y eut quatre-vingts des compagnons du prophète de Dieu, présens à la fondation de la grande mosquée de Masre, le Zebire, fils de Gavame, Mecdade, fils de l'Asoüah, Guebade, fils de Samet, Abuldarda, Phedale, Gamrou, Gaquebe, et les autres, tant du nombre des réfugiez que de celuy des protecteurs. » Jézide, fils de Chebibe, en parle ainsi : « Nostre mosquée qui est icy, a esté fondée par quatre des compagnons du Prophète, Abudar, Abunasre, Mahomet, fils de Gerou le Zébirien, et Manbehe, fils de Derare. » Gabidolle, fils de Gegafar, en parle en ces termes : « Nostre temple, que voicy, a esté élevé par

Guebade, fils de Samet, et par Rapheque, fils de Malique, qui estoient deux capitaines des protecteurs. » Abudaoude dit que Gamrou, fils du Gase, envoya Rabigas, fils de Sergile, et Gamrou, fils de Galcamas le Carsien, le Guédavien, pour y déterminer de quel costé devoit estre tourné le devant de la mosquée, et qu'il leur parla ainsi : « Tenez-vous debout sur le haut de la montagne, quand le soleil se couchera, et, quand il y en aura la moitié de caché sous l'horizon, tournez-vous en sorte qu'il soit sous vos sourcils, et prenez le plus exactement que vous pourrez le vray costé où le temple doit estre tourné. Je prie Dieu qu'il vous en fasse la grâce. « Ils firent ce qu'il leur avoit ordonné. » « J'ay appris, dit le Lithe (Dieu luy fasse miséricorde), que Gamrou, fils du Gase, monta sur les montagnes, et observa exactement les heures, et l'ombre du soleil couchant, jusques à ce que le costé auquel devoit estre tourné le devant de la mosquée fust déterminé. »

«Guemare m'a raconté qu'il avait ouy dire à son père que Gamrou, fils du Gase, disoit à ses compagnons : « Tournez le devant de la mosquée vers l'orient, afin de la mettre droit vis à vis de la Mecque. Elle fut tournée, adjoustoit-il, bien fort vers l'orient; mais, après cela, Corras, fils de Corise, la fist un peu biaiser vers le midy. » « J'ai ouy, dit Masgab, le fils d'Abachebibe, qui parloit ainsi sur ces paroles de Dieu tout puissant et tout bon : « *Nous verrons de quel costé tu tourneras ton visage dans le ciel, et nous t'ordonnerons une situation que tu agréeras.* » « Cette situation, dit Iezide, que l'apostre de Dieu observoit dans sa prière, et que Dieu tout puissant luy commandoit d'agréer, consistoit à avoir le visage tourné vers le canal; et c'est la situation des Égyptiens et des Occidentaux. » « J'ai ouy le mesme Abuchebibe, adjoustoit Masgab, lire ce passage d'une autre manière, mettant la première personne au lieu de la seconde, en cette sorte. « *Et nous t'ordonnerons une situation que nous agréerons.* » Un des protecteurs dit que Gabriel vint trouver l'apostre de Dieu, et luy dit : « Dispose la situation de ta Mosquée de telle sorte, que tu ayes le visage tourné vers le temple quarré. » Alors il prist ses allignemens sur toutes les montagnes qui estoient entre luy et le temple quarré, et fist en sorte qu'il traça le plan de la mosquée, ayant la face tournée vers le temple quarré, ce qui se rencontra du costé du canal. Malique dit que le devant de la mosquée du prophète de Dieu, est situé vis à vis du canal. Plusieurs autheurs rapportent que dans la mosquée de Gamrou, fils du Gase, il n'y avoit point de jubé voûté, ny dans celuy que Muslemas fist bastir, ny dans celuy qui fut fait bastir par Gabdolguezize, fils de Meroüane; et que le premier qui y fist faire le jubé, fut Corras fils de Masquine. L'on dit que le fils de Seriche en parle ainsi : « Dans la grande mosquée que Gamrou fils du Gase, fist bastir, il ny avoit point de voûte, c'est à dire, de jubé voûté. » Saguide fils de Sériche, en parle aussi en ces termes : « Abusaguide m'a raconté cecy. Le Chemirien, qui est le plus aagé de ceux que j'ay rencontrez, leur disoit : « J'ay trouvé cette mosquée, où vous vous assemblez, et qui a esté bastie par Gamrou, fils du Gase, de cinquante coudées de long, sur la largeur de trente coudées. » Gamer fils d'Omar, fils de Chebibe le Crieur, en parle ainsi : « Gamrou, fils du Gase, parla à nous, et fist une rüe qui tournoit alentour de sa mosquée de tous costez, puis il y fist deux portes, vis à vis de la maison de Gamrou, fils du Gase, et deux portes du costé d'Orient, et deux portes du costé d'Occident, si bien que quand le monde sortoit de la petite rue de la Lampe, il trouvoit le coin oriental de la mosquée vis à vis du coin occidental de la maison de Gamrou, fils du Gase, et, cela, avant que l'on eust pris de la maison de Gamrou ce que l'on en prit depuis. La longueur de la mosquée, depuis le devant jusques au derrière, estoit pareille à la longueur de la maison de Gamrou. Le toict en étoit fort plat. En esté le monde s'asséoit de tous costez dans la place qui étoit à l'entrée. » Abusaliche en parle ainsi : « Le Lithe parlant un jour à moy, me dist : « Sçavez vous combien il y avoit d'espace entre la mosquée que Gamrou fist bastir, et entre sa maison ? « Non, » dis-je. «Nos anciens m'ont dit, repliqua-t-il, qu'il y avoit sept coudées, et cela avant que l'on eust pris de la maison de Gamrou ce que l'on en a pris depuis, et qu'on l'eust fait entrer dans la mosquée. » Cela veut dire que la porte orientale estoit vis à vis de la grande maison de Gamrou. Le fils de Lahigue nous a raconté, comme une chose qu'il avoit apprise du fils de Habire, qu'Abutemime le Chisanien luy avoit dit qu'il avoit ouy Gamrou, fils du Gase, parlant en ces termes : « Un des compagnons de l'apostre de Dieu m'a dit qu'il avoit ouy le Prophète parler ainsi : « Dieu tout puissant et tout bon vous recommande encore une prière outre les ordinaires ; faites la prière du soir jusques au point du jour. » Ce fut Abunasre le Gopharien qui le rapporta, et Abutemime en parle ainsi : « Comme nous estions assis, Abudar et moy, Abudar me prist par la main, et nous fusmes ensemble trouver Abunasre, que nous rencontrasmes à la porte qui est du costé de la maison de Gamrou, où Abudar luy parla ainsi : » O Abunasre, avez ouy l'apostre de Dieu, parler en ces termes : « Dieu vous a encore ordonné une prière, faites-là dans le temps qu'il y a entre le soir et le grand matin. » Il luy répéta cela trois fois, et il répondit toujours, ouy. Iachi, fils de Saliche, rapporte ce qui ensuit, comme le tenant de Gadras, qui le tenoit de son père, et luy de Gamer, fils d'Omar. « Muslemas, dit-il, fit faire dans la grande mosquée quatre chapelles aux quatre coins. Car il est le premier qui les a mises là, et elles n'y estoient point auparavant... Après luy, Gabdolguezize, fils de Meroüane, fils du Chacam, y fist travailler, suivant le rapport de Gamer, fils d'Omar, fils de Chebibe le Raguinien, qui dit que Gabdolguezize, fils de Meroüane, démolit la grande mosquée entièrement, et qu'il l'augmenta du costé d'Occident, en sorte qu'il ne laissa entre elle et entre la maison du Sable et la maison du fils de Gerou et les autres, qu'une petite rue qui est aujourd'huy la rue du Pavé, et fist entrer dedans la place qui estoit du costé du septemtrion. Mais du costé d'Orient il ne trouva point de lieu où il la peust estendre. Cela se fist en l'an 79. »

« Pour parler des augmentations qui se sont faites en la grande mosquée ancienne, après que Gamrou, fils du Gase, l'eut fait bastir, il faut remarquer que Gamrou fit faire cet ouvrage après son retour d'Alexandrie au lieu de sa tente, et qu'il avoit pris Masre au mois Mucharram de l'an 20 de la retraite du Prophète (de l'Hégire). Abusaguide le Chemirien, en parle aussi : « Après Gamrou, dit-il, Muslemas, fils de Muchalled, fist à cette mosquée quelques augmentations sous le règne de Mégavie, fils d'Abusophian, en l'an 35. Puis ensuite Gabdolguezize, fils de Meroüane, en l'an 77, et après luy Corras, fils de Serique, de la part du Valide fils de Gabdolmelic. Celuy-ci se mist à démolir ce que Gabdolguezize avoit fait bastir, et fit son bastiment en suite. Il donna la conduite de ces ouvrages à Iachi, fils de Chandelas, et pardessus luy à Gamer, fils de Levi. Il démolit la mosquée entièrement; de sorte que le peuple s'assembla au vendredy dans la *Quisariène des bons*, jusques à ce que son bastiment fut achevé. Il fit dresser la tribune neufve à haranguer dans la grande mosquée, l'an 94. L'on dit qu'il n'y en a pas aujourd'hui au monde une plus belle ny plus noble que celle là, après la tribune du prophète de Dieu. Après cela il y eut des augmentations faites par Saliche, fils de Gali, fils de Gabdolle, fils de Guebase, de la part du commandeur des fidelles, Abulguebase, qui ajousta au derrière de la mosquée quatre colomnes. Il y en eut aussi de faites par Gabdolle, fils de Tahar, fils du Chasan, commis du commandeur des fidelles. Gabdolle en dit cecy, comme l'ayant apris de son père : « Abutahar vint d'Alexandrie, et entra dans la Fustate (Fostat), qui est Masre, où il fit juge Guise, fils de Moncader, et adjousta à la mosquée une partie de la maison de Gamrou fils du Gase. Le fils de Remathe y adjousta la maison de Gabidolle, fils du Charethe, fils de Gerou, et la maison de Gabelan, affranchi d'Omar, fils du Chettabe, et la maison du Phadal. Le Phadal, fils du Tahar, en sortit ensuite un mardy, cinq jours avant la fin du mois Regebe, l'an 212. Après luy Abubecre Mahommet, fils de Gabidolle, fils du Charethe, fils de Masquine, l'augmenta du costé de la grande place, et prist pour cela la porte et la cour de la maison des Monnoyes, avec ce qui les joignoit jusques à la muraille occidentale de la mosquée, ce qui augmenta la grande place de telle sorte, que la mosquée fut quarrée. Il y adjousta aussi une colomne, qui est celle du costé du midy. Il commença à démolir et à bastir le jeudy, quatriesme jour du mois Regebe, l'an 357, et mourut avant que d'avoir achevé son dessein, mais son fils Gali, fils de Mahommet, eut sa charge après sa mort, et acheva les augmentations qu'il avoit commencées, si bien que le peuple y fist la prière après le mercredy vingt troisiesme jour du mois Ramadan, l'an 358. Le Phalal, fils du Guebase, m'a dit ce qui ensuit : « J'ay interrogé, dit-il, l'architecte, nommé Gali le Chemirien, qui est celui qui a eu la charge de ce bastiment, et il m'a dit que ce qui est entré de la maison des Monnoyes dans l'augmentation de la grande place, est de neuf coudées de long à la grande mesure. » Sophian, fils de Gobdolle dit, citant pour autheur Naphegue, fils d'Othman, qu'il ne se récitait point d'histoire dans la mosquée du temps de l'apostre de Dieu, ny du temps d'Abubecre, ny d'Omar, ny de Gali (Ali), et que cela ne commença à se pratiquer que sous le règne de Mégavie, fils d'Abusophian. »

« Nous ajousterons icy une copie de ce qui se trouve escrit sur les tables vertes dans l'ancienne grande mosquée de Masre. Celuy qui l'a escrit, est Abulcaseme Moyse, fils de Guise, fils de Moyse, fils de Muhadi l'Escrivain, (Dieu tout puissant lui fasse miséricorde!) *Au nom de Dieu clément et miséricordieux. Dieu a tesmoigné qu'il n'est point d'autre Dieu que luy.* Jusques à ce qu'il dit, *dans la justice. Il n'est point d'autre Dieu que le vray Dieu seul et sans compagnon; il donne la vie et la mort, et il peut toutes choses. C'est luy qui a envoyé son Apostre avec la bonne conduite et la vraye religion;* (et le reste du verset.) *Le messie ne dédaignera point;* (et le reste du verset.) *Grand Dieu, donnez vostre bénédiction à Mahomet vostre serviteur, et vostre prophète, donnez luy la paix. Faites le la plus honorée de vos créatures devant vous, et la plus chérie de vous, et la plus puissante en faveur auprès de vous, et la plus proche de vous en dignité. Grand Dieu exaucez les prières que Mahomet vous fait pour sa nation, et faites descendre les siens en sa piscine sans confusion et sans affliction. Gabdole le Valide, commandeur des fidelles, a fait accroistre et augmenter cette mosquée. Grand Dieu, donnez vostre bénédiction au commandeur des fidelles; vous et vos anges amplifiez sa récompense, et le faites un de vos plus grands serviteurs en bonheur; faites le un des compagnons de Mahomet dans le Paradis; aidez luy à bien gouverner ce que vous avez mis sous son obéyssance de vos serviteurs et de vos provinces, en le faisant vostre lieutenant; faites jouyr ses sujets du bonheur de sa bonne conduite en seureté et en asseurance.* Celuy qui a eu le soin du bastiment a esté Corras, fils de Serique, et le temps qu'il a esté achevé, est le mois Ramadan de l'an quatre-vingt-douze de la Retraite bénite. « J'ay ouy Abugamrou parler en ces termes « Le premier qui fit les jubez voutez fut Omar, fils de Gabdolguezize (Dieu luy fasse paix et miséricorde), l'an 100; et les mosquées furent faites en cette manière après luy, ayant esté auparavant seulement sans voûte. Le premier des prélats qui fit prononcer la bénédiction et glorification du nom de Dieu par les crieurs après luy, fut le prélat de Chasine, dont le fils est aujourd'hui connu sous le nom du fils de Gali le Prélat; avant cela il n'y avoit que les prélats qui prononçoient cette bénédiction au peuple. Je l'ay oüy parler en ces termes. « Ces colomnes de bois qui sont dans la cour, furent posées en la mesme année que fut fait le canal. Les voiles avant cela estoient au milieu des lambris de la grande mosquée. » L'on raconte que sous l'empire du Mamune, il y avoit des coffres, dans la grande mosquée, où l'on mettoit ce qui restoit des portions des pauvres et indigents, de ce que recueilloient ceux qui passoient chemin, et de toutes les autres cueillettes qui se faisoient. L'on ouvroit ces coffres au vendredy, et l'on appelloit à haute voix ceux qui voudroient prendre ces aumosnes. Mais il ne se trouvoit que rarement personne qui en voulust. Puis l'on appelloit celuy qui les avoit recueillies, et il respondoit en ces termes : « L'aumosne est entrée dans les coffres ; elle ne reviendra jamais à moy; je la laisse à Dieu tout puissant et tout bon. » Le nilomètre fut basty des restes de ces aumosnes, ne se trouvant personne qui les voulust prendre du temps du Mamune. Un des grands d'Égypte m'a raconté, que l'on mettait autrefois dans la rüe des Lampes à Masre, le jour de la feste d'après le grand jeusné du mois Ramadan, des marmites pleines de viande et des cophins pleins de pain, et que l'on appelloit à haute voix ceux qui en auroient besoin, comme l'on appelle à l'eau sur le chemin, et qu'il arrivoit quelquefois que la plus grande partie en demeuroit toute la nuit sur la place, sans que personne en vint prendre. On portoit le reste aux prisonniers, et ils respondoient: « Nous avons suffisamment de quoy vivre, graces à Dieu, nous vous remercions. » Le pays d'Égypte estoit alors le plus abondant qui fust au monde, le plus peuplé, le mieux cultivé, et où il y avoit le plus de commodités pour y vivre et pour y faire sa demeure. Le Masiche rapporte dans ses Annales, et d'autres que luy le disent aussi, que les Égyptiens, quand ils voyoient le cours du Nil pleinement enflé, faisoient des aumosnes, délivroient des esclaves, revestoient les orphelins, assistoient les veufves et ceux qui estoient dénués de secours, pour remercier Dieu de la grace qu'il leur faisoit de donner au Nil son cours plein et entier. »

La description que nous allons donner de la mosquée d'Amrou la représente telle que nous l'avons vue lorsque nous visitions le vieux Caire.

Cette mosquée forme une vaste cour avec des galeries de quatre côtés, appuyés sur un nombre immense de colonnes inégales, noires, vertes, grisâtres, les unes de porphyre, les autres de granit, dont la plupart ont appartenu à des temples de la vieille Égypte. Le plan général de l'édifice nous a frappé par sa ressemblance avec celui de la belle mosquée de Cordoue, qui fut élevée de l'an 787 à l'an 808 de l'ère chrétienne, par Abdérame, et dont nous avons donné la description dans notre *Voyage en Espagne*. L'ensemble de la mosquée d'Amrou est d'une grandeur imposante et en même temps d'une simplicité remarquable. On n'y voit aucun indice apparent de cette richesse d'ornements de peinture et de dorure que lui attribuent les auteurs arabes. Le sanctuaire a six rangs de colonnes ou nefs où l'on remarque la niche, la chaire, la tribune et les pupitres sur lesquels sont placés les exemplaires du Coran. Les portiques latéraux sont moins larges que les autres. Celui du midi n'a que deux rangées de nefs, mais celui du nord en a trois, vraisemblablement parce qu'il est exposé du côté du soleil. Ces portiques sont destinés actuellement à servir d'asile aux pauvres, aux voyageurs ou aux musulmans qui s'y retirent pour quelques jours afin de se livrer avec plus de recueillement à la prière. Au milieu de la cour carrée, qui a deux cent quarante pieds de côté, se trouve la fontaine pour les ablutions. En avant de l'enceinte destinée à la prière, est une autre cour ayant des deux côtés des bâtiments affectés à quelques usages particuliers; l'un, à droite, renferme des bains, un abreuvoir et un manège pour recevoir l'eau nécessaire à cet établissement; l'autre, à gauche, est un okel où logent les voyageurs. Il y a là des cours, des portiques, des chambres et des écuries.

Les colonnes qui forment les portiques sont toutes d'un seul morceau, et, comme nous l'avons dit, de grandeur inégale et de marbres différents. Les chapiteaux, les bases, les piédestaux y ont été ajustés comme au hasard, afin de leur donner une hauteur régulière de quinze pieds. Sur chaque chapiteau sont des dés composés de trois assises en pierre, dans lesquelles sont scellés des tirants en bois, horizontalement placés, qui tiennent l'écartement des voussures en arcades, à double courbure. Ces arcades sont en pierres très-bien appareillées, quelques-unes en briques; elles portent un mur en moellons recouvert d'un enduit de stuc, sur lequel posent les solives du plancher qui forme en même temps la terrasse des portiques.

Parmi les colonnes de la mosquée, il en est une qui, selon la tradition, vint d'elle-même de la Mecque, à travers les airs, se placer là pour soutenir l'édifice. Cette colonne, assure-t-on, est inébranlable ; Dieu seul pourrait l'abattre et alors la mosquée s'écroulerait.

Nous ne connaissons en Orient aucun monument aussi ancien où l'ogive se trouve employée ; mais comme cette mosquée a été restaurée en divers temps, ainsi que nous l'avons dit, il serait difficile de donner une date précise à cette forme ogivale.

A l'exception des quinze cents lampes suspendues entre les colonnes, des pupitres où sont placés les exemplaires du coran, de la tribune du muezzin et de la chaire, on ne trouve dans l'intérieur de la mosquée d'Amrou, aucun objet qui offre de l'intérêt pour l'étude de l'art chez les Arabes. Les minarets, dont la construction est postérieure à celle du reste de l'édifice, sont d'une élégance remarquable.

De nos jours cette belle mosquée est presque abandonnée, et plusieurs parties tombent en ruines faute d'entretien. Les deux corps de bâtiments de la première cour sont totalement détruits.

Lorsque la crue du Nil est tardive et qu'une disette est à craindre pour l'année suivante, le vice-roi d'Égypte invite les ulémas, les cheiks, et même les rabbins, les prêtres cophtes, grecs et catholiques, à se rendre à la mosquée d'Amrou avec leurs co-religionnaires. Les musulmans placés dans l'intérieur du temple et les rayas en dehors de son enceinte, réunissent leurs prières pour implorer une crue abondante et conjurer les malheurs qui menacent le pays.

On remarque encore au Vieux-Caire le couvent de Saint-Georges, celui de la Propagande, et surtout le monastère appelé *Deïr-el-Nassar*, dont l'église, desservie par les Cophtes, est dédiée à saint Sergius. C'est une pauvre chapelle, décorée extérieurement dans le goût turc et ornée à l'intérieur de peintures grecques et de quelques sculptures sur bois, où se retrouve le poisson, qui, dans l'opinion de quelques archéologues, est le symbole anagrammatique de Jésus-Christ. Des lampes de différentes grandeurs, les unes en bois, les autres en verre, sont suspendues à la voûte avec des cordes. Des cloisons d'un genre bizarre séparent le grand autel des autres qui l'avoisinent. Au-dessous de l'église s'étendent des cryptes bien conservées, et évidemment fort anciennes, où la sainte famille se réfugia, suivant la tradition, pendant la fuite en Égypte. Autour de l'église s'élève une enceinte, assez vaste, dont les murs sont hauts de plus de soixante pieds; quelques voyageurs ont supposé que ce pouvait être une des forteresses de la Babylone d'Égypte. A peu de distance de cette église, en tournant vers le Sud, on rencontre une belle porte construite en pierres de taille, et de chaque côté de laquelle on voit encore les moulures de deux fenêtres carrées actuellement masquées. Ces moulures sont profilées avec beaucoup d'art, et l'ensemble de ce monument d'architecture se distingue par une élégante simplicité.

Plusieurs beys possédaient autrefois au Vieux-Caire de petites maisons charmantes, où ils allaient ensevelir leur nonchalance et leurs loisirs. C'étaient des lieux de plaisance délicieux, réservés à la sensualité des maîtres. Aujourd'hui, ces villas n'existent plus; des ruines les ont remplacées. Les seuls *inghénéné* ou jardins qui s'y trouvent encore, appartiennent à des Cophtes et à des Grecs.

Au nord du Vieux-Caire, entre cette ville et la ville moderne, on rencontre un très-bel aqueduc qui servait autrefois aux besoins de l'ancienne capitale et à l'arrosement de ses magnifiques jardins. Il alimentait aussi la citadelle. Sa direction s'étend de l'ouest à l'est, dans une longueur d'environ mille soixante toises. Il entrait dans le Caire par la porte de Karafeh et arrivait près de la cour du Pacha. Son architecture est d'un caractère rustique. On y compte deux cent quatre-vingt neuf arches, et trois cent vingt selon quelques voyageurs. Ces arches ont depuis dix jusqu'à quinze pieds d'ouverture; celles du côté du fleuve sont plus basses à cause du terrain qui est plus élevé. Cet ouvrage, dirigé par un architecte chrétien, date de la fin du neuvième siècle de notre ère. On l'attribue à Touloun, qui dépensa pour le construire plus de cinquante mille dynars. Le bâtiment de la prise d'eau est situé sur la route qui borde le petit bras du Nil, à l'est de l'île de Roudah. C'est une tour très-élevée, de forme octogone, au haut de laquelle on faisait arriver l'eau au moyen d'un chapelet à pots que des buffles mettaient en mouvement. Cette machine n'existe plus depuis longtemps. A la base de la tour on remarque plusieurs inscriptions dont une est en caractères koufiques. Lors de l'occupation de l'Égyte par les Français, une batterie fut dressée par eux à la partie supérieure de cette tour. Ils construisirent aussi une espèce de tambour sur le prolongement de l'ancien chemin, en sorte qu'on est obligé aujourd'hui de passer sous la première arcade. Afin de pouvoir observer les Arabes qui, abrités par les monticules voisins, s'approchaient fréquemment, on avait établi un poste sur le haut de la tour. Le chemin qu'on trouve en sortant par la dernière arcade, vers la partie orientale, conduit directement au Caire en longeant en grande partie le canal, qui en est séparé par un tertre.

L'île de *Roudah* (dont le nom signifie jardin), située en face du Caire, est une délicieuse oasis couverte d'ombrages et semée de ruines monumentales. Elle est jointe au vieux Caire par un pont de bateaux établi vis-à-vis d'un des bastions de l'ouvrage à cornes d'Ibrahim-Bey. Cette branche du Nil se trouve pendant une grande partie de l'année à sec. Deux belles routes ont été tracées dans l'île par les Français, lors de l'expédition d'Égypte; ils y ont aussi construit un moulin à vent à six ailes, situé à la pointe septentrionale de l'île. Vers l'autre extrémité se trouve le célèbre nilomètre ou *Mékyas*, que la politique des souverains de l'Égypte entourait jadis d'une mystérieuse obscurité. Sa destination était de mesurer officiellement la hauteur de la crue du Nil. Du temps des Pharaons, l'Égypte comptait déjà plusieurs monuments semblables; mais le Mékias de Roudah n'appartient point à une époque reculée : tout dans cet édifice accuse plutôt une fondation arabe et moderne. C'est une simple colonne octogone en marbre blanc, élevée au milieu d'un bassin carré dont le fond se trouve de niveau avec le lit du Nil. Elle est divisée en coudées qui diffèrent de la coudée habituelle; à son tour la coudée est divisée en doigts. Au sommet du Mékias figure un chapiteau corinthien, et une galerie règne autour du bassin circulaire. Lorsque l'inondation commence et que les eaux se font jour dans le bassin, le cheik du Mékias vient chaque matin examiner à quel degré elles s'élèvent, et des crieurs publics annoncent dans les rues la crue du fleuve. Cette proclamation officielle n'est toutefois ni exacte ni véridique; entre la crue proclamée et la crue observée, il existe toujours des différences en plus ou en moins, modifiées suivant le besoin des gouvernants. Quand le fleuve est parvenu à son maximum, c'est pour les habitants un jour de fête : on coupe une digue qui ferme le khalig ou canal du Prince des Fidèles, et le Nil s'y frayant un passage, parcourt et couvre une portion des quartiers du Caire. Ce khalig est le même qui liait autrefois le Nil à la mer Rouge. Mais, comblé de sable en grande partie, il n'a plus aujourd'hui que quatre lieues de longueur, et, après avoir traversé la ville, il va se perdre dans le lac des Pèlerins (*Birket-el-hadj*).

Un petit bourg est joint au nilomètre de l'île de Roudah; on y remarque une belle place carrée, au sud de laquelle on voit un ancien temple de Sérapis et une mosquée en ruines, qui passe pour avoir été bâtie peu de temps après la conquête de l'Égypte par les Musulmans. Cette mosquée est maintenant si délabrée qu'on n'en devine presque plus la forme. Un minaret et le pavillon de la niche où l'on faisait les prières, sont les seules parties assez bien conservées pour qu'on puisse juger de l'architecture du monument. Tout le reste n'offre que des pans de murs et des décombres; derrière la mosquée est une immense et célèbre allée de sycomores, dont l'étendue va depuis le Mékias ou nilomètre jusqu'au milieu de l'île. Elle a trois mille six cents pieds de longueur, sur un seul rang d'arbres fort mal alignés. L'espace couvert par l'ombrage de ces arbres a plus de cent pieds de largeur, ce qui forme une avenue magnifique et impénétrable aux rayons du soleil. Quelques-uns de ces beaux sycomores n'ont pas moins de cent trente pieds d'élévation et huit à dix pieds de diamètre. C'était autrefois une des promenades les plus délicieuses des environs du Caire. Quand nous avons visité l'Égypte, cette avenue était comprise en partie dans les jardins qu'Ibrahim-Pacha faisait exécuter à l'imitation de nos parcs européens. Un phénomène curieux que présentent plusieurs de ces arbres, c'est la réunion de quelques-unes de leurs branches, qui se sont greffées naturellement par le frottement.

Le faubourg de Boulak, vers le nord du Caire, sur les bords du Nil, n'est séparé de la capitale que par une plaine de peu d'étendue. On y trouve un établissement d'imprimerie très-important; un bel hôtel des douanes; des bains magnifiques; un vaste bazar construit par Ali-Bey; et un grand nombre d'okels ou magasins, dans lesquels se déposent les denrées venues de la Basse-Égypte. Rien de plus animé, de plus actif que l'intérieur de ces magasins et les berges des quais où s'accumulent les marchandises. Le mouvement alternatif des hommes de peine, l'affluence des marchands et des courtiers, le passage des barques, tout contribue à donner au port de Boulak une physionomie plus vivante que celle du Caire. Parmi les okels, celui des Francs est surtout le centre d'une activité merveilleuse. Ce faubourg doit à ses édifices et à ses jardins un aspect riant et pittoresque. Avant 1799, Boulak possédait de beaux monuments religieux, dont les plus remarquables ont été la proie des flammes, pendant le siège du Caire par les Français. La mosquée qui subsiste encore peut donner une idée de l'élégance et de la majesté de celles qui ont péri. Le style brillant de l'architecture arabe s'y développe dans toute sa richesse. Ses nombreuses coupoles ondulant à la base de la rotonde comme un feston de broderie, ses galeries découpées en arcades légères, son dôme gigantesque qui s'élève du milieu de l'enceinte, son minaret délié, lancé dans les airs comme une flèche, seraient dignes sans contredit d'embellir la capitale de l'Égypte. La population de Boulak est évaluée à vingt mille âmes; une grande partie de ses habitants vivent du produit des dattes qu'ils cultivent.

Au sud-ouest de la moderne capitale de l'Égypte, en avançant vers le désert, du côté opposé aux pyramides, on rencontre une cité monumentale, cité muette et solitaire, ville des morts, vaste nécropole où vous ne voyez que le marbre et la pierre qui vous font oublier la cité des vivants. De nombreux tombeaux, des édifices élevés sur des colonnes couronnées de dômes, des minarets de marbre blanc, des palanquins soutenus dans les airs et embellis de riches sculptures, où se mêlent des peintures gracieuses et l'éclat de l'or, présentent à l'imagination une de ces villes féeriques, une de ces fictions orientales qui vous font douter de la réalité.

Rien de plus beau à la fois et de plus triste que le spectacle de cet immense cimetière. Il y a là des rues et des places publiques, des édifices et des mosquées, ainsi que dans la cité qui bourdonne à côté; mais pas une voix ne s'y fait entendre, personne, pas même un arbre, pour couper la monotonie de la pierre. Silencieuse et immobile, la ville des tombeaux est bien morte comme les cendres qu'elle recèle. Un seul jour de la semaine elle a sa population vivante, sa foule qui circule dans les rues et vient prier dans les mosquées. Tous les vendredis, les familles du Caire ne manquent pas de la visiter. C'est surtout le rendez-vous des femmes, qui s'y ménagent quelquefois des rencontres galantes.

On y arrive par la porte voisine de la citadelle, après avoir traversé un terrain couvert de décombres et rempli d'excavations. L'espace que la ville des tombeaux occupe est resserré, d'un côté par une suite de monticules grisâtres formés des déblayements du Caire, et de l'autre par la chaîne jaunâtre et aride du mont Mokattam. Son étendue est presque égale à celle du vieux Caire. On n'y trouve aucun reste d'antiquité, mais des monuments appartenant à toutes les époques des temps barbares et des temps modernes. Cependant, bien que ces monuments aient été produits dans l'âge de décadence du style arabe, on ne voit point là cette dégénérescence qu'on remarque ailleurs dans les autres édifices. En général, l'architecture des siècles antérieurs à l'occupation ottomane s'est conservée pure dans les minarets et les tombeaux.

Plusieurs des monuments funèbres de la cité des morts se distinguent entre tous les autres. Les plus considérables sont ceux des beys mamelouks et des califes, construits en marbre avec des ornements peints et dorés. Quoique leur architecture soit d'un goût plus agréable que régulier, elle offre néanmoins dans les masses une grâce et une magnificence très-remarquables. Autrefois des legs pieux étaient affectés à l'entretien de ces édifices; depuis que le gouvernement s'en est emparé, ils tombent en ruines. Les minarets aux formes si variées se détruisent, les dômes élégants s'écroulent; la mosquée du sultan Barkouk et celle du sultan Bibars sont peut-être les seules intactes. Toutes les autres constructions élevées dans le voisinage paraissent à moitié ruinées.

Les tombeaux des califes datent du dixième siècle. Ils sont situés hors des murs du Caire, à l'est de la ville. Les mosquées qui les renferment ont des proportions gigantesques. Ruinées aujourd'hui, elles montrent encore toute l'élégance et l'originalité de l'architecture arabe. Légères dans leurs masses, riches de détails, il y règne un goût exquis. La mieux conservée est celle du sultan Amyr; elle se distingue par la grâce de sa coupole et par la belle flèche de son minaret. Les ogives des portes et des voûtes sont aussi d'une forme très-élégante.

Ces monuments funèbres offrent un ensemble qui

n'a jamais été égalé par aucun édifice de ce genre. Les peintures, l'or qui les décoraient, disparaissent chaque jour. Bientôt le chiffre de Mahomet et celui des califes n'existeront plus. Ces somptueux sépulcres de jaspe qui contiennent leurs cendres sont abandonnés. Personne ne vient plus prier au milieu de leurs vastes ruines; on les oublie avec le souvenir de ces princes galants et magnifiques qui remplirent le monde de leur célébrité.

Dans les vallées désertes et arides du mont Mokattam, et au pied de la citadelle du Caire, est un cimetière, mais moins vaste, moins splendide que la grande ville des tombeaux qu'on trouve plus au sud. Les monuments qui gisent dans cette solitude sont en briques, en pierres ou en marbre. On n'y voit guère que de simples tables horizontales de quelques pieds de hauteur, où l'on a pratiqué une ouverture cintrée pour y introduire les corps, que l'on dépose sur une terre douce et tamisée. Au-dessus de ces tombes s'élève une pierre tumulaire, surmontée du turban. En face de cette pierre en est une autre, portant le nom, les titres, et quelquefois le panégyrique du mort.

Ces villes des tombeaux, ainsi que les appellent les Arabes, occupent une surface égale à celle du quart de la grande cité qu'elles entourent à l'orient et au sud. Sur d'autres points un peu plus éloignés, les environs du Caire ont un aspect beaucoup moins sévère, surtout vers le nord, dans la partie voisine du Nil. Sur la rive qui fait face à l'île de Roudah s'étendent des vergers, des bois où croissent pêle-mêle des arbres de haute et de petite futaie coupés par quelques ruisseaux, semés de berceaux et de kiosques, et projetant avec vigueur une végétation puissante. Le vent du désert, si brûlant au dehors, arrive frais et pur dans ces retraites favorisées. Là, on se sent vivre, on se laisse aller à une existence molle et paresseuse. C'est dans une retraite de ce genre, à *Choubra*, délicieuse maison de plaisance, que Méhémet-Ali passait une partie de la saison des chaleurs. Rien n'était plus élégant que les constructions modernes exécutées dans cette villa égyptienne. Nous y avons vu un kiosque d'environ trois cents pieds de circonférence, orné, au centre, d'une magnifique fontaine en marbre de Carrare. Les harems, résidences charmantes, sont bâtis au milieu des jardins. Dans le voisinage de Choubra se trouvaient l'hôpital et l'école de médecine d'Abouzabel. Ces établissements, dirigés avec succès par un savant médecin français, M. Clot-Bey, ont été transférés, il y a quelques années, à Kasr-el-Aïn, ancien collége situé entre le Vieux Caire et Boulak.

LES PYRAMIDES. — MEMPHIS. — LE SÉRAPÉUM.

C'est à la hauteur de Giseh, au delà du Nil, que se trouvent les grandes pyramides qui font depuis tant de siècles l'admiration du monde. L'impression que produit leur aspect gigantesque est encore augmentée par la transition brusque où l'on passe en venant du Caire. Après avoir traversé le Nil au vieux Caire près de l'île de Roudah, et marché pendant deux heures à travers des prairies verdoyantes et des jardins pleins de fraîcheur, tout à coup, à un quart de lieue des pyramides, la végétation cesse et les sables commencent avec le silence et l'isolement.

Quand on a vu ces monuments, il est impossible de ne pas en conserver une idée grandiose. Dix lieues avant d'y arriver on les découvre, et quand on en approche, ils semblent fuir devant le regard. Cependant le véritable sentiment de leurs proportions ne se manifeste que lorsqu'on est près de leur base. Alors seulement on peut juger de la grandeur de ces prodigieux monuments. La rapidité de leurs pentes, le développement de leur surface, la mémoire des temps qu'elles rappellent, le calcul du travail qu'elles ont coûté, l'idée que le déplacement des énormes matériaux qui ont servi à leur construction a été l'ouvrage de l'homme, tout saisit l'âme à la fois d'étonnement, d'humiliation et de respect, tout contribue à confondre les prétentions du monde moderne, qui n'a rien créé d'égal, pour la grandeur, la force et la durée, à ces merveilles du monde antique.

Les pyramides de Giseh sont assises sur un plateau de roche calcaire, élevé de cent trente pieds au-dessus du niveau du Nil. Trois d'entre elles sont particulièrement importantes. Elles sont sur une ligne diagonale, distantes les unes des autres d'environ cinq cents pas, leurs quatre faces répondant aux quatre points cardinaux. Deux, celles de Chéops et de Chéphren, sont surtout remarquables par leur masse et par leur élévation prodigieuse. La grande pyramide, qui porte le nom de Chéops, est la plus septentrionale. Les abords en sont obstrués par des monticules de sable et de décombres qui servent de chemin pour parvenir à l'entrée située à quarante pieds de la base. Cette entrée regarde le nord, et se trouve au niveau de la quinzième assise.

Pour pénétrer dans l'intérieur du monument, il faut, armé de flambeaux et de torches, se laisser glisser par une galerie étroite et rapide qui semble précipiter les visiteurs dans les entrailles de la terre; puis, remontant par une rampe raide et ascendante, on arrive, non sans peine, sur un palier horizontal. Ces canaux souterrains sont en pierres calcaires, parfaitement unies et appareillées. Comme tous n'ont que trois pieds et demi de hauteur, on n'y peut marcher que courbé, ce qui rend cette visite très-fatigante. A l'entrée de la galerie horizontale se trouve un puits de deux cents pieds de profondeur sur deux pieds de diamètre et entièrement taillé dans le roc. Plus loin et sur le même plan, un corridor toujours étroit et bas conduit à la chambre dite *de la Reine*. Cette pièce, dont les murs sont en pierres calcaires, est totalement dégarnie, sans ornements, sans inscriptions ni corniches. Elle a dix-huit pieds de long sur seize de large et dix-neuf de hauteur. En dehors de cette chambre et au bout du palier horizontal, continue la rampe ascendante, cette fois plus haute et plus spacieuse, mais aussi plus rapide et plus pénible à gravir. Ses deux côtés sont garnis de banquettes en pierres parsemées de trous. Cette rampe mène à un deuxième palier, et là tout annonce que l'on va voir la pièce mystérieuse et sacramentelle du monument. Une clôture compliquée dans sa construction, et qui porte les traces d'une ouverture violente, mène dans la chambre dite *du Roi*. Cette chambre est un parallélogramme de trente-deux pieds de long sur seize pieds de large et dix-huit de hauteur. Elle est construite en larges blocs de granit d'un poli admirable. Sept pierres énormes traversant d'un mur à l'autre en forment le plafond. Un sarcophage en beau granit s'y fait remarquer, placé du nord au sud : vide et sans ornements, on voit qu'il a été violé par la main des hommes et que son couvercle a été arraché.

Voilà tout ce que l'on trouve dans cet immense monument : deux petits sanctuaires comme engloutis dans cette masse de pierres. Pour jouir de ce spectacle, le visiteur est obligé d'aspirer durant une heure entière un air rare et méphitique, de se débattre contre des nuées de chauves-souris, qui, se jetant sur les flambeaux, étourdissent les curieux par le bruit de leurs pattes ailées, et les suffoquent par leurs exhalaisons fétides.

Quoique la grande pyramide ait été mesurée bien des fois dans l'antiquité et dans les temps modernes, on n'a eu longtemps que des renseignements incertains sur ses proportions : Hérodote lui attribuait 800 pieds de haut sur autant de côté; Strabon lui en donnait 625 sur 600; Diodore de Sicile, 600 sur 700; Pline ne s'éloigne de la mesure de ce dernier que de 8 pieds sur la largeur du côté. Les modernes ne diffèrent pas moins entre eux : selon Le Bruyn, la grande pyramide de Chéops aurait 616 pieds d'élévation sur 704 de face; Prosper Albin veut qu'elle ait 625 pieds de haut et 750 de côté; Thévenot ne lui en donne que 520 sur 682 de face; Niebuhr, 440 sur 710; Graves, 444 sur 648, et Grobert, 448 pieds 2 pouces sur 728.

Cependant, malgré la difficulté d'obtenir une mesure juste de cette masse, des calculs exacts et récents en ont déterminé la hauteur et la largeur véritables.

D'après ces calculs, la plus grande pyramide compte sept cent seize pieds et demi d'un angle à l'autre de sa base, et quatre cent vingt-huit pieds de hauteur verticale. Cette hauteur a dû être autrefois de quatre cent quarante-neuf pieds; mais la dégradation des assises a tronqué son aiguille supérieure. On compte deux cent trois assises ou gradins de la base au sommet.

Tout porte à croire, d'après l'état des pyramides avoisinantes, et d'après le témoignage des anciens, qu'il existait autrefois, sur la pyramide de Chéops, un revêtement extérieur en pierres granitiques, et même en marbre. « La grande pyramide fut revêtue de pierres polies, dont la moindre avait trente pieds de long, dit Hérodote. » Selon Diodore de Sicile, on avait fait venir ces marbres des carrières d'Arabie. Mais il est probable que, dans des siècles postérieurs, ces blocs auront été enlevés pour servir à la construction d'autres édifices.

La seconde pyramide, en allant à gauche, est celle de Chafra ou Chéphren. Elle a six cent cinquante-cinq pieds de base et trois cent quatre-vingt dix-huit pieds de hauteur. Son sommet est revêtu, des quatre côtés, de granit si bien joint et si poli qu'il forme un glacis inaccessible. Ce second monument, intact à sa pointe, et situé sur un plateau supérieur, paraît plus haut que le premier, quoiqu'il soit en réalité moins élevé. L'ouverture de cette pyramide a été découverte en 1818 par Belzoni. L'intérieur offre des couloirs moins longs que ceux de la grande pyramide, mais plus dégradés, aboutissant à une chambre où Belzoni dit avoir trouvé des ossements de bœuf, mais qui est aujourd'hui absolument vide.

La troisième pyramide, celle de Mycérinus, a deux cent quatre-vingts pieds de base et cent soixante-deux pieds d'élévation. C'est la plus dégradée des trois. Les blocs qui formaient jadis son revêtement gisent autour d'elle. A l'intérieur, une salle où l'on a trouvé le sarcophage du roi Menkari (Mycérinus) est effondrée en plusieurs endroits, et communique par deux couloirs à une chambre carrée, autour de laquelle sont creusés deux caveaux au fond et quatre sur le côté droit.

Malgré tous les documents que nous ont légués les anciens, et les minutieuses recherches des savants attachés à l'expédition française, l'origine de ces monuments est restée longtemps problématique. Hérodote nous apprend que Chéops, roi d'Égypte, fit élever la plus grande; que cent mille Égyptiens relevés tous les trois mois y travaillèrent pendant dix ans, et que, sur l'une de ses faces, on marqua la quantité de raves, d'ognons et d'ail consommée par les ouvriers. Le même auteur attribue à Chephren et Mycérinus, successeurs de Chéops, la fondation de la seconde et de la troisième pyramides. Il ajoute qu'à côté de ces trois pyramides, une autre plus petite fut érigée par la fille de Chéops, qui avait exigé que chacun de ceux avec qui elle avait eu commerce lui fît don d'une pierre pour contribuer à élever cet ouvrage.

Une autre légende, qui se rapporte à la pyramide de Mycérinus, nous dit que la belle Rhodope, étant arrivée à Naucratis, un aigle enleva une de ses sandales et la laissa tomber dans les plaines de Memphis. Le pharaon qui régnait alors, à la vue des formes élégantes de cette chaussure, s'éprit d'amour pour celle à qui elle avait appartenu. Par son ordre, on se mit à la recherche de Rhodope : il la vit et l'épousa. La belle Grecque, par reconnaissance, fit élever ce monument, au lieu même où sa sandale avait été trouvée. Suivant quelques écrivains modernes, les Arabes appellent encore la pyramide de Mycérinus *le monument de la Fille*.

« Ni les historiens, ni les Égyptiens eux-mêmes, » remarque Diodore de Sicile, ne sont d'accord sur » l'origine des pyramides. » D'après Diodore, ce serait le roi d'Égypte Chemmis qui aurait édifié la plus grande. Quant aux deux autres, il en attribue aussi la fondation à Chephren et à Mycérinus. D'accord avec Hérodote sur plusieurs points, il indique plus formellement que lui la destination de ces monuments. « Ces » deux rois les ont fait construire pour leur sépulture. » Strabon partage son avis. « A quarante stades de Mem- » phis, dit-il, sont un grand nombre de pyramides, » sépultures des rois. » Pline se trouve d'accord avec ces diverses autorités sur la prodigieuse quantité d'ouvriers qui travaillèrent à ces *montagnes de main d'hommes.*

Aujourd'hui, les progrès de l'archéologie égyptienne ne laissent plus de doute sur les noms des fondateurs des pyramides de Gizeh. Le pharaon qui a bâti la plus grande est *Choufou,* dont le nom se lit ainsi sur plusieurs cartouches à l'intérieur du monument. C'est le roi qu'Hérodote nomme Chéops. En divers endroits de la seconde pyramide, on a lu le nom de *Chafra,* que l'historien grec appelle Chephren. Quant à la troisième pyramide, le sarcophage trouvé dans la salle extérieure et conservé au *British Museum,* est celui du roi *Menkari,* le Mycérinus d'Hérodote. Comme on ne retrouve dans l'inscription de ce monument ni le style ni les formules archaïques, quelques savants pensent qu'un roi bien postérieur aura fait exécuter ce tombeau en l'honneur de Mycérinus. Cette pyramide elle-même, dont l'érection primitive appartient certainement à ce dernier pharaon, paraît avoir été refaite sous un de ses successeurs, en sorte que rien ne s'oppose à ce que le cercueil qu'on y a découvert soit d'une époque comparativement récente.

Mais si la science moderne confirme (sauf une altération de forme qui s'explique parfaitement) le témoignage d'Hérodote sur les noms des fondateurs des pyramides, elle recule de bien des siècles la date de l'érection de ces monuments. D'après Hérodote et les fragments de Manéthon, peut-être mal interprétés, on avait généralement pensé que les règnes de Chéops et de ses successeurs étaient postérieurs à celui de Sésostris ou Rhamsès le Grand, et c'est l'opinion que nous avons rapportée dans notre précis historique (voyez, ci-dessus, p. 54); aujourd'hui que la chronologie confuse des anciens pharaons a été en partie débrouillée par les travaux des successeurs de Champollion, on croit avoir trouvé la preuve que Choufou (Chéops) et les deux rois qui régnèrent immédiatement après lui appartiennent à la quatrième dynastie, ce qui, suivant les calculs de quelques égyptologues, ferait remonter la fondation des pyramides de Gizeh à plus de quatre mille ans avant notre ère.

Quant à la destination de ces merveilleux monuments, la tradition la plus probable et la plus rationnelle est celle qui voit dans les pyramides des tombeaux grandioses élevés à la mémoire des rois qui les ont bâties. Si l'on considère la forme intérieure de ces édifices, leurs galeries basses et mystérieuses, leurs clôtures en pierres granitiques, leurs caveaux étroits, propres tout au plus à loger un mort; si l'on compare leur construction à celle des monuments funèbres qui les avoisinent, leur situation dans une lande stérile, près de la plaine des Momies, nécropole de Memphis, on est amené à adopter l'explication de Strabon, d'Hérodote et de Diodore de Sicile. L'imagination pourrait, à la rigueur, se refuser à croire qu'un homme ait eu assez de pouvoir sur tout un peuple pour le forcer pendant vingt ans de sa vie à entasser pierre sur pierre, afin de lui bâtir un tombeau; mais il ne faut jamais, en fait de mœurs et d'usages, juger par analogie. Tous les abus, toutes les tyrannies ont été possibles dans un temps et dans un pays où la royauté constituait une espèce de sacerdoce. Toutefois, des savants ont essayé de donner aux pyramides une autre destination. D'après eux, ces monuments ont été à la fois votifs et scientifiques. Les uns y ont vu une érection destinée à perpétuer le système géométrique des Égyptiens, les autres des observatoires d'astronomie.

A l'appui de ces diverses opinions, des faits ont été

cités, des remarques minutieuses ont été recueillies ; mais rien de positif, rien d'incontestable n'est ressorti de la lutte de ces différents systèmes. Aussi, tant qu'une certitude contraire ne sera point acquise, il sera plus naturel de croire avec tout le monde que Chéops et ses successeurs élevèrent ces pyramides pour leur servir de sépultures.

Plusieurs auteurs arabes s'accordent avec les auteurs grecs pour leur assigner la même destination ; voici, entre autres, un fragment curieux emprunté au géographe arabe El-Bakoui, écrivain du xve siècle. — « Une des choses les plus merveilleuses et les plus remarquables de l'Égypte, dit-il, ce sont les deux grandes pyramides. L'une et l'autre sont bâties de grandes pierres carrées, et leur hauteur est de trois cent dix-sept coudées (cinq cent quarante-huit pieds un pouce neuf lignes). Les quatre faces, qui vont en se rétrécissant vers le haut, sont égales l'une à l'autre, et leur largeur à la base est de quatre cent soixante coudées (sept cent quatre-vingt-quinze pieds cinq pouces.) — On assure qu'autrefois les pyramides étaient couvertes de diverses sculptures, et même qu'on y lisait une inscription portant que la construction de ces monuments attestait la puissance de la nation égyptienne, et qu'il était plus facile aux hommes de les détruire que d'en élever de semblables. Les traditions nous apprennent que ces pyramides renferment des sépultures, et que l'an 125 de l'hégire du prophète (839), on y trouva un livre écrit en caractères inconnus, que cependant un vieillard du monastère chrétien de Kalmoun parvint à lire et à interpréter. Ce livre faisait mention des observations célestes faites pour la construction des pyramides et d'observations plus anciennes encore, desquelles, en comparant les divers rapports du ciel et de la terre, il ressortait une prédiction portant que le monde serait un jour submergé et détruit. En conséquence de cette prédiction, un roi d'Égypte, nommé Sourid, fils de Salhoug, voulut faire construire un tombeau pour lui, et deux autres pour le reste de sa famille.... — Et lorsqu'on eut examiné et comparé les époques astronomiques consignées dans ce livre, on reconnut que depuis la fondation des pyramides, il s'était passé quatre mille trois cent trente et un ans. On rechercha ensuite quel était l'espace de temps écoulé depuis le déluge, et cette période se trouva être de trois mille neuf cent quarante et un ans. Ainsi, ce livre apprit que les pyramides avaient été construites trois cent quatre vingt-dix ans avant le déluge; mais la vérité de ceci n'est connue que de Dieu et de son prophète. »

Nous mentionnerons encore ici quelques opinions singulières sur l'origine des pyramides, sans qu'il soit nécessaire de les réfuter. D'après les traditions des Druses, ces monuments sont l'œuvre de Dieu même, et c'est dans leur sein qu'il garde, pour le consulter au jugement dernier, le livre des actions de chaque créature. — Le seigneur d'Anglure, pèlerin champenois, qui visita les pyramides au quatorzième siècle, mais sans oser y entrer, parce que « c'est un lieu moult » obscur et mal flairant pour les bêtes qui y habitent, » affirme sans hésiter qu'elles furent bâties par Joseph, fils de Jacob, pour conserver à l'abri des pluies les blés qui devaient alimenter l'Égypte pendant les sept années de disette prédites par les songes.

Quant à la nature et à l'origine des matériaux qui ont servi à la construction des pyramides, les auteurs anciens se trouvent d'accord sur ce point avec les observateurs plus récents. Ils se réunissent tous pour dire que les pierres calcaires qui composent le massif de ces gigantesques édifices ont été extraites de la chaîne arabique du Mokattam, et que les blocs granitiques proviennent des carrières de la haute Égypte. De vastes souterrains que l'on trouve aux environs du Caire indiquent assez que des fouilles prodigieuses ont été faites dans les flancs de la montagne, ce qui concourrait à établir d'une manière à peu près incontestable l'extraction des blocs employés dans l'érection des pyramides.

Il est difficile de préciser la date de la violation de ces monuments. Un seul fait paraît prouvé, c'est qu'elle eut lieu sous les califes. Les historiens arabes qui en ont parlé l'ont tous fait avec leur exagération ordinaire. Suivant les uns, ce serait le calife Al-Mamoun qui, ayant vu les pyramides, aurait voulu en connaître l'intérieur. Après de longs travaux et de longues peines, il pénétra, dit la tradition, dans une chambre où se trouvait une statue en pierre, renfermant un corps humain, qui portait sur la poitrine un ornement d'or enrichi de pierreries, et sur sa tête une escarboucle de la grosseur d'un œuf, éblouissante comme le soleil, avec des caractères que nul homme ne put lire. D'autres attribuent l'ouverture de la grande pyramide à Haroun-al-Raschyd, ou à Saladin ; mais il n'existe aucune concordance ni sur la manière dont on força l'entrée, ni sur les objets que l'on trouva à l'intérieur. D'après les écrits des Arabes, c'est tantôt un réduit mystérieux, espèce de sanctuaire sacerdotal, chargé de mystiques inscriptions et de signes cabalistiques ; tantôt ce sont des monuments scientifiques ; d'autres fois enfin des sépultures royales, dont les flancs étaient remplis de momies, et la partie supérieure de statues en pierres étincelantes, de vases d'or et d'instruments de guerre. Dans tous ces récits merveilleux perce l'imagination arabe, écrivant l'histoire d'après les contes qui se transmettaient d'une famille à l'autre, d'une génération à une autre génération, et qui se racontaient dans les veillées. Il est toutefois naturel de croire que l'intérieur des pyramides fut toujours nu et dégarni, et que la profane avidité des califes demeura trompée par le résultat des fouilles. Cette opinion acquiert un grand degré d'évidence quand on songe que les rois d'Égypte qui les firent élever pour leur sépulture, tenant par-dessus tout à ce qu'elles demeurassent à l'abri de toute profanation, n'auraient pas voulu tenter par un luxe d'ornements inutiles l'avarice de leurs successeurs.

Autour des pyramides principales se groupent quelques monuments du même genre, moins élevés, et que le temps ou la main des hommes ont mis dans un état complet de dégradation. Saladin en démolit plusieurs, et fit servir leurs matériaux à la construction des murs et de la citadelle du Caire.

Non loin d'une de ces pyramides secondaires, à peine haute comme un obélisque, se trouve le célèbre sphinx du désert libyque, le plus grand que l'on ait sculpté, et qui, si l'on en croit Pline, a cent quarante pieds de hauteur. Avant que des travaux récents l'eussent mis à découvert, ce monolithe était englouti dans le sable, quarante pieds étaient à peine hors de terre, et l'on ne pouvait guère mesurer que la tête, haute de vingt-sept pieds, et accusant le type éthiopien. Le nez est écrasé, les lèvres sont épaisses ; mais l'expression de l'ensemble est douce, gracieuse et paisible. Les Arabes ont défiguré le visage du sphinx à coups de lance. El-Bakoui dit qu'ils le nommaient *Abou-el-Houl*, le père de la terreur, à cause de son aspect monstrueux. Vers **1816**, un voyageur anglais, M. Salt, en déblayant la base du sphinx, trouva un escalier qui aboutissait à la porte d'un petit temple placé entre les pieds du colosse ; depuis, cet escalier a disparu de nouveau sous les sables. Mais tout récemment, de 1851 à 1853, des fouilles plus complètes, très-habilement dirigées par M. Mariette, ont produit des résultats importants. Ce jeune archéologue a trouvé une statue colossale d'Osiris appuyée contre le flanc droit du sphinx ; il a mis au jour, au sud-est de ce monument, le seul temple antérieur aux Pasteurs que l'on ait encore rencontré.

Ce temple, qui paraît dater de la quatrième dynastie, consistait en une énorme enceinte carrée, renfermant une foule de chambres et de galeries construites en blocs d'albâtre et de granit. Selon M. Mariette, cet édifice religieux aurait été consacré par les premiers pharaons à Osiris et à Horus, son fils. Le voisinage de la statue d'Osiris, formée de vingt-huit morceaux qui rappellent en combien de parties son corps avait été divisé, annoncerait le culte de cette divinité de l'Égypte, dont le grand sphinx lui-même ne serait qu'un simulacre naturel. Déblayé en entier par M. Mariette, le merveilleux colosse n'est, aux yeux de ce savant, qu'un véritable rocher auquel la nature avait donné la forme grossière d'un sphinx. Les Égyptiens se seraient contentés de lui sculpter la tête et de boucher les cavités qui nuisaient à l'illusion. Cette opinion sur la véritable nature du sphinx, si elle se trouvait confirmée, contredirait le témoignage des anciens et servirait à modifier les notions qu'ils nous ont laissées à ce sujet.

Dans ce lieu si célèbre depuis les premiers âges du monde s'est donnée, à la fin du siècle dernier, une bataille qui décida de la conquête de l'Égypte par un nouveau César, le plus grand capitaine des temps modernes.

Le général Bonaparte, débarqué sur la côte d'Égypte le premier juillet 1798, s'était, en deux jours, rendu maître d'Alexandrie, où il n'avait passé que le temps nécessaire pour organiser le gouvernement. Il avait résolu de pénétrer dans l'intérieur du pays et de marcher sur le Caire par le chemin le plus court, malgré les difficultés et les dangers que présentait le désert. Précédé d'une avant-garde sous les ordres de Desaix, le général en chef partit d'Alexandrie le 9 juillet, et il arriva le 10 à Damanhour, où toute l'armée se trouva réunie. Dans leur marche au milieu des sables brûlants, les Français eurent à soutenir, le 14 juillet, près du village de Chebreis, une attaque des mamelouks, qui furent mis en déroute après avoir perdu quatre cents cavaliers. Ce fut le 19 juillet, au moment où le soleil paraissait sur l'horizon, que l'armée ayant fait halte à Omm-Dinar, à cinq lieues du Caire, aperçut pour la première fois les pyramides. A l'aspect de ces masses gigantesques, elle s'arrêta saisie d'admiration. On séjourna le 20 à Omm-Dinar, et nos soldats reçurent l'ordre de se préparer au combat. L'armée se remit en marche le 21, et à neuf heures du matin elle découvrit la ligne de bataille de l'ennemi, qui avait pris position sur la rive gauche du Nil, vis-à-vis du Caire, entre Embabeh et Gizch. Une flottille de trois cents voiles, parmi lesquelles il y avait une frégate et soixante bâtiments armés, protégeait son camp. La flottille française, d'ailleurs très-inférieure en nombre, était restée en arrière. Le Nil étant très-bas, il fallut renoncer au secours de toute espèce qu'elle portait et aux services qu'elle pouvait rendre.

La droite de l'armée ennemie, composée de vingt mille janissaires, spahis et milices du Caire, était placée en avant d'Embabeh, en face de Boulak, dans un camp retranché, défendu par quarante pièces de canon.

Le centre et la gauche étaient formés par un corps de cavalerie de douze mille mamelouks, agas, cheiks, et autres notabilités de l'Égypte, tous à cheval et ayant chacun trois ou quatre saïs à pied pour le servir, ce qui formait une ligne de cinquante mille hommes. Vingt beys les commandaient et obéissaient à Mourad-Bey, le plus intrépide et le plus redouté d'entre eux. L'extrême gauche était formée par huit mille Arabes Bédouins à cheval, et s'appuyait aux pyramides. Cette ligne avait une étendue de trois lieues. Le Nil, d'Embabeh à Boulak et au Vieux Caire, était à peine suffisant pour contenir la flottille égyptienne, dont les mâts apparaissaient comme une forêt. Sur la rive droite, à Guez, s'étendait le camp d'Ibrahim-Bey, rival influent et quelquefois heureux de Mourad. Sa maison était de douze cents mamelouks et de trois à quatre mille saïs. Entre son camp et la ville se pressait toute la population du Caire, hommes, femmes et enfants, qui étaient accourus pour voir cette bataille d'où allait dépendre leur sort.

Dès que Napoléon eut reconnu la position de l'ennemi, il rangea les cinq divisions de l'armée française en carrés qui se flanquaient mutuellement. C'est à cette disposition, inspirée par le génie de ce grand capitaine, qu'on dut la victoire. La division Desaix formait la droite, appuyée à Bechetyl, hors de la portée du canon du camp retranché. La division Régnier la suivait. Au centre était le général en chef avec la division Dugua et la réserve. Les divisions Bon et Menou formaient la gauche; cette dernière, commandée par le général Vial, s'appuyait au Nil, près de Geziret-el-Mohammed.

Chaque division formait un seul carré sur six hommes de hauteur, d'environ cent cinquante mètres de front et vingt-cinq de flanc. Elles se protégeaient entre elles à demi-portée de canon. Dans chacune d'elles on avait placé un peloton de cinquante cavaliers, montés avec les mauvais chevaux qu'on avait amenés de France ; le reste, au nombre de trois mille hommes à pied, était à bord de la flottille. Six ou huit pièces de canon accompagnaient chacune des divisions ; elles étaient placées aux angles et entre les brigades. La force totale de l'armée française ne s'élevait pas au-dessus de dix-huit mille hommes de toutes armes, dont seize mille en infanterie. La chaleur était accablante, les mouvements des troupes lents et difficiles. On mit près de trois heures pour terminer cet ordre de bataille.

Les officiers d'état-major reconnurent le camp retranché. Il consistait en simples terrassements et en boyaux qui pouvaient être de quelque effet contre la cavalerie, mais étaient nuls contre l'infanterie. Le travail avait été mal tracé, à peine ébauché. L'artillerie se composait de grosses pièces, la plupart en fer, sur affûts marins ; elle était fixe et ne pouvait pas se déplacer. L'infanterie paraissait mal en ordre et incapable de se battre en plaine. Son projet était de combattre derrière son retranchement. On ignorait quelle serait sa contenance, mais on connaissait et on redoutait beaucoup l'habileté et l'impétueuse bravoure des mamelouks ; aussi les dispositions de Napoléon furent-elles spécialement dirigées contre eux.

Telle était la situation respective des deux armées, qui depuis quelques instants s'observaient en silence. Ce fut en ce moment que le général Bonaparte, avant d'engager le combat, s'adressant à ses soldats et regardant les pyramides, s'écria : « Vous allez combattre les dominateurs de l'Égypte, songez que du haut de ces monuments quarante siècles vous contemplent! »

La division Desaix reçut l'ordre de se diriger sur le

centre de la ligne des mamelouks, afin de la couper sans être exposée au feu du camp retranché. Régnier, Dugua, Bon, Vial, suivirent à distance.

Un village, Mit-Okbeh, se trouvait vis à vis du point principal qu'on voulait percer. Il y avait une demi-heure que l'armée s'avançait silencieusement dans cette direction, lorsque Mourad-Bey, qui commandait en chef l'armée égyptienne, devina l'intention du général français, quoiqu'il n'eût aucune expérience des manœuvres des batailles. La nature l'avait doué d'un grand caractère, d'un brillant courage et d'un coup d'œil pénétrant. Il saisit le plan du combat avec une habileté qui aurait fait honneur au général européen le plus consommé. Il sentit qu'il était perdu s'il laissait l'armée française achever son mouvement. Il partit comme l'éclair avec sept ou huit mille chevaux, passa entre le carré de Desaix et celui de Régnier et les enveloppa. On craignit un moment pour les troupes de Desaix, dont l'artillerie se trouvait embarrassée au passage du bois de palmiers de Bechetyl; heureusement les premiers cavaliers qui arrivèrent sur lui étaient peu nombreux; une décharge en jeta la moitié par terre. C'étaient deux ou trois cents kachefs ou mamelouks conduits par Sélim-Bey, un des plus beaux et des plus intrépides chefs de cette redoutable milice. Au milieu de cette décharge meurtrière, trente à quarante d'entre eux se précipitèrent dans les rangs des soldats français, et ne pouvant les culbuter, retournèrent leurs chevaux avec fureur, les firent se cabrer, et se renversèrent avec eux sur les baïonnettes. Percés de coups, ils expirèrent; mais ils avaient ouvert une brèche par où pénétrèrent une trentaine de mamelouks qui tous périrent dans le carré.

Si la masse ennemie était arrivée dans cet instant, c'en était fait de la division Desaix; mais quelques minutes d'intervalle suffirent à ce général pour reformer son carré, et lorsque les assaillants se trouvèrent en présence des Français, ils furent mis en désordre par la mitraille et la fusillade engagées sur les quatre côtés avec une extrême violence. Se précipitant alors sur la division Régnier, qui avait pris position, ils se trouvèrent exposés aux feux croisés de ces deux divisions. Pendant ce temps, la division Dugua, où était le général en chef, avait changé de direction et s'était portée entre le Nil et le général Desaix; coupant par cette manœuvre l'ennemi du camp d'Embabeh et lui barrant le fleuve, elle se trouva bientôt à portée de commencer la canonnade sur les derniers rangs des mamelouks.

Alors le désordre devint effroyable: quarante à cinquante hommes des plus braves, beys, kachefs, mamelouks, moururent dans ces carrés; le champ de bataille fut couvert de leurs morts et de leurs blessés. Ils s'obstinèrent pendant une demi-heure à caracoler et à charger à portée de mitraille, passant d'un intervalle à l'autre au milieu de la poussière, des chevaux, de la fumée, de la fusillade, des cris des mourants; mais enfin, ne gagnant rien, ils s'éloignèrent et se mirent hors de portée. Mourad-Bey, avec trois mille cavaliers, opéra sa retraite sur Gizeh, route de la haute Égypte, et fut ainsi séparé, vers le milieu de la bataille, des principales forces de son armée.

Le reste, se trouvant sur les derrières des carrés, appuya sur le camp retranché, au moment où la division Bon marchait pour l'aborder, et la division Vial pour couper la retraite à ceux qui l'occupaient.

Aussitôt que ces généraux furent à portée, ils ordonnèrent à la première et à la troisième division de se former en colonnes d'attaque, tandis que la deuxième et la quatrième, toujours en carrés, recevaient l'ordre de s'avancer pour les soutenir.

Le camp retranché des Égyptiens et des mamelouks s'appuyait à un canal dont les digues, assez élevées, interceptaient la communication entre Embabeh et Gizeh. Un mauvais pont servait à le franchir et formait un étroit défilé dont il importait de s'emparer. Le général Marmont, avec un bataillon et demi de la 4ᵉ demi-brigade légère, s'y porta au pas de course. En même temps, le général Rampon, avec les compagnies d'élite de la division Bon, se jetait sur les retranchements avec impétuosité, malgré le feu de l'artillerie.

Une nombreuse cavalerie sortit à sa rencontre et le cerna de toutes parts, en même temps qu'à l'intérieur d'autres mamelouks s'élançaient pour exterminer ceux de nos soldats qui avaient déjà franchi les retranchements. La colonne eut le temps de faire halte, de les recevoir à la baïonnette et par une grêle de balles. De nouveaux combattants venant les soutenir, ils renouvelèrent leur attaque avec furie; ils se précipitaient sur nos grenadiers, ébréchaient avec leurs sabres les canons des fusils et les baïonnettes; les blessés eux-mêmes se traînaient expirants pour couper les jambes de nos soldats, tandis que quelques-uns, dont les vêtements s'étaient embrasés sous le feu de nos armes, mouraient au milieu des flammes. Dans le même instant, des mamelouks en fuite se portèrent en foule sur la gauche pour s'ouvrir un passage; mais le bataillon du 4ᵉ léger, appuyé par la division Dugua, les reçut par un feu à bout portant qui en fit un effroyable carnage, et les obligea, après une longue hésitation, à se jeter dans le Nil.

La confusion régnait dans tout le camp d'Embabeh. Pendant que des mamelouks en sortaient à la rencontre de nos colonnes d'attaque, d'autres y rentraient poursuivis par elles et se jetaient sur leur infanterie, qui, voyant la cavalerie battue et perdant toute confiance, se précipita sur les djermes, caïques et autres bateaux pour repasser le Nil.

L'avant-garde des mamelouks, qui jusque-là s'était tenue à la droite du camp retranché pour le protéger, n'avait pu prendre aucune part à la bataille. Attaquée à son tour par des colonnes de la division Vial, ne pouvant rentrer dans le camp, où arrivaient déjà celles de la division Bon, elle résista peu et fut précipitée dans le fleuve, où un millier d'hommes se noyèrent. Dix d'entre eux seulement purent rejoindre le camp d'Ibrahim sur la droite du Nil.

Mourad-Bey avait fourni plusieurs charges dans l'espoir de rouvrir la communication avec son camp et de lui faciliter la retraite : toutes ces charges manquèrent. Blessé, couvert de sang, il fut obligé d'abandonner définitivement le champ de bataille, et il donna le signal de la retraite par l'incendie de la flotte. Sur ces navires étaient les richesses de l'Égypte, qui périrent au grand regret de notre armée.

Mais bientôt la division Bon, débarrassée des ennemis qui l'entouraient, entra dans le camp à la suite de ses colonnes. Ce fut le coup de grâce pour les malheureux mamelouks qui l'encombraient encore. Coupés partout, repoussés de toutes parts, ils hésitèrent longtemps, et enfin ils se jetèrent dans le Nil, qui en engloutit plusieurs milliers. Aucun ne put gagner l'autre rive. Retranchements, canons, chameaux, bagages, tout tomba au pouvoir des Français.

Telle fut l'issue de cette grande bataille, qui ouvrit au général Bonaparte les portes du Caire et lui assura la soumission de toute l'Égypte. Le génie de Napoléon ne brilla peut-être jamais avec plus d'éclat que dans cette mémorable journée; il excita au plus haut degré l'enthousiasme de l'armée; et le souvenir des Pyramides, aussi bien que la victoire d'Aboukir, arracha à Kléber un transport d'admiration, lorsqu'il s'écria, après ce dernier triomphe : « Général, vous êtes grand comme le monde ! »

Un peu au delà des plateaux sur lesquels sont assises les pyramides de Chéops ou de Gizeh paraissent les pyramides de Sakkarah, qui, bâties en briques crues, le cèdent de beaucoup en élévation à celles de Gizeh. M. Msara a découvert d'immenses galeries sous la plus grande, et en 1821, le général Minutoli pénétra dans une autre, à l'intérieur de laquelle il rencontra deux chambres, l'une couverte d'hiéroglyphes en relief, l'autre d'hiéroglyphes tracés en noir. En 1851, M. Mariette a fait exécuter des fouilles considérables près de l'une des pyramides de Sakkarah, celle qui est à gradins, et il y a trouvé plusieurs sphinx ensevelis sous les sables. Toutes ces pyramides, au nombre de quinze, sont ouvertes. Elles n'ont point de revêtement, et quelques-unes, tout à fait déformées et en ruines, ressemblent de loin à de hauts tumulus.

Autour de Sakkarah se développe la plaine des Momies, nécropole égyptienne qui renfermait dans ses catacombes les corps embaumés des habitants de Memphis. Ces tombes ont conservé les momies qui leur étaient confiées avec une fidélité telle, qu'aujourd'hui les fellahs des environs continuent à faire commerce de cadavres desséchés sous leurs bandelettes. C'est là que se trouve aussi *le puits des Oiseaux*, ainsi nommé parce qu'il servait à l'inhumation des oiseaux sacrés. On descend dans ces puits à l'aide d'une corde, et, parvenu au fond, on découvre plusieurs galeries souterraines, destinées à recevoir les objets de l'ancien culte égyptien. Presque toutes ces sépultures ont été violées. Les Arabes, préoccupés de l'idée que cette terre renfermait des trésors, ont successivement forcé les tombes, brisé les vases funéraires, fouillé dans quelques monuments jusqu'à la bouche des morts, dans l'espérance d'en extraire l'obole à Caron. Il est rare que cette profanation leur ait procuré des objets d'une valeur réelle, et leurs peines eussent été perdues, si la curiosité européenne n'eût attribué un prix idéal à des objets insignifiants pour eux, les momies d'animaux.

C'est entre les pyramides de Gizeh et celles de Sakkarah que s'étendait autrefois Memphis, ainsi placée entre deux nécropoles. Effacée du sol par la conquête de Cambyse, puis envahie par les sables du désert, Memphis n'est plus aujourd'hui qu'un souvenir historique. Ce que son enceinte contenait de ruines, à l'époque de l'invasion arabe, fut employé pour la construction des palais de Fostat et du Caire. Du temps d'Abdallatif, ces vestiges n'avaient pas tous disparu. « Les ruines de Memphis, dit ce géographe, occupent une demi-journée de chemin dans tous les sens. » Et il ajoute qu'on y voyait un sanctuaire monolithe nommé *Chambre verte*, sanctuaire orné de figures d'astres, de sphères, d'hommes et d'animaux. Il fut brisé, selon le même auteur, en 1349 de notre ère, par le cheik El-Omary. Des figures d'idoles, une entre autres de trente pieds, en granit rouge, et des statues de granit que les fellahs sciaient pour en faire des meules, se voyaient en outre, du temps d'Abdallatif, sur l'emplacement de Memphis.

Misérables débris quand on se reporte à ce que disait Diodore de Sicile de cette magnifique capitale! Suivant lui, Memphis avait cent cinquante stades de circonférence; on y voyait le palais des pharaons qui s'étendait dans toute la longueur de la ville; le temple de Vulcain avec ses beaux portiques et sa statue monolithe, haute de soixante-quinze pieds; le temple où le bœuf Apis était nourri; celui de Sérapis, avec sa merveilleuse avenue de sphinx, déjà engloutis par les sables quand Strabon les visita.

De toutes ces gloires monumentales, on n'avait retrouvé à la surface du sol, jusqu'à ces dernières années, que des décombres informes. C'est à peine si les savants de l'expédition française purent découvrir auprès des bourgs de Mit-Rahineh et d'El-Manout, quelques monticules de débris, cachés au sein d'une forêt de palmiers. Ils y virent « une longue chaîne de ruines, couvertes d'arbres et de pierres brisées, les unes en granit, les autres en pierres calcaires. Une petite plaine sépare ces monticules, et un canal la traverse. » Des blocs énormes de grès et de granit semés çà et là sur le terrain et couverts de sculptures hiéroglyphiques, indiquaient la place de monuments disparus. Au milieu de ces ruines, M. Jomard, membre de la commission d'Égypte, retrouva les restes d'une statue colossale en granit rose et d'un poli admirable. Le poignet gauche était le fragment le plus intact; et en calculant d'après ses proportions, la statue pouvait avoir cinquante-cinq pieds de France. Aux environs de Mit-Rahineh, ce savant reconnut aussi des vestiges d'anciennes constructions en briques, des fragments sculptés, des éclats de granit. Toute cette plaine, silencieuse aujourd'hui, réveille la pensée d'une grande existence éteinte qui a marqué sa place entre les villages de Mit-Rahineh, d'Abousir, de Bedra-Chein, et qui est surtout caractérisée par les pyramides encore debout à Midoun, à Bakah-el-Kebir, à Metanieh, à Sakkarah et au village de Dachour, l'ancienne Acanthus dont parlent Strabon et **Diodore**, ville célèbre par un temple d'Osiris et par un bois sacré, formé d'acanthes ou acacias épineux, arbre vénéré des Égyptiens parce qu'il défendait le littoral du Nil contre l'envahissement des sables du désert.

Il y a plus d'un demi-siècle, cet immense espace où s'éleva Memphis fut parcouru et étudié avec le plus grand soin par M. Jomard, qui, dans un mémoire très-développé, détermina l'emplacement de cette antique capitale de l'Égypte, et, comme nous venons de le dire, décrivit les ruines qu'on y voyait encore. Mais à Memphis, comme ailleurs, les explorations des savants de la commission d'Égypte, dont faisait partie M. Jomard, étaient nécessairement restées incomplètes faute de temps; elles avaient besoin d'être continuées surtout depuis les progrès de l'érudition moderne appliquée à l'interprétation des monuments égyptiens. Dans ces dernières années, un jeune savant, dont nous avons déjà parlé, **M. Mariette**, a fait exécuter sur l'emplacement de Memphis des fouilles considérables, qui ont eu pour principal résultat la découverte du *Sérapéum* ou temple de Sérapis. Ces travaux de M. Mariette ont enrichi notre musée de plusieurs monuments précieux, et fait faire un nouveau pas à l'étude de l'histoire et des arts de l'ancienne Égypte. Il a rencontré au Sérapéum de Memphis des monumens du temps des premières dynasties égyptiennes, et il en a rapporté plusieurs au Louvre. Neuf statues, dont deux sont maintenant exposées dans le musée Charles X, nous montrent quelle était la perfection de l'art à cette époque. Les figures, qui n'ont rien de la raideur des monuments du second empire égyptien, c'est-à-dire des temps postérieurs à l'invasion des pasteurs, contredisent la théorie, si généralement admise, de l'immobilité de l'art en Égypte.

Ces statues sont peintes, et les couleurs seules rappellent le style convéntionnel qui préside à la distribution des couleurs sur les hiéroglypes peints. Le sable a merveilleusement conservé ces figures, dont la plupart sont en calcaire; deux seulement sont en granit. Les bas-reliefs, les inscriptions des tombeaux qui se rencontrent à Abousir, à Dachour ou aux environs des pyramides, attestent encore le degré de perfection où l'art était parvenu à Memphis. La plupart de ces monuments appartiennent, suivant M. Mariette et M. Lepsius, à la quatrième et à la cinquième dynastie. On est émerveillé de la perfection du style, de la vérité et du naturel des figures, de celles des animaux surtout. Les scènes de la vie égyptienne y sont représentées avec une richesse de détail qui en fait de vrais tableaux de mœurs; ce sont des travaux agricoles, des scènes domestiques, des payements de tributs et de dîmes, des offrandes aux dieux. Dans les tombeaux de cette époque reculée, on n'observe aucun de ces sujets religieux qui caractérisent les monuments funéraires postérieurs aux Pasteurs; tout est simple, tout est réel dans ces représentations. Les découvertes de M. Mariette dans les plaines de Memphis ont fourni, en outre, des éléments propres à éclaircir diverses époques de la chronologie égyptienne; mais les importantes fouilles du Sérapéum ont jeté surtout de nouvelles lumières sur le culte du dieu Sérapis, qui n'est autre qu'Apis mort, identifié avec Osiris ou le soleil. Le culte d'Apis demeura longtemps propre à Memphis; car on sait que chaque grande ville et chaque nome ou province avait son animal sacré. L'an 30 du règne de Rhamsès II, son fils préféré, Cha-em-Djom, fit commencer à Memphis une longue galerie, destinée à servir de sépulture aux Apis, et cette nécropole resta en usage jusqu'à la vingtième année du règne de Psamméticus I. Alors on creusa un vaste souterrain, exécuté sur les proportions les plus grandioses. Le temple ou mausolée qui surmontait ces caveaux, et que M. Mariette a mis à découvert, fut agrandi. L'an 52 du même roi, on inaugura cette troisième nécropole, qui demeura celle des Apis jusque sous les empereurs romains. Elle se distingua des deux précédentes par la magnificence et la grandeur des sarcophages, qui ont tous ce caractère somptueux dont Amasis donna le premier l'exemple, et que Cambyse a imité. Les Grecs commençaient alors à pénétrer en Égypte par leurs factoreries de Naucratis. Suivant M. Mariette, Psamméticus, désirant obtenir leur alliance, chercha à flatter leurs idées. Sérapis, dans l'opinion de ce voyageur, fut donné par le roi d'Égypte et par les prêtres qui l'entouraient pour la même divinité que Bacchus, représenté souvent avec des cornes de bœuf. Les Grecs accoururent en foule adorer leur divinité sur le sol égyptien, et beaucoup ne doutèrent plus qu'ils ne dussent à ce pays le bienfait de son culte. Toutefois, on ne voulut pas laisser à ces étrangers l'accès du temple de Sérapis, pour y enseigner leurs *proscynèmes* (adorations), et un propylée spécial fut réservé aux adorations des Hellènes ; tandis que le véritable Sérapéum ne devait recevoir que des adorations écrites dans la langue et accomplies selon le rite des Égyptiens. Tel est le résumé des faits établis et des observations développées par M. Mariette dans son *Mémoire sur le Sérapéum,* présenté à l'Académie des Inscriptions et Belles-Lettres. Nous croyons utile de faire remarquer que l'opinion de ce savant est contraire à celle qui avait prévalu jusqu'ici sur l'origine du culte de Bacchus. Le même voyageur a retrouvé à Memphis le Sérapéum grec, joint au Sérapéum égyptien par une longue galerie de sphinx servant d'avenue au véritable temple des Apis, que précèdent une construction du roi Amyrtée et une sorte de péristyle décoré de statues de philosophes et de poëtes grecs. Les recherches de M. Mariette sur le culte d'Apis complètent les renseignements que nous avaient antérieurement donnés sur ce point divers mémoires publiés par M. de Rougé. Nous ajouterons que les fouilles du Sérapéum de Memphis ont mis le Louvre en possession de plus de cent cinquante textes démotiques sur papyrus, qui fournissent de précieux matériaux à l'étude de cette écriture populaire des anciens Égyptiens (1).

SUEZ. JONCTION DE LA MER ROUGE A LA MÉDITERRANÉE; PERCEMENT DE L'ISTHME.

De retour au Caire après notre excursion aux pyramides et aux ruines de Memphis, nous avons visité Suez et les bords de la mer Rouge. Le voyage se faisait alors en moins de deux jours, avec des chameaux ou des dromadaires. On campait ordinairement en dehors du Caire, près de la ville des Tombeaux, pour partir le lendemain au lever du soleil. La route que nous avons suivie était celle des caravanes de la Mecque, et nous avons vu, à moitié chemin, entre le Caire et Suez, un arbre aux branches duquel les pèlerins avaient attaché des *ex-voto*, soit pour obtenir un voyage favorable, soit

(1) Un intéressant article, intitulé : *Des Travaux modernes sur l'Égypte ancienne*, a été publié par M. Alfred Maury, sous-bibliothécaire de l'Institut, dans la *Revue des Deux-Mondes* du 1ᵉʳ septembre 1855. Nous avons emprunté à cet excellent travail quelques-uns des détails que nous donnons ici sur les fouilles du Sérapéum de Memphis. On peut encore consulter l'ouvrage que M. Mariette lui-même a publié dans le Bulletin archéologique de l'Athenæum français, sous le titre de *Renseignements sur les soixante-quatre Apis trouvés dans les souterrains du Sérapéum*.

pour remercier Dieu de le leur avoir accordé. Si l'on avait de bonnes montures, on arrivait le soir à peu de distance de Suez. Nous passâmes la nuit dans le fort d'Hadjérout, où se trouve une source d'eau saumâtre, et le lendemain matin, aux premières lueurs du jour, nous aperçûmes les murs de la ville. Aujourd'hui ce voyage se fait tout autrement. Depuis que les Anglais traversent l'Égypte pour se rendre aux Indes, le nombre de ces voyageurs, amis du comfort et de la dépense, s'est accru à un tel point, que la spéculation européenne est venue envahir le désert. Dans le récit d'un pèlerin, entièrement livré comme nous le sommes aux grands et poétiques souvenirs de cette vieille terre historique, on ne devrait pas rencontrer le mot de *diligence*; il faut bien le dire pourtant, c'est en diligence que se fait maintenant le trajet du Caire à Suez. La civilisation européenne a pour avant-garde en Égypte des administrations de messageries, qui, elles-mêmes, vont être remplacées par les chemins de fer ; et qu'est-ce encore que les chemins de fer en comparaison de cette grande voie de communication creusée par l'antiquité entre la mer Rouge et la Méditerranée, et qui bientôt, il faut l'espérer, sera rétablie avec les puissants moyens de l'industrie moderne? Heureusement pour les fervents admirateurs du monde antique, il reste encore, il restera toujours au delà du Caire et de Suez, jusqu'à la troisième cataracte, une Égypte que ni diligences ni chemins de fer ne pourront jamais sillonner.

La ville de Suez ne fait pas essentiellement partie de l'Égypte, puisqu'elle est en dehors de la vallée du Nil, mais elle en dépend et lui sert de port sur la mer Rouge. Suez (*Soueys* en arabe) paraît avoir porté d'abord le nom d'Arsinoé, comme plusieurs autres cités égyptiennes, et plus tard celui de Cléopatride. Le géographe Gosselin et M. Rozière, un des ingénieurs de l'expédition française en Égypte, pensent que cette ville occupe l'emplacement d'Héroopolis, tandis que d'autres auteurs, notamment d'Anville, placent Héroopolis beaucoup plus avant dans l'isthme, sur un point aujourd'hui éloigné de la mer; et cette opinion a prévalu chez les savants modernes. Dès l'antiquité, la situation de ce port en avait fait un point de transit pour le commerce de l'Asie méridionale, et lui avait donné une certaine importance. Mais depuis bien des siècles, et jusqu'à ces derniers temps, le port de Suez n'avait guère de relations suivies qu'avec des villes maritimes des côtes de la mer Rouge, ou avec l'Arabie; on n'y remarquait un peu de mouvement qu'aux époques du passage des caravanes qui venaient et viennent encore s'y embarquer pour la Mecque. Quand nous l'avons visitée, la ville n'avait pas plus de mille cinq cents habitants. Depuis quelques années l'établissement de la ligne des paquebots des Indes a donné au port de Suez beaucoup d'activité. Il est très-fréquenté maintenant par les voyageurs anglais, et un consul de cette nation y réside. Le chemin de fer qui déjà relie Alexandrie au Caire se continue en ce moment entre le Caire et Suez. Mais l'importance et la prospérité de cette dernière ville sont appelées à s'accroître dans des proportions immenses par l'exécution prochaine de la grande voie de communication maritime projetée entre la mer Rouge et la Méditerranée.

Cette vaste et féconde entreprise intéresse trop vivement les progrès de la civilisation du monde pour que nous n'essayions pas d'exposer ici avec quelque développement les tentatives faites à diverses époques, depuis les Pharaons, pour la jonction des deux mers, et les projets que la science moderne a conçus pour résoudre ce grand problème à l'aide des puissants moyens dont elle dispose.

L'isthme de Suez, qui joint le continent de l'Asie à celui de l'Afrique et sépare la Méditerranée de la mer Rouge, est une étroite langue de terre dont les deux points extrêmes sont Suez et Péluse. Elle forme, dans un espace de trente lieues, une dépression longitudinale, résultat de l'intersection des deux plaines, descendant par une pente insensible, l'une d'Égypte, l'autre des premières collines de l'Asie. La nature semble avoir tracé elle-même dans cette ligne la communication entre les deux mers. L'état géologique du terrain donne à penser que dans les temps primitifs la mer couvrait la vallée de l'isthme. On y trouve en effet de vastes bassins, dont le principal (les lacs Amers), conserve des traces évidentes du séjour des eaux de la mer. Au delà, et à égale distance, entre Suez et Péluse, on remarque un autre bassin, le lac de Timsah, qui communique avec le Delta par une vallée étroite, appelée par les Arabes *Ouady-Tomilat*. La longueur de cette vallée est de dix lieues. C'est un désert inculte; mais ce désert fut autrefois la fertile terre de Gessen de la Bible, la « terre des pâturages, » que la munificence d'un pharaon assigna aux Hébreux, sur les instances de son premier ministre Joseph, fils de Jacob. Cette vallée reçoit encore aujourd'hui, dans toute son étendue, le débordement du Nil. Le lac de Timsah et l'Ouady-Tomilat sont séparés du lac Menzaleh par un rameau étroit détaché de la chaîne arabique, et dont le point le plus bas, placé en face du lac de Timsah, n'a pas plus de quarante-cinq pieds au-dessus du niveau de la mer. Une fois ce col franchi, on se trouve sur les bords du lac Ballah, affluent du lac Menzaleh, c'est-à-dire au niveau de la Méditerranée, dont on n'est plus séparé que par la plaine de Péluse.

Les premiers travaux entrepris pour la canalisation de l'isthme remontent à une époque très-reculée; la tradition arabe les reporte au temps d'Abraham, et la tradition grecque attribue à Sésostris l'honneur de cette tentative. On doit remarquer que la communication directe de Suez à Péluse, qui paraissait la plus naturelle, si elle a été tentée, n'a pas été menée à fin, tandis que la jonction a été exécutée à plusieurs reprises et avec succès en employant le Nil comme intermédiaire. Cette préférence pour la direction la plus longue tient sans doute à des erreurs de nivellement ou à des craintes d'invasions étrangères. Les textes anciens qui sont relatifs à cette question peuvent se résumer en peu de mots.

Suivant Hérodote, ce canal aurait été entrepris d'abord par Nécos, fils de Psamméticus, le même qui fit faire, dit-on, par des navigateurs phéniciens, le tour de l'Afrique. Nécos, d'après le même historien, aurait fait discontinuer son œuvre, sur la réponse d'un oracle qui l'avertit qu'il travaillait pour les barbares, et le canal, dont la construction avait coûté la vie à cent vingt mille ouvriers, n'aurait été terminé qu'après la conquête persane par Darius. « La longueur de ce canal, dit Hérodote, est de quatre journées de navigation, et sa largeur est suffisante pour que deux trirèmes puissent y passer. L'eau dont il est rempli vient du Nil, et y entre un peu au-dessus de Bubastis ; il aboutit à la mer Érythrée (mer Rouge), près de Patumos, ville d'Arabie. Il commence dans la plaine, se dirige d'abord d'occident en orient, passe par les ouvertures de la montagne, et se porte, au midi, dans le golfe d'Arabie. »

Aristote dit que les pharaons et Darius, qui s'étaient promis de grands avantages de l'exécution de ce canal, le laissèrent inachevé après avoir reconnu que la mer Rouge était plus haute que l'Égypte.

Diodore de Sicile parle dans les même termes de cette interruption du travail sous Darius. Mais, selon lui, la communication entre les deux mers aurait été terminée par Ptolémée II, qui fit placer dans l'endroit le plus favorable du canal « des barrières très-ingénieusement construites, qu'on ouvrait quand on voulait passer et qu'on refermait ensuite très-promptement. »

D'après Strabon, qui précise avec plus de détails la disposition du tracé, le canal aurait été creusé par Sésostris avant la guerre de Troie, suivant quelques-uns, et selon d'autres, commencé par Psamméticus le fils, et continué par Darius, qui l'abandonna quoiqu'il fût presque achevé, « parce qu'on lui avait persuadé à tort que la mer Rouge était plus élevée que l'Égypte. Les Ptolémées, qui en reprirent l'exécution, firent construire une euripe ou barrière qui permettait une navigation facile du canal intérieur dans la mer, et réciproquement. Le même géographe donne au canal cent coudées de largeur et une profondeur suffisante pour le passage des plus grands bâtiments. Il ajoute : « Le canal se jette dans la mer Rouge à Arsinoé, que d'autres appellent Cléopatris, et coule à travers des lacs dont les eaux, qui étaient amères, sont devenues douces par la communication avec le fleuve. L'origine du canal est au bourg de Phacusa, près de Philon, vers la pointe du Delta, à l'ouest de Bubastis. »

Pline prétend que le canal, projeté par Sésostris ou par Darius, fut exécuté seulement sous Ptolémée II, qui lui donna cent pieds de largeur, trente pieds de profondeur et trente-sept mille pieds de longueur jusqu'aux lacs Amers, où l'on s'arrêta, de peur d'inonder le pays, la mer Rouge ayant été trouvée en cet endroit supérieure de trois coudées au sol de l'Égypte. « Quelques auteurs, dit-il, en donnent une autre raison : on craignait de gâter, par cette communication, les eaux du Nil, fleuve qui, seul en Égypte, donne des eaux potables. »

Les savants modernes ont interprété ces textes très-diversement. Les uns soutiennent que le canal a été non-seulement entrepris, mais achevé sous Sésostris; les autres, qu'il n'a point été complété et qu'il n'a jamais servi. Les auteurs qui l'attribuent à Sésostris (Rhamsès II, le Grand, Meïamoun) sont en petit nombre. Cette opinion est toutefois soutenue par un des plus profonds égyptologues de notre temps, par sir Gardner Wilkinson. Ce savant a apporté à cette opinion l'appui d'un fait nouveau, en découvrant dans les ruines d'Abou-Keycheid, à l'ouest des lacs Amers, un monument consacré à Rhamsès Meïamoun, et qu'il suppose se rattacher à l'exécution du canal par ce pharaon. Ces ruines d'Abou-Keycheid, lieu appelé aussi par les Arabes Tel-Masrouta, paraissent marquer l'emplacement de la ville de Rhamsès citée dans la Bible, laquelle est peut-être la même que l'Héroopolis des Ptolémées.

L'opinion d'Hérodote, qui attribue les premiers travaux de cette communication à Nécos et son achèvement à Darius, fils d'Hytaspe (521-435 ans avant J.-C.), est la plus généralement adoptée. Cet historien, qui voyageait en Égypte cinquante ans seulement après Darius, ne dit rien de la prétendue différence de niveau qui aurait arrêté ce prince et ses ingénieurs. Il n'a pu se tromper en affirmant que le canal débouchait dans le golfe Arabique. L'entreprise était donc terminée; une présomption de plus en faveur de cet achèvement, c'est le monument si remarquable reconnu sur la rive occidentale du bassin des lacs Amers, pendant l'expédition de 1799, par MM. de Rozières et Devilliers. Ce monument, ou plutôt les débris qui en restent, se compose de blocs de granit et de poudingue. Quelques-uns des blocs de granit portent des inscriptions cunéiformes bien conservées, et qui font remonter l'origine de cet édifice au temps de l'occupation de l'Égypte par les rois de Perse. Il est naturel de la rapporter aux travaux exécutés par Darius dans l'isthme ; et la position qu'occupe le monument prouverait que le canal a été poussé, dès cette époque, jusqu'à la mer.

On peut conclure aussi de ce qui précède que, dans son tracé primitif, ce canal était une dérivation de la branche Pélusiaque, sous les pharaons et les rois de Perse. Sa plus ancienne prise d'eau se trouvait près de Bubaste. On rencontre en effet des vestiges d'un canal, dont la direction aboutit au lac Menzaleh, et qui paraît être l'ouvrage de Nécos.

Cette communication du Nil à la mer Rouge, achevée sous Darius, aura sans doute été abandonnée plus tard pendant les longues guerres ou les invasions multipliées qu'a subies l'Égypte ; mais il est certain, d'après les témoignages cités plus haut, qu'elle a été rétablie par les Ptolémées, et complétée au moyen de barrières ou euripes, qui empêchaient l'eau de la mer Rouge de se mêler à celle du canal.

On lit, à la vérité, dans Plutarque, qu'Antoine, arrivant à Alexandrie peu après la bataille d'Actium, trouva Cléopâtre occupée à faire franchir aux navires de la flotte l'espace étroit qui sépare les deux mers, en les faisant charrier par-dessus l'isthme ; mais ce fait ne prouve en aucune façon que le canal n'ait pas été achevé deux cent cinquante ans auparavant. Il prouverait seulement qu'on l'avait négligé et laissé ensabler, ou bien que l'opération du passage de la flotte de Cléopâtre aurait coïncidé avec l'époque des basses eaux du Nil, par lequel il était alimenté.

On est d'accord que sous Trajan, ou peut-être sous Adrien (120 ou 130 ans après J. C.), un canal fut commencé, partant du lieu où est aujourd'hui le Caire et se dirigeant vers l'Ouady-Tomilat, dans la pensée de rétablir, avec une nouvelle prise d'eau placée sur le fleuve et non sur une de ses branches, la communication du Nil avec la mer Rouge. Il est probable que l'encombrement de la branche pélusiaque fut la cause première de cette tentative, dont les résultats sont mal connus. Le nouveau canal, commencé près du lieu où s'éleva depuis la Babylone d'Égypte (le vieux Caire), fut exécuté jusqu'à Pharbœtis (Belbeys).

Tous les historiens arabes constatent que le canal de communication des deux mers par le Nil fut recreusé, pour la première fois dans la période arabe, sous le calife Omar, surnommé le *Prince des fidèles*, par Amrou-ben-Asr, qui fit la conquête de l'Égypte l'an 639 de notre ère; qu'il est resté ouvert à la navigation pendant cent vingt-cinq ans environ, jusqu'au règne du calife abbasside Abou-Jafar-al-Mansour, qui le fit combler vers 767, et que depuis cette époque il est resté fermé et abandonné à partir du lac Timsah ; mais que la section entre le Caire et ce lac est restée longtemps en activité. Voici ce que l'historien Schems-Eddin rapporte au sujet de ce canal, dont il attribue l'origine à un pharaon qu'il nomme Tarsis-ben-Malia sous le règne duquel il prétend qu'Abraham vint en Égypte. « Le canal venait jusqu'à la ville de Kolzoum en passant près de Suez, et les eaux du Nil se déchargeaient en ce lieu dans la mer Salée. Les vaisseaux chargés de grains descendaient par là dans le golfe Arabique. Omar fit nettoyer et recreuser ce canal, qu'on nomme, depuis ce temps, canal du Prince des fidèles. Il demeura en cet état pendant cent cinquante ans, jusqu'au règne du calife Abou-Jafar-al-Mansour (l'an 159 de l'hégire), qui fit fermer l'embouchure de Kolzoum. » L'historien Makrisi est encore plus explicite; voici ce qu'il dit: « Ce canal est situé hors de la ville de Fostat et passe à l'occident du Caire. Il a été creusé par un ancien roi d'Égypte pour Khadjar (Agar), mère d'Ismaël, lorsqu'elle demeurait à la Mecque. Dans la suite des temps, il fut creusé une seconde fois par un des rois grecs qui régnèrent en Égypte après la mort d'Alexandre. Lorsque le Très-Haut accorda l'islamisme aux hommes, et qu'Amrou-ben-el-Asr fit la conquête de l'Égypte, ce général, d'après les ordres d'Omar, prince des fidèles, s'occupa de faire recreuser le canal dans l'année de la mortalité. Il le conduisit jusqu'à la mer de Kolzoum, d'où les vaisseaux se rendaient dans l'Hedjaz, l'Yémen et l'Inde. On y passa jusqu'à l'époque où Mohammed-ben-Abi-Thaleb se révolta dans la ville du prophète (Médine) contre Abou-Jafar-al-Mansour, alors calife de l'Irak. Ce souverain écrivit à son lieutenant en Égypte pour lui ordonner de combler le canal de Kolzoum, afin que l'on ne s'en servît pas pour porter des provisions à Médine. Cet ordre fut exécuté, et toute communication fut interrompue avec la mer de Kolzoum. Les choses sont restées dans l'état où nous les voyons maintenant (839 de l'hégire, 1435 depuis J. C.) »

Enfin, la tradition arabe sur le canal des deux mers est résumée d'une manière très-curieuse et très-complète dans le témoignage suivant, fourni par un négociant de Suez à un savant architecte de la commission d'Égypte, M. Lepère (1). « Dans les premiers temps de l'ère chrétienne, l'emplacement de Soueys (Suez) n'était occupé que par quelques Arabes qui vivaient de la

(1) *Mémoire sur le canal des deux mers*, par M. Lepère. *Description de l'Égypte*, tome II.

pêche et de la contrebande. La ville de Kolzoum se trouvait placée sur le monticule situé au nord de la ville, près du bord de la mer. Là existait un château-fort dont on voit encore, enfouie sous les décombres, une porte voûtée appelée *porte Consul*. Le port se trouvait au nord et au pied de la ville, bâtie en amphithéâtre sur cette éminence, dans une étendue circulaire que l'on reconnaît encore, quoique les sables l'aient comblée. Le canal qui communiquait au Nil venait s'y décharger; l'eau douce se trouvait contenue par deux fortes digues. L'eau du Nil, dans ce bassin formé au milieu de la mer, se trouvait au-dessus de son niveau dans les plus grandes marées; les bâtiments qui venaient du large s'approchaient de la digue du port et faisaient leur eau de l'autre côté. On voit encore les restes de ces digues, courant du nord-nord-est au sud-sud-ouest, sur cinq ou six cents toises; une très-petite partie s'élève au-dessus des sables. Ces digues laissaient une entrée dans le port, qui s'appelait *porte de la mer* et qu'on trouvait en face de celle appelée de *Cherker* (petit pays dans les montagnes, à cinq lieues de Suez). Cette porte doit se retrouver dans un monticule de décombres qui forment une île à marée haute. La porte occidentale de la ville, qui s'appelle Bab-el-Maor, existait où l'on voit encore une mosquée, sur le chemin de Bir-Soueys. Alors les eaux du Nil fécondaient cette contrée; quelques arbres arrêtaient l'œil, qui se perd aujourd'hui à l'horizon des déserts; les jardins entouraient la ville, et le commerce la faisait fleurir. »

Ces témoignages si nombreux de l'existence du canal des deux mers sont pleinement confirmés par l'examen attentif des lieux dans leur état actuel. En effet, dans le fond du golfe de Suez, on voit de nombreux vestiges de digues en maçonnerie qui devaient renfermer le canal pour empêcher que ses eaux ne fussent mêlées aux eaux de la mer. Ces maçonneries, que les Arabes n'ont jamais su faire en Égypte, sont d'une telle dureté, d'une telle cohésion, qu'on les prend pour des roches naturelles. Puis, en sortant du golfe pour traverser l'isthme, on rencontre, pendant un espace de sept à huit lieues, des digues en terre, parfaitement visibles, qui s'élèvent en quelques endroits jusqu'à dix-huit pieds au-dessus de la plaine, et, à chaque pas qu'on fait dans l'isthme, on trouve des traces de travaux exécutés anciennement, tant pour le canal que pour les approvisionnements des ouvriers en vivres et en eau potable.

L'importance du canal des deux mers fut certainement diminuée, à la longue, par suite de la découverte du cap de Bonne-Espérance; cependant, il a fallu tous les efforts des Portugais, après cette découverte, pour arrêter le commerce et la navigation de la mer Rouge. Le roi de Portugal y envoya une flotte qui détruisit toute la marine marchande des Turcs, des Vénitiens, et plus tard celle que Soliman II avait fait établir dans le port de Suez en 1538.

Si des préjugés de religion ont amené la Porte à défendre l'accès de la mer Rouge aux bâtiments étrangers, comme on le voit par un firman du Grand Seigneur cité dans l'ouvrage de Rook, officier anglais, publié en 1782, on trouve aussi des princes de l'islamisme mieux éclairés sur leurs intérêts, tels que le sultan Mustapha III. Voici ce que dit à ce sujet M. de Tott dans ses Mémoires sur les Turcs, IIIe et IVe parties : « Sultan Moustapha traita avec un grand intérêt le projet de jonction des deux mers par l'isthme de Suez. Il voulut même ajouter aux connaissances que j'avais à cet égard celles de différents commissaires qui avaient voyagé en Égypte;

et, si Moustapha avait assez vécu pour entreprendre ce travail, il eût trouvé dans le local des facilités qui l'auraient mis à même d'opérer la plus grande révolution dont la politique soit susceptible. Ce sultan, dont l'esprit commençait à s'éclairer, m'a fait faire un travail sur cet objet important, dont il réservait l'exécution à la paix. Dans les différents travaux qui ont illustré l'ancienne Égypte, le canal de communication entre la Méditerranée et la mer Rouge mériterait la première place, si les efforts du génie en faveur de l'utilité publique étaient secondés par les générations destinées à en jouir, et si les fondements du bien social pouvaient acquérir la même solidité que les préjugés qui tendent à les détruire. Sans ces continuelles destructions, la position la plus heureuse aurait dicté des lois immuables, et le canal de la mer Rouge eût été constamment la base du droit public des nations. »

Napoléon, dès son arrivée en Égypte, chargea une commission d'ingénieurs d'étudier les moyens de couper l'isthme de Suez. Cette commission, présidée par le savant Lepère, lui présenta un mémoire célèbre qui a été publié dans le grand ouvrage sur l'Égypte. M. Lepère proposait, il est vrai, un tracé de canal de Suez au Caire et du Caire à Alexandrie ; mais son opinion sur le tracé direct par l'isthme de Suez se trouve exprimée en ces termes : « Nous avons expressément motivé le
» choix de l'ancienne direction par l'intérieur du Delta
» vers Alexandrie, sur des considérations commerciales
» particulières à l'Égypte, et sur ce que la côte vers
» Péluse ne paraît pas permettre d'établissement maritime permanent. Néanmoins, nous croyons devoir reconnaître que, abstraction faite de ces considérations,
» il serait encore facile (ce qui paraissait au contraire difficile et même dangereux avant l'invention des écluses)

» d'ouvrir une communication directe entre Suez, les
» lacs Amers et le Ras-el-Moyeh, prolongé sur le bord
» oriental du lac Menzaleh jusqu'à la mer vers Péluse.
» Nous pensons qu'un canal ouvert sur cette direc-
» tion présenterait un avantage que n'aurait pas le ca-
» nal intérieur. En effet, la navigation, qui paraît y
» être constante, ne serait pas assujétie aux alternatives
» des crues et des décroissements du Nil. Il serait fa-
» cile d'y entretenir une profondeur plus considérable
» que celle du premier canal, au moyen d'un courant
» alimenté par l'immense réservoir des lacs Amers. J'a-
» jouterai que, si on voyait quelques difficultés à recreu-
» ser et à entretenir à la profondeur convenable le
» chenal entre Suez et sa rade, je proposerais d'établir,
» à l'usage des corvettes et même des frégates, la com-
» munication directe des deux mers par l'isthme, ce
» qui deviendrait le complément de cette importante
» opération (1). » Lorsque le général Bonaparte reçut
ce mémoire des mains du rapporteur de la commission,
au moment de son départ pour la France, il dit : « La
chose est grande, ce ne sera pas moi qui maintenant
pourrai l'accomplir ; mais le gouvernement turc trouvera peut-être un jour sa conservation et sa gloire dans
l'exécution de ce projet. »

Depuis cinquante ans, la question de la canalisation
de l'isthme de Suez, œuvre universelle, qui touche aux
intérêts de tous les peuples civilisés, a souvent occupé
le gouvernement égyptien et les savants des diverses
nations de l'Europe. Un assez grand nombre de projets furent présentés à l'ancien vice-roi d'Égypte, Méhémet-Ali. Parmi ces projets il faut distinguer surtout
celui de M. Linant de Bellefonds (Linant-Bey), ingénieur

(1) *Mémoire sur le canal des deux mers*, par M. Lepère. *Description de l'Egypte*, tome II.

en chef, directeur-général des ponts-et-chaussées au service du pacha, qui proposait, dès lors, de percer l'isthme de Péluse à Suez; et celui de la société formée en 1846, sous la direction de M. Enfantin, et composée d'ingénieurs éminents de la France, de l'Angleterre, de l'Italie, de l'Allemagne, entre autres MM. Paulin Talabot, Robert Stephenson et Negrelli; cette société avait adopté le tracé indirect, qui, partant de Suez, gagne le Nil et aboutit à Alexandrie, après avoir traversé une grande partie de l'Égypte.

Le général du génie Gallice-Bey, auteur et directeur des fortifications d'Alexandrie, avait, de son côté, présenté à Méhémet-Ali un projet de percement de l'isthme de Suez conforme au plan de M. Linant-Bey. M. Mougel-Bey, directeur des travaux de barrage du Nil, ingénieur en chef des ponts-et-chaussées, avait également entretenu ce prince de la possibilité et de l'intérêt du percement de l'isthme de Suez.

La mort de Méhémet-Ali et les événements politiques qui ont agité l'Europe dans ces dernières années, avaient empêché jusqu'ici de prendre une résolution définitive sur ces divers systèmes, mais, aujourd'hui, nous touchons à la solution d'un problème qui s'agite depuis tant de siècles, qui a occupé les plus grands esprits et les plus puissants souverains, depuis Sésostris jusqu'à Napoléon.

M. Ferdinand de Lesseps, ministre plénipotentiaire et savant distingué, ayant adressé au nouveau vice-roi d'Égypte, Saïd-Pacha, un mémoire établissant les avantages et la possibilité d'exécution du canal des deux mers, ce prince, pénétré du résultat grandiose de l'entreprise, lui a accordé, par un firman du 30 novembre 1854, communiqué aux consuls généraux des puissances étrangères, l'autorisation de constituer une compagnie formée de capitalistes de toutes les nations, ayant pour objet le percement de l'isthme de Suez. Ce firman faisait de la nouvelle voie de communication entre les deux hémisphères, le domaine égal de tous les peuples ; mais il réservait la question du tracé. Afin de la résoudre, deux ingénieurs, MM. Linant-Bey et Mougel-Bey, furent désignés par le vice-roi, pour compléter, par un nouvel examen des travaux, sous la direction de M. de Lesseps, les études déjà faites. Cette exploration eut lieu au mois de janvier 1855. Après avoir étudié les avantages et les inconvénients des divers tracés, les deux savants ingénieurs se prononcèrent pour le tracé direct. De son côté, le prince, que de longues études spéciales et ses connaissances dans l'art nautique, mettaient parfaitement au courant de la question, reconnut que ce tracé était le seul qui offrît à la navigation du monde les larges satisfactions qu'il désirait lui donner. MM. Linant-Bey et Mougel-Bey achevèrent, au mois de mars 1855, leur avant-projet où étaient discutées et résolues toutes les questions qui leur avait été soumises.

D'après le tracé proposé, le canal de jonction entre les deux mers, de Suez à Péluse, aurait trente lieues environ de longueur. Il serait large de cent mètres ; sa profondeur serait de huit mètres. Partant de la rade de Suez, il se dirige à l'est de la ville, en faisant une courbe pour aller gagner l'ancien tracé qu'il laisse à l'ouest, et suit la vallée jusqu'à ce qu'il joigne les lacs Amers. Il traverse ces lacs dans toute leur longueur, en suivant leurs sinuosités, de manière à éviter les mouvements de terrain. En quittant les lacs, la ligne suit le seuil d'un ancien sérapéum, dont les ruines se voient dans cette partie du désert, et le canal vient se jeter dans le lac de Timsah, en laissant à l'est la hauteur de Cheik-Ennedec. Le lac de Timsah doit servir à former un port intérieur qui permettra de ravitailler et de réparer les navires, en même temps qu'il sera le point de jonction entre le canal maritime et un canal de communication avec le Nil.

Au sortir du lac de Timsah, le canal maritime va trouver le seuil d'El-Ghizir sur son point le plus bas et se dirige enfin vers le lac Mensaleh, qu'il traverse directement le long de la rive orientale jusqu'à Péluse, et il se prolonge en mer jusqu'à ce qu'il rencontre une profondeur de sept mètres cinquante centimètres. L'entrée du canal, tant dans la Méditerranée que dans la mer Rouge, aurait lieu au moyen d'une double jetée de six mille mètres, bordant un chenal d'une largeur et d'une profondeur partout suffisantes au passage des plus gros navires.

L'intérieur de l'Égypte serait mis en rapport avec le grand canal maritime, par un canal d'eau douce de vingt-cinq mètres de largeur, qui, partant du Nil un peu au-dessus de Boulak, et suivant d'abord en partie le tracé de l'ancien canal de Trajan et d'Amrou, recreusé par Méhémet-Ali jusqu'à Tell-el-Ioudich, se dirigerait ensuite au nord jusqu'à Ras-el-Ouady (le *Pi-Toum* de la Bible), et traverserait l'Ouady-Tomilat, qui fut autrefois la vallée de Gessen, *la terre des pâturages*, pour rejoindre le canal maritime au lac de Timsah, à égale distance de Suez et de Péluse.

Enfin, une rigole d'irrigation, destinée à rendre à la production les terres concédées à la compagnie, partirait de ce canal d'eau douce au lac de Timsah, et irait rejoindre Suez, en se prolongeant le long de la rive orientale du canal maritime.

D'après le projet, il suffirait, pour accomplir cette grande entreprise, de six années de travaux et d'une somme de 160 à 180 millions, c'est-à-dire la moitié de ce qu'a coûté le chemin de fer de Paris à Lyon, ou celui de Londres à York.

Tel est, dans son ensemble, le plan développé dans le rapport des ingénieurs du pacha d'Égypte. A la suite de l'exploration de l'isthme, M. de Lesseps se rendit à Constantinople, et constata que le sultan, ainsi que ses conseillers, étaient favorables au projet; mais, sur la demande de l'ambassadeur d'Angleterre, la ratification impériale a été jusqu'à présent différée.

Nous ne reproduirons pas ici les objections soulevées contre le projet de tracé direct de Suez à Péluse, par MM. Baude et Talabot, qui, comme nous l'avons dit, proposaient un tracé indirect de Suez au Nil, et du Nil à Alexandrie, en traversant l'Égypte. On peut lire, dans la *Revue des Deux Mondes*, le développement du système de ces deux savants ingénieurs (1). Cependant, il nous semble impossible qu'on lise l'exposé et les documents publiés par M. de Lesseps (2) sans être convaincu que le tracé direct est, non-seulement le plus court et le moins dispendieux, mais le plus naturellement indiqué par la qualité des terrains, le plus facile à exécuter, et celui qui donnera les plus grands résultats. Telle a été d'ailleurs l'opinion du vice-roi Saïd-Pacha, et la question semble dès à présent résolue par la déclaration suivante, que le prince a communiquée à M. de Lesseps : « Après avoir passé en

(1) *Revue des Deux Mondes*, livraisons du 15 mars et du 1er juillet 1855.

(2) *Percement de l'isthme de Suez; exposé et documents officiels* par M. Ferdinand de Lesseps, ministre plénipotentiaire. Paris, H. Plon, 1855, in-8°. — Les avantages du tracé direct ont été démontrés aussi avec beaucoup de force dans un article inséré au *Moniteur universel*, le 6 juillet 1855, et dans un travail de M. Bonneau (*Revue contemporaine*, mars 1855).

» revue les nombreux projets présentés aux divers
» gouvernements ou au public depuis cinquante ans,
» je laisse toute liberté d'appliquer les moyens que la
» science reconnaîtra les meilleurs pour faire commu-
» niquer entre elles la mer Rouge et la Méditerranée sur
» tel ou tel point de l'isthme, à l'est du cours du Nil;
» mais je déclare que je n'autoriserai point la compa-
» gnie universelle du grand canal maritime de Suez
» à adopter un tracé qui aurait pour point de départ
» la côte de la Méditerranée à l'ouest de la branche
» de Damiette, et qui traverserait le cours du Nil. »

En même temps, le vice-roi d'Égypte a voulu soumettre à la consécration de la science européenne l'entreprise du canal des deux mers, en déclarant que la décision scientifique de l'Europe servirait de base à l'organisation de la compagnie universelle, à laquelle cette entreprise a été concédée. En conséquence, une commission de savants anglais, français, hollandais, allemands, et italiens, constituée par les soins de M. de Lesseps, a été chargée d'examiner les études récemment faites par les ingénieurs du vice-roi, et de résoudre tous les problèmes de science et d'art que présente l'opération. Cette commission compte parmi ses membres étrangers, M. Rendel, premier ingénieur de la Grande-Bretagne pour les travaux des ports; M. Mac-Lean, ingénieur également connu en Angleterre par ses travaux hydrauliques; M. le commandeur Harry-Hewet, officier supérieur de la marine britannique, qui a fait, pendant vingt-sept ans, des études hydrographiques dans la mer Rouge et dans la mer des Indes; M. de Negrelli, directeur général des travaux publics de la Lombardie, qui, dans des études faites en 1847, a été spécialement chargé de l'examen des questions relatives au débouché du canal par Péluse; M. Paleocapa, ingénieur, ministre des travaux publics à Turin ; M. le chevalier Conrad, ingénieur en chef du Water-Staat, président de la Société des ingénieurs des Pays-Bas ; M. le conseiller privé Lentze, attaché au ministère du commerce à Berlin, président des comités que le gouvernement Prussien a établis pour les constructions hydrauliques et l'entretien des digues sur la Vistule. Ces savants, auxquels se sont joints, en qualité de commissaires pour la France, M. Renaud, inspecteur général des Ponts-et-chaussées, et M. Lieussou, ingénieur hydrographe de la marine, viennent de partir pour l'Égypte, accompagnés de M. de Lesseps. Il y a donc lieu d'espérer que la solution définitive de cette grande question ne se fera pas attendre.

Nous appelons de tous nos vœux la prompte exécution de cette œuvre immense, qui intéresse à un si haut degré toutes les nations civilisées. Le percement de l'isthme de Suez abrégerait de plus de moitié la distance qui sépare les Indes des principales contrées de l'Europe et de l'Amérique. Suivant un tableau dressé par M. le professeur de géologie, Cordier, la navigation par le canal de Suez jusqu'à Bombay, comparée à la navigation actuelle par l'Atlantique et le cap de Bonne-Espérance, offre une différence de quatre mille trois cents lieues de moins pour les navires partant de Constantinople, de trois mille sept cent soixante-dix-huit lieues de Malte, de trois mille six cent vingt lieues de Trieste, et de trois mille deux cent soixante-seize lieues de Marseille. Cette différence est de plus de deux mille cinq cents lieues pour les ports de Cadix, Lisbonne, Bordeaux, le Havre, Londres, Liverpool, Amsterdam, Saint-Pétersbourg, New-York et la Nouvelle-Orléans.

Des calculs modérés et certainement incomplets portent le mouvement commercial entre l'Inde et les principaux ports de l'Europe à deux millions de tonneaux et deux milliards de francs, répartis seulement entre l'Angleterre, la France, la Hollande, l'Espagne et les villes anséatiques. Ce mouvement, qui s'exécute aujourd'hui par le cap de Bonne-Espérance, le long de la côte d'Afrique, navigation interminable, dispendieuse, semée de périls de tout genre, se fera presque entièrement par la Méditerranée et la mer Rouge, le chemin le plus naturel, le plus court et le plus économique. Quelle facilité désormais pour exploiter dans toute leur immense étendue les îles de la Sonde, l'Australie, l'Afrique orientale, le bassin occidental de la mer des Indes, le golfe d'Oman, le golfe Persique, l'Arabie, l'Abyssinie, pour ouvrir au commerce européen la Chine et le Japon, pour coloniser la Malaisie, l'Océanie! C'est un monde nouveau livré à l'activité de l'Europe; mais les avantages commerciaux de l'entreprise ne sont que le côté secondaire de la question; ils ne sont rien si on les compare aux conséquences que l'ouverture du canal des deux mers doit avoir pour la civilisation du monde.

On a dit que le projet de percement de l'isthme pourrait empêcher l'exécution du chemin de fer d'Alexandrie à Suez, qui est considéré par la politique anglaise comme essentiel à ses intérêts dans l'Inde. Ce chemin, au lieu d'être entravé par le canal des deux mers, lui devra, au contraire, toute sa valeur; car, étant destiné à transporter les voyageurs, les dépêches, les marchandises de prix, le numéraire, il n'obtiendra de produits suffisants que par le mouvement dû au grand commerce maritime à travers l'isthme de Suez. Le pacha d'Égypte a reconnu que ces deux entreprises devaient se compléter l'une par l'autre, et c'est dans cette pensée qu'il a décidé le prompt achèvement de la troisième section du chemin de fer entre le Caire et Suez.

Une autre objection a été faite en Angleterre. On s'est demandé si les relations commerciales et maritimes de la Grande-Bretagne ne seraient pas affectées d'une manière fâcheuse par l'ouverture d'une voie nouvelle qui, en rapprochant les distances, faciliterait et augmenterait la navigation des autres pays avec l'extrême Orient. Il nous paraît difficile de concevoir qu'une entreprise destinée à abréger de près de moitié la distance entre l'Occident et l'Orient du globe ne convienne pas à la Grande-Bretagne, maîtresse de Gibraltar, de Malte, des îles Ioniennes, d'Aden, d'établissements importants sur la côte orientale et sur la côte méridionale d'Afrique, et qui possède l'Inde et l'Australie. L'Angleterre, aussi bien et plus encore que la France, doit vouloir le percement de cette langue de terre de trente lieues, que tout homme, préoccupé des questions de civilisation et de progrès, ne peut voir sur la carte sans éprouver le vif désir de faire disparaître cet obstacle laissé par la Providence sur la grande route du commerce du monde. Les ports de l'Europe, surtout ceux de la Méditerranée, profiteront, il est vrai, de l'ouverture de l'isthme de Suez ; mais l'Angleterre, dont la marine commerciale est supérieure à celle de toutes les nations européennes réunies, ne peut que profiter elle-même, dans une proportion beaucoup plus forte, de l'accroissement de relations qui résultera nécessairement du rapprochement des lieux d'échange. Non-seulement elle jouira du précieux avantage de se trouver plus près de ses colonies de l'Inde; mais elle augmentera à un degré incalculable son influence sur bien d'autres rivages, et peut-être étendra-t-elle un jour sa puissance au sud et à l'orient de l'Afrique, comme la France a étendu la sienne sur l'Afrique septentrionale.

Les craintes qui ont été exprimées ne nous semblent donc nullement fondées; et nous espérons que, du moment qu'il sera reconnu qu'aucun obstacle matériel ne s'oppose au percement de l'isthme de Suez, toutes les nations de l'Europe se mettront d'accord avec la Porte Ottomane et le vice-roi d'Égypte, pour contribuer à la réalisation d'une œuvre où les intérêts universels trouveront satisfaction.

L'HEPTANOMIDE OU RÉGION DES SEPT NOMES. — LES VALLÉES DE KOLZOUM ET D'EL-ARABAH. — LES MONASTÈRES DE SAINT-ANTOINE ET DE SAINT-PAUL. — LE FAYOUM. — LE LAC MOERIS ET LE LABYRINTHE. — ANTINOÉ.

De retour au Caire après notre excursion à Suez, nous nous sommes bientôt remis en marche pour parcourir la moyenne et la haute Égypte. Depuis le Caire jusqu'aux cataractes, nous avons fait cette route, non pas en remontant le Nil, comme on le fait ordinairement, mais en traversant le désert à dos de dromadaire; moyen beaucoup plus rapide, et qui nous a permis, d'ailleurs, de visiter des localités que les voyageurs européens n'ont pas l'occasion de voir lorsqu'ils suivent le cours du fleuve. C'est au retour seulement que nous nous sommes embarqué sur le Nil pour revenir au Caire.

A Memphis, ville comprise dans le rayon de l'Ouestanieh ou de l'Égypte moyenne, commence la limite d'une division plus ancienne, connue sous le nom d'*Heptanomide* ou des Sept-Nomes. Les nomes formaient les divisions territoriales de l'ancienne Égypte. Strabon rapporte que l'on comptait vingt-sept cours dans le labyrinthe de Mœris, et que dans chacune d'elles s'assemblait une des préfectures égyptiennes, pour y délibérer sur les affaires de l'État. La contrée avait donc vingt-sept nomes, dix pour la Thébaïde, autant pour l'Égypte inférieure, et sept pour l'Égypte du milieu. Ces derniers ont été les plus célèbres sous le nom d'Héptanomide. On les appelait nomes Memphite, Aphroditopolite, Crocodilopolite, Héracléopolite, Oxyrinchite, Cynopolite et Hermopolite. Le nome d'Antinoé, situé sur la rive droite du Nil, formait une province à part. Cette division paraît s'être seulement transformée dans la division moderne. L'Ouestanieh, ou région du milieu, s'étend du Caire à Syout, comme l'Héptanomide des Égyptiens allait de la Babylone d'Égypte à Lycopolis. La seule différence qui existe, c'est qu'au lieu de sept nomes, l'Ouestanieh ne renferme que cinq provinces, celles de Gizeh, d'Atfieh, du Fayoum, de Benesseh et d'Achmouneyn ou de Minieh.

On a vu ce qu'était le pays de Memphis. En dehors des souvenirs qui se concentrent dans les plaines de Gizeh et de Sakkarah, il renferme peu de localités importantes. En partant du Vieux-Caire, et côtoyant le Nil, on trouve pourtant l'*île d'Or* ou Gezireh-Dahab, longue et riante prairie couverte de troupeaux. A cette hauteur, sur la rive droite du fleuve, se découvre la grande mosquée d'Athar-en-Nâby (*les vestiges du prophète*), où les habitants du Caire accourent en pèlerinage pour adorer l'empreinte du pied de Mahomet. Un cheik, attaché à ce temple, a le soin d'accréditer une tradition aussi pieuse, et de publier les merveilleuses propriétés de cette relique, qui consiste en une pierre lisse et imbibée de parfums. Sur la même rive, au-dessus d'Athar-en-Nâby, se trouve encore un petit village où les Turcs ont une mosquée, et les Cophtes un couvent. Plus loin, sur le sommet de la chaîne arabique, apparaissent des tentes où les Bédouins se retirent pendant l'inondation.

Sur la rive droite du fleuve s'étend la province d'*Atfieh*, qui fut autrefois le nome d'*Aphroditopolis*. Rien, dans l'histoire de l'Égypte ancienne, ne justifierait le nom de ville de Vénus ou *Aphrodite* que l'on avait donné à la capitale de ce nom. Le culte de Vénus, sous ce nom d'Aphrodite, était étranger à la terre des pharaons, et il est bien évident que nous ne connaissons que la dénomination grecque de cette préfecture. Dans tous les cas, c'est un misérable pays. Le désert arabique, qui l'étreint de toutes parts, a dévoré graduellement toutes les terres cultivables. Aujourd'hui il ne lui reste plus qu'une bande rétrécie fécondée par l'inondation. *Atfieh*, capitale actuelle de cette province, est située sur la lisière même du désert. Ce n'est qu'un gros bourg arabe, souvent visité par les tribus nomades qui parcourent cette partie du Nil. Plus au nord, est l'ancienne *Troïa*, aujourd'hui *Tourah*. Ce nom de Troïa provenait, s'il faut en croire Strabon, d'une colonie troyenne, qui aurait été conduite en ce lieu par Ménélas; d'autres écrivains, avec plus de vraisemblance, donnent à cette ville, pour fondateurs, des Grecs appelés en Égypte par Psamméticus. Les carrières que l'on trouve aux environs de la moderne Tourah ont fourni une partie des matériaux nécessaires à l'érection des pyramides. Vers le sud, le nome Aphroditopolite se terminait par l'ancienne *Timonepsi*, aujourd'hui *Bayad*, village habité par des Cophtes. Située sur l'embouchure d'une grande vallée qui conduit à Kolzoum, sur la mer Rouge, et aux monastères de Saint-Antoine et de Saint-Paul, dont nous parlerons plus loin, Bayad fournit au Caire à peu près toutes ses pierres à plâtre recueillies dans les montagnes voisines.

En repassant de nouveau le Nil, on trouve sur la rive gauche l'ancien nome d'Héraclépolis. Bordé par le fleuve et par ses dérivations, il formait jadis une espèce d'île; mais aujourd'hui, par suite de l'ensablement des canaux, la province de Behnesseh, qui a succédé à cette préfecture, ne se trouve plus baignée que par le Nil. Le nome Héracléopolite était, comme l'indique son nom, dédié à l'Hercule égyptien, ministre d'Osiris, et chef de ses armées. C'était Hercule qui était chargé de reculer les frontières du Fleuve-Dieu, en réalisant des conquêtes sur le désert, ce qui donnerait à penser que, sous cet emblème, les Égyptiens adoraient les canaux dérivés du fleuve. *Héracléopolis* était consacrée à Hercule; mais c'est là tout ce que l'on sait de cette ville. Des calculs assez probables la placent près du village moderne appelé *Ahnâs*, qui ne contient cependant que peu de vestiges d'anciennes constructions. Il existait dans Héracléopolis un évêché et un monastère célèbre. Le village d'El-Deyr (le couvent), situé au Nord-Est d'Ahnâs, semble marquer la position précise de cet ancien monastère. La ville de *Nilopolis*, que Ptolémée place au sud d'Héracléopolis, ne correspond, d'une manière certaine, à aucune ville arabe. Mais *Cœne*, dont il est fait mention dans l'*Itinéraire d'Antonin*, est la moderne *Beni-Souef*, la plus importante ville de la province de ce nom.

Beni-Souef, située sur la rive du Nil, est triste à l'intérieur, bâtie sans élégance et sans goût, mais des campagnes fertiles l'environnent. Le coup d'œil qu'elle offre de loin, avec les flèches de ses minarets s'élançant des massifs de verdure, est d'un effet gracieux et pittoresque. Les habitants sont presque tous cultivateurs ou négociants : ils font un commerce assez considérable avec le Caire, où ils envoient une grande partie de leurs récoltes, et des tapis d'une fabrication assez grossière. Voisine du Caire, cette contrée est plus pressurée que celle du rayon plus éloigné. Cependant la plaine est d'une merveilleuse richesse; le blé, le sainfoin, l'orge, les fèves, le dourah la couvrent dans toute son étendue. Les habitants sont aujourd'hui encore ce qu'ils étaient du temps de Diodore de Sicile. « Les Égyptiens, dit cet » auteur, se croiraient dupes de payer ce qu'ils doivent » avant d'être battus pour y être contraints. » C'est là un trait commun à tous les fellahs de l'Égypte.

Aux environs de Beni-Souef, on remarque beaucoup de villages et de bourgs bâtis en boue et en paille hachée, méthode de construction usitée également dans toute la Haute-Égypte. Dans ce nombre sont *El-Zaouieh*, l'ancien *Iseum*, que traverse un large canal; *Tahabouch*, qui serait, selon quelques savants, la Nilopolis de Ptolémée; *Bouch*, où vient aboutir une des branches du Bahr-Yousef, canal de Joseph; *El-Meïmoun*, bourg riche et populeux; *Beni Ady-el-Afer*, village qui recueille de la gomme arabique; *El-Zeïtoun, Dallast, Bacher, Kenren-el-Arous* et *El-Chenaouieh*. Dans ce dernier bourg, se trouve un arbre votif, auquel les habitants du lieu viennent adresser leurs offrandes, sans doute par une tradition du culte égyptien, la loi musulmane prohibant avec rigueur toute adoration semblable. Cet arbre est un vieux tronc pourri, aux branches duquel pendent des cheveux fixés avec des clous, des dents, des sacs de cuir, de petits étendards. Ces offrandes impliquaient toutes un vœu et une prière : c'était pour obtenir des dieux, soit la constance d'un mari, soit la fécondité d'une femme, quelquefois des richesses, d'autres fois du succès dans une entreprise.

Au nord et du même côté du Nil, s'étendait le nome Oxyrinchite, qui fait partie également de la province de Behnesseh. Tout porte à croire que *Behnesseh*, capitale de la province, a succédé à Oxyrinchus, la capitale du nome, quoique la première fût située sur la rive gauche du canal de Joseph, tandis que la seconde était placée sur la rive droite. Les sables lybiques ayant envahi la cité ancienne, la ville moderne a pris le canal pour barrière entre elle et le désert.

L'ancienne *Oxyrinchus* est facile à reconnaître aux ruines qui jonchent son enceinte. Une colonne corinthienne debout à quelque distance du canal, et des fragments d'autres colonnes renversées, les unes et les autres produit du ciseau grec et romain, arrêtent d'abord l'œil du voyageur comme des jalons pour d'autres recherches. S'il était possible de fouiller aux environs, il est hors de doute qu'on y trouverait de nombreux vestiges d'antiquités égyptiennes et de monuments postérieurs. L'histoire nous apprend qu'aux premiers siècles du christianisme, Oxyrinchus était célèbre par ses monastères. La ville, le désert, les grottes des environs étaient peuplés de moines et de religieuses, qui, suivant de pieuses chroniques, possédaient tous le don des miracles. On comptait, dans le ressort d'Oxyrinchus, douze églises, dix mille moines, et vingt mille religieuses. Rien dans l'état moderne n'indique pourtant que cette région ait pu posséder de grandes ressources territoriales. Limitée à l'Occident par le canal de Joseph, qui creuse comme un fossé entre elle et le désert, et à l'Orient par le Nil, elle est moins fertile que le Fayoum et que les environs de Beni-Souef. Les fréquentes incursions des Bédouins obligent les cultivateurs à s'y tenir presque toujours sur la défensive. Les seules positions remarquables sont Abou-Girgeh, l'ancienne *Tamonti*, où les Cophtes avaient un couvent; Feneh, l'ancienne *Fenchi*, et Cheureh, l'ancienne *Tacona*; mais, sur aucun de ces points, on ne retrouve de vestiges des villes primitives. L'aspect de ces villages est des plus misérables, leur intérieur des plus dégoûtants. Les maisons ne sont que de vastes colombiers où s'abritent pêle-mêle hommes, femmes, poules, pigeons, et avec eux la vermine et les insectes dévorants.

Le nome Cynopolite, qui confinait à celui d'Oxyrinchus, était coupé en deux portions par le Nil : il comprenait les villes d'Acoris, de Cô ou Cynopolis, de Muson, d'Hipponon, et quelques autres moins célèbres. Aujourd'hui, il constitue une enclave de la province d'Achmouneyn dont il va être question. C'est dans *Samallout* que l'on croit retrouver l'ancienne *Cynopolis*, célèbre par le culte que l'on y rendait au chien Anubis. Anubis, d'après Diodore, était un compagnon de voyage d'Osiris, qui se distinguait par son habillement formé de la peau d'un chien. Samallout n'est aujourd'hui qu'une grosse bourgade peuplée d'Arabes et de fellahs. On y voit quelques ruines, et, à l'ouest, un monastère du même nom, qui semble le reste d'une position ancienne. Près de là, à six lieues au nord, paraît sur le Nil l'île de *Zohrah*, avec un hameau dont les toits semblent se détacher d'un massif d'arbres touffus, tandis que de riches moissons forment comme une ceinture verte autour de sa base. Cette île est sans doute celle que Ptolémée place à la hauteur de Cynopolis.

Tahaneh, placée sur la rive droite du fleuve, offre beaucoup plus de restes antiques. On la croit assise sur l'ancienne *Acoris*, dont les ruines forment une butte très-haute. Bien qu'aucun monument intact ne se dessine dans ses décombres, il est à croire que des fouilles bien dirigées conduiraient à d'importants résultats. Des bases de colonnes, des vestiges d'architecture grecque, des entablements égyptiens, des soffites en pierres calcaires, des carrières, des grottes, des hypogées ornés des bustes d'Isis et de sculptures hiéroglyphiques, tout atteste qu'une ville importante exista sur ce point.

Au nord de Tahaneh est situé le village d'Ouadi-el-Teyr, dans le rocher duquel s'ouvrent de profondes carrières. La montagne qui domine le village Gebel-el-Teyr (mont des Oiseaux) est de tout temps couverte de ramiers qui habitent ses flancs, et d'aigles ou d'éperviers qui peuplent son sommet. Sur le même plateau, du côté du nord, on aperçoit le monastère de la Poulie (*Deyr-el-Bakarah*), qui, placé à pic sur le fleuve, y puise de l'eau pour son usage. Ce couvent est l'un des plus peuplés de l'Égypte moyenne. La principale occupation des religieux est de demander l'aumône aux voyageurs. Quand une barque paraît au loin, l'un d'eux se jette à la nage et va faire un appel à la charité du passant.

Au milieu des divers gisements antiques de l'ancienne province de Cynopolis, il en est un qui a échappé jusqu'ici aux recherches des archéologues, celui d'*Alabastria*, situé à l'est du fleuve, et assez avant dans les terres. C'est d'Alabastria que les Égyptiens tiraient la grande quantité d'albâtre que l'on a pu retrouver dans leurs monuments. Quelques savants ont cru reconnaître cette ville dans des ruines qui existent près de Gebel-Khalyl sur le chemin du couvent d'El-Arabah ou de Saint-Antoine. Ce mot d'*Arabah*, qui veut dire *chariot*, et que l'on donne à la plaine voisine, provient sans doute de la grande quantité de chariots qui servaient à transporter l'albâtre. Toute cette route, que nous avons suivie pour aller visiter les monastères de Saint-Antoine et de Saint-Paul, n'est guère peuplée que de chamois et de gazelles : à peine trouve-t-on sur les bords des torrents quelques sénés et quelques acacias ; des brins d'une herbe rare, perçant à travers le sable, sont la seule pâture des animaux qui végètent dans ce désert, et ils n'ont pour se désaltérer qu'une eau saumâtre qui suinte du pied du mont Khalyl. Dans la vallée d'El-Arabah se voient des travaux dans le rocher qui témoignent d'une exploitation antérieure. Non loin de là, et sur le sommet du mont Kolzoum, se trouve le couvent de Saint-Antoine.

Ce n'est pas sans émotion que, dans ces solitudes qui s'étendent entre le Nil et la mer Rouge, et particulièrement dans les vallées de Kolzoum et d'El-Arabah, nous avons reconnu les traces du séjour des pieux solitaires des premiers temps du christianisme. Cette partie de l'Égypte, aussi bien que les environs de Thèbes, était comprise sous la dénomination générale de Thébaïde. C'est là que les premiers cénobites ont vécu, que les premiers monastères se sont élevés ; c'est de ce point du monde qu'ils ont rayonné sur toute la terre chrétienne. Les plus anciens et les plus célèbres de ces monastères étaient ceux de *Saint-Antoine et de Saint-Paul, ermite*, que nous venons de désigner. Tous deux, quoique bien déchus depuis plusieurs siècles, subsistent encore et sont habités par des religieux cophtes. Nous n'avons trouvé dans chacune de ces retraites que sept ou huit cénobites livrés à la prière et aux travaux manuels, règle qui semble oubliée aujourd'hui dans la plupart des couvents voisins du Nil, où des moines passent leur vie à mendier. Nous ne reproduirons pas ici la description que nous avons donnée ailleurs du couvent de Saint-Antoine (1). Le couvent de Saint-Paul est bâti au pied d'une montagne, du sommet de laquelle on voit, au nord-est, les deux pointes du Sinaï, à l'est la mer Rouge, à l'endroit même où, suivant la tradition, le peuple d'Israël avait traversé l'abîme des eaux. Il a été construit sur l'emplacement de la grotte où Paul de Thèbes vint chercher un abri pendant la persécution de l'empereur Dèce, et où il avait passé soixante ans de sa vie, lorsqu'il y accueillit saint Antoine, à qui le prodige de sa sainteté avait été révélé dans un songe. Les pèlerins du moyen âge ne visitaient pas ce monastère avec moins de dévotion que celui de Saint-Antoine. Le seigneur d'Anglure, vers la fin du quatorzième siècle, y trouva soixante religieux « qui lui firent très-bonne chiere et le reçurent moult doucement et bénignement. » « Ces bons frères, ajoute le pèlerin champenois, se levèrent au milieu de la nuit, et estoient aussi diligents de nous servir et de nous appareiller chaudes viandes, comme si chacun d'eux deust gagner cent ducats. En icelle dicte abbaye y a belle petite chapelle, laquelle est en bas, en dévalant plusieurs degrés sous une roche. Illec demouroit saint Paul en faisant sa pénitence, car autre habitation n'y avoit que la roche pour icelui temps. L'abbaye a de plus très-bel jardin et très-belle fontaine. » Deux siècles après le passage du seigneur d'Anglure, un autre voyageur français, Jean Coppin, consul à Damiette et syndic de la Terre-Sainte, traversa la vallée de Kolzoum et fut reçu au couvent de Saint-Paul; Vansleb, curé de Fontainebleau, le vit aussi quarante ans plus tard, et le père Sicard, au commencement du siècle dernier, le visita également, ainsi que plusieurs autres couvents de la Thébaïde, dont il a donné la des-

(1) *La Syrie, la Palestine et la Judée*, édit. in-12, page 87.

cription. Depuis cette époque, nous ne connaissons aucun voyageur avant nous qui ait porté son attention sur ces déserts, habités autrefois par un peuple de saints. Il y a là pourtant bien des couleurs pour la poésie, bien des souvenirs pour l'histoire, bien des leçons pour le sage. M. Michaud, qui est venu en Égypte un an après notre premier voyage, a publié, dans sa *Correspondance d'Orient* (1), un intéressant chapitre sur les solitaires de la Thébaïde, mais il témoigne le regret de n'avoir pas vu les monastères de la moyenne et de la haute Égypte.

Au retour de notre course dans le désert de Kolzoum et d'El-Arabah, nous avons traversé le Nil pour parcourir la belle province du *Fayoum*, qui répond à la situation du nome de *Crocodipolis* ou d'*Arsinoé*. Le Fayoum semble être un pays à part dans l'Égypte, une oasis détachée des rives du Nil, une contrée distincte et indépendante du fleuve souverain de l'Égypte. Enveloppée d'une chaîne de montagnes, ne livrant passage que par une gorge étroite, elle ne fut connue des Arabes qu'un an après qu'ils eurent conquis l'Égypte. De tout temps elle a été renommée pour sa fécondité. « La préfecture » d'Arsinoé, dit Strabon, surpasse toutes les autres » par sa beauté, sa richesse et la variété de ses produc- » tions. » Toutefois, en jetant les yeux sur les déserts qui l'enceignent, il est facile de voir que son vaste bassin fut autrefois infertile. Voici comment on raconte l'histoire de sa fécondation.

Dans un siècle que l'on ne précise point, un pharaon nommé Mœris, visitant ses États, trouva, à l'ouest du Nil, une vallée enfermée par la chaîne libyque, et il résolut, en y amenant les eaux du fleuve, d'arracher ce terrain au désert. Sans doute en plusieurs endroits la

(1) Tome VII, page 267.

nature avait commencé ce travail gigantesque ; la main de l'homme fit le reste. Des milliers de bras déblayèrent un vaste espace qui allait devenir une plaine d'eau douce, un lac factice, et, quand ce travail fut achevé, on creusa, pour compléter l'œuvre, un canal de cinquante lieues de long et de trois cents pieds de large. Ce canal, c'est, selon la plupart des savants, le Bahr-Yousef ou canal de Joseph ; le second, c'est le lac Mœris, que l'on croit généralement retrouver dans le lac qui porte le nom de Birket-el-Karoun. Le Bahr-Yousef semble attester encore les travaux prodigieux qu'il nécessita. Depuis sa prise dans le Nil, à Farout-el-Chérif, jusqu'à son embouchure dans le Birket-el-Karoun, on reconnaît son lit tracé entre deux montagnes, parfois taillé dans le roc vif, et combiné au moyen de nivellements réguliers. Le Birket-el-Karoun, s'il n'est autre que le lac Mœris, conserve moins l'empreinte d'une création humaine. La pensée se refuse à croire que des hommes aient pu creuser un réservoir qui, au temps de Strabon et d'Hérodote, avait soixante-quinze lieues de circonférence, et qui, de nos jours encore, présente un circuit de vingt-quatre lieues. S'il est des savants auxquels l'aspect des pyramides a enlevé toute incrédulité au sujet de la puissance d'exécution des Égyptiens, il en est de plus sceptiques, qui n'ont vu dans le Birket-el-Karoun qu'un amas d'eau, déterminé naturellement par la surverse du Nil, et existant de temps immémorial. Quelques-uns même ont voulu, avec moins de fondement sans doute, retrouver le lac Mœris dans le lac Bathen, bassin étroit et marécageux situé à l'entrée du Fayoum.

Quoi qu'il en soit de ces diverses opinions, il existe encore assez de vestiges autour du lac Birket-el-Karoun pour témoigner, à défaut de renseignements historiques, que les rois d'Égypte, s'ils ne l'ont pas créé, l'ont du moins fait servir à la culture de la province. « Quand le Nil décroît, dit Strabon, il rend, par les deux embou-chures d'un canal, l'eau nécessaire à l'irrigation. A cha-que embouchure il y a des digues au moyen desquelles les architectes maîtrisent les eaux qui affluent dans le canal et celles qui en sortent. » Des vestiges de ces digues, encore existants, fournissent à l'appui de ce passage une preuve matérielle (1). On en peut conclure que les eaux du lac, dirigées suivant les besoins du pays, suppléaient aux crues médiocres, ou recevaient l'excédant des crues abondantes. Ainsi, dans son double but, le lac Mœris devait servir soit à l'arrosement des terres, soit à la navigation du Nil, auquel il aboutissait par deux canaux de décharge. Il y a plus : en de cer-taines années, l'inondation pouvait être tellement forte qu'il y eût lieu de craindre une irruption des eaux. Pour remédier à cet inconvénient il paraît qu'il existait, au travers de la montagne libyque, une sortie de dé-charge creusée à main d'homme, et qui jetait l'excé-dant des eaux du lac dans les sables du désert. Ce serait à cette circonstance que l'on devrait, selon plusieurs savants, attribuer l'existence du Bahr-Bela-Mâ ou fleuve Sans-Eau, dont nous avons parlé (page 54), et non pas à un détournement du cours du Nil, sous le règne du roi Mœris.

Depuis Strabon, le vaste réservoir, creusé par les pharaons, aurait bien perdu de ses développements si le Birket-el-Karoun en est un reste; ce fait ressort de

(1) M. Linant-Bey a remarqué aussi les restes des digues longues de plusieurs milles, et de construction ancienne, qui forment la limite entre la partie supérieure et la partie inférieure du Fayoum, et il reconnaît également que ces digues ne pouvaient avoir d'autre but que d'arrêter les eaux d'un lac artificiel; mais il pense que ce lac, aujourd'hui desséché, n'a rien de commun avec le Birket-el-Karoun. Cette opinion a été partagée par le docteur Lepsius.

l'examen des bords du lac qui, vaseux et presque liquides, trahissent le séjour des eaux à une époque antérieure. Privé de communication soutenue avec le Nil, et livré à une évaporation active, le lac a dû non-seulement décroître, mais perdre la pureté de ses eaux. De là leur goût saumâtre, et l'absence de poissons dans un lac jadis si poissonneux. Diodore marque que la pêche du lac Mœris rendait une valeur correspondante à 18,000 francs de notre monnaie, affectés aux parfums et à la toilette de la reine. D'autres écrivains ajoutent que cette pêche était si abondante, qu'on trouvait à peine un nombre d'hommes suffisant pour saler le poisson.

Les égyptologues modernes identifient le roi appelé Mœris par les Grecs, avec le pharaon Aménemhès III, dont le prénom était *Ra-en-Ma*, soleil de justice, ou *Manre*, mais ils ne croient pas pouvoir lui attribuer le lac connu sous le nom de Mœris. En effet, suivant eux, Aménemhès III n'est que le quatrième successeur de Sésourtésen I, et l'existence d'un obélisque de ce dernier pharaon à Bégig, dans le Fayoum, prouve que le sol de cette province était déjà cultivé et habité sous son règne. Or, comme c'était le creusement du lac et l'établissement du canal de dérivation des eaux du Nil qui avaient déterminé le dépôt d'alluvion auquel le Fayoum dut d'être habitable, il faut nécessairement admettre l'existence du lac avant Sésourtésen, et, par suite, avant Aménemhès. Toutes les probabilités, ajoutent les mêmes savants, se réunissent pour appuyer la conjecture de M. Bunsen, d'après laquelle le lac aurait été creusé par un pharaon du nom de Papi-Mairé, dont le cartouche s'est retrouvé à Ouadi-Magara, et qui paraît avoir appartenu à la sixième dynastie. M. Lepsius tire l'étymologie du nom de Mœris du mot qui désignait en égyptien ce vaste réservoir, dont le creusement remonte, quelle que soit la véritable origine de son nom, à une époque très-reculée.

Au sud du lac Birket-el-Karoun, et en gagnant un peu du côté du désert, on trouve le temple de Kasr-Karoun, ruine évidemment égyptienne, et qui a conservé un aspect d'une symétrie et d'une régularité remarquable. Les Arabes nomment la zone où se voit cet édifice *Beled-Karoun,* ou pays de Karoun. Ce nom, commun tout à la fois à des vestiges de ville et au lac voisin, a fourni matière à une fable plus ingénieuse que probable. On a supposé que le batelier chargé de transporter les morts dans une île du lac Mœris, destinée à des sépultures royales, s'appelait Karoun ou Karon, et que ce nom de Caron était non pas individuel, mais générique, s'appliquant, non à la personne, mais aux fonctions. Ainsi la grande communauté des Caron aurait pu, dans ce transport chèrement rétribué, acquérir de grandes richesses, avec lesquelles elle aurait d'abord bâti un palais, puis fondé une ville. De là encore le nom de Caron serait celui de tous les bateliers des morts, et aurait passé en Grèce, où il serait devenu celui du nautonier des enfers. Tout ceci, nous le répétons, n'est guère qu'une subtilité puérile.

Ce qui paraît certain, c'est que l'édifice de Kasr-Karoun fut plutôt un temple qu'un palais. Dans un étage supérieur du sanctuaire, on a découvert une pièce de neuf pieds de long sur trois et demi de large, pièce obscure, mystérieuse, mais sonore et répercutant la voix avec un éclat extraordinaire. N'est-ce pas le cas de supposer que cette pièce servait à rendre des oracles? Quand le dieu était consulté, le prêtre répondait pour lui du fond de cette niche, et son organe, multiplié par les échos du temple, ne ressemblait plus à un organe humain : c'était la voix du dieu; c'était l'oracle. La disposition des caveaux souterrains viendrait à l'appui de cette hypothèse. On y trouve en effet des cellules longues, basses et étroites, qui pouvaient servir à loger des crocodiles sacrés. Les ornements qui décorent ce temple, la physionomie du bâtiment, ses pièces latérales, son péristyle extérieur, sa corniche, ses assises, tout accuse le caractère des monuments religieux de l'ancienne Égypte. On n'y a découvert, du reste, aucune inscription.

Ainsi, Kasr-Karoun ne serait pas, comme l'ont pensé Paul Lucas, Savary et quelques autres, le fameux labyrinthe dont parle Hérodote. Ce labyrinthe, les savants de l'expédition française, et après eux les successeurs de Champollion, croient le retrouver auprès de la pyramide d'Harouarah, à deux lieues au sud-est de Medinet-el-Fayoum, et à une demi-lieue nord du canal de Joseph. Là, dans une position qui semble concilier les textes de Strabon, d'Hérodote et de Diodore, sur un plateau étendu qui domine la province, se trouve une pyramide en briques cuites au soleil, et dont la base a trois cent trente pieds de longueur. La hauteur perpendiculaire est de cent quatre-vingt-cinq pieds. Au nord et à l'ouest de ce monument, gisent des ruines considérables, des débris d'une enceinte reconnaissable encore. Ce qu'on en voit ne semble guère constituer que la partie supérieure de l'édifice; le reste a été englouti par les envahissements du désert ou par la vase du Nil. A l'extérieur, l'œil ne rencontre que des fragments de murailles flanquées de tourelles; à peine a-t-on pu apercevoir l'ouverture de quelques salles souterraines; les décombres dont elles sont jonchées en ont interdit l'accès. On a trouvé récemment, dans une de ces salles, le cartouche répété du pharaon Aménemhès III, qui, comme nous l'avons dit, paraît être le Mœris des Grecs.

C'est là que nos savants croient voir les restes du célèbre labyrinthe d'Égypte, misérables débris si on les compare aux merveilles que nous décrit Hérodote. « Le
» labyrinthe, dit-il, l'emporte même sur les pyramides.
» Il est composé de douze cours couvertes, dont les
» portes sont à l'opposite l'une de l'autre, six au nord
» et six au sud, toutes contiguës; une même enceinte
» de murailles, qui règne en dehors, les renferme; les
» appartements en sont doubles; il y en a quinze cents
» sous terre, quinze cents au-dessus; trois mille en
» tout. » Diodore, Strabon et Pline enchérissent sur cette peinture; mais aucun de ces auteurs ne s'accorde sur la destination de l'édifice. Suivant les uns il devait servir à la sépulture des rois; d'autres, et c'est le plus grand nombre, en attribuant son érection à Mœris, disent qu'il contenait vingt-sept péristyles et vingt-sept salles, où les députés des vingt-sept nomes égyptiens se rassemblaient pour délibérer sur les affaires importantes de l'État. Enfin, il en est qui ont vu dans le labyrinthe un tombeau, à la fois pour les restes des rois et des crocodiles sacrés. La renommée du labyrinthe d'Égypte fut telle, dans l'antiquité, que Dédale en fit un semblable pour l'île de Crète, sous le règne de Minos.

La province de Fayoum est remplie de débris de monuments, parmi lesquels on remarque le bel obélisque en granit rouge de Bégig, où l'on a retrouvé le cartouche de Sésourtésen I, et la pyramide d'El-Lahoum, qui, selon les historiens grecs, portait l'inscription suivante:
« Ne me méprise pas en me comparant aux pyramides
» de pierre: je suis autant au-dessus d'elles que Jupiter
» est au-dessus des autres dieux, car j'ai été bâtie de
» briques tirées du limon du lac. »

La capitale de cette province se nomma *Crocodilopolis* jusqu'à Ptolémée Philadelphe, qui lui donna le nom de son épouse et sœur *Arsinoé*. C'est aujourd'hui *Medinet-el-Fayoum*. L'histoire de cette ville est incertaine. On parle vaguement de quelques traditions fabuleuses d'un *temple d'or* et d'une statue de topaze de quatre coudées de hauteur. Les contes des Mille et une Nuits ne datent pas tous de la brillante imagination des Arabes. Strabon dit avoir vu à Arsinoé un crocodile familier *qui portait aux oreilles des boucles d'or*, et que les prêtres nourrissaient avec des gâteaux au miel, de la viande cuite et de l'hydromel.

Du temps d'Aboul-Feda, Medinet-el-Fayoum avait une certaine importance; elle était entourée de jardins, possédait des bains publics, des mosquées et des collèges. La ville actuelle n'est pas tout à fait sur le même emplacement qu'Arsinoé; elle s'en trouve à quelques centaines de mètres vers le sud. De l'ancienne capitale, il ne reste que des fragments de statues en granit ou en marbre, des vases en terre et en verre gisant sur un monticule de décombres. Medinet-el-Fayoum a une population de cinq mille âmes, dont une portion est chrétienne. Son industrie se borne à quelques manufactures de nattes, de tapis grossiers et d'eau de rose distillée. La campagne qui l'entoure est ravissante. Là point de charrue qui ouvre péniblement la terre. Quand l'inondation s'est retirée, on jette sur le limon déposé par le fleuve quelques poignées de doura, de blé, de millet ou d'orge, et le piétinement de quelques hommes complète l'ensemencement. Les coteaux sont couverts de vignes et d'oliviers; la vallée de rosiers en fleurs, d'indigo et de cannes à sucre. On y voit des plantations de lin, de carthame, de coton, de henneh, de tabac; des forêts de dattiers et de figuiers;

des haies d'opuntias, des vergers de pruniers, de pêchers et d'abricotiers. C'est, en un mot, la province la plus fertile de la plus fertile contrée qui soit au monde. Les richesses de ce sol, provenant toutes des eaux du Nil, l'irrigation est pour le cultivateur l'objet d'une sollicitude perpétuelle. C'est aux environs de Medinet-el-Fayoum que se trouve l'embranchement des neuf canaux qui arrosent la province, à l'aide d'une vanne que l'on lève et que l'on abaisse. Quand un village se refuse à payer le miry, on ferme la vanne de son canal, et il capitule.

La province d'Achmouneyn ou de Minieh correspond au nome Hermopolite, le plus vaste de tous, qui s'étendait par portions à peu près égales sur les deux rives du Nil. Son ancienne capitale, remplacée aujourd'hui par la bourgade d'*Achmouneyn*, était *Hermopolis-Magna*, dédiée, à ce que l'on croit, à Hermès ou à Thoth, le Mercure égyptien, à tête d'ibis. Ce Mercure passait pour avoir inventé le calcul et les sciences, la musique, la grammaire et l'écriture. Plusieurs villes prirent son nom, et dans le nombre Hermopolis, qui, ainsi que l'attestent ses débris, fut l'une des plus puissantes. Le Nil y arrivait par plusieurs canaux; le Bahr-Yousef la traversait, et aujourd'hui même que ces divers moyens d'irrigation n'existent plus, le bassin d'Hermopolis donne encore des preuves de fécondité et d'abondance.

Rien n'est plus imposant que les ruines de la ville égyptienne. Leur étendue, leur couleur sombre et noirâtre frappent d'abord le regard. Partout on voit des blocs immenses, ornés d'oves et de moulures; des entablements, des fûts de granit, des bases antiques; mais, au milieu de ces débris, ce qu'on remarque surtout, c'est un portique de douze colonnes debout, et en parfait état de conservation. Ce portique, dont les dimensions sont colossales, garde le caractère des plus antiques monuments égyptiens. On présume qu'il se composait de dix-huit ou vingt-quatre colonnes formant le péristyle d'un temple dont les traces ont entièrement disparu. Les fûts qui restent sont en granit : hauts de quarante pieds, ils en ont environ vingt-quatre de circonférence. Les architraves et les plafonds sont parfaitement conservés, et les pierres qui les composent présentent des dimensions énormes : on n'en compte que cinq dans toute la longueur de la façade, et la plus grande n'a pas moins de vingt-cinq pieds. La frise qui règne à l'entour est chargée d'hiéroglyphes ; on y reconnaît des figures d'oiseaux et d'insectes, comme aussi des hommes assis, et recevant des offrandes. Le portique était peint en rouge et en bleu : le temps a effacé quelques-unes de ses couleurs ; mais la corniche et les chapiteaux ont conservé leur dorure. Les étoiles semblent y étinceler comme sur un fond d'azur. Quoique l'ensemble de ces débris soit intact, quelques parties ont souffert des outrages du temps et du fanatisme. Les trois quarts de la corniche n'existent plus, et les dix colonnes de la façade ont disparu. Sans doute ces mutilations proviennent du fait des Arabes. A diverses époques, ils ont porté le marteau sur ces monuments, dans l'espérance d'y trouver des trésors, et presque toujours rebutés, ils ont reculé devant la difficulté de les détruire. Néanmoins, ils demeurent encore convaincus que ces blocs gigantesques recèlent des richesses mystérieuses, et c'est avec la plus grande défiance qu'ils voient des voyageurs en dresser le plan géométrique. Le père Sicard raconte qu'au moment où il admirait, presque en extase, le portique d'Achmouneyn, son guide arabe craignit un acte de magie, et lui dit : — « N'allume pas ton encensoir ; il nous arriverait malheur. — Que veux-tu dire? Je n'ai ni encensoir, ni feu, ni encens. — Tu te moques, un étranger comme toi ne vient point ici par pure curiosité. — Et pourquoi donc? — Je sais que tu connais par ta science l'endroit où est le grand coffre plein d'or que nous ont laissé nos pères. Si l'on voyait ton encensoir, on croirait bientôt que tu n'es venu ici que pour ouvrir notre coffre par la vertu de tes paroles magiques, et enlever notre trésor. » Dans toute l'Égypte et la Syrie, nous avons retrouvé les mêmes idées. Ainsi, encore aujourd'hui, aux yeux des Arabes, les Européens sont des sorciers qui n'ont d'autre but que de s'approprier, par le moyen de sortilèges, des richesses cachées dans les monuments.

Aux environs d'Achmouneyn ou Hermopolis, on rencontre *Taha* qui doit être l'ancienne *Ibeum*, et *Touneh* qui est une des Tanis égyptiennes. Des murs de briques crues, des fragments de marbres et d'albâtre travaillés, des pierres chargées d'hiéroglyphes, signalent ces deux localités. Dans le même rayon on trouve jetés, sur l'une et l'autre rive du Nil, les vestiges de *Thebaïca-Philace*, d'*Hermopolitana-Philace*, de *Psinaula*, de *Spéos-Artemidos*, comme aussi des ruines de divers caractères et de diverses époques dans les villages *Istabl-Antar*, *Atlidem*, *Zaouyet-el-Meyteyn*, *Souadeh*, *Beni-Hassan*, etc. Les chaînes arabique et lybique contiennent en outre des carrières, des hypogées et des murailles antiques sur la lisière du désert, des églises des premiers temps du christianisme, enfin des buttes de décombres égyptiens qui servent d'assises aux habitations modernes.

C'est à Cusæ (*El-Koussieh*), point le plus méridional de la province d'Achmouneyn ou de Minieh, qu'était jadis adorée Vénus, sous la figure d'une vache. Quelques ruines font seules foi de l'existence de cette ville.

Koussieh, qui la remplace, est le centre d'un commerce actif où les Ouafi viennent faire leurs emplettes. A de certains jours, il s'y tient un marché où accourent deux à trois mille personnes, et où l'on vend du tabac, des toiles, des dattes, des chameaux, des bestiaux et de la verroterie. Quand les Arabes se sentent les plus forts, ils dictent la loi aux vendeurs, et règlent, la lance à la main, la mercuriale du marché. Dans la montagne arabique, et en face de Koussieh, on retrouve l'hypogée de Cusæ, qui n'a de remarquable que la découverte de grands dessins tracés à l'encre rouge sur des parois dressées exprès. Ainsi, on aurait, sur ce point seul, retrouvé les épures qui devaient diriger les ouvriers dans la taille des chapiteaux. Ces épures sont dessinées entre des carreaux tracés en rouge, selon la méthode actuellement pratiquée en Europe. La projection est presque toute composée de lignes droites; les courbes sont des arcs de cercle, les uns faits au compas, les autres jetés à la main avec une hardiesse remarquable.

Cette zone est peuplée de couvents. Sur la limite du désert libyque est le monastère d'*El-Maharrag* (le couvent brûlé), avec vingt religieux et deux cents laïques; près de Sanabon, le *Deyr-Girgis* ou couvent de Saint-George, dans l'église duquel on voit un tableau représentant saint George à cheval; le couvent de *Saint-Théodore,* depuis longtemps en ruines, celui de *Mary-Menah,* avec une église voûtée, des salles spacieuses et une citerne; enfin une foule d'autres monastères moins importants.

Nous avons visité dans cette contrée, comme dans les autres parties de l'Égypte, un grand nombre de ces pieuses retraites, aujourd'hui presque toutes abandonnées. Un de ces couvents, autrefois habité par cent religieux, n'en avait plus alors que deux, un moine et un novice. Nous y arrivâmes très fatigués, après une longue marche dans le désert libyque, et nous nous souviendrons toujours avec plaisir de l'hospitalité toute biblique que nous y avons reçue. Le pauvre cénobite, après nous avoir lavé lui-même les pieds, s'empressa de nous offrir tout ce qui pouvait contribuer à réparer nos forces, et il nous montra plusieurs manuscrits grecs, précieux débris de la bibliothèque de son couvent.

A *Medinet-Keyssar*, qu'on croit être l'ancienne *Pesla*, on trouve les ruines d'un temple et des catacombes qui semblent se prolonger dans la chaîne arabique jusque vers El-Houatah. Plus loin, dans le village d'*El-Tell*, peuplé d'Arabes soupçonneux, farouches et à demi sauvages, nos savants ont reconnu les restes de *Psinola*. *Melaouy* ou *Devrout-Achmoun* est l'ancienne *Hermopolitana-Philace*. Autrefois littorale, cette ville est maintenant au milieu des terres par suite d'un changement de direction dans le cours du Nil. Melaouy, à cause de cette circonstance, a beaucoup déchu. Autrefois capitale de la province, elle a été obligée de céder ce rang à Minieh, enrichie par le voisinage du fleuve. Cependant Melaouy est encore une des villes considérables de l'Égypte moyenne. Elle a cinq grandes mosquées, des rues larges et bien entretenues, des bazars opulents. Dans sa décadence, elle a su conserver un commerce étendu avec la Mecque, et tous les habitants, turcs ou chrétiens, s'y livrent à des professions industrielles. La partie occidentale de la ville est bâtie sur des fûts antiques, des pierres taillées, des blocs de marbre et de granit, dont les Égyptiens font des meules ou des abreuvoirs pour les bestiaux.

Minieh, la capitale actuelle de la province, renferme aussi assez de débris de ce genre pour qu'on ait cherché à y retrouver une position antique. On pense qu'elle avait autrefois un temple dédié à Anubis. Les mosquées, surtout la plus grande, sont ornées de colonnes en granit et en porphyre qui portent l'empreinte du ciseau grec. Quelques savants ont cru y reconnaître Cynopolis, mais Samallout répond mieux à la situation de cette antique cité. La Minieh moderne est une jolie ville, et une des stations les plus commerçantes de l'Égypte. Les rues y sont propres et droites, les boutiques nombreuses et de belle apparence, les cafés constamment ouverts et remplis de danseuses publiques. Nous avons remarqué à Minieh un usage dont l'explication est difficile. Les maisons des personnes pieuses, qui ont fait le pèlerinage de la Mecque, sont recouvertes d'une espèce de stuc blanc sur lequel on voit représentés des poissons, des crocodiles et toutes sortes de monstres d'une exécution fort grossière. Si l'on en excepte les mosquées, il n'y a guère qu'un seul monument qui soit resté debout dans cette ville depuis les derniers siéges qui l'ont ravagée, c'est le tombeau d'un santon, édifice d'un caractère assez remarquable. Minieh, avec ses maisons carrées aux murailles percées de plusieurs rangs de petites fenêtres, a de loin l'apparence d'une grande forteresse. Ses minarets se distinguent par le genre de leur architecture. Cette ville est renommée pour la fabrication des *bardaques*, dont elle fait un grand commerce avec toute l'Égypte. Sous la domination des Mamelouks, tous les bateaux qui descendaient le Nil étaient obligés de s'y arrêter pour payer un droit au kachef qui y faisait sa résidence. Devant la ville, le fleuve est d'une très-grande largeur à l'époque des crues ; il est au contraire fort resserré dans les autres temps à cause d'une île de sable assez basse qui, alors, divise le Nil en deux branches. C'est pour n'avoir pas fait cette observation que quelques voyageurs ont été induits en erreur, selon qu'ils ont visité Minieh à l'époque des basses eaux ou pendant l'inondation. On voit sur la rive une belle forêt de palmiers de plusieurs lieues d'étendue, où sont bâtis quatre villages, dont Mourad-Bey possédait la propriété. A l'ouest de Minieh se trouve un vaste bas-fonds, improprement nommé le lac Bathen. C'est tout simplement une dépression du terrain, lente et graduelle, qui a été probablement déterminée par l'exhaussement des rives du Nil, et de celles du canal de Joseph. A l'époque de l'inondation, ce bas-fond se couvre d'eau : il demeure à sec pendant le reste de l'année.

Toute la chaîne arabique qui fait face à la province de Minieh est percée de grottes, de carrières et de catacombes. Dans le nombre, on cite *Istabl-Antar* (écurie d'Antar, le héros du poëme arabe que nous avons cité), et surtout les hypogées de Beni-Hassan, la *Speos-Artemidos* des Grecs. Ces hypogées, situés sur le même plateau et à une même hauteur dans le rocher, sont surtout remarquables par la grâce de leurs tableaux et la fraîcheur vraiment merveilleuse de leurs peintures. Le jaune, le rouge, le bleu, sont restés en divers endroits saillants comme au premier jour; le bleu surtout a gardé un éclat prodigieux. Les sujets que portent ces parois sont presque tous religieux et graves. Ici, quatre prêtres se mettent aux pieds de la déesse Isis en lui offrant des lotus, des poissons et des fleurs. Là, des jeunes gens, assis dans une barque, font glisser sur le Nil une momie couchée sur son lit funèbre. Sur d'autres parois figurent des scènes de la vie civile. Les travaux de la campagne, les exercices de gymnastique, la chasse aux gazelles, le supplice de la bastonnade, et mille autres sujets variés se reproduisent à chaque pas dans ces galeries souterraines. Les plafonds eux-mêmes sont décorés de peintures : on y remarque des méandres et des enroulements exécutés avec goût. Les hypogées de Zaouy et de Meyteyn diffèrent peu de ceux de Beni-Hassan ; mais celui de Souadeh a ce caractère particulier qu'il semble offrir, dans quelques-unes de ses parties, des traces de l'architecture romaine. Les chrétiens l'ont, dans l'ère moderne, converti en église.

Il serait trop long de donner ici la liste des localités importantes que renfermait le nome Hermopolite. A chaque pas on y heurte l'antiquité ; c'est un sol jonché de ruines monumentales. De vieilles fondations en briques, des canaux ensablés, des couvents en ruines, des églises devenues des mosquées, des catacombes, des carrières, des grottes, des hypogées, des digues, des chaussées, des colonnes, de blocs de granit, des statues monolithes, des vases antiques en albâtre ou en marbre, des tombeaux chrétiens et des santons musulmans, voilà ce que le voyageur rencontre dans un territoire jadis si populeux, aujourd'hui livré en partie aux incursions des Arabes et aux envahissements du désert.

En dehors de l'Heptanomide, préfecture entièrement égyptienne, et sur l'autre rive du Nil, se trouvait, dans l'ère romaine, une préfecture entièrement italique, celle d'Antinoé. L'empereur Adrien fut son fondateur. Ce prince, arrivé en Égypte en 883 de Rome (130 de notre ère) avec son favori Antinoüs et un cortége d'artistes, se plut à visiter dans tous leurs détails les monuments de la haute Égypte. Sa barque remontait le fleuve quand, à la hauteur d'Hermopolis, son favori tomba dans le Nil et se noya. De là provint la ville d'Antinoé, monument funèbre élevé à la mémoire du plus vil des courtisans. Adrien traça lui-même avec amour le plan de sa ville ; il y fit déifier son favori, lui éleva deux cents statues, et obligea les habitants à l'adorer. Antinoé fut bâtie sur la rive orientale du Nil, en face de l'endroit où le jeune Bythinien avait péri. En quatre ans tout fut achevé, rues, maisons, portiques, colonnades et sculptures. Dotée des priviléges de colonie romaine, Antinoé compta bientôt une population nombreuse. Adrien y fonda en l'honneur d'Antinoüs des jeux gymniques et des fêtes annuelles qui y attirèrent un grand nombre de curieux. A son tour, Alexandre Sévère la dota de nouveaux priviléges, et plusieurs colonnes, élevées en l'honneur de ce souverain, attestent la reconnaissance des habitants. Dans les premiers temps du christianisme, Antinoé n'avait rien perdu de son éclat ; elle possédait un évêché dépendant de Thèbes. Pallade assure que l'on comptait, dans ses environs, douze couvents de vierges et un nombre incalculable de couvents d'hommes. Cependant cette dernière phase dura peu : les Sarrazins trouvèrent Antinoé déserte au dire d'Aboul-Féda.

Quand nous avons visité cette ville, à l'époque de notre premier voyage en Égypte, elle offrait encore d'importantes ruines, appartenant toutes exclusivement à l'époque de la domination romaine. Les frises et les chapiteaux de ses monuments restés debout se découpaient au-dessus d'un bois de palmiers touffus. Du sommet d'un monticule qui la dominait, on distinguait les deux rues magistrales qui la coupaient à angle droit ; puis, dans la plaine, au delà du massif des ruines, l'hippodrome et le tombeau du cheik Abadeh, la montagne arabique et ses excavations ; plus au nord, les grandes colonnes triomphales d'Alexandre Sévère, l'arc de triomphe et ses colonnades en granit ; enfin, à droite et à gauche de cette vaste enceinte, les restes de deux villes antiques, l'une égyptienne (*Besa*), l'autre chrétienne, remplacée aujourd'hui par le village de Deyr-Abou-Hennys.

Ces immenses débris excitaient au plus haut point la curiosité, et il nous inspirèrent l'admiration que nous avions éprouvée à Pompéi, à Herculanum et à Djérash. On y voyait d'abord un portique de théâtre avec quatre colonnes intactes, chacune d'elles haute de cinquante pieds : la sculpture des chapiteaux était d'un fini rare; les feuilles d'acanthe et les caulicoles étaient admirablement fouillées; l'arc de triomphe paraissait plus vaste encore et bien mieux conservé. Situé au milieu d'un bois de palmiers, il ne se découvrait en entier que lorsqu'on arrivait à sa base. Trois arcades le composaient; celle du milieu, haute de trente-cinq pieds, avait le double d'élévation des autres. L'épaisseur du monument était divisée en deux par des arcades dirigées perpendiculairement à l'axe, et plus basses que les arcs latéraux de la façade, ce qui partageait le monument en huit masses. D'après quelques vestiges, on pouvait croire qu'une colonnade surmontée de statues entourait cet édifice. Rien de plus gracieux et de plus pur que l'exécution des diverses parties de cet arc de triomphe : les lignes générales, les angles, les moulures d'archivoltes, tout était d'une correction et d'une élégance rares. Par son fronton, par ses colonnes d'ordre corinthien, ses pilastres et ses entablements d'ordre dorique, ce monument rappelait l'arc de Marius à Orange.

Les colonnes monumentales d'Alexandre Sévère avaient aussi leurs beautés. Deux étaient tombées; la troisième n'existait que dans son piédestal et dans la base du fût : la quatrième était intacte. Il n'y manquait à peu près que la statue de l'empereur. Ces colonnes semblaient avoir eu cinquante-cinq pieds de haut, et leurs statues colossales devaient dominer sur tous les édifices environnants.

Une inscription grecque, gravée sur la base d'une de ces colonnes, attestait que le tout avait été érigé en l'honneur d'Alexandre Sévère et de sa mère Julie Mammée, l'an de J. C. 232, pendant l'expédition de ce prince contre les Perses. Cette inscription, recueillie par M. Jomard et M. Hamilton, a été restituée par M. Letronne qui en donne ainsi la traduction : « A la Bonne Fortune. A l'empereur César Marc Aurèle Sévère-Alexandre, pieux, heureux, Auguste, et à Julie Mammée Auguste, mère de l'empereur et des invincibles armées ; pour la victoire et le maintien éternel d'eux et de toute leur maison ; — Mévius Honorien étant préfet de l'Égypte; Vibius Sévère Aurélien étant épistratége ; — le sénat des Antinoéens, nouveaux Grecs (a élevé cette colonne); — sous la prytanie d'Aurèle Origène, dit Apollonius, de la tribu Athénaïde, sénateur, gymnasiarque, chargé de la distribution des couronnes. La onzième année, le.... du mois épiphi. (1) »

Nous avions aussi reconnu à Antinoé les traces d'un hippodrome rectangulaire de mille pieds sur deux cents de large, et des thermes ou bains publics, qui offraient un chaos de murailles, de piliers, de colonnes, au milieu desquels se dessinait un bassin circulaire. Ce qui résultait aussi de l'état de ces ruines, c'est que les rues d'Antinoé étaient bordées de portiques à deux rangs de colonnes, surmontés de statues d'Antinoüs.

Tout ces restes si remarquables de la ville d'Adrien, que nous avions admirés lors de notre premier voyage, avaient presque complètement disparu lorsque nous revîmes l'Égypte deux années plus tard. Un jour Ibrahim-Pacha, ayant eu envie de faire élever une raffinerie

---

(1) Letronne, *Recherches pour servir à l'histoire d'Égypte.* p. 292.

de sucre et d'autres usines sur l'autre rive du Nil, avait pris les matériaux des édifices romains pour construire ces manufactures. Il ne restait plus sur l'emplacement de la ville antique que quelques chapiteaux brisés, les jambages de l'arc de triomphe et des collines de débris.

Près des ruines d'Antinoé est bâti le misérable village de *Cheik Abadeh*, dont les huttes informes s'adossaient à des massifs de palais. On y voyait encore, lors de notre second voyage une construction qui a été tour à tour temple, église et mosquée. La population du lieu est mahométane; mais, par une bizarre tradition, elle a conservé le nom d'*Abadeh*, saint évêque, martyr à Antinoé, dont le tombeau existe dans la chaîne arabique. Les indigènes vont prier sur cette tombe; et quand on leur demande si c'est en connaissance de cause qu'ils rendent cet hommage à un chrétien, ils répondent : « Toi, tu le sais; mais nous, nous n'en savons rien. »

CHAPITRE CINQUIÈME.

LA HAUTE ÉGYPTE.

Syout; couvent Rouge et couvent Blanc; Girgeh ; ruines d'Abydos ; El-Akmyn (Panopolis ou Chemnis), tombeau du cheik El-Aridi ; temple d'Antœopolis; Dendérah (Tentyris); Keneh. — Ruines de Thèbes; hypogées; Karnak ; Louqsor; Médinet-Abou ; le Memnonium : les colosses. — Herment (Hermontis) ; Esneh (Latopolis); Edfou (Apollinopolis magna), grottes de Selseleb (Silsillis); temple d'Ombos; El-Kab (Elethya); Assouan (Syène); l'île d'Eléphantine; Philœ; les cataractes du Nil ; les oasis ; les frontières de la Nubie; les pays des Barabras; temple d'El-Derri ; monuments d'Ibsamboul; temple de Dakkah (Psalcis); Méroé.

SYOUT ; — GIRGEH ; — ABYDOS ; — PANOPOLIS ; — ANTŒOPOLIS ; — DENDÉRAH.

A Syout commence la haute Égypte. Syout est une ville importante située à une demi-lieue de la rive gauche du Nil, sur le canal d'Abou-Assi. Elle a pour port, sur le fleuve, le petit village d'El-Hamrah avec lequel elle communique par une digue qui reste à sec, même dans les années de grande inondation. L'aspect de Syout est agréable; son commerce, qui consiste en produits du sol et en échanges avec la Nubie, est assez important. Les cultures, très-soignées dans toute la province, comprennent le froment, l'orge, le dourah, le lin, les fèves, le coton et l'indigo. Des jardins d'un grand rapport forment autour de la ville une ceinture verdoyante de figuiers, d'abricotiers. de grenadiers, de nabkas et de sycomores.

Syout, en fait de vestiges antiques, n'a guère qu'une butte de décombres, et ses hypogées qui, creusés dans la chaîne libyque, montent comme par étages jusqu'à la moitié de sa hauteur. Ces souterrains ont été visiblement pratiqués à diverses époques. Les uns n'ont été exploités que comme carrières, les autres ont servi à la sépulture des Égyptiens; d'autres, enfin, ont abrité les chrétiens persécutés. L'hypogée principal est situé en face de la route qui conduit de la ville à la montagne. Quand on y entre, on est frappé de la vue du plafond que décorent des étoiles jaunes, parsemées sur un fond bleu. Les parois offrent des arabesques disposées en carreaux ou en losanges, et combinées avec des fleurs de toute espèce. Les dessins et les sculptures du lieu représentent presque tous des offrandes de victimes, des sacrifices d'animaux qui rappellent les cérémonies païennes. Les traditions s'accordent à nous donner une idée imposante du culte que les Égyptiens rendaient aux morts. Sans doute, à de certains jours de l'année, on se réunissait dans les nécropoles pour y célébrer des fêtes funèbres, et ces monuments souterrains devenaient ainsi tout à la fois des temples et des hypogées. Dans ces cavaux sombres, où pas un rayon de soleil ne pénétrait, quel spectacle plein d'émotions devait présenter ce long cortége de parents et d'amis, qui, une torche à la main, venaient renouveler leurs adieux au mort, dire ses vertus, raconter sa vie, et pleurer sur lui! Combien ces cérémonies lugubres s'accordaient avec le caractère grave et moral des Égyptiens, avec leurs idées d'éternité et de vie future!

L'hypogée principal de Syout est flanqué d'une foule d'hypogées plus petits, qui tantôt ont leur ouverture sur le flanc de la montagne, tantôt n'ont qu'une correspondance intérieure avec l'excavation principale. Ainsi, la montagne forme un labyrinthe souterrain, souvent profané par les Arabes qui y cherchent des momies d'hommes et d'animaux. Plus loin, et en se dirigeant vers le sud, se montrent de vastes carrières d'où l'on tire des blocs calcaires disposés par couches horizontales. Ces catacombes ont été peuplées jadis de chrétiens voués à une vie de solitude et de contemplation. Le ciel de l'Égypte se prêtait plus que tout autre aux extases de l'âme et aux élans vers un monde inconnu.

Au-dessus de Syout commencent les steppes ingrates de la haute Égypte. Là le désert se rapproche du Nil, et lui dispute l'étroite lisière qui le borde. On passe ainsi devant le *Couvent-Rouge* et le *Couvent-Blanc*, l'un bâti en briques, l'autre en pierres de taille, situés tous les deux au pied de la chaîne libyque, et à une très-petite distance l'un de l'autre. Ces deux monastères ont la forme de vastes bastions s'abaissant en glacis rapide, et couronnés à une grande hauteur d'un double rang de fenêtres, percées sur des lignes parallèles et uniformes; l'un d'eux, le couvent Blanc, fut, dit-on, fondé par sainte Hélène. A peu de distance de ces couvents paraît la ville moderne de *Girgeh*, située près le Nil, qui la mine chaque jour par la base. La position intermédiaire entre le Caire et Syène rend cette ville le centre du commerce et de la navigation du fleuve. Elle a une lieue environ de circuit : des bazars, des mosquées, des places publiques ornent son enceinte. A cette latitude, la canne à sucre devient déjà plus commune : on en voit des champs entiers à côté de moissons de lin et de dourah à feuilles de roseau.

A quatre lieues de Girgeh, les savants de l'expédition française ont reconnu entre El-Kerbeh et Harabah, les ruines d'*Abydos*, que Strabon nomme la seconde ville de la Thébaïde. Ces ruines consistent en des fragments de colosses et en une construction ensablée, qui pourraient être le temple d'Osiris, l'une des merveilles d'Abydos. C'est là que, parmi les débris, on a trouvé les fameuses tables chronologiques, connues sous le nom de tables d'Abydos, à l'aide desquelles les savants modernes ont pu reconstituer l'ordre de quelques-unes des dynasties égyptiennes. Au nombre des vestiges curieux qui se trouvent encore sur le sol de la ville antique, il faut citer la partie inférieure d'un corps humain, sculpté en granit noir. Le costume indique un prince : la ceinture est brisée en zigzags; les jambes et les pieds sont nus; enfin, le socle et le massif portent une foule d'inscriptions hiéroglyphiques. C'est un morceau achevé. Non loin de ce temple, était le palais d'Abydos, le *regia Memnonis*, composé de deux espèces de pierres, l'une de grès, l'autre calcaire. Par suite de l'ensablement graduel de ces décombres on n'y pénètre plus par les portes, mais par les terrasses. Au dedans, règne une longue suite de salles avec des colonnes englouties à peu près au tiers de leur élévation. Au dehors, l'édifice est encombré jusqu'à la hauteur des sofites. Quant aux ornements intérieurs, ils sont dans un état parfait de conservation. Le bleu, le rouge, le jaune, y semblent dater d'hier. Autant qu'il est possible d'en juger, le palais d'Abydos devait avoir deux portiques, l'un de vingt-quatre colonnes, l'autre de trente-six, ce dernier semblable à la salle hypostyle de Karnak. Ces portiques, ces colonnes, donnent à l'édifice un aspect royal. La décoration en est sérieuse et simple. On y remarque peu de variété dans les colonnes, dans les chapiteaux et les corniches. L'architecte a sacrifié les ornements aux grands effets de la symétrie.

Presque en face des ruines d'Abydos, mais sur l'autre rive du Nil, est El-Ackmyn, l'ancienne *Chemmis* ou *Panopolis*. El-Akmyn est aujourd'hui peuplé de quatre à cinq mille Cophtes, prévenants et hospitaliers. Leur ville, bâtie en briques, est ornée d'assez beaux temples. Les restes de Chemmis sont au nord-ouest d'El-Akmyn. Nos savants d'Égypte y reconnurent deux temples bien caractérisés, l'un par une pierre zodiacale, l'autre par des emblêmes hiéroglyphiques sculptés en relief dans le creux. L'un et l'autre étaient sans doute dédiés à Pan, la divinité du lieu. C'est non loin de là que l'on montre le tombeau du cheik El-Harydy et son serpent, célèbre en Europe par les récits de Paul Lucas et de Savary. Savary raconte que le cheik Harydy, habile dans l'art des psylles, possédait un serpent qui avait dans la contrée la réputation de guérir toutes les maladies. Ce serpent opérait d'abord pour tout le monde, riches et pauvres ; mais, quand sa clientèle fut faite et son renom établi, il ne se dérangea plus que pour les grands seigneurs. Après avoir ainsi vécu sur la crédulité publique, le cheik Harydy passa dans un monde meilleur ; mais son serpent lui survécut : le peuple lui avait donné un brevet d'immortalité.

D'ailleurs les successeurs du cheik, non moins habiles que lui, renouvelaient de temps à autre une expérience solennelle pour prouver l'origine divine du reptile. Ils coupaient un serpent en morceaux, et le déposaient dans un vase, où il demeurait pendant deux heures. Au bout de ce temps, le miracle était accompli ; au lieu de tronçons, on trouvait un serpent en vie Quand nos savants passèrent à El-Akmyn, ils voulurent approfondir cette fable populaire. Ils pressèrent de questions le propriétaire du serpent El-Harydy, qui nia les faits, et prétendit que tout ce qu'on en faisait était de jouer avec des serpents à la manière des psylles, pour divertir les pélerins qui venaient visiter le tombeau du santon. Il alla même jusqu'à proposer son serpent immortel aux voyageurs, qui le lui achetèrent pour cent médins.

C'est au-dessous de Girgeh que nous avons rencontré le premier échantillon des merveilles de Dendérah et de Thèbes. Cette belle ruine, c'était le temple d'*Antæopolis*, ou plutôt de *Kaou-el-Kebir*, village moderne. Ce temple, dédié au dieu égyptien Antée, était bâti en une pierre calcaire très-fine, d'un aspect grisâtre, et susceptible d'un beau poli, Comme il était ensablé jusqu'à mi-hauteur, il fallait, pour mettre à nu ses colonnes, fouiller assez profondément. La partie la plus intacte du temple était un portique caché au milieu de petits bois de palmiers. Il a dû consister en dix-huit colonnes alignées sur trois rangs : du temps de Pococke, toutes étaient debout. Quand nous avons vu ce monument les deux derniers rangs paraissaient seuls complets ; celui de la façade n'avait que trois colonnes au lieu de six, et la chute des trois colonnes avait entraîné les architraves et les plafonds. Outre ce portique, on remarquait encore un sanctuaire monolithe d'une structure tout à fait à part. Son sommet était en pyramide quadrangulaire, à l'angle fort aigu, ne formant pas un prisme droit, mais un prisme à faces légèrement inclinées. L'intérieur était creusé en forme de niche prismatique. La pierre de ce monolithe devait se prêter à une sculpure très-délicate, car le travail des ornements y affectait une finesse extrême; le relief était très-doux à l'extérieur. Le devant seul se trouvait sculpté ; les trois autres faces étaient lisses et polies. Sur la corniche et sur la frise, figuraient deux globes ailés; les trois côtés avaient été décorés d'hiéroglyphes, et l'intérieur de divers sujets religieux. Le monolithe d'Antœopolis était le seul que l'on eût trouvé en Égypte avec le sommet aigu, et figurant la pointe d'un obélisque.

En parcourant ces décombres, nos savants y trouvèrent les débris incomplets d'une inscription grecque, dont une portion gisait sur le sol, et dont l'autre demeurait sur la portion de la frise restée debout. Ce ne fut qu'en 1801 que M. Hamilton put rapprocher tous les fragments, et retrouver l'intégralité de l'inscription dont nous empruntons la traduction à M. Letronne, qui l'a restituée et savamment commentée : « *Le roi Ptolé-* » *mée, fils de Ptolémée et de Cléopâtre, dieux Épipha-* » *nes et Eucharistes, et la reine Cléopâtre, sœur du* » *roi, dieux Philométors, ont élevé ce pronaos à Antée* » *et aux dieux adorés dans ce temple.* » Et au-dessous : « Les empereurs César Aurelius Antoninus et Verus, » Augustes, en ont réparé la corniche, l'an quatrième » des Augustes, le 9 de païni. » Ainsi, trois dates existaient sur ce monument; la date égyptienne, la date grecque et la date romaine (1).

(1) Voy. *Recherches pour servir à l'histoire de l'Égypte pendant la domination des Grecs et des Romains,* par Letronne, p. 42 et suivantes.

Le village de Dendérah, l'ancienne Tentyris, est situé sur la rive gauche du Nil, en face de Keneh, petite ville de cinq mille âmes, qui s'étend sur la lisière droite du fleuve. Le site moderne n'offre rien de saillant, si ce n'est le grand nombre de dattiers qui l'entourent. Les fruits de ces arbres, renommés pour leur bonté, font sa principale richesse.

De tout temps Dendérah fut célèbre par ses temples et par ses monuments astronomiques. Savary, Norden, le père Sicard, Bruce, Brown, Sonnini, le visitèrent tour à tour au dix-huitième siècle. Ensuite arriva Denon, qui le vit en artiste, et en compagnie de l'officier d'artillerie La Tournemine. Ce dernier, en quittant ces belles ruines, écrivait : « Depuis que je suis en Égypte, » blasé sur tout, j'ai vécu mélancoliquement et ma- » lade. Tentyra m'a guéri ; je ne regrette plus rien, et » quoi qu'il arrive, je me réjouirai de mon voyage. » Jollois et Devilliers arrivèrent après Denon, et c'est à eux que l'on doit la description la plus détaillée et la plus exacte de Tentyris et de ses temples.

Les restes de Tentyris sont à trois milles au sud-ouest de Dendérah, où ils couvrent un espace de dix-sept cents pas de longueur sur à peu près huit cents de largeur. Là, quand on cherche à réédifier ces divers débris, on reconnaît d'abord une construction qui n'a jamais été achevée, et à laquelle nos explorateurs donnèrent le nom d'édifice du Nord : il est terminé par une porte vraiment incomparable par la beauté de ses proportions et de ses sculptures. Rien de plus gracieux et de plus élégant que sa corniche décorée d'ornements d'un travail plus parfait que tout ce qu'on remarque dans les autres monuments de l'Égypte.

Ensuite vient un *Typhonium*, petit temple non achevé, et élevé sans doute en l'honneur de Typhon, le génie du mal. Le sanctuaire de ce typhonium contient encore des débris de langes et de momies. Mais, de toutes ces constructions, il n'en est aucune qui approche, pour les proportions et pour les beautés de détail, du grand temple de Tentyris. Six énormes colonnes, ayant pour chapiteaux des têtes gigantesques de la déesse Isis, placées sur chaque face, soutiennent l'entablement d'un immense portique. Ces figures sont pleines d'un sentiment grandiose, sévère et religieux.

L'ensemble de l'édifice a la figure d'un T, formé de deux parties, le portique et le temple. La longueur totale est de deux cent cinquante-huit pieds. La largeur de la façade, qui dépasse de chaque côté le reste du monument, est de cent trente-six pieds, et la hauteur de soixante. De chacune des faces latérales sortent trois grandes figures de lion, à mi-corps, posées sur des socles qui font saillie.

L'intérieur des portiques formant un rectangle de trente-sept pas sur vingt, est soutenu par vingt-quatre colonnes, distribuées en six rangées de quatre chacune. Tous les murs sont couverts de sculptures, et le plafond est à la fois sculpté et peint. C'est dans ce plafond que Jollois et Devilliers découvrirent un *zodiaque* plus grand que le zodiaque devenu depuis si célèbre. Ce zodiaque montre d'abord une double figure d'Isis à peu près nue, figure dont la pose et les proportions sont inusitées, et qui semble représenter l'emblème de la *nature*. Les soffites qu'embrassent ces deux figures énormes forment deux grands tableaux divisés et subdivisés en bandes hiéroglyphiques, et produisant, dans une des bandes, six des signes du zodiaque : le *Lion*, sous la forme de cet animal ; la *Vierge*, désignée par une femme qui tient un épi, et qu'accompagnent d'autres femmes à tuniques striées ; la *Balance*, figurée par deux bassins entre deux figures d'Harpocrate et d'Horus; le *Scorpion*, précédé par deux femmes, dont l'une à tête d'épervier, et d'une grande figure à pied d'animal et à queue de scorpion; le *Sagittaire*, moitié homme, moitié cheval, et à queue de scorpion; le *Capricorne*, à tête de chèvre et à corps de poisson, accompagné de deux femmes.

Les six autres signes, dans une bande latérale, sont disposés comme il suit : le *Verseau*, représenté par un homme couronné de lotus, et suivi par un Horus à tête d'épervier; les *Poissons*, au-dessus et au-dessous d'un bassin rectangulaire; le *Bélier* courant à la suite de deux femmes et d'un Horus à tête d'épervier; le *Taureau* menaçant de ses cornes, précédé par deux femmes et suivi par deux hommes; les *Gémeaux*, figurés par un homme et une femme qui se donnent la main; enfin, le *Cancer*, qui n'est point à sa place dans la bande, mais qu'il faut aller chercher hors de ligne sur les jambes de la figure colossale d'Isis.

Du portique si l'on passe dans l'intérieur du temple, on trouve une vaste salle, dont le plafond porte sur deux rangs de colonnes, puis dans une seconde salle, suivie d'un vestibule comme la première, et donnant entrée dans le sanctuaire. Ce sanctuaire, isolé au milieu des quatre galeries, a trente-deux pieds de long sur vingt de large, et vingt-deux de hauteur. Les sculptures qui le décorent forment divers tableaux de l'histoire d'Isis.

Quand on a pénétré dans l'intérieur de l'édifice, on se perd dans le nombre des salles qui composent ses deux étages et ses profonds souterrains. Des escaliers pratiqués sur tous les points conduisent aux appartements extérieurs et aux terrasses qui les dominent, dominées elles-mêmes par les ruines d'un village arabe.

Toutes ces pièces sont décorées avec plus ou moins de soin de tableaux hiéroglyphiques, représentant des scènes de guerre ou des scènes religieuses, quelquefois même des sacrifices humains. C'est dans l'une d'elles que l'on a trouvé le zodiaque qui est aujourd'hui à Paris, dans l'une des salles basses de la Bibliothèque impériale. Ce planisphère diffère peu de celui du portique : comme lui il commence par le signe du *Lion*. On sait à quelles discussions scientifiques a donné lieu ce monument. Volney, Dupuis, Saint-Martin, Visconti, Tardieu, Ferlus, Saulnier, d'Ayzac, Fourier, Champollion, Richardson, M. Biot, ont tour à tour expliqué et commenté ces signes, en cherchant à y trouver les preuves historiques de l'âge du monde et des connaissances de l'Égypte en matière d'astronomie. Mais le zodiaque de Dendérah a beaucoup perdu de l'importance scientifique qu'on lui avait attribuée, depuis qu'il a été reconnu que ce monument ne remonte qu'au premier siècle de l'ère chrétienne.

La dernière particularité saillante qu'offre le temple de Tentyris, c'est le *propylon d'Isis*, espèce de porte qui, de ce côté, coupe une grande enceinte quadrangulaire en briques. Sur chacun des listels de la corniche, on trouve répétée l'inscription suivante, en trois lignes de beau caractère grec :

« *Pour la conservation de l'empereur César, fils du*
» *divin* (César) *Jupiter, libérateur, Auguste; Publius*
» *ctavus étant préfet, Marcus Claudius Posthumus*
» *étant épistratège; Tryphon étant stratège; les habi-*
» *tants de la métropole et du nome ont dédié ce Pro-*
» *pylon à Isis, déesse très-grande, et aux dieux adorés*
» *dans ce même temple, la trente-unième année de Cé-*
» *sar, au mois de thoth, le jour d'Auguste* (1). »

(1) Letronne, *Recherches pour servir à l'Histoire de l'Égypte*, p. 155.

Sur le listel de la corniche du pronaos du temple on lit une autre inscription grecque aussi en trois lignes, attestant que ce pronaos a été élevé sous le règne de Tibère, Publius Avillius Flaccus étant préfet de l'Égypte, et Sarapion Trychambe, stratège (1).

Voici quelles impressions résultèrent de la visite de Champollion au temple de Dendérah.

« Le 16 novembre 1828, dit-il, nous arrivâmes le soir à Dendérah. Il faisait un clair de lune magnifique, et nous n'étions qu'à une heure de distance des temples. Pouvions-nous résister à la tentation? Souper et partir sur le champ furent l'affaire de quelques minutes : seuls et sans guides, mais armés jusqu'aux dents, nous prîmes à travers champs, présumant que les temples étaient dans la ligne droite de notre *maasch*. Nous marchâmes ainsi, chantant les airs variés des opéras les plus nouveaux, pendant une heure et demie sans rien trouver. On découvrit enfin un homme; nous l'appelons; mais il s'enfuit à toutes jambes, nous prenant pour des Bédouins; car, habillés à l'orientale et couverts d'un grand burnous blanc à capuchon, nous ressemblions, pour l'Égyptien, à une tribu de Bédouins, tandis qu'un Européen nous eût pris, sans balancer, pour un chapitre de Chartreux bien armés. On m'amena le fuyard, et, le plaçant entre quatre de nous, je lui ordonnai de nous conduire aux temples. Ce pauvre diable, peu rassuré d'abord, nous mit dans la bonne voie, et finit par marcher de bonne grâce; maigre, sec, noir, couvert de haillons, c'était une momie ambulante; mais il nous guida fort bien, et nous le traitâmes de même. Les temples nous apparurent enfin. Je n'essayerai point de décrire l'impression que nous fit le propylon, et surtout le portique du grand temple.

(1) Letronne, *Recherches pour servir à l'Histoire de l'Égypte*, p. 180.

On peut bien le mesurer; mais en donner une idée, c'est impossible. C'est la grâce et la majesté réunies au plus haut degré. Nous y restâmes deux heures en extase, courant les grandes salles avec notre pauvre fellah, et cherchant à lire les inscriptions extérieures au clair de la lune. On ne rentra au maasch qu'à trois heures du matin, pour retourner aux temples à sept heures. C'est là que nous passâmes toute la journée du 17. Ce qui était magnifique à la clarté de la lune, l'était encore plus lorsque les rayons du soleil nous firent distinguer les détails. Je vis dès lors que j'avais sous les yeux un chef-d'œuvre d'architecture, couvert de sculptures de détail du plus mauvais style. N'en déplaise à personne, les bas-reliefs de Dendérah sont détestables, et cela ne pouvait pas être autrement; ils sont d'un temps de décadence. La sculpture s'était déjà corrompue, tandis que l'architecture, moins sujette à varier, s'était soutenue digne des dieux de l'Égypte et de l'admiration de tous les siècles. Voici les époques de la décoration : la partie la plus ancienne est la muraille extérieure à l'extrémité du temple, où sont figurés, de proportions colossales, Cléopâtre et son fils Ptolémée César. Les bas-reliefs supérieurs sont du temps de l'empereur Auguste, ainsi que les murailles latérales extérieures du *naos*, à l'exception de quelques petites portions, qui sont de l'époque de Néron. Le pronaos tout entier est couvert de légendes impériales de Tibère, de Caïus, de Claude et de Néron; mais, dans tout l'intérieur du naos, il n'existe pas un seul cartouche sculpté : tous sont vides et rien n'a été effacé; mais toutes les sculptures de ces appartements, comme celle de l'intérieur du temple, sont du plus mauvais style, et ne peuvent remonter plus haut que les temps de Trajan ou d'Antonin. Elles ressemblent à celles du propylon, qui est de ce dernier empereur, et qui, étant dédié à Isis, conduisait au temple de cette déesse, placé derrière le grand temple, qui est bien le temple de *Hathor* (Vénus), comme le montrent les mille et une dédicaces dont il est couvert, et non pas le temple d'Isis, comme l'a cru la commission d'Égypte. Le grand propylon est couvert des images des empereurs Domitien et Trajan. Quant au Typhonium, il a été décoré sous Trajan, Adrien et Antonin le Pieux. »

Ces remarques de Champollion jeune, sur la date des temples de Dendérah, se trouvent confirmées par les inscriptions citées plus haut, et ont été admises par tous les égyptologues. Il est donc maintenant reconnu que, même dans l'ère romaine, c'est-à-dire à une époque où l'Égypte avait subi les invasions persane et grecque, on y élevait des monuments qui, pour l'architecture du moins, sont encore des modèles et des chefs-d'œuvre.

Vis-à-vis des ruines de Tentyris, et de l'autre côté du Nil, sur la rive droite, est placée, comme nous l'avons dit, la petite ville de Kéneh, dont les mosquées, assez vastes, se distinguent par un caractère d'architecture différent de tout ce que nous avions vu dans la basse et la moyenne Égypte. Ce n'est plus maintenant la richesse des broderies sur la pierre, l'élégance et la profusion des détails ; les murs extérieurs sont simples, nus, percés de fenêtres, et seulement couronnés d'un feston. Déjà à Minieh, à Syout nous avions rencontré quelque chose de ce style, qui s'assombrit et dédaigne les accessoires. Ici la beauté n'a plus le même caractère. Le minaret qui dans la basse Égypte et au Caire, porte vers le ciel ses triples galeries entourées de colonnes, d'arceaux, de balustres, et présente toutes ses faces travaillées comme un ouvrage de fantaisie, n'est plus à Kéneh qu'une tour en pain de sucre, espèce de pyramide ronde, qui n'a d'autre mérite que sa solidité. Cependant les dômes offrent une courbe gracieuse et qui n'est pas sans majesté. Ils sont percés généralement, à la circonférence, de plusieurs rangs d'ouvertures pour laisser sortir la fumée qui s'échappe des lampes. Au pied d'une ces mosquées nous avons remarqué un sycomore d'une taille et d'une grosseur prodigieuses. Plus loin s'élèvent quelques tombeaux, qui n'ont pas la magnificence et le grandiose des monuments de ce genre que l'on voit aux environs du Caire. De grands arbres ombragent ces pierres sépulcrales, et leur végétation forme un heureux contraste avec l'aridité des sables qui entourent le pied de la chaîne arabique. Les plus apparentes de ces tombes musulmanes sont de grandes constructions de forme quadrangulaire, avec des murs bas et percés de fenêtres tout autour sur une ligne régulière, ou des espèces de pavillons carrés surmontés de coupoles. Comme les dômes des mosquées, ceux des tombeaux sont criblés de petites ouvertures pour donner passage à la fumée des lampes que la piété y entretient. Nous avons rencontré dans ces parages de nombreuses volées d'éperviers et de cigognes, traversant l'espace au-dessus du champ des morts.

RUINES DE THÈBES. — HYPOGÉES; BIBAN-EL-MOLOUK. — KARNAK. — LOUQSOR. — MÉDINET-ABOU. — LE MEMNONIUM. — LES COLOSSES.

Nous voici arrivés à la ville monumentale de l'Égypte, à la ville par excellence, que l'armée française salua en battant des mains. Cette ville est Thèbes, la cité d'Homère, la ville aux cent portes, la *Diospolis-Magna*, avec ses sphinx et ses obélisques. Quand on approche de ce bassin, et qu'on voit au loin ces grandes ruines projetant leur ombre immense, il est impossible de ne point se rappeler les textes de Strabon, d'Hérodote et de Diodore, cette statue d'Osymandias, si belle dans Hécatée, ce cercle d'or d'une coudée d'épaisseur et de trois cent soixante-cinq coudées de circonférence, sur lequel, pour chaque jour de l'année, se trouvait indiqué le lever et le coucher du soleil, la salle hypostyle et ses colonnades, le memnonium et ses merveilles hiéroglyphiques, les hypogées des rois, le colosse de Memnon, harmonieuse statue, enfin, tous les prodiges de l'art et de la patience jetés sur l'une et l'autre rive du fleuve.

Le bassin de l'antique Thèbes se développe dans une étendue à peu près égale sur les deux bords du Nil. Borné d'un côté par le roc lybique, de l'autre par les montagnes d'Arabie, il se compose, comme toute la vallée d'Égypte, de couches de sable et d'argile qui se succèdent alternativement. A partir des rives du fleuve, le terrain monte suivant une inclinaison qui est sensible à l'œil; et il en résulte que la plaine, peu arrosée, marche vers un état de stérilité. A peine trouve-t-on çà et là sur les lisières mêmes du Nil quelques champs de blé, de dourah et de cannes à sucre. Ce vaste espace est semé de villages modernes. Le premier est El-Acalteh, près duquel se trouve un kasr ou château, résidence du principal fonctionnaire de la contrée. Plus loin est Abou-Hammoud, cachée par des palmiers, puis El-Beyrat, bâtie sur les décombres de l'ancienne Thèbes; Médinet-Abou, entièrement désert, ensuite Kournah, peuplé d'Arabes, qui, nouveaux Troglodytes, se sont creusé des logements dans le roc. Telles sont les localités de la rive gauche; la rive droite offre Louqsor que caractérisent ses maisons basses, surmontées de colombiers; Louqsor, la plus importante bourgade de la plaine, puis Kasr-Karnak, Karnak et Naga-el-Karieh, dont les habitations modernes n'occupent qu'un très-petit espace au milieu de vastes ruines. Encore plus loin, dans la même direction, et vers le pied de la chaîne arabique, sont situés Mit-Aamoud et le village moderne d'El-Biadieh.

Dix à douze villages, voilà ce qui remplace la Thèbes antique, vivante encore dans ses débris. Des fûts solitaires, des colosses, des colonnades, des obélisques sont là debout, comme autant de jalons de sa magnificence détruite, et, dans les flancs de la montagne, sa cité mortuaire garde aussi le souvenir des pharaons qui ont régné dans cette enceinte.

Pour arriver aux hypogées de Thèbes, il faut gravir des sentiers étroits pratiqués dans le roc. Quand on approche de leurs ouvertures, il est essentiel de se tenir sur ses gardes, car les Arabes maraudeurs y ont établi leur résidence. Ces cavernes sont leurs domaines ; quand ils n'y détroussent pas le voyageur, ils l'exploitent dans la vente de petites statuettes ou de momies apocryphes. Le nombre des galeries souterraines que présentent ces hypogées est prodigieux, et leur intérieur est dans un état de dévastation difficile à peindre. Les momies ne sont ni dans leurs caisses, ni à leur place ; elles jonchent le sol au point que le passage en est obstrué ; on marche sur elles, et, comme elles cèdent sous le poids du corps, on a souvent quelque peine à retirer le pied embarrassé dans les ossements et dans les langes. Le séjour dans ces caveaux mortuaires est très-fatigant ; l'air y est chargé d'exhalaisons bitumineuses. Du reste, rien ne distingue les hypogées ordinaires de Thèbes, de ceux qu'on a parcourus dans l'Égypte moyenne. Ce sont toujours des galeries jonchées d'amulettes, de statues, de statuettes en albâtre ou en granit, de morceaux de bronze, de porphyre, de terre cuite, de bois peint et doré, de petites images de momies, de figurines votives, sculptées en pâte ou en terre, d'images d'hommes, d'animaux, ou de dieux, dans les proportions les plus informes; de divers objets, tels que lampes, vases, grains, tubes, et boules percées. Ces hypogées diffèrent beaucoup de grandeur ; les uns ont six cents pieds de long, d'autres quatre cents, d'autres trois cents.

L'une des plus précieuses découvertes que l'on y ait faites est celle d'une masse énorme de papyrus, manuscrits égyptiens qui longtemps ont gardé le mot de leur existence énigmatique et mystérieuse. Ces papyrus sont placés d'ordinaire sous les bandelettes des momies, entre les cuisses ou entre les bras. La hauteur et la longueur des rouleaux est variable. Chaque volume est roulé sur lui-même de gauche à droite; il est aplati et lourd à cause de la double couche du liber, de la présence de la gomme et de la peinture intérieure. Sec et cassant, on ne peut dérouler le papyrus qu'après l'avoir humecté. C'est à l'aide de ces manuscrits que l'on a pu reconnaître les diverses sortes de carácteres égyptiens, le caractère hiératique ou hiéroglyphique, le caractère alphabétique ou cursif, le caractère démotique ou populaire.

Un grand nombre de ces papyrus, déchiffrés par les successeurs de Champollion, ont fourni d'importantes notions sur l'histoire de l'ancienne Égypte.

L'aspect des hypogées conduit aussi à l'examen du système d'embaumement chez les Égyptiens. Cet art, poussé si loin autrefois, n'a laissé aucune tradition parmi les Égyptiens modernes. Les Arabes en ignorent les procédés autant qu'ils en dédaignent l'usage. Les anciens seuls, particulièrement Hérodote et Strabon, parlent de l'art de conserver les corps. Il paraît, d'après les observations récentes, que l'embaumement des corps était de deux sortes : l'un plus parfait, et qui comportait une incision a l'aine gauche; l'autre plus imparfait; certains corps étaient conservés à l'aide de substances balsamiques, d'autres à l'aide du bitume. Ces dernières momies résistaient mieux que toutes les autres à l'action de l'air. Une fois l'embaumement achevé, on entourait les corps de bandes de toile au nombre de quinze ou de vingt épaisseurs. Il y a peu de différence d'une momie à l'autre pour l'arrangement des bandelettes. Toutes ces toiles sont aujourd'hui devenues d'un jaune foncé. Les cheveux des momies sont nattés ou tressés, ou disposés en touffes et en anneaux. On rencontre aussi des têtes rases. De toute la momie, la tête seule a un aspect à peu près humain : le reste est à l'état de squelette. A côté des momies d'hommes, on voit dans les hypogées, des momies d'ibis, d'éperviers, d'oiseaux de proie, de hiens, de bœufs, de chacals, de béliers, de chats, de crocodiles et de serpents.

Les hypogées ainsi jonchés de débris, paraissent voir été la nécropole des castes sacerdotales et militaires de la population thébaine. Mais du côté de Kournah, dans une gorge de la chaîne lybique qui surplombe Medinet-Abou, il existe d'autres souterrains connus sous le nom de *Biban-el-Molouk (portes ou tombes des rois)*. Du temps de Strabon, on ne comptait que onze catacombes de rois; Jollois et Devilliers en reconnurent une douzième. Visitées avec détail à l'époque de l'occupation française, ces sépultures royales ont été revues par Champollion jeune, au mois de mai 1829, et souvent depuis par les savants modernes. Écoutons le récit de Champollion :

« La vallée de Biban-el-Molouk, dit-il, était la nécropole royale, et on avait choisi un lieu parfaitement convenable à cette triste destination, une vallée aride, encaissée par de très-hauts rochers coupés à pic, ou par des montagnes en pleine décomposition, offrant presque toutes de larges fentes occasionnées soit par l'extrême chaleur, soit par des éboulements intérieurs, et dont les croupes sont parsemées de bandes noires, comme si elles eussent été brûlées en partie. Aucun animal vivant ne fréquente cette vallée des morts : je ne compte point les mouches, les renards, les loups et les hyènes, parce que c'est notre séjour dans les tombeaux et l'odeur de notre cuisine qui avaient attiré ces quatre espèces affamées.

« En entrant dans la partie la plus reculée de cette vallée par une ouverture étroite, évidemment faite de main d'homme, et offrant encore quelques sculptures égyptiennes, on voit bientôt, au pied des montagnes ou sur les pentes, des portes carrées, encombrées pour la plupart, et dont il faut approcher pour apercevoir la décoration : ces portes, qui se ressemblent toutes, donnent entrée dans les tombeaux des rois. Chaque tombeau a la sienne ; car jadis, aucun ne communiquait avec l'autre ; ils étaient tous isolés ; ce sont des chercheurs de trésors, anciens ou modernes, qui ont établi quelques communications forcées.

« Il me tardait, en arrivant à Biban-el-Molouk, de m'assurer que ces tombeaux, au nombre de seize, étaient bien, comme je l'avais déduit d'avance de quelques considérations, ceux des rois appartenant tous à des dynasties thébaines, c'est-à-dire à des princes dont la famille était originaire de Thèbes. L'examen rapide que je fis alors de ces excavations, et le séjour de plusieurs mois que j'y ai fait à mon retour, m'ont pleinement convaincu que ces hypogées ont conservé les corps des rois des dix-huitième, dix-neuvième et vingtième dynasties, qui sont toutes trois, en effet, des dynasties diospolitaines ou thébaines.

» On n'a suivi aucun ordre de dynastie, ni de succession dans le choix de l'emplacement de ces diverses tombes royales. Chacun a fait creuser la sienne sur le point où il croyait rencontrer une veine de pierre convenable à la sépulture et à l'immensité de l'excavation projetée. Il est difficile de se défendre d'une certaine surprise, lorsque après avoir passé sous une porte assez simple, on entre dans de grandes galeries ou corridors, couverts de sculptures parfaitement soignées, conservant en grande partie l'éclat des plus vives couleurs, et conduisant successivement à des salles soutenues par des piliers encore plus riches de décorations, jusqu'à ce qu'enfin on arrive à la salle principale, celle que les Égyptiens nommaient la *salle dorée*, plus vaste que toutes les autres, et au milieu de laquelle reposait la momie du roi dans un énorme sarcophage de granit. La vue de ces tombeaux donne seule une idée exacte de l'étendue de ces excavations, et du travail immense qu'elles ont coûté pour les exécuter au pic et au ciseau. Les vallées sont encombrées presque toutes de collines formées par les petits éclats de pierre, provenant des effrayants travaux exécutés dans le sein de la montagne. Plusieurs mois m'ont à peine suffi pour rédiger une note détaillée des innombrables bas-reliefs que ces tombeaux renferment, et pour copier les inscriptions les plus intéressantes. Je donnerai cependant une idée générale de ces monuments par la description rapide et succincte de l'un d'entre eux, celui du pharaon Rhamsès, fils et successeur de Méiamoun. La décoration des tombeaux royaux était systématisée, et ce que l'on retrouve dans un reparaît dans presque tous les autres. »

Selon Champollion, le bandeau de la porte d'entrée est orné d'un bas-relief qui est la préface ou le résumé de toutes les décorations des tombes. C'est un disque jaune au milieu duquel est le soleil à tête de bélier, c'est-à-dire le soleil couchant entrant dans l'hémisphère inférieur; du côté du soleil, et dans le disque, est sculpté un scarabée, symbole de la régénération. Le roi est agenouillé sur la montagne céleste, sur laquelle portent aussi les pieds de deux déesses. Le sens général de la composition se rapporte au roi défunt : soleil de l'Égypte durant sa vie, il était à sa mort le soleil couchant qui doit reparaître à l'aube suivante. C'est toujours, omme on le voit, le système de transmigration et de énovation cosmogonique. Dans ce tableau figure ordinairement une légende comme celle qui suit : « Je t'ai » accordé une demeure dans la montagne sacrée de l'Oc- » cident comme aux autres dieux (rois) grands, à toi, » Osirien, roi, seigneur du monde, Rhamsès, etc., en- » core vivant. » Cette dernière expression prouve que les travaux d'une sépulture pharaonienne commençaient même du vivant du destinataire.

Cependant, comme pour rassurer l'esprit du pharaon contre ce spectacle d'une destruction prochaine, d'autres tableaux avaient soin de lui promettre une longue vie et une parfaite santé. Ces tableaux constituaient ainsi une sorte d'antidote aux précautions que l'on prenait d'avance pour que le mort fût, au moment de sa dernière heure, convenablement logé.

Ceci est figuré dans le corridor qui sert comme de pièce d'entrée aux tombes. Au-delà paraît une petite salle contenant les images sculptées et peintes de soixante-quinze parèdres du soleil, précédées ou suivies d'un immense tableau dans lequel on voit successivement l'image abrégée de soixante-quinze zones et de leurs habitants.

A ces tableaux d'ensemble succède le développement des détails, figurés dans une série de sépultures représentant la marche du soleil dans les hémisphères ; après quoi d'autres salles se présentent toutes également ornées de sculptures et de peintures. La salle qui précède le sarcophage est en général consacrée aux quatre génies de la mort : elle figure, dans des tableaux vraiment complets, la comparution du roi devant le tribunal des quarante-deux juges divins, qui devaient décider du sort de son âme. Une paroi entière de cette salle, dans le tombeau de Rhamsès, offre les images de ces quarante-deux assesseurs d'Osiris, mêlées aux justifications que le roi est censé présenter ou faire présenter en son nom à ces juges sévères, lesquels paraissent chargés de faire, chacun en particulier, la recherche d'un crime ou d'un péché spécial, et de le punir dans l'âme soumise à leur juridiction. Voici une portion de cette formule de confession négative :
« O Dieu ! (un tel roi) soleil modérateur de justice, ap-
» prouvé d'Ammon, n'a point commis de méchancetés,
» n'a point blasphémé, ne s'est point enivré, n'a point
» été paresseux, n'a point enlevé des biens consacrés
» aux dieux, n'a point dit de mensonges, n'a point été
» libertin, ne s'est point souillé par des impuretés, n'a
» point secoué la tête en entendant des paroles de vé-
» rité, n'a point inutilement allongé ses paroles, n'a pas
» eu à dévorer son cœur, etc. »

A côté de ce texte, figuraient parfois des images plus curieuses encore des péchés capitaux, la luxure, la paresse, la voracité, figurées par des têtes de boucs, de tortues et de crocodiles.

De toutes ces salles, la plus magnifique sans contredit est celle du tombeau de Rhamsès. Le plafond, creusé en berceau et d'une très-belle coupe, a conservé toute sa peinture; les parois de la salle sont couvertes, du soubassement au plafond, de tableaux sculptés et peints, et chargés d'hiéroglyphes explicatives. La plupart de ces légendes appartiennent au système général des Égyptiens en astronomie et en cosmogonie. D'autres représentent les offrandes aux divinités de l'Égypte, et surtout à celles qui président aux destinées des âmes.

Telles sont les décorations générales des tombeaux de Biban-el-Molouk, qui ne sont pas tous également achevés. Les uns, en effet, se terminent à la première galerie, qui devient ainsi la grande salle sépulcrale; d'autres ont deux salles seulement; quelques-uns enfin ne sont qu'un petit réduit creusé à la hâte, grossièrement peint, et dans lequel on a déposé le sarcophage du roi, souvent à peine ébauché. Cela prouve qu'à son avénement au trône le premier soin d'un roi était de se choisir une sépulture convenable, et d'y faire travailler jusqu'à sa mort. Si elle le surprenait, les travaux cessaient, et le monument demeurait à demi achevé. On peut ainsi juger de la durée d'un règne par l'état plus ou moins avancé de l'excavation sépulcrale. Les tombeaux des princes qui régnèrent le plus longtemps sont les plus ornés et les plus somptueux. Après le tombeau de Rhamsès, un des plus remarquables est celui du pharaon Menephta Séti ou Séthei Ier, de la dix-huitième dynastie. Ses parois, ses plafonds, ses piliers carrés sont ornés de sculptures peintes. Le pharaon, symbolisé par une image du soleil à tête de bélier, parcourt l'hémisphère supérieur (la vie), et l'hémisphère inférieur (la mort). De tout ce sépulcre magnifique, le plafond seul est resté intact; les cartouches sont en partie détruits, et les légendes effacées.

Parmi les monuments hiéroglyphiques les plus importants de Biban-el-Molouk, nous devons signaler particulièrement celui que Champollion a désigné sous le titre de *Table des influences stellaires pour toutes les heures de la nuit.* D'après les calculs de M. Biot, cette table a dû être rédigée sous Rhamsès VI, troisième fils de Rhamsès III, l'an 1240 avant J. C.

De Biban-el-Molouk, si l'on se porte vers la rive droite du Nil, on y aperçoit les palais des rois dont on vient de décrire les tombeaux. Les pharaons mettaient ainsi le fleuve entre leur vie présente et leur vie future. Au nombre de ces palais, celui de *Karnak* paraît être le plus beau. Il servait, sans aucun doute, de résidence habituelle aux souverains.

La butte factice sur laquelle s'élèvent les ruines de Karnak est au centre d'une plaine cultivable de deux lieues de circuit. Karnak, au milieu des débris de Thèbes, frappe tout d'abord par l'imposante grandeur de son aspect. C'est là que la puissance des pharaons, le génie des anciens Égyptiens se montre dans son caractère le plus élevé. La longue avenue de sphinx de ce palais, qui semble avoir jadis abouti au fleuve, ses pylones, ses propylées, ses obélisques, ses colonnes immenses, tout saisit et commande l'admiration. Des sphinx de cette longue avenue, deux seulement sont restés debout : ils sont distants l'un de l'autre de quatre coudées, couchés, les jambes de devant étendues, celles de dessous repliées; ils ont des têtes de béliers placées sur des corps de lion, avec une coiffure symbolique qui, couvrant la tête, retombe sur le dos et sur la poitrine.

Au bout de l'avenue des Sphinx se rencontre le pylone, dans un développement de trois cent quarante-huit pieds, et sur une hauteur de cent trente-quatre.

Cette construction, comme on peut le voir aux faces saillantes des pierres que l'ouvrier devait placer, n'a jamais été achevée. La porte doit avoir eu soixante pieds d'élévation, la plus grande dimension de ce genre que l'on ait reconnue en Égypte. Ce pylone donne passage vers une vaste enceinte de cent deux mètres et demi de large, et de quatre-vingt-quatre mètres de profondeur. Des édifices entiers s'y trouvent contenus. Au nord et au sud, les côtés de cette grande cour sont fermés par deux galeries, avec des colonnes de six pieds de diamètre, couronnées de chapiteaux en forme de boutons de lotus. Ces deux colonnades, quoique d'un bel effet, sont dans le même état d'inachèvement que le pylone et la cour qui le continue, ce qui donnerait lieu de croire que ces constructions sont d'une date postérieure à celles des autres parties du palais. On sait que le système des Égyptiens était de procéder, dans l'érection de leurs monuments, peu à peu, selon les époques et selon les besoins, en augmentant les attenances, et les raccordant sans symétrie quand la convenance des distributions le voulait ainsi. Les colonnes des deux galeries sont élevées de quinze mètres au-dessus du sol ancien. Le côté nord présente la colonnade la plus régulière ; elle est composée de dix-huit colonnes de front, d'une très-belle conservation. Sur les dés carrés des chapiteaux, repose un entablement composé d'une architrave et d'une corniche. Deux portes s'ouvrent vers l'extrémité des murs du fond. On ne remarque ni sculptures, ni tableaux symboliques, ni hiéroglyphes dans cette partie de l'édifice. Des pilastres verticaux s'élèvent à chaque bout de la galerie et détruisent le mauvais effet qui résulterait de l'inclinaison des pylones auxquels la colonnade aboutit. Un petit escalier droit pratiqué dans l'épaisseur du mur, à l'extrémité, vers l'est, conduit sur une terrasse. D'immenses décombres amoncelés à l'ouest, dominent les pierres du plafond.

Moins régulière que celle du nord, la colonnade du sud est interrompue, vers le milieu, d'une manière assez étrange, par un petit temple qui la partage en deux. Dans la première partie, on trouve neuf colonnes de front avec deux pilastres de grosseur, de forme et d'espacement semblables à ceux de la colonnade du nord. La largeur de cette galerie est de huit pieds. Comme dans l'autre, il y existe un petit escalier à l'ouest, qui conduit sur une terrasse. Quant à l'autre partie de la colonnade, par delà le temple, elle se compose de deux pilastres et de deux colonnes espacées de quinze pieds et dont l'écartement correspond à l'ouverture de la porte. Quoique aussi peu terminée que la galerie du nord, celle du sud présente sur sa frise un certain nombre d'hiéroglyphes.

On trouve au milieu de la grande cour les restes d'une avenue de vingt-six colonnes, rangées sur deux files. C'est le roi éthiopien Théharaka, le Thérac de la Bible, qui les avait érigées. Une seule de ces colonnes, l'avant dernière de la ligne du sud, subsiste encore. Toutes les autres semblent avoir été sapées dans leurs fondements. On pense que l'action des eaux a contribué pour beaucoup à cette destruction. Le palais se trouve en effet bien inférieur au niveau qu'elles atteignent lors de l'inondation. Chaque année, à cette époque, elles s'infiltrent à travers les décombres, et y favorisent, à cause de la nature du sol, des cristallisations salines qui rongent la pierre, et achèveront de ruiner ce qui reste de ce magnifique monument. On peut se faire une idée des colonnes qui n'existent plus par celle qui est debout. Sa hauteur totale, y compris la base, le chapiteau et le dé, est de soixante-neuf pieds;

son fût, de vingt-sept pieds de diamètre, est formé de vingt-trois assises; le chapiteau en a cinq et le dé trois. Le chapiteau surtout est remarquable par sa construction. Vingt-six pierres, dont les joints verticaux se réunissent vers le centre de la colonne, composen sa dernière assise, qui embrasse presque toute la saillie. Ce mode de construction, au moyen de menus matériaux, est rare, et étonne d'autant plus, que les Égyptiens n'employaient généralement que de grandes masses. Les décombres amoncelés autour des galeries voisines, n'arrivent pas jusqu'à cette colonne: elle est presque entièrement dégagée. Les sculptures qui la décorent représentent différentes figures, telles que des têtes de lévriers, de renards ou de chacals, et des croix ansées, séparées par des bandes circulaires de grands hiéroglyphes. La partie supérieure du fût est ornée de cinq cordons horizontaux liant le bouquet de fleurs de lotus dont se compose la sculpture du chapiteau. La forme de ce dernier est celle d'une campane dont l'évasement est de quarante-cinq pieds; des hiéroglyphes couvrent toutes les faces du dé qui est placé au dessus. Des savants modernes, entre autres M. Prisse d'Avesne, y ont reconnu les cartouches de Théharaka, de Psamméticus et de Ptolémée Philopator.

Tout porte à croire que l'allée de colonnes dont celle que nous venons de décrire faisait partie, n'a jamais été destinée à autre chose qu'à former une avenue. On ne concevrait pas de quelle manière elle aurait pu se lier au système des constructions qui précèdent et qui suivent. Rien n'indique non plus qu'elle ait jamais été couverte.

En laissant de ce côté le petit temple qui se trouve engagé dans la première enceinte, et dont nous avons parlé, on passe sous un second pylone, et l'on traverse une seconde cour ornée de piliers cariatides pour arriver à la seconde partie du palais de Karnak, signalée par des monolithes en granit rouge, dont l'un, debout encore, représente un homme en marche.

Au delà de ce point, un magnifique pylone de quatre-vingt-onze pieds de haut donne l'entrée des vieux palais de Karnak et de cette salle hypostyle, la merveille de l'ancienne Thèbes. Pour s'en faire une idée, il faut se figurer un vaste rectangle de cent-cinquante-neuf pieds sur trois cent dix-huit. Les pierres du plafond y reposent sur des architraves portées par cent trente-quatre colonnes encore debout. Les plus grosses n'ont pas moins de onze pieds de diamètre, et de soixante-dix pieds de haut. Les chapiteaux ont près de soixante-quatre pieds de développement, et leur partie supérieure présente une surface où cent hommes pourraient aisément se tenir debout. Cette salle hypostyle est l'une des plus étonnantes constructions que l'imagination puisse concevoir. Pour s'en former une idée exacte, il suffit de dire que l'une de nos plus grandes églises, Notre-Dame de Paris, y tiendrait tout entière. C'est là, sans doute que les souverains d'Égypte donnaient audience au peuple, et peut-être y voyait-on les trois cent quarante-cinq statues de pontifes-rois que les prêtres égyptiens montrèrent à Hécatée de Milet.

La salle hypostyle est comme partagée en trois parties dont la portion intermédiaire, renfermant les plus grosses colonnes, forme une sorte de nef entre les deux distributions latérales. Les grosses colonnes, dans leur circonférence de trente pieds, sont d'un port à peu près égal à celui de la colonne Vendôme; les autres n'ont guère que quarante pieds de hauteur. Aucune d'elles n'a cédé aux efforts du temps; leur plus terrible ennemi est le Nil, qui, dans ses crues, venait baigner et miner leur base. Dans l'un des murs de la salle hypostyle, on rencontre des pierres toutes dressées et sculptées, et qui étaient employées là comme simples matériaux. Ainsi, le palais de Karnak, déjà si vieux, paraît avoir été construit lui-même avec les débris d'un temple plus ancien, ce qui supposerait deux âges d'architecture. Le même fait a été reconnu dans les temples de Philœ, limite actuelle de l'Égypte.

Après avoir passé sous un troisième pylone, on arrive dans une espèce de cour où figuraient autrefois deux obélisques en granit, hauts de soixante-neuf pieds. Un seul reste encore debout. Un autre obélisque, le plus grand qui existe en Égypte, se trouve à peu de distance, au milieu d'une vaste cour ornée de piliers cariatides et au-delà d'une autre pylone. Cet obélisque a quatre-vingt-onze pieds de haut : ces sculptures, d'une exécution parfaite, ne sont pas inférieures à ce que l'art européen pourrait produire en ce genre. Enfin, une dernière porte conduit à des constructions en granit qui semblent être les petits appartements du palais de Karnak. C'est là sans doute que le pharaon venait oublier, au sein des joies de la famille et des distractions domestiques, le poids d'une royauté toute pleine de cérémonial et d'étiquette. A la suite de ces constructions il s'en révèle encore une foule d'autres, comme aussi d'autres colonnes et d'autres appartements, dans lesquels on remarque des sculptures qui brillent du plus vif éclat ; une porte triomphale, d'autres avenues de sphinx d'autres débris d'obélisques. En nul autre endroit ne se font voir plus de restes d'édifices antiques.

C'était évidemment là que résidaient les pharaons : la tradition le dit, l'aspect des lieux le prouve. Diodore et Strabon parlent de la salle hypostyle et des petits appartemens de granit, et d'ailleurs la distribution intérieure accuse la destination des monuments. La salle aux trois cents colonnes gigantesques était la salle des audiences royales, le théâtre des fêtes publiques et religieuses, des cérémonies du couronnement, et de celles de l'initiation. Un local vaste et magnifique à ce point ne pouvait servir à des choses banales; il fallait, pour le remplir, des pompes splendides, des célébrations grandioses. Pour la vie ordinaire, on avait les appartements de granit. Là, tout était mieux approprié aux besoins de chaque jour; les pièces étaient plus petites, mieux divisées, plus élégantes. Aujourd'hui encore, en les parcourant, il est aisé de voir que l'architecte y a sacrifié ses idées d'ensemble à l'utilité et à la grâce des détails. Comme effet général, le palais de Karnak, vu à quelque distance, ne satisfait point le regard. C'est un assemblage confus de fragments de murs, d'obélisques renversés, de colosses en débris, de portiques croulants; c'est une forêt de colonnes, de pylones, de galeries, de portiques et de péristyles.

Les perspectives de *Louqsor* ne sont ni plus arrêtées, ni plus régulières, et, cependant, elles offrent un ensemble admirable. De quelque point qu'on y arrive, les ruines de Louqsor dominent et se projetent sur le ciel d'Égypte comme un palais de géant. Elles s'étendent sur un monticule de décombres au bord du Nil, et couvrent un espace de trois cent vingt mètres du nord au sud, et de quatre-vingts de l'est à l'ouest. Elles ont pour base un quai construit solidement en briques et qui a été garni d'un revêtement, à une époque postérieure, pour garantir les édifices des dégradations du fleuve dont ils sont encore menacés aujourd'hui.

Un assez grand nombre d'habitations modernes se sont élevées au milieu des restes de Louqsor, mais elles disparaissent devant la majesté imposante des monuments antiques qui les écrasent de leur masse. Avant d'arriver aux ruines, et au milieu des huttes de fellahs et des coupoles blanches de quelques marabouts, on ne remarque guère d'abord qu'un grand bâtiment construit en partie avec des matériaux antiques ; c'est la *Maison de France*, où logèrent les officiers de marine de l'expédition de Louqsor, et que Méhémet-Ali a donnée au gouvernement français. Son beau jardin, où verdoient les dattiers, les mimosas, les bananiers, les lauriers-roses et les jasmins d'Arabie, a été planté par les marins français.

C'est dans la partie méridionale du village de Louqsor que s'accumulent les ruines de son palais. On y pénètre à travers un magnifique pylone composé de deux massifs pyramidaux, situés au nord, de deux cents pieds de façade et de cinquante-sept pieds de hauteur au dessus du niveau du sol actuel. Entre ces deux massifs s'ouvrait une porte de cinquante et un pieds environ d'élévation, au dessus de laquelle régnait une corniche élégante, dont on ne voit plus que quelques arrachements. Une grosse muraille en briques crues a été bâtie entre les deux jambages de la grande porte, et l'on y a ménagé une petite porte d'environ six pieds.

Devant ce pylone se dressaient deux beaux obélisques de granit rose, qui, de tout temps, ont excité l'admiration des voyageurs, et que le vice-roi Méhémet-Ali a donnés à la France. On sait qu'un de ces monolithes fait aujourd'hui l'ornement de la place de la Concorde. C'est celui qui était placé à droite en entrant dans le palais ; quoiqu'un peu moins élevé que l'autre, il a été choisi comme plus intéressant pour l'histoire. Sa hauteur est de vingt-trois mètres cinquante-sept centimètres. Le sommet ou pyramidien est un peu endommagé. I mesure à la base une largeur de deux mètres trente-neuf centimètres. Son poids, d'après ses dimensions, doit être de cent soixante-douze mille six cent quatre-vingt-deux kilogrammes.

L'obélisque resté à Louqsor, et qui s'élève à gauche de l'entrée du palais, a vingt-cinq mètres trois centimètres de hauteur, en y comprenant le pyramidien de deux mètres cinquante-six centimètres ; sa base a deux mètres cinquante, et un centimètres en tous sens.

Pour remédier à l'inégalité des deux monolithes, l'architecte les avait placés sur des socles inégaux, en sorte que le petit dépassait le grand de la moitié de l'excédant de la longueur. Il était aussi placé sur un plan plus avancé, ce qui avait été fait, sans doute, dans la vue de dissimuler la différence d'épaisseur.

Le granit rose des deux obélisques est d'un grain très-pur ; il a été probablement tiré des carrières situées dans les montagnes de Syène. Les arêtes sont vives et bien dressées. Ce qui peut paraître singulier, c'est que les faces n'offrent point des lignes parfaitement planes ; la partie extérieure présente une convexité de trente-quatre millimètres.

C'est Rhamsès le Grand ou Sésostris qui a fait élever ces deux monuments pour décorer le palais de Louqsor, comme l'atteste l'inscription hiéroglyphique gravée sur l'obélisque de gauche, et dont voici la traduction : « Le Seigneur du monde, soleil gardien de la vérité (ou de la justice), approuvé de Phré, a fait exécuter cet édifice en l'honneur de son père Ammon-Ra, et il lui a érigé ces deux grands obélisques de pierre devant le Rhamesséum de la ville d'Ammon. »

Les hiéroglyphes de cet obélisque sont d'une finesse et d'une pureté de dessin très-remarquable. Leur disposition présente trois colonnes verticales. Ceux de la colonne du milieu sont ciselés à la profondeur de quinze centimètres, et ont un poli parfait; ceux des colonnes latérales ont été seulement piqués à la pointe. Par l'effet de la combinaison, qui établit des reflets et des tons variés, tout paraît net et distinct, et l'on aperçoit jusqu'aux moindres détails.

De chaque côté de la petite porte pratiquée dans le mur de briques dont nous avons parlé, on voit deux statues colossales adossées au pylone. Chacune de ces statues est d'un seul bloc de granit rouge mélangé de noir. Toute la partie intérieure est enfouie dans les décombres. Leur visage est horriblement mutilé, et à peine le reste de leurs formes est-il encore reconnaissable. Des bonnets très-élevés, ressemblant à des mîtres, surmontent leur tête. Sous les bonnets, la coiffure paraît soigneusement arrangée. Ces statues ont le cou entouré de riches colliers. Elles ne portent qu'une espèce de vêtement d'étoffe rayée et plissée, qui s'attache à une ceinture nouée sur les reins et serrée au dessus des genoux. La hauteur des deux colosses est de treize mètres à partir du sol ancien. Ils sont assis sur des dés cubiques. La distance entre leurs deux épaules est de quatre mètres. L'un des doigts de la main a cinquante-quatre centimètres. Celui du côté de l'ouest, a, dans le bonnet, une veine de couleur jaune très-apparente. Il est adossé contre un petit obélisque pris dans le même bloc que la statue.

Des sculptures d'un mérite remarquable couvrent les faces du pylone. Elles représentent différents sujets, et entre autres le triomphe remporté par Rhamsès sur des peuples asiatiques, sujet que l'on trouve répété sur bien d'autres monuments de l'Égypte.

Après être sorti du pylone, on passe dans un péristyle, espèce de cour de deux cent trente-deux pieds de long sur cent soixante-quatorze de large, autour de laquelle on voit les restes d'une double rangée de piliers. Cette cour contient une énorme quantité de terre et de décombres accumulés là depuis des siècles. On trouve aussi dans son enceinte un grand nombre d'habitations arabes. De cette cour on arrive au second pylone, dont la porte a le même axe que le premier.

Ici paraissent s'arrêter les ruines du palais bâti par Rhamsès le Grand ou Sésostris. On arrive ensuite à une double rangée de sept colonnes de dix, et même de onze pieds de diamètre, sur quarante-cinq pieds de haut, couronnées de chapiteaux à fleurs de lotus. Quand on est dans cette partie de l'édifice, on est frappé du changement de direction de l'axe du palais. Cette différence s'explique parfaitement depuis qu'on a reconnu que les colonnades dont nous venons de parler appartiennent à un premier palais bâti par Aménophis-Memnon (Amenoph ou Amenopht III) de la dix-huitième dynastie, monument auquel le palais de Rhamsès Sésostris est venu ensuite s'ajouter. A l'extrémité de cette colonnade, on rencontre de petites chambres de granit dans l'intérieur desquelles sont plusieurs niches circulaires et des peintures chrétiennes. Ces chambres ont sans doute servi de chapelles à des solitaires de la Thébaïde.

En parcourant l'édifice du nord au sud, on rencontre plus loin plusieurs salles dont le comble consiste en de grands blocs s'appuyant d'une colonne à l'autre, et s'étendant des colonnes sur le mur. Un sanctuaire ou chapelle royale existe au milieu de ces appartements. Un second sanctuaire est enfermé dans le premier. Jadis consacré à Ammon-Ra, le roi des dieux, par Aménophis Memnon, il fut réédifié depuis par Alexandre, fils du conquérant. Il porte en effet une dédicace de ce fils d'Alexandre, que l'on reconnaît très-bien à ses traits enfantins. Cette inscription curieuse, unique témoignage peut-être du règne éphémère d'un prince enfant, a été ainsi traduite par Champollion : « Restauration de l'édifice, faite par le roi, fils du soleil, seigneur du diadème, Alexandre, en l'honneur de son père Ammon-Ra, gardien des régions de Thèbes. Il a fait construire le sanctuaire nouveau en pierres dures et bonnes, à la place de celui qui y avait été fait sous la majesté du roi-seigneur de Justice, le fils du soleil, Aménophis, modérateur de la région pure. »

Outre les quatorze grandes colonnes, bâties comme nous l'avons vu par Aménophis, les architraves de cent cinq autres colonnes, qui ornent les salles intérieures et les cours du palais, portent toutes des dédicaces au nom de ce pharaon. Ce sont de grands hiéroglyphes d'un relief peu saillant et d'un excellent travail. Les proportions de ces colonnes manquent généralement de grâce. Le bas des chapiteaux est renflé du cinquième environ du diamètre de la partie supérieure, et présente la réunion de huit boutons de lotus tronqués. Un des carrés, dont les côtés égalent le diamètre du tambour, est placé au-dessus des chapiteaux. C'est sur ces dés que porte l'architrave, laquelle reçoit intérieurement les pierres du plafond, et, à l'extérieur, est ornée d'une baguette surmontée d'une corniche. La hauteur de ces entablements est de deux fois le chapiteau. Des hiéroglyphes profondément creusés en forment les décorations.

Nulle part autant que dans les monuments de Louqsor ne règne la confusion des ruines. Il faut s'isoler pour ainsi dire de ce que l'on voit, pour reconstruire par la pensée cet ensemble de palais engagés les uns dans les autres, et qui ne devaient point avoir une ordonnance régulière.

En sortant de ces divers édifices, on arrive sur une

butte factice qui formait jadis tout un quartier de Thèbes. Çà et là se montrent des débris de piédestaux et des restes de sphinx. Plus on se rapproche de Karnak, plus ces fragments se multiplient, jusqu'à ce que paraissent à Karnak même, des sphinx entiers à corps de lion et à têtes de femme. Ainsi, de Louqsor à Karnak, c'est-à-dire dans une étendue de mille vingt-six toises, on suit une avenue qui a dû compter plus de six cents sphinx. Comme le terrain contenu entre ces deux rangées de décombres est encore sujet aujourd'hui à l'inondation, il faut croire que, dans les temps antiques, cette avenue était un canal dans les époques de crues, et une promenade pendant les basses eaux. Une déviation de l'allée des sphinx conduit à une avenue plus large formée de béliers accroupis, élevés sur des piédestaux, et terminée par un arc de triomphe. Ces constructions précèdent deux temples, l'un d'une architecture massive, et caractérisée par l'empreinte noire et sombre de sa colonnade; l'autre, petit temple consacré à Isis, remarquable par le ton brillant de la pierre, par le fini coquet de ses sculptures.

Maintenant si l'on repasse sur la rive gauche du Nil, d'autres merveilles se présentent. C'est d'abord l'hippodrome d'*El-Akalteh*, qui a semblé justifier aux yeux de quelques savants le surnom d'*Hécatompyle* (aux cent portes) qu'Homère donne à la capitale thébaine. D'autres ont cru que cette expression désignait les portes des divers quartiers, qui alors auraient été séparés, d'après l'usage en vigueur encore dans les capitales de l'Orient. Nulle enceinte particulière n'enveloppant la ville, on est fondé à admettre ce système d'enceintes particulières, isolant et enveloppant les monuments publics.

Au nord de l'hippodrome, et placées sur une butte

au pied de la chaîne lybique, apparaissent les ruines de *Medinet-Abou*, amas confus de monuments de toutes les époques et de toutes les dynasties. Un petit temple se montre d'abord au pied des décombres, mais il frappe peu le regard, attiré par les restes imposants d'un palais de pharaon. Deux étages, des fenêtres carrées, des murs couronnés de créneaux, révèlent une construction qui ne se rapproche en rien des temples consacrés au culte. C'était évidemment une résidence royale, embellie tour à tour par les rois lagides et les empereurs romains. Dans aucun lieu on ne retrouve plus de scènes de batailles, de combats sur terre et sur mer, de courses en chars, d'imitations, de jeux gymniques. La fondation de ce palais et du temple de Medinet-Abou, est due à Rhamsès III, le Grand, ou Meïamoun, l'un des plus illustres guerriers des dynasties pharaoniennes. Plus loin, vers l'ouest, et presque au pied de la montagne, se groupent d'autres édifices non moins curieux. Un pylône très élevé conduit dans une cour presque carrée, dont les galeries septentrionale et méridionale sont formées de colonnes et de gros piliers carrés auxquels sont adossées des statues colossales. Ces espèces de cariatides impriment au monument un caractère de gravité et de grandeur dont il est impossible de n'être point frappé : elles semblent placées là pour rappeler aux hommes le recueillement et le respect. Un second pylône termine cette première cour, et conduit à un superbe péristyle, dont les galeries latérales sont formées de colonnes, et dont le fond est terminé par un double rang de galeries, soutenues par d'autres colonnes et par des piliers cariatides. Ce péristyle offre des restes de toutes les religions qui ont successivement prévalu en Égypte. Les chrétiens y ont élevé une église où l'on voit encore de beaux fûts monolithes en granit rouge. Ils ont peint sur les murs, des bienheureux avec l'auréole autour de la tête. Quelquefois, au moyen de légères altérations, ils ont même réussi à transformer en saints du christianisme, des dieux, des héros et des prêtres de l'ancienne Égypte. A leur tour, les mahométans sont venus, et ont fait une mosquée, en sculptant quelques versets du Coran sur ces emblêmes déjà chrétiens ou égyptiens à demi.

C'est parmi les ruines de ce temple que Champollion a trouvé un calendrier qui se rapporte au règne de Rhamsés III, et à l'aide duquel M. Biot a résolu d'importants problèmes de chronologie égyptienne.

En 1854, un savant égyptologue, M. Greene, a exhumé, à l'aide de fouilles énormes, une grande inscription qui couvre le massif de droite du second pylone du même temple. Les décombres amoncelés n'avaient permis à Champollion d'en copier que la première ligne ; il avait néanmoins signalé l'importance de ce document où se trouvaient les noms de nombreux peuples vaincus. Le texte entier a été mis à découvert par M. Greene, et M. de Rougé en a donné une savante explication dans l'*Athenæum français*. Cette inscription est un long discours d'apparat que le pharaon Rhamsès III adresse à ses sujets. Les douze premières colonnes ne contiennent que les titres officiels du roi et les épithètes louangeuses qu'on lui adresse. Après une série de phrases destinées à constater que le sang des dieux coule dans les veines de Rhamsès, viennent les éloges de sa valeur. Ici, on le compare à *un coursier aux pieds valeureux qui s'élance comme les astres dans la sphère du ciel;* plus loin on l'assimile aux divers dieux, qui, suivant les traditions sacrées, avaient régné en Égypte. *Sa royauté sera chérie comme celle de Moui, fils du Soleil* (9ᵉ colonne) ; *son élévation a répandu la joie comme le soleil à son lever* (10ᵉ colonne) ; *il est tel que le dieu Ra, dont le règne a commencé le monde.* On célèbre ensuite la générosité de Rhamsès envers les dieux qui lui ont accordé, dès son enfance, d'être roi de l'Égypte, et de gouverner toute la sphère éclairée par le soleil. Le roi prend lui-même la parole à la treizième colonne. Il recommande à tous ses peuples d'être attentifs à ses instructions ; et il leur expose les sentiments qui doivent diriger leur vie. Avant de se vanter de ses exploits, il commence par en rapporter l'honneur à son père, le dieu Ammon, qui lui a donné toutes ses conquêtes et la force de terrasser ses ennemis. *Je les ai pressés,* dit-il, *de mon glaive victorieux. Couronné roi de l'Égypte comme le dieu Ra, je la gouverne et j'en chasse les barbares* (15ᵉ colonne). Après une partie très-effacée de la seizième colonne, vient un des passages les plus intéressants, celui où le roi énumère ses ennemis vaincus. *En commençant,* dit l'inscription, *au pays de Cheta, Ali, Karkamascha, Aratou, Arasa......* (Ici une lacune) *leurs camps ensemble dans le pays d'Amaour ; j'ai effacé ces peuples et leurs pays, comme s'ils n'eussent jamais existé.* On trouve à la colonne suivante un second groupe de peuples : les Poursata, les Takkara, les Ravou, les Taanou, etc. Plus loin, l'indication du butin fait dans la première bataille, se trouve liée au nom du pays de Tahi. Ce premier combat fut suivi de près par une bataille navale que le roi décrit. *La flotte égyptienne,* dit-il, *paraissait sur les eaux comme un mur puissant.* On y distinguait trois sortes de vaisseaux, les *Haou,* bateaux de charge qui naviguaient ordinairement sur le Nil, les *Menesch,* navires destinés spécialement à la mer, et les *Biri,* simples barques. *Les vaisseaux,* continue le roi, *étaient garnis de la proue à la poupe, de braves guerriers, munis de leurs armes* (20ᵉ colonne). Il nous montre d'un autre côté, sur le rivage, *les fantassins, l'élite de l'armée d'Égypte, qui étaient comme le jeune lion rugissant sur les montagnes; les cavaliers, qui s'élancent, qui se rangent auprès de leurs braves capitaines; les chevaux qui semblent eux-mêmes réunir toutes leurs forces pour fouler aux pieds les barbares* (21ᵉ colonne). *Quant à moi,* dit Rhamsès, *j'étais vaillant comme le dieu Month; je restais à leur tête; il ont vu les exploits de mes braves: j'ai agi comme le héros qui connaît sa force, qui sort son bras et défend ses hommes au jour du massacre. Ceux qui se sont approchés de mes frontières ne moissonneront plus dans ce monde, le temps de leur âme est compté pour l'éternité.* »

Le discours du roi, que plusieurs lacunes ne permettent pas de lire en entier, ne manque pas d'une certaine grandeur en retraçant le souvenir de cette bataille. Plus loin, Rhamsès dit que la gloire de son nom s'est répandue sur les mers, que ses ennemis ont été massacrés sur la rive, qu'il a forcé les eaux à obéir aux ordres de l'Égypte, et qu'enfin son nom a été proclamé parmi toutes les nations de la terre. « Je suis assis, ajoute-t-il, sur le trône d'Horus; la déesse Oër-Hck réside sur ma tête. Je veille sur les pays limitrophes de l'Égypte pour en chasser les barbares; j'ai conquis leur pays; de leurs frontières j'ai fait les miennes; leurs princes... me rendent hommage. J'ai accompli les desseins du Seigneur absolu, mon père divin, le maître des dieux. Poussez des cris de joie jusqu'au ciel, ô Égyptiens! je gouverne les deux régions, assis sur le trône d'Almou. C'est lui qui m'a fait régner sur l'Égypte pour vaincre sur la terre et triompher sur les eaux, dans toutes les contrées. » Ici le texte est de nouveau très mutilé. On reconnaît néanmoins que le pharaon continue de s'adresser à ses sujets et se félicite de leur avoir donné la paix et le repos. Rhamsès termine ce grand discours en vantant de nouveau sa reconnaissance envers les dieux; il a doté leurs fêtes de riches offrandes; il a aimé la justice et abhorré l'impiété; aussi les dieux lui ont-ils servi de bouclier, et ils ont écarté tous les maux qui auraient pu l'atteindre.

Le plus grand intérêt de cette inscription consiste dans les renseignements qu'elle contient sur la bataille navale et le combat qui la précéda. Les ennemis de l'Égypte nommés dans le texte, et représentés sur les bas-reliefs et dans les peintures qui l'accompagnent, appartiennent pour la plupart* à la race blanche, que les Égyptiens désignaient sous le nom générique de *Tamahou*. M. de Rougé s'est livré à de savantes recherches pour déterminer la patrie de ces divers peuples et le lieu où se donnèrent les deux batailles. Il pense que les guerriers qui avaient franchi les frontières égyptiennes habitaient les uns le nord de la Syrie, les autres l'île de Chypre, et que le combat naval dut être livré sur quelque point de la côte syrienne. D'après les calculs du même savant, la grande inscription qui rappelle la double victoire de Rhamsès III, est de l'an 1300 environ avant l'ère chrétienne.

Au sortir de Médinet-About, si l'on suit le chemin tracé sur la limite du désert, on foule aux pieds une suite non interrompue de statues brisées, de troncs de colonnes et de fragments de toute espèce; puis, à gauche du chemin, on rencontre, à fleur du sol, des fondements en briques crues, qui ont jadis formé une enceinte rectangulaire, remplie aujourd'hui encore de débris de colosses et de membres d'architecture, chargés d'hiéroglyphes. Ce sont les restes d'un édifice renversé jusque dans ses fondements. A droite du même chemin, la vue se repose sur un bois touffu d'acacias, dont ta verdure contraste avec la sécheresse du sol environnant. Là encore se retrouvent des restes antiques, des bras, des jambes, des troncs de statues d'une grande proportion. Tous ces colosses étaient monolithes, de marbre, de granit noir ou rouge. Leur nombre est tel, qu'ils suffiraient à décorer une ville considérable. Sur les mêmes lieux, des restes de colonnes à ras du sol signalent l'emplacement d'un temple ou d'un palais. C'est aussi dans ce rayon, et à l'extrémité du bois d'acacias que paraissent les décombres du *Memnonium* ou *Amenophium* de Thèbes, avec les deux colosses qui leur servent d'indicateur.

« Qu'on se figure, dit Champollion jeune, un espace d'environ dix-huit cents pieds de longueur, nivelé par les dépôts successifs de l'inondation, couvert de longues herbes, mais dont la surface, déchirée sur une multitude de points, laisse encore apercevoir des débris d'architraves, des portions de colosses, des fûts de colonnes et de fragments d'énormes bas-reliefs, que le limon du fleuve n'a pas enfouis encore, ni dérobés pour toujours à la curiosité du voyageur. Là ont existé plus de dix-huit colosses, dont les moindres avaient vingt pieds de hauteur : tous ces monolithes, de diverses matières, ont été brisés, et l'on rencontre leurs membres énormes, dispersés çà et là, les uns au niveau du sol, d'autres au fond d'excavations exécutées par les fouilleurs modernes. Sur ces restes mutilés, on lit les noms d'un grand nombre de peuples asiatiques, dont on voyait les chefs captifs entourant la base de ces colosses représentant leur vainqueur, le pharaon Aménophis III, de la dix-huitième dynastie, celui que les Grecs ont voulu confondre avec le Memnon de leurs mythes historiques. »

C'est vers l'extrémité des ruines et du côté du fleuve que s'élèvent encore, en dominant la plaine de Thèbes, les deux fameux colosses d'environ soixante pieds de hauteur, dont l'un, celui du nord, est particulièrement célèbre sous le nom de *colosse de Memnon*. L'un et l'autre sont tournés vers le sud-est, et disposés parallèlement au bord du Nil. Ils ne se trouvent point d'aplomb et penchent en arrière, l'un vers l'autre. Formés chacun d'un seul bloc de grès brêche transporté des carrières de la Thébaïde supérieure, et placés sur d'immenses bases de la même matière, ils représentent tous deux un pharaon assis, les mains étendues sur les genoux, dans une attitude de repos. Les inscriptions hiéroglyphiques ne laissent aucun doute sur la nature et le rang des deux personnages. L'inscription, taillée en grands caractères hiéroglyphiques sur le dossier du trône, a été lue par Champollion. Elle porte textuellement : « L'Aroéris puissant, le modérateur des modé-
» rateurs, le roi soleil, directeur de justice, le fils du
» soleil, le seigneur du diadème, etc., Amenoph, modé-
» rateur de la région pure, le bien-aimé d'Ammon-Ra,
» roi des dieux, l'Horus resplendissant, a érigé ces
» constructions en l'honneur de son père Ammon ; il
» lui a dédié cette grande statue en pierre dure, etc. »

Ces deux colosses décoraient, suivant toute apparence, la façade extérieure du principal pylone de l'Amenophium, et, malgré l'état de dégradation où la barbarie et le fanatisme ont réduit ces antiques monuments, on peut juger de l'élégance, du soin extrême, et de la recherche que l'on avait mise dans leur exécution, par celle des figures accessoires formant la décoration de la partie antérieure du trône de chaque colosse. Ce sont des figures de femmes debout, sculptées dans la masse même de chaque monolithe, et n'ayant pas moins de quinze pieds de haut. La magnificence de leur coiffure et les riches détails de leurs costumes sont parfaitement d'accord avec le rang des reines dont elles rappellent le souvenir. Des inscriptions hiéroglyphiques gravées sur ces figures accessoires, forment en quelque sorte les pieds antérieurs du trône de chaque statue d'Aménophis.

Ces deux statues sont nommées dans le pays *Tamâ* et *Chamâ*; *Chamâ* est le colosse du sud, *Tamâ* le colosse du nord. On les appelle aussi quelquefois *Sanamah*, les idoles. Ces monuments se trouvent dans un grand état de dégradation. Dans la statue du sud, la figure entière a disparu; celle du nord a été rompue par le milieu; la partie supérieure a été rebâtie par assises; la partie inférieure est d'un seul bloc assez bien conservé. Par suite de l'exhaussement de la plaine, les piédestaux se trouvent enfoncés en partie dans la vase du Nil. Malgré cet affaissement, les statues ont encore quarante-huit pieds de la base au sommet, à quoi ajoutant douze pieds pour le piédestal, la hauteur totale des monuments est de soixante pieds. La largeur aux épaules est de dix-neuf pieds. Chaque piédestal renferme deux cent seize mètres cubes, et pèse cent cinquante-six mille quatre-vingt-treize kilogrammes : chaque statue monolithe contient deux cent quatre-vingt-douze mètres cubes, et pèse sept cent quarante-neuf mille huit cent quatre-vingt-dix-neuf kilogrammes; de sorte que chaque piédestal et chaque colosse réunis pèseraient un million trois cent cinq mille neuf cent quatre-vingt-douze kilogrammes (vingt-six mille quintaux, plus une fraction). La base des monolithes est entourée d'une ligne d'hiéroglyphes; le piédestal sur lequel ils sont assis va s'allongeant en dossier jusqu'à la hauteur de la coiffure. C'est en avant du siége, de chaque côté des jambes, et dans l'intervalle qui les sépare, que sont les figures de femmes dont nous avons parlé.

La tête du colosse du sud est, comme nous l'avons déjà dit, très-mutilée ; on ne distingue plus que les oreilles et une partie de sa coiffure ; les jambes, la poitrine et une portion du corps sont remplis d'aspérités provenant de la dégradation qu'elles ont subie. La pierre s'est revêtue d'une teinte noirâtre, qu'on dirait être le résultat du feu, mais qui est due probablement à l'action continue des rayons du soleil. L'espèce de trône sur lequel la statue est assise a plus de quinze pieds de hauteur ; sa largeur est de quatorze pieds un pouce. Les deux faces latérales sont ornées de sculptures admirables, représentant deux figures emblématiques, ayant de doubles mamelles, et attachant des plantes aquatiques au pied d'une sorte de table qui supporte des hiéroglyphes majuscules où se lit le cartouche : « Soleil, directeur de justice, Amenoph, directeur de puissance. » Ces personnages symbolisent le Nil supérieur, coiffé de papyrus, et le Nil inférieur, coiffé de lotus. On a mesuré différentes parties de la statue du sud, et l'on a reconnu que les jambes ont six mètres, à partir de la plante des pieds jusqu'au dessus du genou. Bien que l'extrémité des pieds n'existe plus, on peut juger qu'ils n'ont pas dû avoir moins de neuf pieds dix pouces de longueur.

Le colosse du nord ou de Memnon, est assis sur un piédestal de trente-trois pieds trois pouces de long, dix-huit pieds de large et douze pieds trois pouces de haut. Le trône de la statue a la même dimension, à peu près, que celui du colosse du sud, et les sculptures qui le décorent sont tout à fait semblables. Des fissures profondes sillonnent ce siége. La partie supérieure, qui avait été entièrement détruite par un tremblement de terre qui bouleversa le palais de Karnac, fut restaurée par assise, ainsi que le haut du colosse lui-même, sous le règne de l'empereur Septime-Sévère.

Ce qui caractérise cette statue, ce qui la distingue de l'autre colosse, c'est une foule d'inscriptions grecques et latines qui couvrent les jambes et les pieds. On en a compté soixante-douze, toutes postérieures à la conquête des Romains. La plupart d'entre elles datent du règne d'Adrien; et Sabine, femme de cet empereur, est au nombre des visiteurs qui ont tracé leur nom sur le piédestal. Voici la traduction de quelques-unes de ces inscriptions :

« L. Julius Calvinus, préfet du canton de Bérénice. J'ai entendu Memnon avec Minutia Rustica, ma femme, le jour des kalendes d'avril, à la deuxième heure, l'an IV de Vespasien Auguste, notre empereur. »

« Titus Julius Lupus, préfet d'Égypte. J'ai entendu Memnon à la première heure; bon présage... »

« Funisulanus Charisius, stratège d'Hermontis (sous le règne d'Adrien), natif de Latopolis, accompagné de son épouse Fulvia : Il t'a entendu, ô Memnon, rendre un son au moment où ta mère éperdue (l'Aurore) honore ton corps des gouttes de sa rosée. »

« Quintus, néocore du grand Sérapéum de Memphis, après avoir attendu quelque temps, entend la voix de Memnon, à la... heure du jour, la VIIe année d'Adrien. »

« Marcus Ulpius Primianus, préfet d'Égypte. J'ai entendu Memnon le 6 des kalendes de mars, à la seconde heure du jour, l'empereur Septime Sévère étant consul pour la seconde fois (1). »

Nous avons lu nous-même une autre inscription latine, assez fruste, dont voici le sens : « ..ulius Tenax,

---

(1) Letronne, *Recherches pour servir à l'histoire de l'Égypte.*

de la XIIe légion, la Fulminante (*Fulminatricis*), Valérius Priscus, de la XXIIe légion, et L. Quintius Viator, décurion, ont entendu Memnon la XIe année du règne de Néron, le . . . . . des kalendes de . . . . . »

Et au-dessous, cette autre inscription non moins curieuse, tracée moins profondément :

« Jean-Pierre Chouilloux, soldat de la 21e demi-brigade, a passé ici le 2 ventôse an VII. »

Il est bien constaté, par le témoignage de l'antiquité, que la statue de Memnon rendait des sons au lever du soleil. C'était, suivant tous les auteurs, une sorte de craquement, un bruit pareil à celui qui résulte du choc d'un caillou sur une pierre sonore, ou bien encore un son semblable à celui d'une corde d'instrument qui se rompt. Sans chercher, comme certains écrivains, à expliquer ce mystère en l'attribuant à une fraude pieuse des prêtres égyptiens, nous nous contenterons de rapporter plusieurs faits analogues qui, peut-être, jetteront quelque jour sur la question. Des bruits semblables à celui de la statue de Memnon ont été observés dans plusieurs contrées du globe. M. de Humboldt rapporte, d'après des autorités dignes de foi, qu'en passant la nuit près des roches de granit, dans le voisinage de l'Orénoque, on entend distinctement, aux premiers rayons du soleil, un bruit souterrain qui rappelle les sons produits par un instrument. Plus récemment, un savant anglais, M. Gray, de l'université d'Oxford, vérifia le même fait dans un endroit appelé Naikous, situé sur les bords de la mer Rouge. Il entendit un murmure souterrain et continu, comme les battements répétés d'une cloche; bientôt des tressaillements succédèrent à ce bruit, et à un certain instant, ils devinrent si forts que le sable répandu sur la surface des rochers s'en détachait peu à peu. Plusieurs voyageurs parlent de bruits du même genre qui paraissaient tous se manifester au lever du soleil, en sorte que tout ce qu'il y a de mystérieux dans les sons de la statue de Memnon, semble n'avoir été qu'un simple effet de l'action du soleil sur la pierre. Nous avons nous-même entendu, dans les montagnes, des blocs de granit et de pierre, après avoir été exposés à l'humidité de la nuit ou à la rosée, rendre, le matin, un son semblable au pétillement d'un brasier.

Au delà des colosses, en remontant vers le nord, on arrive aux ruines d'un palais immense, spécimen admirable de la grande architecture égyptienne. C'est celui que les membres de la commission d'Égypte désignèrent sous le nom de *Memnonium*, et dans lequel ils crurent reconnaître le fameux tombeau d'Osymandias, décrit par Diodore de Sicile, d'après Hécatée. Champollion jeune constata que ce palais avait été bâti par Rhamsès le Grand, et le nomma *Rhamesséum occidental*. Les deux pylones de ce beau monument sont détruits. Une statue monolithe de Rhamsès le Grand (Sésostris), en granit noir, haute de soixante-dix-huit pieds, est abattue en trois morceaux, la face contre terre. Ensuite vient le palais proprement dit, divisé par de nombreuses avenues de colonnes peintes et sculptées. Il y avait là des chambres pour tous les usages publics et privés. Une d'elles, qui servait certainement de bibliothèque, est dédiée au dieu Toth à tête d'Ibis, et à la déesse Saf, qualifiée de *Dame des lettres, présidente de la salle des livres*. Une autre salle contient les cartouches des ancêtres de Rhamsès (1).

Au nord-ouest du *Rhamesséum* s'élève un petit temple d'Isis, coquet et gracieux; puis, dans la montagne, s'ouvre une de ces syringes célèbres dans l'antiquité, dédales de puits et de cavernes profondes. Plus

(1) *Le Nil, Égypte en Nubie*, par Maxime Du Camp, p. 273.

loin, deux fragments de statue en granit noir, indiquent l'avenue de Kournah, où l'on retrouve les restes d'un palais commencé par le pharaon Menephta, et terminé par son fils Rhamsès le Grand. Le portique, formé d'un seul rang de huit colonnes, a sur son entablement une inscription hiéroglyphique que les savants modernes ont ainsi traduite : « L'aréoris de la région inférieure, le régulateur de l'Égypte, celui qui a châtié les contrées étrangères, l'épervier d'or, soutien des armées, le vainqueur très-grand, le roi, soleil gardien de vérité, approuvé de Phré, le fils du soleil, chéri d'Ammon, Rhamsès, a exécuté ces travaux en l'honneur de son père Ammon-Ra, le roi des Dieux, et embelli le palais de son père, le fils du soleil, Menephta-Borei. »

En montant sur la lisière des palmiers qui s'étendent de Kournah aux bords du fleuve, on trouve, dans un enfoncement carré qui a été pratiqué de mains d'hommes, un grand nombre d'ouvertures creusées au sein du rocher. A l'intérieur se déroulent de doubles et triples galeries, de vastes chambres souterraines, peuplées d'Arabes demi-nus et presque sauvages.

Voilà ce qu'est Thèbes de nos jours. Du haut de la crête lybique, entre ce bassin jadis si vivant et le désert montueux de la Lybie, l'œil saisit un spectacle magnifique par ses contrastes. Le regard plonge à pic sur le Rhamesséum. A gauche est le temple de Kournah, à droite sont les deux statues colossales, plus loin, Medinet-Abou se dessine avec son palais à deux étages, ses pylones grandioses et son hippodrome imposant ; de l'autre côté du Nil, Karnak déploie ses colonnades, Louqsor ses obélisques ; et le Nil, roulant au milieu de ces merveilles d'architecture, tranche sur l'ensemble du tableau avec la verdure de ses îles et le ton jaunâtre de ses eaux.

Que si, au milieu de ces belles perspectives, l'imagination se reporte aux souvenirs qu'inspirent ces lieux, quelle source d'idées et d'émotions fécondes ! Ces pierres renversées, ces débris de granit, ces colonnes frustes, ces colosses défigurés, étaient des palais, des temples réguliers, des statues de la plus belle exécution! Cette plaine, stérile aujourd'hui, se couvrait de riches moissons ; cette enceinte habitée par des chacals, fourmillait d'hommes. Là où tout est muet, on entendait jadis les bruissements de la foule, les roulements des chariots, et tous ces sons étranges et confus qui sortent du sein d'une ville populeuse. Au lieu même où règne le néant, s'élevaient les palais des pharaons conquérants. Là, dans cet espace de plusieurs lieues, où l'on ne voit aujourd'hui que des villages, s'étendait la ville de Thèbes, foyer merveilleux des arts, reine de la civilisation antique. Quel sujet de vastes et mélancoliques réflexions!

HERMONTIS. — ESNEH. — EDFOU. — OMBOS. — EL-KAB OU ÉLÉTHYA. — SYÈNE. — ÉLÉPHANTINE ET PHILŒ.

Herment, bourg arabe de quatre à cinq cents âmes, est bâti sur l'emplacement d'une des plus anciennes cités de l'Égypte, *Hermontis*, jadis chef-lieu d'un nome. Hermontis se révèle encore de nos jours par les ruines d'un temple qui, isolé sur un monticule, ne dissimule rien de sa hauteur, et rappelle à l'Européen des proportions d'architecture qui lui sont familières. Ce temple se compose d'un massif en grès et d'une colonnade extérieure. Le massif est très-bien conservé ; mais il ne reste dans tous les péristyles extérieurs que quelques fûts intacts, les autres sont rasés; leurs architraves, leurs corniches, et le plafond même qui surplombait la galerie, gisent pêle-mêle sur le sol. Cette destruction a été faite de main d'homme.

Le temple d'Hermontis est évidemment un petit temple égyptien, ce que l'on nommait un typhonium. Un détail remarquable des trois salles qui le composent, c'est le triple ordre de colonnes qui est employé; celui de la galerie plus petit, celui du dehors plus grand, celui de l'enceinte intermédiaire entre l'un et l'autre. Des tableaux hiéroglyphiques couvrent les parois de ses salles, et attestent que ce temple a été construit sous le règne de Cléopâtre, fille de Ptolémée Aulète, en commémoration de la naissance de Ptolémée Césarion, fils de Jules César. C'est particulièrement l'inscription d'un bas-relief de la chambre dite de l'accouchement qui fournit la preuve de ce fait. Une autre scène, sculptée sur la paroi gauche de la seconde pièce, représente les relevailles de la reine Cléopâtre. Toutes les dédicaces et inscriptions qui se trouvent, tant à l'intérieur qu'à l'extérieur du monument, sont au nom de Ptolémée Césarion et de sa mère. Jules César n'y est point nommé. L'édifice, quoique très-petit, est digne d'attention par l'originalité du plan et par ses sculptures, dont aucun temple de l'Égypte n'offre l'analogue. Il ne paraît pas avoir jamais été achevé. Les chapiteaux des colonnes du pronaos sont demeurés avec leurs masses seulement dégrossies, et attendant encore les sculpteurs. Il n'y a guère que le sanctuaire qui se trouve complètement terminé. Un kachef s'est installé dans ces ruines, et s'y est construit une maison, une basse-cour et un pigeonnier, en élevant des murs en terre blanchis à la chaux, qui coupent et masquent le monument. Non loin du temple d'Hermontis est une église cophte, construction moderne faite de matériaux antiques. Cette église consiste en deux galeries à deux rangs de colonnes en granit de Syène.

Esneh, l'ancienne *Latopolis*, est située sur la rive gauche du Nil entre Thèbes et la première cataracte. Entourée d'une campagne généralement ingrate, elle offre pourtant un coup d'œil assez pittoresque avec ses maisons de briques et son rivage bordé de barques. Le courant du fleuve y est tel qu'il mine la berge, et la fait ébouler graduellement. Esneh, quelque peu commerçante, a des fabriques de toiles de coton et de châles dits *mélayeh*, dont on fait un grand usage en Égypte; des fabriques de poteries et d'huile de laitue. Le monument antique le plus remarquable que l'on trouve à Esneh est le portique d'un temple situé sur la grande place, près du bazar, et qui, à l'époque de notre voyage, servait de magasin pour les récoltes de coton. Ce portique est composé de vingt-quatre colonnes, engagées jusqu'au tiers de leur hauteur, et couvertes, de la base au sommet, d'hiéroglyphes et de sujets religieux taillés en relief. Dans le plafond se trouve figuré un zodiaque qui, comme celui de Dendérah, a eu l'avantage de soulever des discussions scientifiques. Les savants de l'expédition d'Égypte l'ont cru antérieur à la fondation de Thèbes; mais Champollion jeune a démontré que le temple et le zodiaque d'Esneh sont de l'époque romaine. Le portique, seul reste subsistant de ce sanctuaire, qui était dédié au dieu Chnouphis, a été construit, orné, augmenté à diverses époques, sous les empereurs Claude, Vespasien, Titus, Antonin, Marc-Aurèle, Commode, Trajan, Adrien, Domitien, Septime-Sévère et Géta, dont Champollion a retrouvé les cartouches au-dessus de leur image, faisant des sacrifices au dieu Chnouphis. La surface intérieure et extérieure des parois du portique, d'environ cinq mille mètres, est, comme les colonnes elles-mêmes, toute couverte d'hiéroglyphes. Ce portique est en grès; les pierres du plafond ont de sept à huit mètres de largeur sur deux de longueur. Un des plus beaux détails du grand temple d'Esneh, c'est le dessin varié des chapiteaux, qui ont, les uns la forme du palmier et du lotus, les autres celle du jonc et de la vigne. Les plantes paraissent attachées sur le fût de chaque colonne par cinq liens horizontaux, qui contribuent à l'effet de la décoration.

Il y a trente ans on voyait encore près de là, sur la rive droite orientale du Nil, un autre temple beaucoup moins grand, mais très-pittoresque et qui se distinguait par la régularité de son plan et la beauté de ses ornements. C'était le temple de *Contra-Lato* ou *Contra-Latopolis*. Aujourd'hui, il n'existe plus. Les habitants d'Esneh l'ont démoli pour consolider le quai de leur ville, que le fleuve menace d'emporter. Ce monument était un des plus vastes de l'Égypte. Il se composait d'un portique formé de quatre colonnes de face, de deux pilastres et de deux colonnes de profondeur. Les deux colonnes du milieu étaient surmontées de chapiteaux à tête d'Isis, les deux autres avaient des chapiteaux évasés. Une porte était prise dans l'épaisseur du mur latéral à droite du portique et servait sans doute de petit sanctuaire pour déposer les offrandes. Le grand sanctuaire était au milieu du temple avec deux pièces latérales dont une seule subsistait. Quoique dans un état d'extrême dégradation, les accessoires ne laissaient pas d'être assez bien conservés. La petite ville de Contra-Latopolis était bâtie auprès de ce monument, dont l'enceinte s'élevait un peu au-dessus de ses habitations.

A trois quarts de lieue, au nord d'Esneh, dans la plaine, sur la droite de la route d'Hermontis, et à deux cent-cinquante mètres environ des bords du Nil, s'étendent les ruines isolées d'un autre petit temple fort dégradé. Des fondations assez peu solides, ou un sol mouvant ont occasionné des affaissements qui ont hâté la destruction de la plus grande partie de l'édifice. Plusieurs colonnes ont perdu leur aplomb, l'une d'elles est enfoncée de près d'un mètre, et les plates-bandes qui formaient le plafond du portique se sont déplacées ou écroulées par morceaux. La chute de deux autres colonnes de la façade a entraîné celle de la corniche et de l'architrave. Les murs latéraux des portiques se composaient d'un double parement qui laissait entre eux un espace vide. Quant à la décoration, elle semble avoir été assez négligée, particulièrement dans les pièces qui se trouvent derrière le portique. Le sanctuaire n'existe plus. Il paraît qu'une galerie extérieure régnait autour du temple. On a pu reconnaître, par des fouilles, que d'autres constructions ont existé autrefois devant cet édifice, à une distance de quelques mètres. Son portique est supporté par huit colonnes d'environ quatre pieds de diamètre sur plus de seize pieds de hauteur, avec des chapiteaux évasés, ornés de lierre, de feuilles de vigne, et de rameaux de palmiers chargés de fruits. Ces colonnes sont disposées sur un double rang parallèle à la façade. Quatre d'entre elles se trouvent engagées dans les murs d'entre-colonnement et dans la porte d'entrée, percée au milieu de l'édifice. En avant du temple, sont des décombres provenus d'une cour ruinée. Les murs extérieurs et intérieurs du portique sont couverts d'hiéroglyphes d'un style maigre et d'une molle exécution. Le plafond du portique est décoré d'un zodiaque semblable à celui du grand temple d'Esneh. Cette circonstance avait déterminé MM. Jollois et Devilliers à attribuer à ce monument une très haute antiquité ; mais il est prouvé aujourd'hui que le petit temple, au nord d'Esneh, est un des plus récents de l'Égypte. Les sculptures, comme l'a remarqué M. Gau, appartiennent évidemment à la dernière époque de l'art égyptien. Elles sont toutes du même style, sans excepter le zodiaque, et l'on ne peut douter qu'elles ne soient toutes du même temps. Les couleurs qui les recouvrent ont partout le même éclat, la même fraîcheur, et il paraît qu'elles ont été appliquées par la même main. Les inscriptions grecques qu'on lit sur les sculptures des colonnes confirment cette appréciation et démontrent que l'édifice n'est pas antérieur au règne d'Antonin le Pieux. Une de ces inscriptions, placée à environ seize pieds de hauteur au-dessous de la deuxième colonne du fond, et contigue à la porte du naos, a été traduite ainsi par M. Letronne : « Au dieu très-grand Ammon... tels et tels... (les noms sont effacés)... et Harpocras, fils de Tithoétès, ont fait faire la sculpture et la peinture de cette colonne par piété, pour un but utile, la dixième année d'Antonin le Seigneur, le... de Pachon. » Cette date se rapporte au mois d'avril ou de mai de l'an 147 de l'ère chrétienne (1).

Le village d'*Edfou*, situé sur la rive gauche du Nil, à environ mille mètres du fleuve, et à cinq myriamètres au-dessus d'Esneh, a conservé d'importantes antiquités comme héritier de la ville d'*Apollinopolis Magna*. Son étendue est assez considérable. Il est peuplé en grande partie de mahométans ; le reste est composé de cophtes et de chrétiens. On rencontre à Edfou une grande quantité d'Arabes de la tribu des Abadeh, tribu fort curieuse par ses mœurs, sa physionomie, et surtout par l'usage des cheveux longs qu'ils portent comme les Arabes des bords du Jourdain, et qui les distinguent

---

(1) Letronne, *Recherches pour servir à l'histoire de l'Égypte*, page 456.

au milieu de tous les peuples orientaux. On voit quelquefois les Abadeh arriver à ce village par grandes troupes, descendant le Nil à cheval sur des faisceaux de joncs et de roseaux, ou sur des troncs de dattiers, avec leurs habits et leurs armes sur la tête. La principale industrie d'Edfou est la fabrication des poteries. Les vases qui sortent de ce pays jouissent d'une grande réputation par leurs belles formes, et l'identité de leur galbe avec ce qu'on voit d'analogue dans les anciennes peintures égyptiennes.

Mais ce qui signale surtout Edfou aux voyageurs, ce sont deux édifices d'une grande beauté, restes précieux de l'antique Apollinopolis Magna, dont le village, comme nous l'avons dit, occupe aujourd'hui la place. Ces monuments consistent en deux temples de proportions bien différentes, désignés l'un par le nom de grand temple, l'autre par celui de petit temple. Peu éloignés l'un de l'autre, on les rencontre tous deux vers le nord-ouest du village, au pied d'une chaîne de monticules provenant des ruines de l'ancienne ville ensevelie sous les sables. De même que dans tous les lieux où nous avons vu de ces monticules, les sommets de ceux-ci sont parsemés de tessons de poteries, de fragments de briques et de toutes sortes de débris.

De plus de deux lieues d'Edfou on aperçoit le grand temple, qui s'élève au-dessus du village et domine tous les environs. Les habitants du pays ont bâti leurs demeures au pied et sur le faîte du monument; une grande partie du village se trouve ainsi agglomérée sur la terrasse même du temple, et produit l'effet le plus singulier. A l'aspect de ces misérables masures superposées sur la plateforme comme une exubérance parasite, on se demande si les hommes qui les habitent aujourd'hui sont bien les descendants de ces peuples puissants qui construisirent les colossales murailles que l'on a devant les yeux. La grandeur du passé, la faiblesse du présent, confondent la pensée, et feraient presque croire à une nature dégénérée, si l'on ne savait tout ce que peuvent les lois et les doctrines religieuses sur les hommes.

Le grand temple d'Edfou est, parmi les monuments de l'Égypte, un des plus complets et des plus riches dans son ensemble et dans ses détails, bien qu'il soit loin d'être un des plus anciens. Quoique d'une grande étendue, il n'a rien de compliqué dans ses distributions. Il se compose d'un sanctuaire parfaitement isolé tout autour, par des corridors, de deux salles et de deux portiques qui précèdent le sanctuaire. Une enceinte générale enferme ces différentes parties; au bout de l'enceinte est la porte comprise entre deux massifs pyramidaux qui la flanquent de chaque côté. Un grand espace vide, entouré de colonnes, se trouve ainsi entre cette porte et celle du portique : c'est le péristyle. Le temple et l'enceinte ont tous deux la forme d'un T. La cour, sur les quatre côtés, est environnée de colonnes. Celles de la façade du portique sont au nombre de six et plus grandes que les autres ; on en compte dix du côté opposé, et douze sur la face latérale, ce qui ne fait cependant que trente-huit en tout, à cause des angles où la même colonne sert à deux rangées. Une belle galerie couverte est formée par ces colonnades et se continue jusqu'à l'entrée où elle est interrompue.

Ce qu'il y a surtout de remarquable dans cette galerie et dans cette cour, c'est le rapport qu'on a observé dans la hauteur des colonnes. Chacune d'elles, en avançant vers le portique, a sa base plus élevée que la précédente; en sorte que tout cet espace, qui est de cent trente-deux pieds, se trouve divisé en douze degrés de la largeur de l'entrecolonnement, c'est à dire de douze pieds. Malgré cette étendue, les marches n'ont guère que quatre pouces et demi d'élévation. La dernière supporte le portique et sert de parvis au temple. D'une pareille inclinaison devait résulter, dans les grandes cérémonies, le spectacle le plus magnifique. Qu'on se figure le cortége des prêtres escortant le prince entouré des principaux personnages de sa cour richement vêtus, debout sur ce majestueux perron, tandis que la foule des initiés occupe les degrés inférieurs, suivie des guerriers, puis du peuple qui s'agite au bas du péristyle. Combien devait être grand et solennel le tableau de cette multitude partagée ainsi en douze étages gradués, s'avançant lentement au chant d'un hymne religieux!

Extérieurement et intérieurement, le grand temple d'Edfou est embarrassé par des amas de décombres qui en obstruent les issues et cachent des statues colossales dont on n'aperçoit plus que les immenses coiffures. Les propylées, ou massifs pyramidaux de l'entrée, ont chacun à peu près cent quatre pieds de long, trente-sept pieds de large et environ cent quatorze pieds de haut. Les dimensions de leurs bases vont en diminuant graduellement jusqu'aux sommets, qui n'ont que quatre-vingt-quatre pieds de long sur vingt de large. Le temple, y compris les massifs de la façade, a une longueur totale de quatre cent vingt-deux pieds sur une largeur de deux cent douze.

Entre les môles s'élève la porte, de chaque côté de laquelle on voit saillir deux blocs de pierre destinés sans doute à porter deux statues. Sur la façade de chacun des môles sont deux longues nichès. Trois rangées de figures très-bien sculptées ajoutent encore aux décorations de ces massifs pyramidaux. De beaux escaliers sont pratiqués dans l'intérieur de chacun d'eux, et conduisent à de grandes salles éclairées par de petites fenêtres percées sur les côtés.

Après avoir trouvé la porte dont nous venons de parler, on entre dans une cour environnée de piliers. Cette cour d'entrée, ou *pronaos*, est très-vaste et dans un meilleur état de conservation que ce que l'on voit en Égypte en ce genre, malgré le grand nombre de cabanes qui l'encombrent. Les Arabes ont bâti une partie de leur village jusque sur les combles, et y ont construit des étables pour leurs bestiaux. Une haute muraille peu épaisse enveloppe intérieurement le temple; cette muraille est couverte de figures hiéroglyphiques. Celle du pronaos est entourée d'une belle galerie couverte.

L'enfouissement de l'édifice est tel, que des salles de dix mètres de haut, de vastes portiques, sont aujourd'hui de véritables souterrains où il est à peine possible de se mouvoir. Toutes les issues étant bouchées, on ne peut visiter les salles qu'un à un, et en y pénétrant par des ouvertures pratiquées sur la plate-forme, d'où il faut se glisser comme dans un puits.

Quoique ce monument soit d'un grand effet par sa masse, il porte néanmoins l'empreinte de la décadence de l'art égyptien. Il appartient tout entier au règne des Ptolémées, époque où la simplicité antique est remplacée par une profusion d'ornements qui signale la transition entre la majestueuse sévérité des monuments des pharaons et le mauvais goût qu'on remarque dans les édifices bâtis sous les empereurs romains. C'est à Ptolémée Philopator que l'on doit la fondation des parties les plus anciennes du grand temple d'Edfou ou d'Apollinopolis Magna, c'est à dire de l'intérieur du naos et du côté droit extérieur. Les travaux furent continués sous Ptolémée Épiphane, ainsi que le prouvent les cartouches gravés sur le fût des colonnes et dans le pronaos, qui ne s'est achevé que sous Évergète II. Ce sanctuaire était consacré à la déesse Hathor (Vénus) et à Horus.

A une distance de cinq cent soixante-sept pieds environ au sud-ouest du grand temple, est le petit temple ou Typhonium d'Edfou, aujourd'hui presque entièrement détruit. Sa forme est quadrangulaire ; il a trois cent quatorze pieds de longueur, quarante-cinq pieds de largeur et vingt-trois pieds et demi de hauteur. Il se compose de deux salles et d'une galerie de colonnes qui l'entoure des quatre côtés, ce qui l'a fait surnommer temple *périptère*. Des piliers massifs en terminent les angles. Chaque face latérale a six colonnes, les autres en ont deux. Celles-ci ont des entre-colonnements plus larges. A l'extérieur, les côtés latéraux des galeries sont enterrés jusques au-dessus des chapiteaux. Intérieurement, les galeries ont quatorze pieds de décombres. Les salles et l'entrée du temple sont beaucoup moins enfouies. La galerie du nord est celle où le sol est le plus exhaussé ; à peine y a-t-il la hauteur d'un homme entre le plafond et les décombres.

On montait sur la plate-forme du temple par un escalier fort étroit dont la largeur n'excède guère dix-neuf pouces. Les marches en sont fort peu élevées, comme dans tous les escaliers égyptiens. Il a deux rampes, et débouche dans le massif de la seconde porte. L'une des rampes est prise dans l'épaisseur de la muraille. Son exécution est assez belle, mais, à cause de sa disposition, la première salle manque un peu de symétrie.

Les colonnes de ce temple sont loin d'avoir les proportions de celles du grand temple qui est auprès ; elles ont deux pieds huit pouces de diamètre ; cinq diamètres et demi en font la hauteur. Si l'on divise l'élévation totale du temple en dix parties, la colonne entière égale six de ces parties, le chapiteau une; le dé au-dessus du chapiteau, deux, et l'entablement, deux.

En général, les faces du dé qui surmonte les colonnes sont sculptées. Elles portent une figure de Typhon. Lorsque le dé n'offre point de sculptures, il y a lieu de croire que c'est toujours par défaut d'achèvement. Cette figure de typhon que l'on voit sur les faces des typhonium, est un peu moins grande que nature et presque en ronde-bosse. Son attitude a quelque chose de gêné; il a les mains appuyées sur les hanches et les jambes écartées; une ceinture lui serre le tour du corps; ses membres trop courts ont une grosseur disproportionnée. Mais c'est surtout la tête qui a un caractère grotesque : excessivement large, presque sans forme, la face couverte de barbe, elle est plus bizarre encore que monstrueuse. Les pieds de la statue reposent sur le chapiteau, qui lui sert de piédestal.

C'est ici le moment de dire ce qui a fait donner à ces édifices le nom de *Typhonium*. On appelle ainsi de petits temples composés de deux ou trois salles, comme celui dont nous faisons la description, où la figure de Typhon se trouve répétée de tout côté, principalement, ainsi que nous venons de le voir, sur un dé très-allongé et de même largeur que le fût. Cette décoration particulière et ces dés extraordinairement élevés, constituent les principaux caractères du typhonium. On nomme aussi ces petits temples *Mammisi* (lieu d'accouchement). Champollion a reconnu qu'ils sont toujours construits à côté des grands temples où l'on adorait une Triade; c'était, selon ce savant, le symbole de l'habitation céleste dans laquelle la déesse avait enfanté la troisième personne de la triade; que l'on trouve constamment figurée sous les traits d'un enfant. Le mammisi ou typhonium d'Edfou offre la représentation de l'enfance et de l'éducation du jeune Har-Sont-Tho, fils d'Har-Hat et d'Hathor, auquel on a joint le roi Ptolémée Évergète II, représenté sous a forme d'un jeune enfant, et participant aux caresses dont les dieux comblent le nouveau né. L'interprétation récente des inscriptions hiéroglyphiques qui accompagnent ces figures, a prouvé que ce petit temple fut construit en commémoration de la naissance d'Évergète II.

Parmi les bas-reliefs nombreux qui décorent l'intérieur du Typhonium, on remarque Isis allaitant son fils Horus, et dans un autre compartiment, Horus se tenant debout sur les genoux d'Osiris, groupe que nous n'avons rencontré nulle part ailleurs en Égypte. La frise de la galerie du nord et celle de la galerie du midi sont décorées d'un grand nombre de figures qui forment une sorte de procession. La plupart de ces figures ont à la main des arcs, des flèches, des couteaux ou des piques. On voit dans la frise du nord deux lions debout, armés de couteaux.

Au centre du sanctuaire s'élève une colonne isolée, qui semble avoir autrefois soutenu le plafond. Sur la frise on voit Soukos ou Chronos (le Temps), avec une tête de crocodile et un corps gigantesque ; il se tient auprès d'Isis qui allaite Horus.

Une observation à faire sur la disposition des petits temples de ce genre, c'est que leur direction est en général perpendiculaire à celle des grands édifices qu'ils accompagnent. A Edfou, l'axe des deux temples forme un angle de quatre-vingt-dix degrés, en sorte que, comme le grand temple est tourné au midi, le Typhonium regarde le levant. Cette différence d'exposition avait sans doute un motif que nous ignorons aujourd'hui.

A une distance de quatorze mètres environ de l'entrée du Typhonium, on voyait il y a quelques années les chapiteaux de deux colonnes enterrées dans la poussière et le sable. Un seul de ces chapiteaux se montre encore au dehors. Plus loin, on découvrait aussi les restes d'édifices presque entièrement enfouis. Il est difficile de dire si ces constructions tenaient au plan général des temples d'Edfou.

Au-dessus d'Edfou, en remontant le Nil, se trouvent les carrières de *Silsilis*, aujourd'hui *Gebel-el-Selseleh* (montagne de la chaîne), qui ont fourni des blocs de grès à tous les édifices de la Thébaïde. Ce grès est une pierre à grains quartzeux, dont l'assimilation la plus exacte est ce qu'on nomme à Paris le grès de Fontainebleau, et à Genève les molasses. On voit encore dans le roc les traces de cette exploitation.

Ces carrières, qui s'étendent sur les deux rives du fleuve, sont, les unes à ciel ouvert, les autres, moins considérables, taillées dans la montagne en forme de grottes. C'est principalement à l'ouest qu'on en rencontre un plus grand nombre. Rien de plus vaste, de plus extraordinaire que ces excavations. Elles surpassent, on peut le dire, tout ce qui existe en ce genre en Égypte, et peut-être dans le monde entier. Là vous trouvez, taillés dans le roc, des passages aussi larges que les plus belles rues de nos villes d'Europe, et fermés de chaque côté par des murailles de cinquante ou soixante pieds de haut, quelquefois droits, quelquefois s'allongeant en spirales immenses; vous les voyez s'étendant du bord de la rivière jusque dans les entrailles des montagnes, où ils aboutissent à de grandes places également taillées dans le rocher.

En se dirigeant vers le nord, on arrive à une multitude de chambres gigantesques, avec des colonnades prodigieuses qui courent autour de la base des montagnes. Le toit de ces chambres est formé de blocs irréguliers supportés par des piliers de rocs massifs carrés ou polygones, ayant, pour la plupart, quatre-vingts ou cent pieds de circonférence.

Sur la pente de la montagne qui regarde le fleuve, on voyait encore, il y a cinquante ans, le sphinx décrit par Hamilton, mais la tête en a été brisée. D'énormes blocs de rochers, complétement séparés de la carrière, sont, en différents endroits, placés sur d'autres blocs plus petits et paraissent prêts à être mis en mouvement. D'autres encore plus gros ont été tout à fait tirés des carrières, et gisent à plus de quarante pieds de l'endroit d'où on les a extraits. En pénétrant dans ces immenses labyrinthes, on ne peut se défendre d'un sentiment de profond étonnement à l'aspect de ces excavations qu'on dirait sans limites, de ces masses formidables revêtant toutes les formes, tantôt semblables à des tours, tantôt simulant des châteaux avec des avenues magnifiques.

On trouve dans ces grottes les mêmes décorations, la même richesse d'ornements que dans les hypogées. Les Égyptiens faisaient servir ainsi leurs exploitations à la construction de monuments religieux, faciles et peu coûteux à bâtir. Il en existe un grand nombre dont les ornements sont caractéristiques. On y voit, sur la façade, de longues bandes de figures hiéroglyphiques, et, au dessus de la corniche de la porte, des globes ailés accompagnés de serpents à cou renflé, comme dans les édifices religieux. Les portes de communication répondant à l'entrée extérieure offrent aussi, comme elle, des globes ailés avec des serpents, et d'élégantes moulures à leurs corniches.

Bien que ces portiques, ainsi que les colonnes avec leurs chapiteaux et leurs entablements, soient taillés dans la masse du rocher, les couches naturelles de la pierre, en simulant des assises, les feraient prendre pour des constructions. Trois de ces chapelles souterraines sont particulièrement remarquables; on les rencontre en venant de Syène, sur la rive gauche du Nil; elles sont d'une époque pharaonique et ont une grande ressemblance entre elles, soit pour le plan, soit pour la décoration extérieure ou intérieure. Deux colonnes formées de boutons de lotus tronqués s'élèvent de chaque côté du portique qui précède l'entrée. La première de ces chapelles, située au sud, est du règne d'Ousirei, de la dix-huitième dynastie; elle se trouve en grande partie détruite. La seconde est du règne de Rhamsès II, et la troisième a été creusée par son fils; ces deux dernières sont beaucoup mieux conservées. Toutes trois furent consacrées à Hapi-Mou, le père vivifiant de tout ce qui existe.

Par un portique percé de cinq ouvertures d'égales dimensions, on pénètre dans une espèce de galerie parallèle à la façade, d'une longueur de cinquante à cinquante-deux pieds sur neuf ou dix pieds de profondeur. C'est le plus important des monuments de Selseleh. Vers le milieu de cette galerie, on entre par une porte intérieure dans une grande salle, au fond de laquelle se dressent sept figures debout, sculptées presque en ronde-bosse. Plusieurs autres chambres voisines ont aussi des figures semblables, en nombres différents. Quelques-unes de ces statues paraissent avoir été mutilées par les cénobites qui habitèrent autrefois ces souterrains. Les plus anciens et les plus beaux bas-reliefs de cette espèce de musée historique, sont ceux du roi Horus; ils occupent une portion de la paroi de l'ouest. Le pharaon debout, la hache d'arme sur l'épaule, y est représenté devant Ammon-Râ, qui paraît lui conférer quelque faveur. Dans plusieurs grottes, on trouve un certain nombre de figures des deux sexes, assises ordinairement en groupes de deux ou de trois. Les hommes se distinguent facilement à leur barbe étroite et longue, dont l'extrémité finit carrément. Leur coiffure diffère aussi de celle des femmes; elle est très-reconnaissable en ce qu'elle descend sur leurs épaules, tandis que celle des femmes leur tombe sur le sein dont elle cache une partie. Ordinairement la femme tient d'une main une fleur de lotus épanouie, et caresse de l'autre main la figure assise à côté d'elle. Un certain nombre de grottes offrent aussi, sur leurs parois, des peintures dont quelques-unes sont assez bien conservées; elles représentent généralement des offrandes faites aux dieux. On y voit des membres d'animaux découpés, des oiseaux. des pains, des ustensiles de différentes formes, des amas de fruits. Comme dans tous les édifices égyptiens, ces peintures sont presque monochromes et toujours appliquées par teintes plates.

Auprès des grottes que nous venons de décrire, on remarque une espèce de pilier carré, dominé par un large chapiteau figurant à peu près la forme d'un champignon. Ce pilier bizarre et grossièrement taillé attire l'attention des voyageurs. Quelques-uns ont prétendu que c'était là une des colonnes auxquelles se trouvait attachée la chaîne qui traversait jadis le fleuve (1). Il est plus probable que ce n'est qu'un fragment laissé debout pour attester l'état ancien de la montagne avant l'exploitation.

Koum-Oumbou, l'ancienne *Ombos*, située un peu plus haut, n'est, à proprement parler, qu'une colline de

---

(1) Une tradition rapporte que le Nil était autrefois barré, dans cette partie de son cours, par une chaîne de fer attachée aux deux points les plus élevés des deux montagnes, de chaque côté du fleuve. Le nom de Gebel Selseleh, qui signifie, comme nous l'avons dit, montagne de la chaîne, rappellerait cette circonstance.

décombres, au bas de laquelle le Nil fait un coude et forme une espèce de port. Le sable semble régner dans ce rayon ; il a englouti la ville ancienne, il envahit chaque jour les habitations des fellahs, et descend même jusqu'au Nil pour lui disputer son lit. Ce sable est si brûlant, que les soldats français y purent faire cuire des œufs. Une île fertile, avec ses six villages, fait face à Koum-Oumbou.

De l'antique ville d'Ombos, il ne reste plus que le grand temple, situé vers le sud-est. Quoiqu'il soit à moitié enfoui, son apparence est encore imposante et grandiose. Il existait près de là un autre temple plus petit, probablement un typhonium, qui a été récemment renversé par une inondation.

Le grand temple d'Ombos n'a pas de propylée ; mais, ce qui le distingue de tous les édifices religieux connus, c'est qu'il est divisé en deux parties parfaitement symétriques dans le sens de sa largeur ; d'où il résulte qu'il y a deux entre-colonnements plus larges que les autres dans la colonnade des deux portiques, et un nombre impair de colonnes.

Autrefois, une haute muraille en briques environnait le temple dans son entier et formait une vaste cour ; cette muraille est aujourd'hui presque entièrement détruite. On pénétrait dans le temple par deux entrées principales, ce qui pourrait faire penser qu'il était formé de deux édifices réunis. Sur la corniche de la porte du *Sécos* ou sanctuaire, aujourd'hui ensablé, on lit une inscription grecque dont voici la traduction : « Pour la conservation du roi Ptolémée et de la reine Cléopâtre, sa sœur, dieux Philométor et Philadelphe, et de leurs enfants, à Aroéris, dieu grand, et aux divinités adorées dans le même temple, les fantassins, les cavaliers et autres personnes stationnées dans le nome d'Ombos, ont fait ce sécos à cause de la bienveillance de ces divinités envers eux (1). » C'est la partie gauche du temple qui, d'après cette inscription, paraît avoir été érigée sous Ptolémée Philométor. On y adorait avec Aroéris, la déesse Homenofré, sa femme, et leur fils Pnevtho. La partie droite est dédiée au vieux Sevek (le Temps ou Saturne), à tête de crocodile, à Hathor et à Khoms-Hor, triade d'un ordre plus élevé que l'autre. Cette portion du monument paraît se rapporter au règne de Ptolémée Épiphane. Les constructions les moins anciennes sont de Ptolémée Évergète II.

Attaqué par le courant du Nil qui, depuis quelque temps, prend une direction plus marquée vers la chaîne arabique, le temple d'Ombos est aujourd'hui en grande partie détruit ou enfoui. Les constructions qui subsistent encore occupent un espace de cent trente pieds de long; il est probable que la longueur totale de l'édifice était de cent quatre-vingts pieds, et sa largeur de cent quatorze pieds. La hauteur des colonnes du premier portique, à partir du sol présumé jusqu'au soffite, était d'environ trente-sept pieds. On peut ranger ces colonnes parmi les plus grosses de l'Égypte; elles ont plus de six pieds de diamètre. Les chapiteaux sont très-variés. Ceux de la façade se distinguent surtout par leurs volutes. La belle corniche qui règne d'un bout à l'autre du portique est formée par des serpents en ronde-bosse, qui se dressent sur leur queue et portent sur la tête un globe plat. Dans l'entre-colonnement, les plafonds offrent une suite de vautours aux ailes étendues, se détachant sur un fond bleu. Les figures et les hiéroglyphes sont peints en rouge, en bleu, en vert et en jaune, ce qui est d'un effet très-agréable. Ici on voit le

(1) Letronne. *Recherches pour servir à l'histoire de l'Égypte*, page 76.

crocodile sacré porté sur un autel, là l'hiéro-sphinx coiffé de la mître, plus loin des dieux en bateaux, avec des étoiles à leurs pieds, et recevant les adorations de la foule.

Dans ce même rayon, mais de l'autre côté du Nil, à quelques lieues d'Esneh, se trouvent, au village arabe d'*El-Kab*, les restes de l'ancienne *Elethya* ou *Elythya*, dans lesquels la commission d'Égypte releva d'importantes ruines. L'aspect de la rive sur laquelle gisent ces débris ressemble à ce qu'on voit presque tout le long des bords du fleuve au dessus du Delta. C'est une plaine rase, cultivée dans le voisinage du Nil, et desséchée, stérile, dans tout le reste. Un rideau de roches calcaires, nues et blanchâtres, borde le fond de cette plaine, qui n'est entrecoupée que par quelques sombres hypogées.

En arrivant à El-Kab, du côté du nord, on aperçoit en face une vaste enceinte carrée, qu'on dirait être une espèce de retranchement en terre au milieu duquel on voit le sommet d'un groupe de colonnes, et çà et là quelques pans de mur. Entre cette enceinte et le village d'El-Mohammed s'élevait encore, il y a cinquante ans, un petit temple isolé; enfin, un peu plus loin on découvre une énorme masse de pierres avec une ouverture qu'on prendrait pour une carrière.

La grande enceinte, qui est celle de l'ancienne ville, offre un pourtour de plus de trois quarts de lieue. Ses murs, hauts de vingt-sept pieds, ont trente-quatre pieds six pouces d'épaisseur. Ils sont construits en briques crues d'un brun cendré, qui ont plus de quatorze pouces de hauteur. Une porte colossale en pierre, flanquée de môles énormes, s'élevait au milieu de l'un des côtés de la clôture; elle est détruite, tandis que l'enceinte, malgré sa fragilité comparative, s'est conservée.

C'est au milieu de ce vaste espace, circonscrit par les murailles de briques, que les savants de la commission d'Égypte reconnurent les vestiges encore très-considérables de deux temples appartenant à la haute antiquité égyptienne. Ils avaient vu, en outre, hors de la ville et près du village de Moh'ammed, le petit temple isolé dont nous avons parlé. Depuis longtemps déjà tous ces monuments ont presque complétement disparu. Leurs matériaux renversés et enlevés, ont été employés par Méhémet-Ali à construire un palais près d'Esneh. Les rares fragments dispersés qu'on rencontre encore sur le lieu qu'ils occupaient, ont permis de constater que les temples d'Elethya étaient dédiés à Sevek et à Sowan (Saturne et Lucine). Ceux qui se trouvaient renfermés dans la ville avaient été érigés et décorés par la reine Amendé et par les pharaons Thothmès ou Touthmès III, Aménophis-Memnon et Rhamsès le Grand ou Sésostris. Deux autres princes, Amyrtée et Achoris, y avaient fait des réparations et des additions. Le temple situé hors de la ville appartenait tout entier au règne de Thothmès III. On ne trouve rien, à Elethya ou aux environs, qui rappelle l'époque grecque ou romaine.

Les spéos ou grottes sépulcrales creusées près de là, dans la montagne, sont les plus remarquables de ce genre qu'on rencontre en Égypte, à l'exception des immenses tombeaux des rois à Thèbes. Ce sont des hypogées couverts de peintures, datant des règnes d'Ahmosis, de Thotmès I, II et III, d'Aménophis I, et de Rhamsès le Grand. Les tableaux hiéroglyphiques de ces sépultures troglodytes ont été décrits par Costaz, un des membres de la commission d'Égypte, et, depuis, par Champollion jeune et par le docteur Lepsius. Ils retracent les scènes de la vie domestique des Égyptiens, les travaux des vendanges et de la moisson, les danses champêtres, les fêtes, les jeux, les funérailles, enfin ce qui pouvait distraire ou occuper la vie de ce peuple religieux et moral. La plus remarquable de ces cavernes a vingt-quatre pieds de long sur douze de large; elle a été taillée pour servir de tombeau à la famille d'un hiérogrammate, attaché au collége des prêtres d'Elethya, et auquel Champollion donne le nom de Phapé. Quelques-unes de ces sépultures renferment, suivant le docteur Lepsius, les corps de plusieurs hauts personnages qui portent le titre singulier de : *Nourrice mâle d'un prince royal.*

Nous voici arrivés maintenant presque aux limites de l'ancienne Égypte, à *Syène*, célèbre dans les fastes de l'occupation romaine. Sa position aux derniers confins de l'empire en avait fait un lieu d'exil, et Juvénal alla expier sous cette zone brûlante quelques vers satiriques contre l'histrion Pâris, cher à Domitien. Syène était célèbre aussi dans le monde astronomique comme formant la limite tropicale dans la mesure de la terre attribuée à Ératosthène. Il n'était bruit dans les temps anciens que du puits de Syène qui, le jour du solstice d'été, à midi, était éclairé jusqu'au fond par un soleil perpendiculaire. Depuis les âges anciens, par suite de la variation de l'écliptique, cet état de choses a changé, et Syène est aujourd'hui en dehors de la ligne du tropique.

La ville antique était au sud-ouest de la ville actuelle, bordée par le Nil d'une part, et de l'autre par des rochers de granit. Elle est aujourd'hui entièrement ruinée.

A en juger par le grand nombre de tombeaux qu'on rencontre aux environs, sa population doit avoir été considérable. Les anciens habitants adoraient un poisson fabuleux nommé *Phagrus.* Parmi les antiquités qui peuvent intéresser le voyageur à Syène, on remarque surtout un temple égyptien situé sur le versant de la montagne et qui est éloigné de la dernière maison de la ville actuelle d'environ trois cents pieds en allant vers l'est. Ce monument est à moitié enseveli dans les sables. On y pénètre par la plate-forme et à peine peut-on distinguer quelques colonnes appartenant à un portique dont on ne voit que la partie supérieure. La largeur du temple était de quarante pieds environ ; ce qui subsiste de sa largeur n'a plus qu'une trentaine de pieds. Son entrée regardait le fleuve. Il est construit en grès, quoique le granit soit très-abondant à Syène.

Près de l'emplacement de la cité antique, a été bâtie une seconde ville que l'on peut appeler la ville arabe, car elle remonte aux jours de l'invasion mahométane. Celle-ci se présente avec ses habitations étagées et ses palmiers en parasol, qui sortent du sein de blocs de granit. Ce granit est partout, sur la terre et au milieu du Nil; en aiguilles, en masses rondes, en angles brisés; tantôt plein d'aspérités, tantôt lisse et poli. La plage, couverte de sable et de limon, offre plusieurs arbustes remarquables, comme l'*asclépias gigantœa*, dont les fruits sphériques et vésiculeux ont quatre pouces de grosseur, et une espèce d'acacia, haut de cinq à six pieds, que caractérisent ses feuilles violettes, ses grappes de fruits velus et d'un jaune doré, mais, surtout, la propriété sensitive qu'il possède à un degré rare.

Au-dessus de la ville arabe, pleine de débris de monuments et dont le double mur d'enceinte subsiste encore, paraît la ville moderne, *Assouan*, que l'on croit avoir été bâtie du temps de Sélim Ier. Son emplacement est un peu plus au levant dans la vallée. Des jardins et un bois de dattiers la ceignent au nord-est; au midi est la montagne escarpée et remplie de carrières; au levant, un grand espace occupé par des maisons rasées jusqu'au sol. Assouan n'a pas plus de quatre cents toises de longueur. Quoique la plupart des maisons y soient bâties en terre, elles n'en ont pas moins une grande solidité. Beaucoup de ces habitations, au lieu de planchers, ont des voûtes en briques formées d'un seul rang. Les naturels de Syène ou d'Assouan sont très-enclins à la paresse; leur aspect est misérable; on les rencontre dans les rues presque sans vêtements. Quant aux enfants, ils sont totalement nus; aussi la peau des uns et des autres est-elle tellement basannée, qu'elle se rapproche de la teinte des nègres. Le port de Syène a un côté fermé par une barre d'écueils. De nos jours le commerce de ce port n'est pas ce qu'il était sous les Grecs, les Romains et les Arabes. Les caravanes ont pris une autre direction, et Syène est réduite à quelques échanges de séné et de dattes.

C'est au port de Syène ou d'Assouan que s'arrêtent les barques du Caire. Il est vaste et fermé d'un côté par une ligne de rochers, dont l'extrémité vient aboutir à une ancienne construction située au pied de la ville. Près de là était, dit-on, le fameux Nilomètre, dont la description se trouve dans les Éthiopiques d'Héliodore. On y voit encore, en effet, une tour basse et ronde qu'on appelle dans le pays le Mekyas d'Assouan. De ce côté, l'aspect de la ville sur le versant de la montagne entourée de roches nues, la vigueur de la végétation sur les bords du Nil, et le caractère à la fois pittoresque et sauvage que le fleuve emprunte de son archipel d'écueils hors du port, font de ce lieu le site le plus délicieux et le plus agreste des environs.

Mais ce qui ajoute encore à la beauté de ce point de vue, c'est la première cataracte du Nil. Brisé en mille endroits par une chaîne de granit hérissée de masses anguleuses, de mamelons noirs se dressant au-dessus des flots, il forme une multitude de rapides. Arrêtées dans leur marche par ces barrières multipliées, les eaux se refoulent, grossissent, montent par dessus l'obstacle et tombent en cascades nombreuses, hautes seulement de quelques pouces, qui produisent le coup d'œil le plus extraordinaire. Dans tout cet espace qui sépare Syène de l'île d'Éléphantine, dont nous parlerons plus loin, on ne voit que tourbillons, gouffres et abîmes, où les eaux, couvertes d'écume, ont toutes sortes de directions selon que l'obstacle les force à dévier. Un bruit, semblable au mugissement des brisans sur le bord de la mer, remplit constamment l'air, et s'entend quelquefois à une lieue de distance.

Vis-à-vis de Syène est l'île d'Éléphantine, capitale prétendue d'un royaume dont l'existence est encore un doute. Éléphantine ou l'île Fleurie est dans une position charmante. Des mûriers, des dattiers, des acacias, des napecas sont, avec le dourah et le dattier, les arbres que l'on y rencontre le plus fréquemment. Les Égyptiens, les Grecs, les Romains, les Arabes ont tous entretenu une garnison à Éléphantine, qui a toujours passé pour l'une des clefs de l'Égypte.

Sa fécondité, la beauté de son paysage lui ont fait donner le nom de *Jardin du Tropique*. On est délicieusement surpris, en arrivant dans cette île, de trouver auprès des sables étincelants qui commencent la Nubie, une terre qu'on dirait enchantée. Du milieu de l'île, la vue est ravissante. Le fleuve apparaît étroitement serré de tout côtés; au sud, il se fraye en mugissant un passage à travers les rochers et les terrasses de granit. Aussi loin que la vue peut s'étendre, on le voit brisé par des centaines d'îles, tantôt sortant du sein des eaux en pointes noires et stériles, tantôt ces îles couvertes de roseaux de tamaris ou de grandes herbes. Le tableau est encadré par la chaîne lybique, dont la base est enterrée dans des flots de sable apportés incessamment par les vents du désert et dispersés à ses pieds par couches immenses. La partie méridionale d'Éléphantine est rocheuse, escarpée et stérile. Vers le nord, la surface de l'île s'affaisse graduellement et forme une plaine couverte de riches champs de blé, de troupeaux paissants dans de gras pâturages, de bosquets de dattiers et de petits hameaux. En descendant du sommet de l'île, qui est couvert de ruines et tout à fait sans culture, on rencontre une statue d'Osiris, placée sur le versant de la colline au milieu de débris de poteries. Le dieu est représenté assis, les bras croisés sur la poitrine, tenant une crosse dans une main et un sceptre dans l'autre. Cette statue est assez bien conservée, à l'exception du visage, qui a été complétement mutilé. Nous avons vu à Éléphantine deux temples admirables; maintenant, ils n'existent plus. Leurs matériaux ont servi, il y a quelques années, à la construction d'une caserne et d'un magasin à Assouan. L'ancienne ville d'Éléphantine est remplacée par un hameau situé au pied d'un monticule de décombres. Au nord de l'île on trouve un village plus considérable, peuplé, comme le premier, par des Barabras et des Nubiens. On ne désigne ces villages par aucun nom particulier, et l'île elle-même n'a pas d'autre dénomination que celle de *Geziret-Assouan*, l'île d'*Assouan*.

En sortant de Syène pour aller à Philœ, on trouve les carrières dans lesquelles les Égyptiens ont puisé leurs colosses et leurs obélisques. Il est aisé d'y reconnaître, à des indices parlants, des traces de l'exploitation ancienne. Ici des rocs immenses ont été arrachés, et leur place reste vide; là le travail n'est qu'ébauché, et l'on cherche dans les premiers coups de ciseaux la pensée finale de l'artiste ; ailleurs les masses sont presque détachées de la montagne, et, à les voir ainsi pendantes, on dirait qu'elles attendent une destination. Parmi les morceaux d'architecture achevés, on remarque surtout une colonne, un soffite et un obélisque.

Nous touchons aux confins de l'Égypte en abordant à l'île de Philœ, limite de la domination romaine et de la conquête française. Philœ (*Geziret-el-Birbeh* ou l'île du Temple) est comme le chef-lieu d'un petit archipel que forme le Nil à la hauteur des cataractes. Elle est quelquefois déserte, quelquefois peuplée de Barabras nomades qui viennent loger au sein de ces ruines. Le nord de l'île avait autrefois des constructions dont il ne reste plus que des décombres; mais, vers le sud-ouest, existent des temples qui méritent l'attention des voyageurs, quoiqu'ils soient loin d'égaler les grands monuments, bien plus anciens, de Thèbes.

Ces temples, flanqués de deux petits obélisques en grès, se composent d'une première enceinte de quatorze ou seize colonnes, suivie d'une longue colonnade formant galerie, et opposée à une autre colonnade qui ne lui est point parallèle. Le grand pylone vient ensuite, immense porte avec deux massifs semblables : des obélisques et des lions en granit rouge existaient devant ce pylone; on n'en voit aujourd'hui que les fragments. Quand le pylone est franchi, on trouve le péristyle du grand temple, qui, comme le premier, manque de régularité dans la position des colonnades. De ce péristyle on arrive à un second pylone, puis au portique, enfin au temple, lequel se compose de trois salles principales et du sanctuaire avec sa niche monolithe. Cette niche, haute de sept pieds, figure une espèce de cage : c'était celle de l'oiseau sacré, emblème d'Isis, à qui ce temple avait été dédié. Sur les terrasses qui surplombent ces constructions, est assis un petit village de Barabras, qui, comme les fellahs de Thèbes, campent aussi sur des monuments. A côté des constructions principales et comme attenances, paraissent une foule de petits temples, engagés dans les galeries et dans les colonnades du grand, et qui étaient consacrés à des divinités spéciales, telles qu'Imoutph (Esculape) et Horus. Parmi les divinités qu'on adorait à Philœ, il faut citer encore *Toth-Ibiocéphale,* le dieu des lettres. Une figure, placée près de la terrasse du grand pylone du temple d'Isis, le représente assis, tenant d'une main une croix ansée et de l'autre un sceptre. Son long cou est terminé par une tête d'Ibis entourée de larges bandelettes. A côté de lui, on lit la légende « *Toth, dieu des lettres, seigneur de la terre, etc.....* » Toutes les décorations de ces édifices représentent des sujets religieux et symboliques. Les sculptures et les inscriptions qu'on y trouve attestent qu'ils ont été bâtis, pour la plupart, sous les rois Ptolémée Épiphane, Ptolémée Philométor et Ptolémée Évergète II, et que les empereurs Auguste et Tibère y ont fait exécuter quelques travaux accessoires. Sur les terrasses, sur les portes, sur les colonnes, on trouve un grand nombre d'inscriptions démotiques et grecques, parmi lesquelles il y en a beaucoup qui appartiennent à l'ère chrétienne.

De tous les édifices de Philœ il n'en est point de comparable à celui de l'Est. La colonnade percée à jour frappe de loin le regard, et comme elle peut être vue de tous côtés, elle sert de point de reconnaissance à l'île du Temple. Ce qui frappe d'abord quand on en approche, c'est une enceinte sans plafond de vingt et un mètres de long et de quinze de large. Quatorze hautes colonnes, avec des entre-colonnements bâtis au tiers de leur hauteur, forment cette enceinte, dont le grand axe est à peu près perpendiculaire au bord du fleuve. Elle a deux portes qui se correspondent. Quelques voyageurs lui ont donné le nom de *lit de Pháráon*. D'après cette dénomination on a supposé que ce pouvait être le fameux tombeau d'Osiris, mais cette supposition n'a aucun fondement. Suivant l'expression de Champollion, tout est moderne à Philœ, c'est-à-dire de l'époque grecque ou romaine. Il faut en excepter seulement un petit temple d'Hathor et un propylée engagé dans le pylone extérieur du temple d'Isis. Ces monuments appartiennent au règne de Nectanèbe I, et peuvent être regardés comme ce qu'il y a de plus ancien dans l'île.

S'il fallait juger du temple de l'Est par analogie avec d'autres monuments dont la destination est connue, il y aurait quelques raisons de croire que c'était un typhonium. En effet, l'enceinte de Philœ a la plus grande ressemblance avec celle d'Hermontis. Les colonnes de l'une et de l'autre sont surmontées d'un dé carré portant la figure de Typhon sur chacune des faces. D'autres ornements sculptés dans différentes parties des constructions encore subsistantes sembleraient corroborer cette assertion. Toutefois, il y a peut-être lieu de douter encore, à cause des grandes dimensions de l'édifice qui ne s'accordent point avec celle des typhonium, lesquels sont toujours de petits temples.

Les colonnes de l'enceinte de l'Est dépassent en grosseur toutes celles que l'on rencontre dans l'île. Elles ont treize mètres de haut, et plus d'un mètre et demi ou neuf pieds de diamètre. On y distingue trois espèces de chapiteaux, répartis symétriquement dans chaque rang de colonnes. Les murs d'entre-colonnements sont ornés de sculptures représentant des offrandes aux dieux. L'encadrement de ces bas-reliefs est formé d'un cordon entouré d'un ruban d'une exécution remarquable.

A la gauche du temple de l'Est on voit s'élever deux pylônes dignes d'être placés parmi les monuments les plus importants de l'île. Leurs portes sont d'une élégante proportion; elles ont une hauteur double de la largeur. Il semble qu'elles aient été fermées autrefois par des clôtures battantes.

Le pylône extérieur, ou grand pylône, dépasse de beaucoup, dans ses dimensions, le pylône intérieur, et se trouve aussi bien mieux conservé. Sa hauteur est de dix-huit mètres, sa largeur de plus de quarante, et son épaisseur de six environ. Des chambres sont pratiquées dans le massif de droite, ainsi qu'un escalier en rampe douce conduisant dans l'intérieur du monument. Dans le massif de gauche, l'escalier ne commence qu'au-dessus de la hauteur de la porte. On y arrive par l'escalier de droite, après avoir traversé les chambres supérieures. Une porte latérale, ouverte dans ce massif, donne entrée à deux chambres obscures et encombrées. Les faces extérieures du grand pylône sont couvertes de sculptures exécutées en creux. Sur la face antérieure de chaque massif on voit trois scènes bien distinctes : deux dans la partie supérieure, et une dans le bas. Osiris y est représenté, tantôt avec une tête d'homme, tantôt avec une tête d'épervier. La tête d'Isis est coiffée de la peau d'un vautour. La déesse tient à la main son bâton augural, qui est terminé par une fleur de lotus. Des compartiments égaux divisent la corniche du pylône. Chacun d'eux contient les mêmes figures, distribuées de façon à présenter à l'œil une décoration très-riche et très-agréable. La moulure inférieure de la corniche, qui descend en forme de rouleau le long des angles, est entourée d'un ruban roulé alternativement en vis et en cercle.

Le second pylône a, comme le premier, des escaliers intérieurement qui conduisent sur les terrasses. Il ne possède aucune chambre, ce qui vient du peu d'épaisseur des massifs. Moins grand que celui qui flanque l'entrée extérieure du temple, il n'est pas dans un aussi bon état de conservation. Toute la corniche de la partie gauche et le rang de pierres qui est au-dessous sont détruits. Les sculptures de la face antérieure offrent des sujets fort peu différents de ceux qui sont représentés sur la face analogue du grand pylone. Un bloc de granit rouge de cinq mètres environ, en tous sens, cache une partie des bas-reliefs dans la partie droite inférieure. Intérieurement ce bloc est creusé, et renferme des sculptures. Quelques personnes le regardent comme une chapelle monolithe. Il ne paraît pas qu'il ait fait partie originairement de la construction du pylone. Une particularité très-remarquable, et dont on ne trouve guère l'analogue qu'une fois à Thèbes, c'est la disposition de ce pylone par rapport au portique. Lié à ce dernier dont il est la partie antérieure, il se trouve ainsi former lui-même la façade du temple. Le portique, par cette ordonnance, est entouré de toutes parts. Comme une pareille disposition l'eût privé de lumière, on a laissé dans le plafond une grande ouverture, en sorte qu'il ressemble à une espèce de cour environnée de trois côtés par des colonnes, et venant s'appuyer par ses parties latérales contre les massifs de la porte. Quant à la cour qui précède le pylone, elle est formée, à droite par une galerie, et à gauche, par le temple de l'Ouest. La galerie est composée de dix colonnes d'un fini remarquable. Mais c'est surtout la corniche qui fixe l'attention. Surmontée d'un couronnement d'une belle forme, on dirait deux corniches superposées l'une sur l'autre. Cette partie de l'édifice est composée d'une suite de serpents à cou renflé, appelés *uræus*, que l'on voit dressés sur leur poitrine avec un disque sur la tête. Ces ornements, d'une belle composition, sont sculptés en ronde bosse. Il en résulte cependant qu'ils donnent à l'entablement une grande épaisseur. A l'extrémité de la galerie est une porte qui conduit au pylone. Elle est maintenant obstruée. Cinq autres portes qu'on trouve sous la galerie communiquent à de petites chambres dont on ignore la destination. Des tableaux sculptés fort remarquables ornent ces espèces de cellules, ainsi que le dessous de la galerie. L'un de ces tableaux, recueilli sous la colonnade, représente Osiris et Isis à tête d'épervier. Un prêtre est devant eux, ainsi que la barque symbolique portée sur un traîneau.

Tels sont les monuments que la religion des anciens Égyptiens a laissés à Philœ. Les souvenirs des Romains du Bas-Empire y sont représentés par une espèce d'arc triomphal qui est dans un délabrement complet. C'est une porte en plein cintre, près de laquelle on trouve une construction de forme carrée, que plusieurs archéologues croient être les restes d'une caserne bâtie par Dioclétien lorsqu'il fortifia Philœ. De leur côté, les légions romaines ont gravé sur les parois des pylones du temple d'Isis l'attestation de leur passage, et notre armée française, voulant aussi consacrer le souvenir de son séjour, y a écrit ces lignes : « L'an VI de la » République, le 13 messidor, une armée française, com- » mandée par Bonaparte, est descendue à Alexandrie. » L'armée ayant mis, vingt jours après, les Mameloucks » en fuite aux Pyramides, Desaix, commandant la pre- » mière division, les a poursuivis au delà des Cataractes, » où il est arrivé le 13 ventôse de l'an VII ; les généraux » de brigade Davoust, Friant et Belliard ; Donzelot, chef » de l'état-major ; Latournerie, commandant l'artillerie ; » Eppler, chef de la 21ᵉ légère, le 13 ventôse an VII de » la République, 3 mars, an de J.-C. 1799. »

Plus loin, sur la surface du mur qui ferme le temple à l'orient, on lit : « R. F. An VII. Balzac, Coque-
» bert, Corabœuf, Costaz, Coutelle, Lacipilère, Ri-
» peault, Lepère, Méchain, Nouet, Lenoir, Nectoux,
» Saint-Genis, Vincent, Dutertre, Savigny. Long. de-
» puis Paris, 30, 34, 16. Lat. boréale, 24, 1, 34. »

OASIS ET NUBIE.

Depuis que les armes de Méhémet-Ali ont pénétré dans le cœur du désert et au-delà des Cataractes, on peut regarder les Oasis et la Nubie comme deux annexes de l'Égypte. Parmi les Oasis, nous citerons d'abord *El-Kuargeh,* nommé aussi l'*Oasis de Thèbes.* Dans son voisinage on a découvert les décombres de trois beaux temples, dont le plus grand avait trois enceintes comme celui de Jupiter Ammon. Le toit était formé de blocs immenses, dont quelques-uns ont trente-cinq pieds de long sur dix-neuf de large. On voit, parmi ces restes, des statues colossales et des sculptures hiéroglyphiques. Non loin de là est une nécropole qui a de deux à trois cents édifices construits en briques non cuites. Cette Oasis est traversée par les caravanes qui vont au Darfour.

Dans l'*Oasis de Syouah,* visitée par Caillaud, se trouvait l'ancien *Ammonium,* ou temple de Jupiter Ammon, célèbre par son oracle. Cette Oasis, jadis si belle, n'a plus qu'une population de deux mille arabes, farouches, soupçonneux et intolérants. Tout étranger qui aborde chez eux est considéré comme un ennemi. A un quart de lieu de la bourgade actuelle, dont toute la richesse consiste en un commerce de dattes, on voit Koum-el-Beydah, que l'on croit être l'ancien temple de Jupiter Ammon. Ce temple, composé de blocs énormes, est, selon MM. Drovetti, Minutoli et Caillaud, orné, comme les temples égyptiens, de sculptures hiéroglyphiques. La statue du dieu, faite d'émeraudes et d'autres pierres précieuses, avait la forme d'un bélier depuis la tête jusqu'au milieu du corps. A cinquante milles au nord-ouest de Syouah est un lac, avec une île sur laquelle les habitants de Syouah débitent les contes les plus extraordinaires. Plus près, et à un mille des ruines d'Ammon, on a retrouvé, dans un bois de palmiers, la célèbre fontaine du Soleil, encore douée des alternatives de température qui l'ont rendue fameuse. Dans une colline voisine on remarque de vastes catacombes, dans lesquelles les Arabes se sont creusé des habitations.

Parmi les autres annexes de l'Égypte qui ne font pas partie de la vallée du Nil, on peut citer, outre Suez, dont nous avons parlé, *Berénice* sur la mer Rouge, ville ruinée, découverte il y a trente ans par Belzoni, qui a décrit ses temples chargés d'hiéroglyphes égyptiens; le *Mont-Zabarah*, célèbre par ses mines d'émeraudes, aujourd'hui délaissées; *Kosseyr*, port moderne que peuplent douze cents marchands qui font le commerce de la mer Rouge; puis, au-dessous, *Myos-Hormos (le Port-de-la-Souris)*, qui, à l'époque de la décadence de Bérénice, devint un des points les plus importants de ce littoral.

La Nubie peut être regardée aussi comme une dépendance de l'Égypte, surtout la Basse-Nubie ou pays des Barabras, et la Nubie maritime. Les Barabras, voisins immédiats de l'Égypte, sont un peuple à part comme mœurs et comme type. D'un caractère tranquille et doux, ils ne se dérobent aux attaques des Arabes qu'en se réfugiant au sein des rochers presque inaccessibles. Les Barabras sont mahométans et fort zélés pour leur religion; ils ont de la répugnance pour les étrangers. Leur couleur tient le milieu entre le noir d'ébène des Éthiopiens et le teint basané des peuples du Saïd. Leurs traits se rapprochent beaucoup plus de ceux des Européens que de ceux des nègres : ils ont les cheveux longs et légèrement crépus, la peau fine et cuivrée. Leur costume est, pour les hommes, une chemise bleue ou rouge; pour les femmes, un ample vêtement dans lequel elles s'enveloppent. Cependant elles ne se voilent pas le visage comme les Musulmanes. Leur chevelure, distribuée en une multitude de petites boucles frisées en tire-bouchons, flotte sur le front et sur le contour de la tête.

La langue des Barabras est douce; elle n'a aucun des sons gutturaux de l'arabe. Le commerce du pays, presque nul, consiste en quelques dattes qu'ils chargent sur des embarcations légères pour aller les vendre à Esneh. Leur gouvernement est entre les mains de *Séméliés*, magistrats qui ont à peu près la même autorité que celle des cheiks égyptiens. Tributaires de Méhémet-Ali, à l'époque où nous avons visité l'Égypte, les Barabras lui payaient un tribut en esclaves et en dattes. La contrée est du reste si misérable, que ces naturels quittent en foule leurs rochers pour venir chercher de l'occupation dans les villes de la vallée. Ce sont, à proprement parler, les Auvergnats de l'Égypte, fidèles et actifs comme eux, rêvant toujours aux rocs granitiques de leur patrie ingrate. Les Barabras sont très nombreux au Caire, où les négociants européens les connaissent sous le nom de *Barbarins*. On a en eux la confiance la plus entière : presque tous sont portiers des maisons et des bazars, emploi fort important dans un pays sujet à tant de révolutions, et où presque toujours l'émeute commence par le pillage. Les habitudes d'ordre et de probité sont générales chez ces peuples nubiens, parce qu'elles font partie de leurs traditions paisibles et pastorales.

Le pays des Barabras s'étend entre les cataractes d'Assouan et celle d'Ouady-Halfa. Parmi ses localités importantes, il faut citer *El-Derr* ou *Derri*, bourgade de trois mille habitants, capitale de la Basse-Nubie. Les maisons de Derr sont bâties en argile ou en briques, disposées alternativement en couches horizontales et obliques, ce qui donne à l'ensemble des murailles une apparence originale et agréable. Hérodote rapporte que, pour éviter les insectes, les anciens Égyptiens avaient coutume de dormir sur le sommet de leurs maisons à certaines époques de l'année ; il est possible que ce soit ce motif qui porte les habitants de Derr à construire leurs maisons comme les pigeonniers de la Thébaïde, c'est-à-dire en forme de tour carrée, avec une large cour devant, et environnées de hautes murailles. Les rues sont larges et propres. On ne voit ni au dedans, ni aux environs de la ville ces décombres et ces ordures que l'on rencontre à chaque pas en Égypte. De jolis jardins, pleins d'orangers, de dattiers et d'acacias, et clos de murs, entourent la ville.

Le temple ou spéos de Derr est creusé dans le flanc d'une montagne derrière la ville. Le pronaos est presque entièrement détruit ; il ne reste maintenant qu'une portion des murailles latérales et une rangée de colonnes devant la *Cella*. Sur les ailes du portique sont gravées des sculptures représentant des batailles, des faits d'armes et des exploits militaires, mais ces bas-reliefs sont à moitié effacés. En entrant dans la *Cella*, on voit de chaque côté une rangée de colonnes carrées, massives, sans chapiteaux, aboutissant à une sorte de plinthe le long de laquelle règne un chevron de pierre qui s'étend depuis le pronaos jusqu'au sanctuaire, et qui supporte le toit. Les portes sont ornées de frises, de corniches, de moulures, et toujours surmontées du globe ailé.

Sur plusieurs faces des colonnes on voit des dieux tendant les mains à des mortels, ou leur passant familièrement les bras sur les épaules.

Près du sanctuaire, il y a un bas-relief fort extraordinaire, qui a fait supposer que les Égyptiens ont connu la légende sacrée relative à l'apparition de Dieu à Moïse, dans le buisson ardent. Osiris est représenté au milieu d'un vaste buisson qui semble être en feu. Il porte un fouet d'une main, tandis que son autre main est étendue vers un homme à tête chauve (probablement un prêtre de Phthah), qui se tient devant lui dans une attitude respectueuse. Près du prêtre est Isis *Leanata*, avec le globe de la lune sur sa tête; de l'autre côté du buisson est Phré, à la tête d'épervier.

Dans le fond du sanctuaire, il y a un banc de pierre sur lequel se trouvaient autrefois quatre statues en ronde bosse. De chaque côté on voit de petites niches qui, selon les uns, ont servi à renfermer des cercueils, mais qui plus probablement contenaient les vases sacrés. Champollion a reconnu que le temple de Derr appartient au règne de *Rhamsès le Grand*, et qu'il a été consacré par ce pharaon au dieu Phré.

Presque vis-à-vis de Derr et de l'autre côté du Nil, on rencontre le temple d'*Amada*, enfoui dans le sable jusqu'à la moitié de sa hauteur. Des piliers carrés soutiennent ses salles dont les parois sont couvertes de sculptures peintes d'une belle exécution, qui remontent aux règnes de Tothmès III, d'Aménophis II, et de Tothmès IV. Ce temple fut dédié au dieu Phré, par le premier de ces pharaons. Sur la terrasse on voit les ruines d'une coupole en briques crues, construite par les cophtes, qui, de ce monument, avaient fait une église.

Ibsamboul ou *Abou-Samboul*, misérable hameau situé au delà de Derr, en remontant le Nil, est célèbre par les deux plus magnifiques temples de toute la Nubie; spéos merveilleux assez semblables à ceux de Thèbes, et que tour à tour nous ont décrits Drovetti, Burkhard et Belzoni; puis Richardson, Rifaud, Gau, Caillaud, Champollion et Rosellini. Le plus petit est le temple d'Hathor (Vénus), décoré extérieurement d'une façade contre laquelle s'élèvent six colosses hauts de trente-six pieds, taillés dans le roc comme le monument lui-même.

Ces statues sont isolées et encadrées par des contre-forts de rocher plus larges à la base qu'au sommet. Les légendes hiéroglyphiques, gravées sur leur surface, expliquent que ce temple a été consacré par Rhamsès le Grand, au nom de sa femme Nofré-Ari. Quatre de ces colosses représentent Rhamsès escorté de ses fils, et les deux autres, Nofré-Ari, accompagnée de ses filles; la reine est toujours placée entre deux statues de rois. Une porte à jambages droits conduit au pronaos, belle salle quadrangulaire de trente-cinq pieds de côté, supportée par six piliers carrés, décorés de la tête d'Hathor. Sur les parois, ce sont des oblations de Rhamsès à Ammon, à Phré, à Tafné, à Toth, à Hathor, à Phtah, et à d'autres dieux, auxquels il offre des fleurs et des fruits. De cette pièce on passe dans un vestibule qui, lui-même, conduit au sanctuaire, où l'on voit les restes d'une statue taillée dans le roc, représentant un homme assis. Cette statue est tellement dégradée, qu'on ne saurait lui donner un nom; mais le sanctuaire est dans un état de conservation presque complet. Il est orné de bas-reliefs en couleurs, d'une exquise finesse d'exécution. Presque toutes les figures sont peintes en jaune. Le plafond seul est en bleu et entouré d'une bordure de trois couleurs.

Le grand temple, dédié au dieu Phré (le Soléil) par Rhamsès le Grand ou Sésostris, est un travail qui atterre l'imagination humaine. Malheureusement il est en butte aux envahissements du sable qui obstrue incessamment son entrée. La façade est décorée de quatre colosses assis, de soixante et un pieds de hauteur. A l'intérieur, dans la première salle, paraissent huit autres colosses de trente pieds, adossés à huit piliers. Sur les parois de cette vaste enceinte, règne une longue file de bas-reliefs historiques, relatifs aux conquêtes de ce pharaon en Afrique. Celui qui représente son char de triomphe, accompagné de groupes de prisonniers nubiens de grandeur naturelle, offre une composition de toute beauté. Les autres salles abondent en bas-reliefs religieux, dont les couleurs sont aussi fraîches que si elles dataient d'hier. Le temple est terminé par un sanctuaire, avec quatre belles statues remarquables par le fini de l'exécution.

Au-delà d'Ibsamboul, est Ouadi-Halfa (la vallée des Roseaux), village dont les maisons sont disséminées sur la rive droite du Nil. C'est là que se trouve la seconde cataracte, qui, en dépit de toutes les exagérations, n'a pas plus de sept ou huit pieds de haut. Les voyageurs européens s'arrêtent ordinairement à ce village, où commence la Nubie supérieure.

Les autres localités de la Nubie inférieure qu'on rencontre en redescendant le Nil, sont, pour la plupart, intéressantes par leurs antiquités.

Ibrim, la *Premnis* de Strabon, a quatre *spéos* ou excavations dans le roc, dont la plus ancienne remonte à Thoutmosis Ier, la plus récente à Rhamsès le Grand; *Séboua* ou *Séboued* est remarquable par un grand *hémi-spéos*, c'est-à-dire édifice moitié pierre de taille, moitié excavation dans le roc, ouvrage du temps de Rhamsés III, qu'accompagne une avenue de sphinx. Plus loin, à *Maharakkah*, on trouve un petit temple ruiné, qui fut dédié à Isis et à Sérapis, dans les derniers temps de l'occupation romaine, et dont les Cophtes avaient fait une église sous l'invocation de saint Jean. On reconnaît encore sur ses murailles quelques traces d'une peinture chrétienne, représentant la tentation de saint Antoine. Mais il faut citer surtout *Dakkeh*, la *Pselcis* des anciens, remarquable par un très-beau temple orné de magnifiques sculptures.

Le temple de Dakkeh présente dans sa construction trois styles distincts. C'était dans le principe une petite chapelle carrée de proportions élégantes, avec un propylée. Une chambre fut ensuite ajoutée du côté du sud, puis on bâtit une muraille extérieure qui entourait la chapelle à environ trois pieds et demi. Entre les nouvelles et les anciennes murailles, on voit, du côté de l'est, une chambre étroite contenant un sépulcre profond. A l'extrémité méridionale de cette chambre paraissent trois lions habilement exécutés, dont deux sont assis face à face avec le *yoni-lingam*, et deux grandes plumes entre eux ; le troisième, placé dans un autre compartiment plus élevé, semble marcher du côté de l'est, tandis qu'un cynocéphale est prosterné devant lui en adoration. Au-dessus de l'une des portes de la chapelle, quatre de ces animaux, avec de très-longues queues, s'approchent en procession vers un scarabé ailé, symbole du soleil. Sur la muraille de l'est, Isis est assise sur un trône avec Harpocrate debout derrière elle, commandant le silence dans sa posture habituelle.

Il y a peu de différence entre l'exécution des bas-reliefs de l'ancienne chapelle et l'exécution de ceux de la chambre du midi ainsi que de la petite chambre sépulcrale, qui sont de construction plus moderne. Ces ouvrages ont une supériorité bien marquée sur les sculptures que l'on trouve ordinairement dans les temples égyptiens.

Le portique, qui, avec le grand propylée, forme la troisième et la plus récente partie de l'édifice, est flanqué de deux piliers à demi enchâssés dans le mur. Les chapiteaux, ornés de feuilles de lotus sont grands et lourds; ils supportent une plinthe sur laquelle pose l'architrave. A l'ouest de l'entrée principale, une porte a été ouverte dans le mur au milieu de sculptures représentant des dieux. De l'autre côté, une large ouverture a été percée en forme de fenêtre. Dans la muraille orientale, il y a deux petites ouvertures semblables. A l'est de l'entrée principale, on voit sur la colonne un homme jouant d'une harpe à vingt et une cordes, que généralement on suppose être Typhon à cause de sa laideur. L'autre pilier porte un cynocéphale tenant un vase rempli de fleurs.

Vers l'orient du temple gisent les débris d'une muraille d'environ quatre pieds de haut, qui semble avoir fait autrefois le tour de l'édifice. Les pierres de cette muraille, ainsi que celles du temple, étaient jointes par des jumelles de métal. L'appât de ce mince butin a poussé les habitants des environs à démolir sans pitié tout ce qu'ils ont pu de ce beau monument.

De vastes blocs de pierre forment la toiture du temple. Le propylée est complété par deux tours qui s'élèvent de chaque côté en forme de pyramides tronquées; elles sont unies par l'architrave et la corniche de la grande entrée. Une petite porte conduit dans l'intérieur de la tour de l'ouest, où l'on trouve quatre chambres superposées les unes au-dessus des autres. On peut monter jusqu'au sommet à l'aide d'un petit escalier. Au second étage s'ouvre une autre petite porte aboutissant au toit, qui est au-dessus de l'entrée. Il n'y a point de communication correspondant avec la tour de l'est. Ce monument paraît être de l'époque des Lagides, et fournit des matériaux précieux sous le rapport de la mythologie pour comprendre les attributions et la nature de la divinité que les Égyptiens adoraient sous la dénomination de Thoth (Hermès deux fois grand).

Kirgèm a un *hémi-spéos* du temps de Rhamsès le Grand, dégradé par les Perses, et où se montrent, à côté de bas-reliefs d'une belle exécution, des colosses d'un art à demi barbare ; à *Kalabschi* ou *Kalabcheh* (le *Talmis* des anciens), le plus grand village entre Assouan et Derr, on trouve un temple saccagé, dévasté, qui offre encore de magnifiques débris. Ce sanctuaire, consacré au dieu Malouli, fils d'Horus et d'Isis, fut fondé par Aménophis II, rebâti sous les Ptolémées, et restauré sous les empereurs Auguste, Caligula et Trajan. *Beyt-Oualli* mérite d'être visité pour ses beaux bas-reliefs; *Teffah Kardasset et Débout* possèdent chacun un temple. Le voyageur s'arrête aussi à *Dendour*, où l'on remarque une construction du règne d'Auguste. C'est un petit temple dédié, selon de docteur Lepsius, à un dieu particulier nommé *Pétisi*, qui était sans doute une divinité locale.

Près d'une petite île nommée *Tumbus* ou *Tombos*, sur la côte orientale du Nil, on voit, couchée par terre, une statue colossale en granit rouge, exécutée dans le bon goût égyptien. Cette figure a, selon la coutume, le pied gauche projeté un peu en avant. La tête et la face sont fort mutilées ; tout le reste, au contraire, est assez bien conservé. Les mains paraissent serrer une espèce de bâton cylindrique; elles sont appuyées sur les hanches. Un vêtement rayé lui ceint les reins. On remarque aussi, sur le cou et les bras, des vestiges de bracelets et de colliers. La hauteur de la statue est de douze pieds. Des massifs de granit, de même nature que celui dont elle est formée, remplissent tous les environs, ce qui ferait croire qu'elle a été sculptée dans l'endroit même.

La *Nubie orientale* ou maritime a peu d'endroits sur lesquels on doive et on puisse s'arrêter. Cette contrée appartient à des espèces de troglodytes que l'on nomme *Bichariens, Haderdoas* ou *Hammadebs*. En fait de villes, *Souakim*, sur la mer Rouge, peuplée de huit mille Bichariens, est la seule qui ait quelque importance.

Au-dessus de cette zone, la plus rapprochée de l'Égypte, viennent la Nubie moyenne et la haute Nubie, Ouady-el-Hadjar, contrée stérile, étendue le long du Nil, le pays de Sokkol et l'île de Lays, le pays des Matres tout jonché de ruines d'anciens monuments plus communs au-dessus qu'au dessous des cataractes; le pays de Dongolah, jadis la puissance prépondérante de la Nubie, aujourd'hui bien déchue, à la suite de la longue oppression des Chakyehs. La ville de *Dongolah* n'est plus qu'une bourgade de deux cents âmes.

Le pays des Chakychs, conquérants du Dongolah, forme une espèce de république militaire, gouvernée par des méleks. Ces peuples sont toujours en armes, à cheval, et se battent bravement. Ibrahim-Pacha eut quelque peine à les soumettre. Parmi ses antiquités, il faut nommer les ruines du *mont Barkal*, que Caillaud regarde comme les restes de l'ancienne Napata, capitale de la Nubie après Méroë.

Ce mont Barkal, qu'on trouve en remontant dans la haute Nubie, à un quart de lieue du Nil, dans le désert, est un plateau de grès, de treize cent quarante mètres environ de circonférence. Taillé à pic dans la partie qui regarde le midi, il a de ce côté soixante-quatre mètres d'élévation, et présente, par les déchirements qui le sillonnent, l'aspect le plus pittoresque. C'est sur ce point que gisent les restes de plusieurs temples, parmi lesquels est un *typhonium* fort intéressant. Ce petit édifice, d'une longueur totale de cent huit pieds, a la moitié de sa partie postérieure creusée dans la montagne; il se composait de plusieurs pièces et d'un sanctuaire; un pylone précédait l'entrée principale. Quelques bases de colonnes, que l'on voit en avant du pylone, indiqueraient les vestiges d'un portique. Il n'y a guère de conservé aujourd'hui que la partie du monument prise dans la montagne; toute celle qui s'élevait dehors est fort dégradée : quelques portions du pylone, six colonnes et une statue de Typhon, c'est tout ce qui demeure encore debout. Le sol est jonché tout autour de décombres provenant du reste de l'édifice.

L'intérieur du typhonium offre à l'observation des détails précieux. Dans la première salle on voit, adossées à des piliers, huit statues de Typhon, portant sur la tête un ornement de fleurs de lotus, de plumes et de cartouches hiéroglyphiques. Ces piliers, divisés sur deux rangs, forment l'avenue du centre. En face des typhons et parallèlement à eux, sont deux rangées de colonnes avec des chapiteaux à tête d'Isis au-dessus desquels est figurée la façade d'un temple. Dans la pièce qui suit, on voyait aussi huit colonnes de même espèce que les précédentes. Elles portaient chacune sur la longueur une ligne d'hiéroglyphes.

Toute la partie du monument qu'on trouve à partir de là est creusée dans la montagne. On entre d'abord dans une salle qui précède le sanctuaire. Deux statues de Typhon, adossées à des piliers, se présentent dans cette salle. Ces piliers portent des caractères hiéroglyphiques. Des bas-reliefs, sculptés dans le creux, recouvrent les murailles. Ils représentent le dieu *Ammon*, tantôt avec une tête de bélier, tantôt sous la forme humaine. Isis y est également représentée se tenant derrière lui. Un roi et une reine paraissent lui rendre hommage. On croit que ce roi est *Taracus*, ou Théharaka, prince de race éthiopienne, qui envahit l'Égypte huit siècles avant l'ère chrétienne. Au fond du sanctuaire tous les bas-reliefs sont détruits. Deux petites pièces, l'une située à l'est, l'autre à l'ouest, ont des ornements sculptés en relief dans le creux. Ces ornements et les figures qui décorent le temple sont du pur style égyptien.

Chendy, la capitale du pays des Chakyehs, peut avoir de sept à huit mille âmes ; elle est l'entrepôt du commerce de la Nubie et le marché principal des esclaves du Sennaar. Son rayon abonde en antiquités. A *Naga*, on trouve les ruines de sept temples ; à *Macourat*, celles de huit autres sanctuaires, que Caillaud croit avoir dépendu du grand collége sacerdotal de Méroë ; enfin, auprès d'*Assour* ou d'*Hachour* se voient, suivant le même voyageur, les restes de *Méroë* elle-même ; cette ville, dont l'antiquité latine et grecque ont parlé sans la connaître, et dont le nom, après avoir retenti dans les siècles, est arrivé jusqu'à nous entouré d'un prestige fabuleux. Les ruines, trouvées sur ce point, ne semblent justifier pourtant ni cette célébrité, ni cette splendeur.

Au-dessus de Chendy viennent le pays d'Halfay et le royaume de Sennaar ; ce dernier, l'un des États les plus puissants de la Nubie. Avant l'invasion d'Ismaïl-Pacha, tous les pays que nous venons de citer au sud et au nord, le Fazokl et le Bouroum, étaient ses tributaires. A cette hauteur pourtant, les ruines antiques sont plus rares, et les villes modernes comme Sennaar ne forment qu'un amas confus de cabanes rondes, couvertes en chaume, d'autres en argile, et surmontées assez ordinairement par une terrasse. On estime sa population à huit mille âmes. Parmi les décombres figure un ancien palais des rois, construction en briques assez délabrée.

Un peu au delà de Sennaar finit la Nubie, limite de notre exploration. Plus loin, vers le sud-est, s'étend la contrée abyssinienne, l'ancienne Éthiopie, où coule le Bahr et Azrak ou fleuve Bleu, affluent du Nil, et, au sud-ouest, le Kordofan et le Soudan, où le Nil lui-même, après avoir traversé des marais et reçu divers affluents, va se perdre dans les pays des Wangaras et des Barry.

FIN.

APPENDICE.

PERCEMENT DE L'ISTHME DE SUEZ.

Dans notre exposé du projet de percement de l'isthme de Suez, nous avons dit qu'une commission internationale avait été chargée d'examiner les études faites par les ingénieurs du vice-roi d'Égypte et de résoudre tous les problèmes de science et d'art que présentait l'opération (voy. ci-dessus, p. 414-415).

Cette commission vient de terminer ses explorations sur le sol égyptien et de remettre au vice-roi les conclusions de son rapport.

Partie de Suez le 21 décembre 1855, après avoir étudié la rade, elle a traversé l'isthme du sud au nord, reconnaissant sur sa route les sondages et les nivellements en cours d'exécution et qui permettront de fixer définitivement le tracé du canal maritime. Elle a campé, le 28 décembre, sur le rivage de Péluse, où elle s'est embarquée le 31 pour Alexandrie.

On peut résumer ainsi les résultats tout-à-fait favorables qu'ont fournis les observations :

En face des ruines de Péluse, les sondages ont donné

la profondeur de 8 mètres, à la distance déjà reconnue de 7,500 mètres du rivage; mais, en se portant vers l'ouest, cette profondeur de 8 mètres se rapproche progressivement de la côte, et elle se retrouve à 2,250 mètres seulement sur une ligne continue qui s'étend parallèlement au rivage pendant 20 kilomètres. C'était un important avantage; les ingénieurs européens ne pouvaient manquer d'en profiter pour déterminer le point où débouchera, dans la Méditerranée, le futur canal.

En se rapprochant de la plage, sur cette ligne de 20 kilomètres s'étendant entre la bouche d'Omfareg et celle de Gemileh, les sondages ont donné, dans des fonds excellents et solides, des profondeurs de 5 mètres à 750 mètres, de 6 mètres à 1,600 mètres, et de 7 mètres à 2,300 mètres. Les profondeurs de 9, 10, 12 mètres s'obtiennent successivement à des distances de 3,000 à 6,000 mètres.

Il ressort de ces faits que les jetées du canal de la baie de Péluse, dont l'eau est d'ailleurs parfaitement limpide, ne devront pas avoir la moitié de la longueur que l'on comptait d'abord leur donner. Il en sera de même dans la rade de Suez, que l'on connaissait presque aussi imparfaitement que celle de Péluse.

La commission internationale, dans son rapport à Son Altesse Mohammed-Saïd-Pacha, vice-roi de l'Égypte, se prononce pour le tracé direct, regardé par elle comme étant l'unique solution du problème de la jonction de la mer Rouge et de la Méditerranée. Elle a déclaré à l'unanimité que l'exécution en était facile et le succès assuré.

Voici le texte de ce rapport :

« Son Altesse nous a appelés en Égypte pour y étu-
» dier la question du percement de l'isthme de Suez.

» En nous fournissant les moyens de juger sur le ter-
» rain le mérite des diverses solutions proposées, elle
» nous a invités à lui soumettre la plus facile, la plus
» sûre, la plus avantageuse au commerce de l'Europe.

» Notre exploration, favorisée par un temps à sou-
» hait, facilitée et abrégée par l'ampleur des moyens
» matériels mis à notre disposition, est terminée ; elle
» nous a fait reconnaître des obstacles sans nombre,
» ou, à mieux dire, des impossibilités pour diriger le
» canal sur Alexandrie, et des facilités inattendues pour
» établir un port dans le golfe de Péluse.

» Le canal direct de Suez vers le golfe de Péluse est
» donc l'unique solution du problème de la jonction de
» la mer Rouge et de la Méditerranée. L'exécution en
» est facile, le succès assuré, les résultats immenses
» pour le commerce du monde. Notre conviction à cet
» égard est unanime ; nous en développerons les motifs
» dans un mémoire détaillé, appuyé des plans hydro-
» graphiques des baies de Suez et de Péluse, des pro-
» fils donnant le relief du sol, et des forages indiquant
» la nature des terrains traversés par le canal.

» La rédaction de ce mémoire, celle des plans, profils
» et forages qui doivent l'accompagner, est un travail
» de longue haleine dont nous allons nous occuper ac-
» tivement en Europe, de manière à pouvoir le sou-
» mettre dans quelques mois à Son Altesse. Dès à
» présent, nous nous empressons de lui faire connaître
» nos conclusions :

» 1° Le tracé sur Alexandrie est inadmissible au
» point de vue technique et économique ;

» 2° Le tracé direct offre toute facilité pour l'exécu-
» tion du canal maritime proprement dit, avec embran-
» chement sur le Nil, et des difficultés ordinaires pour
» la création de deux ports ;

» 3° Celui de Suez s'ouvrira sur une rade vaste et
» sûre, accessible en tout temps, où l'on trouve 8 mè-
» tres d'eau à 1,600 mètres du rivage ;

» 4° Celui à créer dans le golfe de Péluse, que l'avant-
» projet plaçait dans le fond du golfe, sera établi à
» 18 kilomètres plus à l'ouest, dans la région où l'on
» trouve 8 mètres d'eau à 2,300 mètres du rivage, où
» la tenue est bonne et l'appareillage facile ;

» 5° La dépense du canal des deux mers ne dépas-
» sera pas le chiffre de deux cents millions porté dans
» l'avant-projet des ingénieurs du vice-roi.

» Alexandrie, 2 janvier 1856.

» *Les Membres de la Commission internationale*
pour le percement de l'isthme de Suez,

» Signé : F. CONRAD, président ;
» A. RENAUD ;
» NEGRELLI ;
» J. MAC CLEAN ;
» LIEUSSEAU, secrétaire. »

TABLE DES MATIÈRES.

CHAPITRE PREMIER.

Départ pour l'Égypte; la côte d'Afrique; passage en Grèce; Milo; ruines de Trézène: Poros; arrivée à Alexandrie.— Alexandrie; aspect et description de la ville moderne; histoire de la ville ancienne; ses monuments; ses institutions scientifiques et littéraires; sa topographie.

Notre premier voyage en Égypte; Utique; Biserte, la baie de Tunis; le golfe de la Syrte, p. 1. — Les côtes de la Morée; Milo; Poros et les ruines de Trézène, 2; arrivée à Alexandrie, 2. — M. Drovetti. — Notre second voyage en Égypte, 3;

Description de l'Alexandrie moderne, p. 4; ses fortifications; ses mosquées, ses okels, 5; aspect de la ville, 6; ses maisons, ses rues, sa population, 7; une page de Volney, 12;

Histoire d'Alexandrie, p. 13; ses bibliothèques; son Musée; son École, 17. Le calife Omar a-t-il fait incendier la bibliothèque de cette ville? 22. — Alexandrie sous les Abbassides, au siècle des croisades et dans les temps modernes, 22.

Description des monuments antiques d'Alexandrie, p. 26. — Colonne dioclétienne, dite de Pompée, 28. — Aiguilles de Cléopâtre, 29. — Topographie détaillée de l'ancienne Alexandrie, 30. — Le Phare, 33. — Restes de la domination chrétienne et arabe; mosquée d'Athanase, 43; faubourgs de Nicopolis et de Nécropolis, 44; Catacombes, 45; bains de Cléopâtre, 46; les citernes, 47; médailles d'Alexandrie, 47.

CHAPITRE DEUXIÈME.

Résumé de l'histoire de l'Égypte depuis son berceau jusqu'à nos jours; sa géographie générale; ses productions, son climat; le Nil; races diverses qui habitent l'Égypte; ses divisions territoriales.

Histoire de l'Égypte sous les Pharaons, p. 48; conquête des Perses, 56; conquête d'Alexandre, 57. — L'Égypte sous les Lagides, les Romains et les Arabes, 58.—Sous la domination des Turcs, 71; expédition du général Bonaparte et occupation française, 73; son influence, 87; — Gouvernement de Méhémet-Ali et de ses successeurs, 89.

Géographie physique de l'Égypte, son climat, ses productions, p. 101. — Le Nil et ses sources. — Résumé du voyage de M. Bruu-Rollet au Nil Blanc, 113. — Les cataractes, 119. — Canaux et lacs de l'Égypte, 124. — Ethnographie des populations de l'Égypte, les Cophtes, les Arabes, les Égyptiens, les Bédouins; tribus lybiques, 128; mœurs et usages des Égyptiens modernes, 139. — Divisions territoriales de l'Égypte, 148.

CHAPITRE TROISIÈME.

BASSE ÉGYPTE OU DELTA.

Lacs et vallée de Natroun; monastères des Grecs et des Syriens; couvent de Saint-Macaire; Bahr-Belá-Má ou Fleuve-sans-eau; Aboukir; Rosette; le Delta; ville et mosquée de Tantah; Méhallet-el-Kébir; Fouah; Rahmanieh; Damahnour (Hermopolis parva); Sa-el-Hadjar, ancienne Saïs; Les Sept Bouches du Nil dans l'antiquité; lac Menzaleh; îles de Matarieh, de Tennis et de Tounah; San, ancienne Tanis; Péluse; château de Tineh; Faramah; Damiette; ruines de Hon (Héliopolis), Belbeys (Pharbœtis); ruines d'Onion; Tel-Bastah (Bubaste); Abousir (Busiris); Heydeh; Mansourah; Koum-Zalat, ancienne Butis; Tmay-el-Emdyd; El-Arych (Rhinocorura).

Environs d'Alexandrie, p. 149; lacs et vallée de Natroun, 150; couvents d'El-Baramous, de Deyr-Saydeh, d'Anba-Bichay et de

L'ÉGYPTE.   549

Saint-Macaire, 151 ; Bahr-Belâ-Mâ ou Fleuve-sans-eau, 154 ; Aboukir, 155 ; le Boghaz, embouchure de la branche de Rosette, 155.

Histoire et description de la ville de Rosette, p. 156.— Tombeau d'Abou-Mandour, 160 ; les jardins de Rosette, 161 ; description du Delta, 162 ; la ville de Tantah et sa mosquée, 163 ; Méhallet-el-Kébir, 163 ; Fouah, *ibid.*; Rahmanieh, 165 ; Damanhour, ses mosquées, 166 ; l'*ange* El-Mahdy, 167 ; Beni-Salameh ou Salamoun, 168 ; Sa-el-Hadjar (Saïs) ; le temple de Minerve et la fête des Lampes, 168 ; les sept bouches du Nil, 169 ; le canal de Moueys et le lac Menzaleh, 170 ; les îles de Matarieh, 172 ; ville de Menzaleh, 174 ; îles de Tennis et de Tounah, *ibid.* — San, ancienne Tanis, 175 ; Péluse, son passé et son avenir, 176.

Damiette, description de la ville moderne, p. 177 ; histoire de l'ancienne ville ; récit du siége de cette ville par l'armée de Jean de Brienne en 1217, 181 ; Damiette prise par saint Louis, 188 ; Farescour, 189 ; Baramoun et Serinkah ; tableau de la retraite des Croisés en 1221, d'après Olivier Scholastique, 190.

Hon (Héliopolis), ses ruines, son histoire, p. 194 ; récit de la bataille d'Héliopolis (20 mars 1800) et de la révolte du Caire, d'après les documents officiels, 195 ; caractère de Kléber, 209 ; Belbeys, 210 ; ruines de la ville d'Onion, fondée par le grand-prêtre Onias, 210.

Tel-Bastah (Bubaste), p. 211 ; Samanoud (Sébennytus), *ibid.*; Abousir (Busiris), *ibid.*; Bahbeyt (Isidis Oppidum) ; description d'un temple d'Isis, 211 ; Heydeh, 214 ; Mansourah, son histoire ; récit de la bataille qu'y livra saint Louis, *ibid.*; souvenirs de la captivité de saint Louis dans cette ville, 218 ; Koum-Zalat (Butis) et son temple monolithe, 220 ; Tmay-el-Emdyd, 221 ; El-Arych, *ibid.*

CHAPITRE QUATRIÈME.

LE CAIRE ET L'ÉGYPTE MOYENNE OU OUESTANIEH.

Le Caire, son histoire, ses monuments, détails de mœurs ; les Almées, les Psylles ; les Conteurs ; poëmes arabes ; romans d'Abou-Zeyd, d'Ez-Zahir, d'Antar, de Delhemeh ; fêtes publiques, industries diverses.—Environs du Caire ; le vieux Caire, Boulak ; l'île de Roudah ; Choubra, maison de plaisance du pacha d'Égypte.—Les pyramides de Gizeh ; les pyramides de Sakkarah.—Plaine des Momies ; puits des

Oiseaux; ruines de Memphis; le Sérapéum. — Retour au Caire. — Suez; jonction de la mer Rouge à la Méditerranée; percement de l'isthme de Suez. — Heptanomide ou région des Sept Nomes; île d'Or; mosquée d'Athar-en-Naby; Atfieh; Tourah (Troia); Bayad (Timonepsi); Ahnás (Héracléopolis); Nilopolis; Beni-Souef (Cœne); Bénesseh (Oxyrinchus); Abou Girgeh (Tumenti); Feneh (Fenchi); Chenreh (Taconor); Samallout (Cynopolis); Tahaneh (Acoris). — Vallée d'El-Arabah, mont Kolzoum; couvents de Saint-Antoine et de Saint-Paul. — Le lac Mœris; temple de Kasr-Karoun; le Labyrinthe d'Égypte; pyramide d'El-Lahoum; Médinet el Fayoum (Crocodilopolis ou Arsinoé); Achmouneyn (Hermopolis Magna); ruines diverses; El-Koussieh (Cusœ); Médinet Keisser (Pesla); El Tell (Psinola); Melaouy (Hermopolitana Philace); Minieh; grotte appelée l'écurie d'Antar; hypogées de Beni-Hassan, de Zaouy, de Meyteyn et de Souadeh; Abadeh (Antinoé).

LE CAIRE.

Histoire de la ville du Caire, sa situation et sa description, p. 222; la Citadelle, le puits de Joseph, le Divan de Joseph, le Palais du vice-roi, 229; les rues de la ville, 232; ses quartiers, 234; ses promenades, ibid.; la place d'Ezbekieh, récit de l'assassinat du général Kléber, 235; les maisons du Caire, 236; les mosquées de Touloun, 240; d'El-Hakem, 242; d'El-Azhar ou des Fleurs, 243; de Hassan, 245; d'Émir Yacoub, d'Ibrahim Aga, de Barkouk, 249; de Kait-Bey, 251; de Kalaoun, 252; Observations générales sur les mosquées et les minarets du Caire, 253; les couvents de derviches, 254. — Portes de Bab-el-Fotouh et de Bab-el-Nasr, 255; les fontaines, les citernes et les abreuvoirs, 256.

Population du Caire, mœurs et usages de ses habitants, p. 358; costumes des diverses classes, 261; les Almées et les Gawazy, 263; les Psylles ou conjurateurs de serpents, 265; les conteurs, 267. — Analyse et extraits des poëmes récités par les conteurs du Caire: roman d'Abou-Zeid, 258; roman d'Ez-Zahir, 271; poëme d'Antar, 278; roman de Delhemeh, 305; coup d'œil sur la littérature des Arabes; extraits de l'historien Murtadi, 318; Aboul-Mehacin et son *Histoire des rois de Fostat et du Caire*, 326. — Du sentiment musical chez les Égyptiens, 328; instruments de musique au Caire,

329; cérémonies publiques, les fêtes du Moharram, 331; procession à l'occasion de la circoncision des enfants, 333; les repas au Caire, 334; les diverses industries du Caire, 338; le barbier, 339; le vinaigrier, 340; le distillateur, 341; le ceinturonnier, 342; les *sakkas* ou porteurs d'eau, 343; les *hemalis*, 344; les *shurbetlys* ou marchands de sorbets, 345. — Moyens de transport : le chameau, 346.

Les environs du Caire; le vieux Caire, p. 347; histoire et description de la mosquée d'Amrou, 348; autres monuments du vieux Caire, 362; — Aqueduc, 363; — L'île de Roudah et son nilomètre, 364; — Boulak, 366; — La ville des Tombeaux, 367; — Choubra, maison de plaisance de Méhémet-Ali, 370; — Abouzabel, *ibid*.

LES PYRAMIDES. — MEMPHIS. — LE SÉRAPÉUM.

Les pyramides de Gizeh, p. 370; le sphinx, 381; récit de la bataille des Pyramides, 383; — Pyramides de Sakkarah. — La plaine des Momies et le Puits des Oiseaux, 390; — Memphis et ses ruines, 391; Découverte récente du Sérapéum ou temple de Sérapis, 393.

SUEZ. — JONCTION DE LA MER ROUGE A LA MÉDITERRANÉE. — PERCEMENT DE L'ISTHME.

Voyage du Caire à Suez, p. 395; état ancien et moderne de la ville de Suez, 397; exposé des tentatives faites depuis les pharaons jusqu'aux temps actuels pour établir la communication de la mer Rouge à la mer Méditerranée, 398; Projets modernes, 409; Analyse du projet proposé par M. Ferd. de Lesseps pour le percement de l'isthme par un canal de jonction de Suez à Péluse, 410; exposé des avantages de cette entreprise, 415.

L'HEPTANOMIDE OU RÉGION DES SEPT NOMES. — LES VALLÉES DE KOLZOUM ET D'EL-ARABAH. — LES MONASTÈRES DE SAINT-ANTOINE ET DE SAINT-PAUL. — LE FAYOUM. — LE LAC MOERIS ET LE LABYRINTHE. — ANTINOÉ.

Retour de Suez au Caire; voyage dans la moyenne Égypte, p. 418; l'Heptanomide; l'île d'Or et la mosquée d'Antar-en-Naby, 419; la province et la ville d'Atfiéh, 420; Tourah (Troia); Bayed (Timonepsi), *ibid.*; Héracléopolis, Nilopolis, Bénisouef (Cœne), 421; El-Zaouieh (Iséum), Tahabouch; El-Meïmoun; Beni-Ady-el-Ater; El-Zeïtoun, Dallast, Bacher, Kenren-el-Arous; El-Chenaouieh et son arbre votif, 422; Benesseh (Oxyrinchus), 423; Abou-Girgeh (Tamonti); Feneh (Fenchi); Cheureh (Tacoua); Muson, Hipponon, Samallout (Cynopolis); l'île de Zohrah; Tahaneh (Acoris), 424; Ouady-el-Teyr et le monastère de la Poulie; Alabastria, 425; Vallées d'El-Arabah et de Kolzoum; couvents de Saint-Antoine et de Saint-Paul, 426; le Fayoum, 428; le lac Mœris et le lac Birket-el-Karoun, 429; le temple de Kasr-Karoun, 432; la pyramide d'Harouah et le labyrinthe, 433; obélisque de Bégig, 434; Médinet-el-Fayoum (Crocodilopolis ou Arsinoé), 435; Achmouneyn (Hermopolis Magna), 436; Taha (Ibéum), Touneh, Thebaïca-Philace, El-Koussieh (Cusæ), 438; monastères d'El-Moharrag, de Deyr-Girgis, de Saint-Théodore, de Mary-Menah, 439; Médinet-Kessar (Pesla); El-Tell (Psinola); Mélaouy (Hermopolitana-Philace); Minieh, 440; le lac Bathen, 442; Istabl-Antar (l'écurie d'Antar); — hypogées de Beni-Hassan (Spéos Artémidos), 442; hypogées de Zaouy, de Meyteyn et de Souadeh, 443; les ruines d'Arsinoé, 443; Cheik Abadeh, 447.

CHAPITRE CINQUIÈME.

LA HAUTE ÉGYPTE.

Syout; couvent Rouge et couvent Blanc; ruines d'Abydos El-Akmyn (Panopolis ou Chemnis), tombeau du cheik Haridy; temple d'Antœopolis.— Dendérah (Tentyris); Keneh. —Ruines de Thèbes; hypogées; Karnak; Louqsor; Médinet-Abou; le Memnonium; les colosses.— Herment (Hermontis). —Esneh (Latopolis); Edfou (Apollinopolis Magna); grottes de Selseleh (Silsilis); temple d'Ombos; El-Kab (Eléthya); Assouan (Syène); l'île d'Éléphantine; Philæ; les cataractes du Nil; les oasis; les frontières de la Nubie; le pays des Barabras; le temple d'El-Derr; monuments d'Ibsamboul; temple de Dakkeh (Pselcis); Méroé.

La ville de Syout et ses hypogées, p. 447; le couvent Rouge et le couvent Blanc, 449; Girgeh; ruines d'Abydos, 450; El-Akmyn (Chemnis ou Panopolis; le cheik El-Haridy et son serpent, 451 Kaou-el-Kébir, ruines du temple d'Antœopolis; Dendérah (l'ancienneTentyris), ses temples et ses zodiaques, 454; Keneh, ses mosquées et ses tombes musulmanes, 460.

Thèbes (Diospolis Magna); emplacement des ruines, leur aspect général, 461; les hypogées, 463, Biban-el-Molouk (portes ou tombeaux des rois), 465; Karnak, ses palais et ses temples, 471; salle hypostyle, 475; Louqsor, ses obélisques et son palais, 477; El-Akalteh, 483; Médinet-Abou, 484; inscription de Rhamsès III, 485; le Memnonium ou Aménophium, 489; les colosses, 490; inscriptions gravées sur la statue de Memnon, 493; le Rhamesséum, 495; petit temple d'Isis, *ibid.*; palais de Kournah, 496.

Herment (Hermontis) et son typhonium, p. 497; Esneh (Latopolis) et ses ruines, 498; petit temple au nord d'Esneh, 500; Edfou (Apollinopolis Magna), 502; le grand temple et le petit temple ou typhonium d'Edfou, 503; Gebel-el-Selseleh (Silsilis) et ses grottes, 510; Koum-Ombou, l'ancienne Ombos, 513; les spéos d'El-Kab (Eléthya), 516; Assouan (Syène), la ville antique et la ville moderne, 518; la première cataracte du Nil, 520; l'île d'Éléphantine, 521; Philœ et ses temples, 523; inscriptions de Philœ, 528.

Oasis et Nubie, 529; oasis d'El-Kuargeh, 529; de Syouah, *ibid.*; temple d'Ammon, *ibid.*; lac de Syouah et fontaine du Soleil, 530; Bérénice, le mont Zabarah, *ibid.*; Kosseyr; Myos Hormos, *ibid.*; la basse Nubie; les Barabras, leurs mœurs, 531; la ville et le spéos de Derr ou Derri, 532; temple d'Amada, 533; Ibsamboul et ses monuments, 533; Ouadi-Halfa et la seconde cataracte, 535; Ibrim, Séboua, Maharakkah, *ibid.*; temple de Dakkeh, 536; Kirgem, Kalabschi et son temple, Beyt-Oualli, Teflah-Kardasser, Débout, 538; temple de Dendour, *ibid.*; statue colossale à Tombos, *ibid.*; Nubie orientale ou maritime et Nubie moyenne, *ibid.*; Souakim, 539; Dongolah et le pays des Chakyehs; le mont Barkal, ruines d'un typhonium, *ibid.*; Chendy, Naga, Macourat, Méroë; le Sennaar, 541.

APPENDICE. PERCEMENT DE L'ISTHME DE SUEZ. Rapport de la Commission internationale au vice-roi d'Égypte (2 janvier 1856). page. 543

TABLE DES MATIÈRES page 547

Paris. — Imprimerie MORRIS et Comp., rue Amelot, 64.

www.ingramcontent.com/pod-product-compliance
Lightning Source LLC
Chambersburg PA
CBHW072021240426
43667CB00044B/1639